HISTÓRIA ECOLÓGICA DA TERRA

Blucher

MARIA LÉA SALGADO-LABOURIAU
Doutora em Ciências, USP
Fellow da Fundação Guggenheim
Professora Titular, Universidade de Brasília

HISTÓRIA ECOLÓGICA DA TERRA

2.ª edição revista

História ecológica da Terra

© 1994 Maria Lea Salgado-Labouriau

2ª edição – 1994

11ª reimpressão – 2018

Editora Edgard Blücher Ltda.

Capa: Escultura de Sonia Labouriau

Blucher

Rua Pedroso Alvarenga, 1245, 4º andar

04531-934 – São Paulo – SP – Brasil

Tel.: 55 11 3078-5366

contato@blucher.com.br

www.blucher.com.br

Dados Internacionais de Catalogação na Publicação (CIP)
(Câmara Brasileira do Livro, SP, Brasil)

Salgado-Labouriau, Maria Léa
    História ecológica da Terra/Maria Léa Salgado-Labouriau – São Paulo: Blucher, 1994.

    Bibliografia.
    ISBN 978-85-212-0090-1

    1. Ecologia 2. Geologia – História 3. Geologia ambiental 4. Paleoclimatologia 5. Paleoecologia 6. Terra – História I. Título.

04-0198   CDD-550.9

Índices para catálogo sistemático:

1 Terra: História ecológica: Ciências   550.9

PRÓLOGO

A história da Terra é tradicionalmente relatada do ponto de vista geológico e paleontológico. Mesmo nos tratados mais modernos, onde já são introduzidos alguns conceitos ecológicos, a ênfase é dada à exposição seqüencial dos tipos de rochas e de fósseis que caracterizam cada período geológico ao longo da história da Terra.

Este livro encara a história da Terra de um outro ponto de vista. Ele procura dar um caráter dinâmico à sucessão dos eventos que levaram à formação dos ambientes na superfície do planeta e á interrelação entre estes e as formas de vida que surgiram progressivamente. O objetivo é mostrar como a interação entre os organismos vivos e o meio físico foi mudando a atmosfera, modificando o ambiente nos mares e transformando a superfície dos continentes até atingirem as condições atuais.

O livro é escrito em duas partes. A primeira é a história ecológica da Terra durante os quase 4 bilhões de anos desde que surgiram os primeiros organismos. A segunda é dedicada ao Quaternário e aos conceitos e métodos científicos utilizados na reconstrução ecológica do passado.

O Quaternário representa os últimos 1,6 milhões de anos da história da Terra. Sobre intervalo relativamente curto de tempo temos mais informações que de todos os outros períodos juntos. Isto é devido principalmente a que as forças que agem lentamente não puderam ainda apagar a grande maioria das evidências físicas, químicas e biológicas que mostram mudanças ambientais. Além disto, as informações levantadas neste período por pesquisadores de diferentes formações científicas e por métodos independentes, podem ser comparadas, cruzadas e interpretadas. O conhecimento que surge desta integração de dados mostra um quadro cada vez mais complexo da interação entre a química e a física da Terra e os seres vivos. Porém, esta crescente complexidade está dando uma clareza cada vez maior aos eventos e mudanças que ocorreram nos últimos 1,6 milhões de anos. A interpretação que está surgindo desta integração de diferentes campos científicos serve de modelo para explicar eventos do passado mais distante, em uma escala muito maior de tempo, de centenas de milhões de anos. Por outro lado, todo este conhecimento pode e está sendo usado na obtenção de modelos para prever e talvez guiar as mudanças no futuro.

A história ecológica da Terra, que constitui a primeira parte do livro e que publicamos agora, está escrita para todas as pessoas que se interessem pelo assunto. As bases dos fatos e informações dados no texto podem ser encontrados separadamente em livros e artigos especializados de geologia, paleontologia e biologia. Porém, a reunião destes conhecimentos observados do ponto de vista ecológico, em cada momento da história da Terra, é um conceito novo na interpretação histórica.

As referências bibliográficas dentro do texto desta primeira parte são reduzidas ao mínimo para manter a fluência da leitura. No final de cada capítulo é sugerida uma lista de obras e artigos onde o leitor pode encontrar as informações básicas em maior detalhe.

Nos quase 20 anos que tenho lecionado paleoecologia em cursos de pós-graduação, observei que as dificuldades dos alunos para seguirem o encadeamento de argumentos são diferentes conforme a sua formação profissional. Faltam certos conhecimentos que levam á compreensão de evolução dos ecossistemas ao longo da história da Terra. Os biólogos geralmente não conhecem os princípios fundamentais das ciências da Terra e não têm a noção do tempo geológico. Os geólogos e geógrafos geralmente desconhecem as bases das ciências biológicas. Quase todos os estudantes sabem muito pouco de climatologia.

Todos estes conhecimentos são necessários à compreensão das forças e dos eventos que atuaram e continuam atuando sobre os ecossistemas e sobre a superfície da Terra. Atmosfera, crosta terrestre, oceanos e organismos vivos interagem e interagiram desde o início de cada um destes sistemas e formam o que hoje chamamos o **Sistema Terrestre**. Neste livro as noções básicas necessárias são dadas à medida em que princípios e conceitos são usados na narração da história ecológica da Terra. Estas recapitulações são para os leitores que não conhecem um determinado assunto ou que o estudaram há muito tempo e não estão a par dos avanços mais modernos.

O conhecimento do que ocorreu no passado remoto é ainda muito incompleto e a interação entre os eventos não está totalmente esclarecida. Hoje sabemos que mudanças muito pequenas podem ter conseqüências grandes e inesperadas. Isto torna mais difícil a interpretação quando se trata de eventos ocorridos há centenas de milhões de anos. Este quadro, que ainda é imperfeito, já está se tornando mais claro do que há uns dez anos atrás, quando quase não havia diálogo entre os especialistas dos diferentes ramos das ciências da Terra, da ecologia e da climatologia.

O número cada vez maior de projetos interdisciplinares de pesquisa traz novos métodos e observações e, paulatinamente, está melhorando as interpretações e completando a visão global das mudanças que ocorreram no Sistema Terrestre. Todas estas informações fazem com que idéias e conceitos antigos tenham que ser revistos. É portanto imprescindível que os fatos (evidências, em geologia) estejam bem separados das interpretações e explicações pois estas podem ser mudadas ou complementadas no futuro em base a novas evidências. Foi isto o que se procurou fazer neste livro.

Aqui fica o reconhecimento aos colegas e amigos que, de uma forma ou outra, contribuiram para a minha formação profissional e que, pelo debate de temas e idéias, me ajudaram a ter uma noção mais completa da história ecológica da Terra. Os meus agradecimentos especiais a Luiz F.G. Labouriau, que me ensinou o método científico e a Carlos Schubert, que colaborou em muitos dos meus trabalhos de reconstrução da vegetação e do clima do Quaternário Tardio.

Muitos amigos e colegas leram partes ou capítulos deste livro e sugeriram artigos e exemplos que contribuiram marcadamente no aperfeiçoamente e atualização dos capítulos. Seria longo demais enumera-los todos, mas em particular agradeço a A. Lugarinho Câmara, Connie M. McManus, Detlef H.-G. Walde, Kenitiro Suguio, Márcio M. Pimentel, Mércia Valadares Ribeiro, Paulo E.S. Saraiva, Roberto Cavalcanti, Valdir Pessoa, por comentários sobre o texto e por numerosas referências bibliográficas. Ao Kélson Dias de Moura agradeço serviços de diagramação e aos colegas do laboratório de Neurobiologia, Universidade de Brasília, pela cessão de numerosas horas de computação.

Quero mecionar também o auxílio que, direta ou indiretamente, me proporcionaram os meus estudantes de pós-graduação do Instituto Venezolano de Investigaciones Científicas (entre 1974 e 1986) e da Universidade de Brasília (entre 1987 e 1993). Eles me deram o estímulo para preparar as aulas que serviram de base para este livro e leram as várias versões do que agora são capítulos.

Agradeço a colaboração da companias petrolíferas Lagoven, (Venezuela) e Petrobrás (Brasil), assim como todos os que gentilmente me cederam fotografias ou figuras que ilustram os capítulos. Os créditos destas figuras se encontram nas legendas das mesmas.

Espero que este livro sirva de estímulo para os jovens que iniciam suas carreiras em paleoecologia, paleoclimatologia e geologia ambiental. Que ele seja uma influência positiva no respeito ao ambiente natural e ao trabalho multidisciplinar.

Brasília, 18 de fevereiro de 1994

ESCALA DO TEMPO GEOLÓGICO

EON	ERA	SISTEMA (Período)	SÉRIE (Época)	IDADE (milhõesde anos AP)
FANEROZÓICO	CENOZÓICA	QUATERNÁRIO	Holoceno	(0.01)
			Pleistoceno	1.6
		NEÓGENO	Plioceno	5.3 (4.8)
			Mioceno	23
		PALEÓGENO	Oligoceno	(36.5)
			Eoceno	53
			Paleoceno	65(64.4)
	MESOZÓICA	CRETÁCEC	Superior	95
			Inferior	135(140)
		JURÁSSICO	Superior	152
			Médio	180
			Inferior	205
		TRIÁSSICO	Superior	230
			Médio	240
			Inferior	250
	PALEOZÓICA	PERMIANO	Superior	260
			Inferior	290
		CARBONÍFERO	Superior	325
			Inferior	355
		DEVONIANO	Superior	375
			Médio	390
			Inferior	410
		SILURIANO	Superior	428
			Inferior	438
		ORDOVICIANO	Superior	455(473)
			Inferior	510
		CAMBRIANO	Superior	(525)
			Inferior	570(540)
PROTEROZÓICO	NEOPROTEROZÓICA		(superior)	1000
	MESOPROTEROZÓICA		(médio)	1600
	PALEOPROTEROZÓICA		(inferior)	2500
ARQUEANO				

CONTEÚDO

AS BASES DA PALEOECOLOGIA

CAPÍTULO

A Introdução

Paleoecologia estuda os ecossistemas que existiram no passado baseando-se nos fósseis encontrados em sedimentos. Ela tem como base a Geologia e a Biologia e utiliza seus fundamentos e terminologias. Se bem que existiram alguns trabalhos pioneiros, a Paleoecologia só começou realmente a se desenvolver nos últimos trinta anos.

A Ecologia estuda a complexa relação entre os organismos vivos e o ambiente físico em que eles vivem. A Paleoecologia tem objetivos semelhantes, mas é difícil deduzir a relação biota-ambiente no passado quando se utiliza a evidência dada pelos organismos fossilizados para reconstruir este paleoambiente. O círculo vicioso que isto pode acarretar tem que ser cuidadosamente evitado.

Ainda que os objetivos da Ecologia e da Paleoecologia sejam semelhantes, na prática os conceitos e os métodos de trabalho são diferentes. Na segunda parte deste livro são discutidos os métodos e as maneiras usadas para contornar essas dificuldades, bem como os limites dentro dos quais eles podem ser usados.

Os organismos somente se preservam bem como fósseis quando estão em condições especiais. A conservação de restos de animais e plantas, que constituem os **megafósseis**, exige condições como as de serem constituidos de partes duras, de serem soterrados rapidamente e outras, que são encontradas principalmente em deltas de rios, em pântanos ou no fundo de lagos e mares. Os megafósseis, tradicionalmente estudados e descritos pela Paleontologia, geralmente são encontrados em quantidade relativamente pequena. Sua descoberta informa mais sobre eles mesmos de que sobre a localidade onde se encontram. Portanto, dão uma informação limitada para a paleoecologia.

Os **microfósseis** são constituidos por esporos, grãos de pólen, e por algas e animais microscópicos. Eles podem ser encontrados aos milhares em um centímetro cúbico de sedimento, o que dá uma base estatística confiável a sua ocorrência. Eles são hoje em dia a principal fonte de dados para a reconstrução do ambiente antigo e neste livro são estudados em detalhe.

Muitas algas como as diatomáceas, as clorococales, os nanofósseis, os dinoflagelados, bem como os foraminíferos são os principais microfósseis dos ambientes aquáticos. Como são parte do plâncton e do bentos, as informações que dão estão limitadas às coleções de agua onde habitam.

Os esporos de pteridófitas (fetos, samambaias, licopódios, etc.) e os grãos de pólen das Gimnospermas e Angiospermas também fazem parte dos microfósseis e podem ser encontrados em grande número. As plantas que os produzem habitam ou habitaram os continentes. Como a dispersão destes grãos, além da água, é feita tambem pelo vento, são levados a grandes distâncias e sua ocorrência em sedimentos dá informação sobre os tipos de vegetação no passado, a sucessão de vegetação através do tempo geológico e, por inferência, o paleoclima da época em que as plantas que os produziram viviam.

Se a fauna e, principalmente a flora fóssil, forem conhecidas, é possível reconstruir o ambiente em que viveram; se a vegetação é reconstruida, é possível inferir o tipo de clima daquele tempo . Por exemplo, se as plantas fósseis encontradas são aquáticas, pode-se dizer que na época em que viveram existia água em abundância no local, sob a forma de um lago, de um pântano ou de mar, ainda que hoje esse local seja um deserto. Quando se encontram juntos os grãos de pólen de *Rhizophora,* de *Avicenia* e de *Laguncularia,* concluimos que a vegetação do local foi um mangue, que estava na zona tropical e à beira mar. Um conjunto de pólen de árvores indica a existência de uma floresta e sugere que tipo de floresta era.

Estes exemplos mostram que o conhecimento da distribuição geográfica e da ecologia das espécies atuais é fundamental para o estudo paleoecológico. Da mesma forma, os princípios básicos de geologia permitem estimar a idade relativa dos ecossistemas antigos e dão a cronologia dos acontecimentos.

A reconstrução dos ecossistemas do Quaternário é direta porque uma parte dos animais e praticamente todas as plantas atuais existiram durante todo o Quaternário. A medida que se estudam períodos cada vez mais antigos, esta reconstrução vai se tornando mais difícil porque aumenta o número de organismos extintos, sobre os quais não há dados ecológicos. Alem disto, os estudos de Paleontologia e de Geologia Histórica há muito tempo já mostraram que o registro fóssil é incompleto e muitas vezes os fósseis sofrem deformações e perda de partes durante a fossilização pelos processos de transporte, diagênese e redeposição. Portanto, quanto mais antigo é um depósito maior a probabilidade de distorção e de eliminação diferencial de fósseis. Desta forma, a

Paleoecologia, como todos os ramos da ciência que estudam o passado, utiliza informações incompletas e fragmentadas. Mesmo assim, à medida que se acumulam as evidências com novas descobertas, são criados novos métodos de estudos, de forma que o quadro vai se tornando cada vez mais completo.

A paleoecologia tem então que lançar mão de informações de outros campos da ciência, além das que fornecem os fósseis, para reconstruir, até onde for possível, o ambiente físico. Efetivamente, a paleoecologia necessita das informações não somente das ciências biológicas e geológicas, mas também da climatologia e da geografia para integrar e interpretar o paleoambiente . E todas estas informações juntas têm que fazer sentido.

2. Os Princípios Geológicos

As leis fundamentais da Geologia são necessárias para a interpretação paleoecológica. Mas duas delas são usadas constantemente e vale a pena recordá-las aqui: o princípio do atualismo e a lei fundamental da superposição das camadas geológicas. Porém, antes de descrevê-las é preciso conhecer o desenvolvimento das idéias que levaram à formulação dessas leis.

2.1. Catastrofismo

No final do século l8 e início do século 19, o grande paleontólogo G. Cuvier descreveu cuidadosamente os fósseis de vertebrados que foram achados na Europa e, principalmente, nos arredores de Paris. Seus estudos estão reunidos em 12 volumes que hoje constituem uma obra clássica. Cuvier observou que os esqueletos que ele encontrou pertenciam a animais do passado, e que muitos deles não tinham equivalentes modernos. Ele observou também que os restos de animais encontrados em uma camada podiam ser diferentes dos que estavam em camadas acima ou abaixo deles. Assim, por exemplo, uma camada de ossos de animais terrestres podia estar coberta por uma camada de conchas marinhas.

No início do século 19 na Europa, não havia sequer uma idéia aproximada da idade da Terra que era muito subestimada. Cuvier pensava que os fósseis que ele estudou tinham no máximo 5 ou 6 mil anos. Estes valores eram aceitos pelos seus contemporâneos. Baseando-se na genealogia dada na Bíblia cristã um bispo da Grã Bretanha naquela época calculou que o mundo foi criado no ano 4004 antes de Cristo. Este intervalo de tempo era muito curto, pensava Cuvier, para que os processos de erosão meteorização e sedimentação, que operam lentamente, pudessem ser responsáveis por estas seqüências e mudanças abruptas de fósseis que ele encontrava. A descoberta de estratos inclinados onde se alternavam seqüências de depósitos marinhos e terrestres puseram em evidência esta impossibilidade. Cuvier pensou que estes fatos só poderiam ser explicados pela atuação de forças mais poderosas e mais rápidas. Ele concluiu que a vida na Terra foi muitas vezes destruida por acontecimentos catastróficos, e deu uma atenção especial às grandes inundações do mar. Cuvier observou corretamente que as catástrofes ocorrem em áreas limitadas e que, terminado o efeito, os animais das regiões não afetadas repovoariam a área destruida.

A idéia do catastrofismo foi utilizada por muitos cientistas do século 19, além de Cuvier. Porém, ao contrário dele, foi empregada como sendo de efeito global e sempre estava conectada com uma explicação teológica. O exemplo mais citado nesse tempo era o do dilúvio de Noé da Bíblia, que teria sido universal e que teria eliminado muitos animais em toda a Terra. Segundo A. D'Orbigny, por exemplo, existiram muitas catástrofes universais que eliminaram todas as formas de vida; depois de cada destruição viria um período de criação. A primeira criação teria tido lugar no Siluriano, a segunda no Devoniano e assim por diante, num total de 27 criações. J. Parkinson, W. Bucklan e muitos outros cientistas da época aceitaram e defenderam a teoria do catastrofismo universal e usaram o dilúvio de Noé como o exemplo do poder divino atuando sobre a Terra. L. Agassiz, por outro lado, considerava que as grandes catástrofes foram causadas pelas glaciações que cobriram quase toda a Terra e que o homem só surgiu depois de terminada a última glaciação.

Os argumentos teológicos em relação ao catastrofismo abundam na literatura do século passado e chegam até os nossos dias. Não é possível eliminar a intervenção sobrenatural sobre a Terra porque sempre haverá quem a defenda de uma forma ou outra, como uma manifestação do poder divino. Mas um cientista deve, antes de tudo, procurar uma explicação **natural** para os fenômenos que encontra, deixando de lado as explicações e justificativas teológicas.

O **catastrofismo natural**, como foi planteado por Cuvier, é um fenômeno normal da natureza. A erupção do Vesúvio que soterrou as cidades de Pompéia e Herculano no ano 79 A.D., a do vulcão que destruiu a ilha de Krakatoa perto de Java em 1883, a do El Nevado del Ruiz, na Colômbia, em novembro de 1985; o terremoto de Lisboa de 1755, seguido de um maremoto que destruiu a cidade, o terremoto do México em setembro de 1985; os furacões e ciclones que açoitam anualmente as ilhas e litorais dos Caribes e do Pacífico ocidental, e muitos outros desastres imprevistos e funestos, estão presentes na nossa mente e na nossa história. Estas catástrofes naturais e todas as outras que existiram, tiveram e tem, um impacto sobre o ambiente. Entretanto, este impacto é sempre restrito a uma região pequena e bem delimitada.

Recentemente a teoria do catastrofismo voltou outra vez com a hipótese de que a extinção dos dinossauros teria sido causada pelo impacto de um cometa tipo "apolo" sobre a Terra. Este é um exemplo de uma hipótese científica que usa uma catástrofe natural para explicar um fato conhecido. Como este, existem muitos outros exemplos que mantem a teoria do catastrofismo dentro da Geologia Histórica, e que serão discutidos ao longo deste livro.

2.2. O princípio do Atualismo

Em contraposição á teoria teológica das destruições e criações divinas surgiu outra escola de pensamento, iniciada por Hutton no começo do século passado, que insistia que " a história do passado do nosso globo deve ser explicada pela observação das coisas que estão ocorrendo hoje" e que " nenhum poder que não seja natural deve ser usado para (estudar) o globo, nenhuma ação deve ser admitida, exceto as que nós conhecemos os princípios". Estas idéias foram pouco a pouco tomando o lugar antes ocupado pelas catástrofes sobrenaturais, e ganhando a aceitação no mundo científico. O maior defensor destas idéias foi C. Lyell que de 1830 em diante reuniu estas idéias em seu famoso livro "Princípios de Geologia" e as denominou **Príncipio do Uniformitarianismo** (ou uniformismo). Os geólogos da Europa continetal denominam este principio de **Atualismo**.

O Atualismo foi aceito desde então como um princípio porque é um método de pensamento e não uma generalização empírica. Este princípio afirma que os mesmos processos e leis naturais que são observados no presente operaram no passado. É o princípio das causas naturais, hoje atuantes, e daí vem o seu nome de atualismo. O termo "uniformitarianismo", muitas vezes traduzido ao português como uniformismo, é um termo infeliz, segundo Holmes (1965, p.43) e segundo outros geólogos fora da Inglaterra e dos Estados Unidos, porque sugere intuitivamente uma uniformidade de velocidade e de proporção, quando o que efetivamente quer dizer é a uniformidade das leis naturais. Neste livro será utilizado somente o termo atualismo que pode ser resumido na frase já muito conhecida: "o presente é a chave do passado".

As evidências de que a Terra é muito mais antiga que os 5 ou 6 mil anos de que se falava no século 19, se foram acumulando através dos anos. Hoje em dia sabemos, por datação radiométrica e outros métodos (Capítulo 2), que o planeta Terra se iniciou há cerca de 4,6 bilhões de anos ($4,6 \times 10^9$). É interessante assinalar que nos Vedas, antigos livros sagrados da Índia, a avaliação da idade da Terra se aproxima da ordem de grandeza real, pois no calendário hindu o ano de 1964 A.D., por exemplo, corresponde a 1.972.449.061 anos que, segundo eles, o mundo presente existe (Holmes, 1965).

Estes bilhões de anos de desenvolvimento da Terra foram suficientemente longos para permitir a evolução da vida até chegar às condições complexas atuais e permitir a ação das forças lentas que modificam a superfície da Terra. Desta forma, os processos lentos de erosão, de intemperismo, de sedimentação, de diagênese, e os processos rápidos de terremoto, vulcanismo, inundações, furacões, impactos de meteoros, e muitos outros, interagiram e moldaram a superfície da Terra e tiveram um efeito direto ou indireto sobre os seres vivos.

O princípio do atualismo é fundamental em Geologia. A descoberta de lavas vulcânicas antigas, por exemplo, mostra que houve vulcões que hoje estão extintos ou cujas crateras já foram erodidas. A comparação entre os efeitos do vulcanismo atual com os destes vulcões antigos mostra que houve períodos em que as erupções vulcânicas foram mais violentas e mais extensas de que as relatadas na história da humanidade. Outro exemplo se encontra nos efeitos dos glaciares. A presença de morenas e circos glaciais, ou de tilitos antigos em regiões onde o clima atual é muito quente para manter uma geleira, indica que o clima foi muito mais frio no passado. As evidências glaciais deixadas pelas grandes "Idades de Gelo" cobrem áreas muito maiores do que os glaciares e calotas polares atuais. Isto mostra que houve glaciações muito mais extensas no passado, com clima muito mais frio que o presente. O atualismo não só permite interpretar os efeitos antigos como pode medir a extensão pela comparação com os efeitos das forças que atuam no presente. Este método de pensamento é utilizado sempre em Geologia e será usado constantemente neste livro.

Pelo princípio do atualismo, as forças que atuam no presente são as mesmas que atuaram no passado. Por extensão, as condições ambientais em que vive um ser vivo no presente e as adaptações necessárias para que ele sobreviva em certas condições, são as mesmas nas quais ele vivia no passado. O conhecimento das exigências ecológicas da biota atual permite a reconstrução do ambiente antigo nos locais onde são encontrados os seus fósseis. Por exemplo, a presença de conchas marinhas numa camada de sedimento mostra que, naquela época, ali houve um mar; conchas de água doce, que foi um lago: pólen de plantas palustres, que foi um pântano, e assim por diante. Quanto mais informação houver sobre as exigências ecológicas das espécies, mais detalhada será a reconstrução do ambiente em que viveram.

No período Quaternário, no qual praticamente não houve extinção de plantas e insetos, a interpretação paleoecológica de seus fósseis é direta. É possível reconstruir a vegetação, o clima e o solo, para cada ponto do período. As limitações principais desta reconstrução são a falta de informações fisiológicas e ecológicas de muitos organismos e a impossibilidade às vezes, de uma identificação a nível de espécie ou gênero.

À medida em que os períodos geológicos são mais antigos, maior é o número de organismos extintos. Grandes grupos de animais e plantas desapareceram totalmente e a reconstrução paleoecológica destes tempos vai perdendo detalhes e se tornando mais indireta. Entretanto, há informações gerais que podem ser usadas com prudência, para o passado muito distante. A presença de corais fósseis no Paleozóico Inferior indica a existência de um mar no local e sugere que se encontrava, naquele tempo, dentro da faixa tropical. Os jazimentos de hulha (carvão de pedra) do Carbonífero e do Permiano, tão importantes para o nosso mundo ávido de fontes de energia, são o resultado da acumulação de restos de plantas e turfas antigas e sugere a existência, no passado, de uma vegetação exuberante crescendo em pântanos ou regiões alagadas periodicamente como as que existem hoje em muitas florestas úmidas.

Além das informações dadas pelos fóssseis, os estudos das propriedades físicas e químicas das rochas, da atmosfera e das águas, e a observação e experimentação das condições de como podem se formar, pelo princípio do atualismo, dão informações paleoambientais nos diferentes períodos da Terra.

A reconstrução do ambiente pré-cambriano, no qual a vida se iniciou, ou dos ambientes do início da formação do nosso globo, não tem muito em que se basear na Terra atual. O estudo recente dos planetas do sistema solar, feito pela exploração direta do espaço por meio de sondas espaciais lançadas da Terra, são a esperança para resolver muitos destes problemas. Estes estudos apresentam modelos de mundos sem oxigênio, sem água, com atmosferas de metano ou outras, que simulam possíveis condições ambientais do início da Terra. Um exemplo é o estudo das crateras de impacto na Lua e nos planetas,que sugere que elas devem ter existido também em grande número na Terra, mas aqui foram eliminadas ou alteradas pela ação da água e do vento, ou desapareceram nas zonas de subducção no fundo de mares.

2.3. A lei fundamental da superposição

Os agentes principais de erosão e de transporte são os rios e a água que escoa sobre a superfície da terra. Calcula-se que os rios transportam ao mar cerca de 85-90% do total dos sedimentos marinhos, enquanto que os glaciares transportam cerca de 7% e as ondas do mar 1 a 2%. Comparativamente a estes agentes de erosão, os ventos não transportam quase nada.

A água de escoamento superficial e principalmente os rios, transportam desde soluções coloidais, partículas finas em suspensão e partículas grossas, até calhaus grandes que deslizam, rodam ou rebotam, arrastados pelas correntes fortes. Este material transportado se deposita nas planícies e nos deltas dos rios, nos lagos e mares. O material transportado vai se depositando em camadas sucessivas de partículas soltas que constituem os **sedimentos**.

Com o correr do tempo as partículas soltas de sedimento vão se consolidando e cimentando até se constituirem em **rochas sedimentares**. Os sedimentos relativamente jovens não passaram ainda pelos processos lentos de consolidação e cimentação. Estes sedimentos não consolidados se limitam principalmente ao Quaternário.

A compreensão de que o material solto de um sedimento pode se transformar numa rocha e, da mesma forma, uma rocha sedimentar pode se esfacelar, foi muito importante. Para chegar a essa conclusão foi necessária a observação cuidadosa dos sedimentos que estão sendo depositados ou sendo consolidados atualmente. Estas observações, pelo princípio do atualismo, levaram á descoberta de uma das leis fundamentais da Geologia, a **Lei da Superposição**.

Enquanto atua o processo de transporte e deposição, os sedimentos são continuamente cobertos por novo material e se formam camadas sucessivas. Se não há movimentos tectônicos posteriores, o sedimento mais antigo está na camada mais profunda e o mais recente em cima. Isto significa que em todas as seqüências de rochas sedimentares e vulcânicas, que não foram deformadas, cada camada se superpõe á anterior em ordem cronológica.

Os animais, plantas e microorganismos mortos na área de deposição ou que foram transportados até ali, são cobertos por novos sedimentos que chegam continuamente. Se esta cobertura é rápida e o ambiente de deposição é propício, eles podem ser preservados ou fossilizados. Este tipo de preservação é rotineiro no fundo dos mares e de muitos lagos. Por isto os sedimentos marinhos são tão ricos em fósseis. O importante é que estes fósseis ficam dispostos em ordem cronológica.

Os sedimentos são consolidados e as rochas sedimentares geralmente são formados de camadas superpostas, ou **estratos**. A estratificação varia em espessura, composição, cor, estrutura interna e conteúdo de fósseis. Os estratos dependem das rochas que estavam sendo erodidas, do tempo que durou aquela deposição e da fauna e flora daquele tempo. O estudo destas camadas denomina-se **Estratigrafia** e se ocupa da descrição e da interpretação das rochas sedimentares. A estratigrafia é um ramo muito desenvolvido da geologia, mas está fora dos objetivos deste livro.

A lei de superposição é fundamental em geologia histórica e em paleoecologia. Ela permite a reconstrução cronológica dos acontecimentos, mas a datação é somente relativa. É necessário ter a datação absoluta para colocar uma seqüência de acontecimentos corretamente na escala geológica. Isto se tratará no capítulo seguinte.

Se bem que a lei de superposição é fácil de se entender, a seqüência histórica não é fácil de se reconstituir. Na natureza há poucas seqüências intactas, pois na maioria dos casos faltam camadas que foram destruidas pela erosão antes de que outra camada se depositasse em cima. É necessária a assistência de um especialista e, sempre que possível deve-se conseguir várias datações absolutas para interpretar uma seqüência de fósseis.

A lei de superposição se aplica também em outros casos, além dos sedimentos. Por exemplo, no estudo da superfície dos planetas e dos satélites do sistema solar, as milhares de crateras se sucedem, as mais jovens se superpondo ou obliterando parcialmente as mais velhas. Nas escavações arqueológicas é comum encontrar níveis culturais superpostos que mostram que a localidade foi ocupada mais ou menos continuamente. Estes níveis culturais estão em ordem crescente de idade, desde a superfície até a base da escavação.

3. O Conceito de Ecossistema Dinâmico

O ecossistema é a unidade básica funcional da ecologia e da paleoecologia. Mas antes de examiná-lo é necessário voltar atrás na história dos conceitos geológicos do sistema terrestre.

Ao estabelecer o conceito do atualismo, Lyell introduziu também o conceito de tempo ilimitado. Segundo ele, as leis naturais sempre estiveram ativas e ao nosso alcance para o estudo do mundo real. Tanto Lyell, como Hutton antes dele, basearam suas interpretações nas características objetivas que podiam ser observadas nas rochas no final do século 19. Nesse conceito, o mundo seria como uma máquina que repete seus ciclos infinitamente. Hoje temos métodos mais refinados e muito mais informações. Sabemos que as configurações locais se deram ao acaso ao longo do tempo geológico e, ainda que possam ser repetidas de tempos em tempos, a combinação de todas as circunstâncias não é exatamente a mesma. Isto faz com que a história da Terra seja vista hoje em dia como um sistema em evolução, um sistema dinâmico, que começou a operar a uns 4,6 bilhões de anos atrás e que foi evoluindo e mudando.

As leis que regem a Terra atual não se aplicam aos primeiros tempos do nosso planeta, quando começou a se esfriar, porque as condições ambientais daquele tempo não existem na superfície da Terra atual. Entretanto, como já foi dito, existem no universo situações que podem ajudar no estudo dessas épocas remotas e a tecnologia moderna pode criar em laboratório ou em modelos de computador, algumas condições semelhantes às da Terra inicial para serem estudadas. É necessário ter em conta que as leis da física, da química e da biologia continuam sendo as mesmas. O que ocorre é que às vezes ainda há leis para se descobrir. Quando Kelvin, no final do século 19, calculou a idade da Terra pelo esfriamento do planeta a partir de um estado inicial de fusão, o resultado obtido deu muito abaixo do estimado atualmente porque naquele tempo não se conhecia nem a radioatividade nem o comportamento dos elementos químicos sob temperatura e pressão altíssimas. Da mesma forma, hoje há muitas coisas para as quais não temos ainda explicações porque ainda nos faltam conhecimentos básicos e metodológicos para interpretá-las.

Neste planeta em evolução, as diferentes espécies do registro fóssil das rochas foram sendo substituidas por outras, cada espécie descendendo de um ancestral mais antigo numa longuíssima sucessão. A velocidade de evolução e de extinção de cada espécie variou durante o tempo geológico e a evolução foi e é irreversível. Desta maneira, cada idade geológica é caracterizada por uma combinação única de espécies. A superfície da Terra, a atmosfera, os mares, os organismos e os ecossistemas, portanto, são sistemas dinâmicos. Cada sistema, o seu desenvolvimento e as suas modificações, podem ser reconstruidos pelo estudo dos fósseis contidos nos sedimentos e nas rochas sedimentares. As seqüências desses fósseis são os documentos históricos que registram a evolução.

O conceito de ecossistema dinâmico é novo em Ecologia. Em geral os livros e os cursos de Ecologia não consideram o fator tempo, no sentido geológico. Um sistema ecológico ou **ecossistema** é uma unidade (funcional) ecológica que compreende todos os organismos conjuntamente com o ambiente não vivente, interagindo entre eles de forma que cada qual influencia as propriedades do outro, e todos são necessários para a manutenção da vida tal como existe e existiu no passado. Entretanto, se o clima ou outras condições ambientais mudam, e sabemos que mudaram muitas vezes na história da Terra, os componentes do ecossistema sofrem modificações, adaptações e extinções. Da mesma forma, os organismos de um ecossistema podem interagir com o ambiente físico modificando-o lentamente.

O conceito dos ecossistemas naturais como dinâmicos é bem exemplificado no estudo histórico da floresta mista na Grã-Bretanha. Em cada interglacial do Quaternário a floresta mudou em composição e porcentagem relativa de seus componente de tal forma que é possível identificar e datar cada interglacial pelo conjunto de pólen nos seus sedimentos. Isto mostra que este ecossistema de floresta existiu durante todo o Quaternário, mas foi sendo modificado pelas diferentes condições climáticas durante este período. Outros tipos de ecossistema evoluiram desta ou de outra forma durante o Cenozóico. Assim, cada um foi se modificando pelas mudanças de clima e de composição da vegetação e nenhum deles ficou estático.

A falta de informação paleoecológica trouxe uma série de idéias equivocadas para a Ecologia porque esta se baseava em ecossistemas estáticos e resilientes. Os conceitos de clímax, de vegetação primária e secundária, e os de refúgio da biota, devido às informações paleoecológicas, começam agora a serem re-examinados e reformulados. No correr deste livro se verá a destruição de algumas idéias que estão nos livros textos de ecologia porque eles não consideram o fator tempo, e nos de geologia porque não consideram outros princípios de evolução além da seleção natural. Um exemplo disto é dado pela explicação usada até bem pouco tempo de que a diversidade da biota tropical é devida á "estabilidade climática dos trópicos" durante o Quaternário. De alguns anos para cá, sabemos que o clima tropical não foi estável durante o Quaternário. Muitos ecólogos consideram as savanas e as "praries" americanas como vegetações secundárias resultantes da queima periódica feita pelo homem. Mas, é difícil aceitar que a grande quantidade de espécies de plantas e animais que fazem parte destes ecossistemas, tenham se especiado somente no final do Quaternário, depois que os homens entraram nas Américas. O tempo é demasiadamente curto e provavelmente a maioria desta biota já existia no início do Quaternário, mas a combinação de seus elementos variou durante os quase dois milhões de anos que existem.

Há mais de um século que a Geologia mostra que houve grandes e pequenas mudanças climáticas, faunísticas e florísticas ao longo de toda a história da Terra. Mas faltava a união entre as Ciências da Terra e as Ciências Biológicas para que se complementassem e resolvessem uma série de problemas. Desta união saiu a paleoecologia, que realmente se iniciou na década de 1960.

A paleoecologia estuda o desenvolvimento e as modificações dos ecossistemas naturais no tempo, as sucessões, os efeitos do homem sobre estes sistemas, a natureza e a causa das mudanças ambientais, sejam elas naturais ou sejam elas causadas pela intervenção do homem.

4. Classificação Geral dos Organismos

Para conhecer e estudar os organismos vivos e fósseis é necessário tê-los caracterizados e catalogados. Uma vez definido, cada organismo é descrito e designado por uma combinação de dois nomes, o **gênero** e o **epíteto**. Por exemplo, **Rosa centifolia** é o nome de uma rosa silvestre. Todos os indivíduos semelhantes a ela são designados pelo mesmo nome e são ditos como pertencentes à mesma **espécie**. As variações dentro da espécie são chamadas subespécies ou variedades. As rosas têm muitas variedades naturais bem como muitíssimas variedades (cultivares) e híbridos selecionados pelo homem. A criação de variedades e híbridos é freqüente para as plantas cultivadas e os animais domesticados, desde o início da agricultura e da pecuária, há milhares de anos. As subsepécies, variedades e ecotipos naturais surgiram naturalmente ao longo da história da Terra por mudanças ambientais, mutações ou outros eventos que são discutidos nos capítulos seguintes.

Dentro de um gênero geralmente existem espécies próximas que são designadas por outros epítetos, por exemplo, *Rosa gallica, Rosa odorata, Rosa chinensis, Rosa alba*.

Gêneros próximos são reunidos em uma família (exemplo, Rosaceae). O mesmo sistema de classificação é usado para animais, para protozoários, fungos e bactérias. Entre os fósseis é um pouco diferente quando não há informação suficiente. Os que representam organismos que já se extinguiram e dos quais restam somente algumas partes fossilizadas, são classificados em **espécie-forma** e **gênero-forma**, que designa a parte que se preservou. Por exemplo, *Glossopteris* (gênero-forma de um tipo de folha), *Lepidocarpon* (gênero-forma de megasporângio), *Stigmaria* (gênero-forma de certas raizes). Um dos objetivos da Paleontologia é encontrar as outras partes que formam o organismo e colocá-lo dentro da classificação geral. Situação semelhante às vezes ocorre também com os seres vivos atuais. Os fungos, cujos sistemas reprodutivos ainda não se conhecem, formam o grupo "Fungi Imperfecti" (Classe Deuteromycotina).

Famílias próximas são reunidas em uma **Ordem** que inclui aquelas com as mesmas carcaterísticas gerais. A família Rosaceae é da Ordem Rosales, mas cerca de 17 outras famílias pertencem a esta ordem, entre elas as Saxifragáceas (família da hortência), Leguminosas (família do feijão, ervilha, etc.) e as Crassuláceas (plantas suculentas, como *Sedum* e *Kalanchoe*).

As ordens são reunidas em **Classes** e as classes em **Divisões** ou **Filos**. Em geral a palavra Divisão é usada para plantas e Filo, para animais. Porém, realmente é indiferente o uso de um ou outro termo. Na classificação dada abaixo será usado o termo Filo para esta categoria em todos os reinos.

As Divisões ou Filos são reunidos em **Reinos**. Durante muito tempo foram considerados três reinos, animal, vegetal e mineral. Os avanços do conhecimento nessas últimas décadas levaram à necessidade de uma divisão mais detalhada dos organismos que passaram a incluir cinco reinos. Alguns grupos com características especiais foram tirados dos reinos animal e vegetal e postos à parte em novos reinos (Monera, Protista e Fungi). Este critério é o adotado aqui.

O agrupamento das espécies em gêneros, famílias e categorias superiores, procura seguir uma órdem filogenética. Porém, como falta ainda muita informação, a seqüência filogenética em vários pontos é preenchida por hipóteses. Isto cria diferenças de critério entre autores. Certos caracteres considerados importantes para um, podem não o ser para outro. Assim, segundo o autor, um grupo de organismos pode ser elevado a uma ou outra categoria taxonômica. Por exemplo, as Cicas são consideradas como Divisão Cycadophyta, ou Classe Cycadinae, ou ordem Cycadales, nas diferentes classificações. Na classificação que usamos neste livro, elas são consideradas como classe. Observe que a terminação da palavra muda para estar em concordância com a categoria adotada (phyta, inae, ales), de acordo com as regras de nomenclatura taxonômica. Estas discordâncias não constituem empecilho para a descrição histórica ou paleoecológica. As dificuldades são devidas principalmente a que o registro fóssil é incompleto. Muitos dos organismos que existiram não deixaram fósseis reconhecíveis e não existe uma seqüência evolutiva completa, sem lacunas, que mostre claramente uma espécie originando a outra, em todas as etapas. Além disto, os estudos genéticos e bioquímicos que ajudam a estabelecer o grau de parentesco, não foram feitos para todos os organismos e não podem ser feitos para muitos dos que se extinguiram.

A colocação dos organismos nas diferentes categorias da classificação apresentada aqui, obedece ao critério que pareceu ser mais prático para o estudo paleoecológico. Por isto, foram usadas classificações de autores diferentes, conforme o grupo. Pela mesma razão prática, alguns pequenos grupos de seres vivos, sem registro fóssil, foram omitidos, ao passo que alguns grupos obscuros do ponto de vista biológico, mas abundantes como fósseis, foram descritos.

As descrições abaixo são sumárias e dão somente algumas características marcantes até o nível de Classe. O conhecimento em detalhe de cada categoria e sua subdivisão deve ser buscado nos tratados especializados, alguns dos quais são citados entre as referências deste capítulo. Para ilustrar cada classe foram escolhidos os exemplos mais conhecidos.

Classificação e Características Básicas dos Organismos

REINO MONERA

Organismos unicelulares com a estrutura de célula procariote (ausência de membrana nuclear, plastídios e mitocôndrios, cromossomos em anel, fig. 4.6); nutrição predominantemente por absorção, porém alguns grupos são fotossintéticos (a fonte de energia é a radiação solar) ou quimiossintéticos (fonte de energia de compostos inorgânicos); reprodução por fissão ou gemação; locomoção por flagelos simples ou por deslizamento.

Filo Schizophyta: são as bactérias; organismos em geral muito pequenos (menores que 1 μm), isolados ou formando colônias envolvidas em bainhas de mucilagem (cápsula); abundantes em numerosos tipos de ambiente e como parasitos; ainda que dificilmente se preservem em rochas, há evidências de que seus fósseis são os organismos mais antigos que se conhecem e existem há mais de 3.2 B.a. (bilhões de anos).

Filo Cyanophyta: são as cianobactérias, também conhecidas como cianofíceas ou algas azul-esverdeadas; suas células são muito pequenas, entre 1 e 25 μm em diâmetro, com parede de celulose; isoladas ou em colônias envolvidas por bainha de mucilagem; imóveis ou com movimento por deslizamento; são fotossintéticas, abundantes em varios tipos de ambiente; algumas formas filamentosas formam estruturas organo-sedimentares denominadas **estromatólitos** (Figs. 4.2 e 4.3) que são encontradas desde mais de 3 B.a. São consideradas como as responsáveis pelo advento do oxigênio livre na atmosfera e nas águas, o qual seria originado de sua fotossíntese.

REINO PROTISTA

Organismos unicelulares com célula de estrutura eucariote (com membrana nuclear e mitocôndrios; muitas formas com plastídeos, vários cromossomos, fig. 4.6); nutrição varia em cada grupo: fotossíntese, absorção, ingestão ou uma combinação destes; reprodução sexual e assexual; locomoção por flagelos, jatos ou outro meio, mas algumas formas são imóveis; alguns grupos são semelhantes às plantas (fotossintetizantes), outros grupos são semelhantes aos animais. Entre as formas que se fossilizaram estão as seguintes:

Filo Chrysophyta - grupo importante e diversificado; organismos fotossintéticos, em mares e lagos: 1. **diatomáceas** - sem flagelos ou pseudópodos; o grupo das Penales deslizam sobre o substrato por propulsão a jato de muco; as Centrales são imóveis, e flutuam nas águas; a célula das diatomáceas é envolvida por uma frústula de sílica composta de duas valvas; são planctônicas ou bentônicas, abundantes em água doce, salobre e salgada; as marinhas são mais abundantes em águas frias e geladas; alguns fósseis são conhecidos desde o Cretáceo mas eles são realmente abundantes do Paleoceno em diante; ambas as formas são importantes em correlação estratigráfica de continentes e mares e na detecção de fases frias e salobres do Plioceno e Pleistoceno; **diatomitos** são depósitos espessos constituidos predominantemente de frústulas de diatomáceas, são também chamados terra infusória ou "kieselguhr". **2. sílico-flagelados** - fitoplâncton marinho; fósseis a partir do Cretáceo Inferior; fósseis bem preservados em sedimentos ou rochas silicosas; usados em correlação bioestratigráfica e avaliação do paleoclima; **3. cocolitofíceas** - são os nanofósseis calcários; fitoplâncton marinho, organismos móveis por flagelo; muito abundantes em mares tropicais e subtropicais; fósseis constituidos de minúsculos escudos calcários (Fig. 5.12) que cobrem o organismo e, ao serem descartados, formam depósitos espessos no fundo dos mares; abundantes desde o Jurássico até o presente, raros no Paleozóico.

Filo Pyrrhophyta - **1. dinoflagelados** - fitoplâncton marinho; movimento por dois flagelos típicos; clorofila e outros pigmentos fotossintéticos (Fig. 4.8); ciclo de vida com fase móvel e imóvel (cisto); carapaça e cisto constituidos de esporopolenina (a mesma substância que envolve os grãos de pólen); fósseis ocorrem desde o Permiano; **2. acritarca** (cistos prováveis de dinoflagelados, fig. 4.8) - ocorrem desde o Proterozóico superior; são importantes na bioestratigrafia marinha do Mesozóico e Cenozóico.

Filo Sarcodina - amebas e outros organismos isolados ou em colônias, com metabolismo animal, sem pigmentos fotossintéticos, geralmente flutuam livremente nas águas (zooplâncton); tem pseudópodos ou formas amebóides; de todo o filo somente duas órdens deixaram um registro fóssil abundante: **1. foraminíferos** - com exosqueleto (testa) composto de matéria orgânica (tectina), ou calcário, ou sílica, ou de partículas aglutinadas; a testa tem uma ou várias perfurações (forámen) e geralmente é formada de várias câmaras (Fig. 5.11); fósseis desde o Cambriano inferior até o Presente; mais abundantes a partir do Cretáceo superior, em sedimentos marinhos; devido à alta sensibilidade a mudanças ambientais são ótimos índices paleoecológicos do Quaternário; **2. radiolários** - esqueleto com elementos radiais ou tangenciais, de sílica opalina, sulfato de estrôncio ou orgânico com 20% de sílica opalina. Foraminíferos e radiolários têm grande importância em bioestratigrafia sendo que alguns foraminíferos marinhos do Quaternário são usados para reconstrução de paleotemperatura.

Filo Ciliophora - protozoários com boca e cavidade bucal e com o corpo coberto externamente por cílios, cujos movimentos fazem a locomoção do organismo; o mais conhecido é o *Paramecium*. Somente uma pequena família (Tintinnidae) deixou um registro fóssil; esta inclui principalmente protozoários marinhos e suas formas calcárias (calpionclídeos) são abundantes no Mesozóico.

Outros filos de organismos protistas não deixaram fósseis, como por exemplo, as Euglenophyta, Sporozoa, Zoomastigina, e outros.

REINO PLANTAE

Organismos multicelulares cujas células têm núcleo eucariote (com membrana nuclear, microtúbulos e plastídeos, fig. 4.6) e forma tecidos especializados; praticamente quase todos são fotossintéticos e imóveis; reprodução principalmente sexual; numerosos fósseis.

Filo Rhodophyta - algas vermelhas, geralmente marinhas, as poucas de água doce ocorrem em cachoeiras, rápidos e águas ricas em oxigênio; as *Corallinas* e outras são calcificadas e formam recifes nos mares atuais e do passado; muitas se fossilizaram e são incluidas dentro da denominação geral de "algas marinhas" ("sea weeds").

Filo Phaeophyta - algas pardas; quase todas marinhas; podem ocorrer como fósseis do grupo geral de algas marinhas ("sea weeds"); entre as viventes, as mais conhecidas são os sargassos (*Sargassum*, ordem Fucales) e os "kelps" (ordem Laminariales).

Filo Chlorophyta - algas verdes; é talvez o grupo de algas com maior número de espécies vivas; são muito abundantes nas águas doces ou salgadas; a ordem Chlorococcales ((*Botryococcus, Pediastrum*, etc.) é abundante em sedimentos lacustres; as outras ordens não estão bem representadas no arquivo fóssil porém há evidência de presença de clorofíceas desde o final do Pré-cambriano, com um bilhão de anos.

Filo Charophyta - plantas-de-pedra; as carófitas são incluidas por alguns autores entre as clorofíceas; algumas secretam carbonato de cálcio; corpo dividido em nós e entrenós; a mais conhecida é a *Chara*; são plantas de água doce ou salobre; megafósseis e macrofósseis (oogônios) são encontrados em rochas calcárias do Siluriano Superior em diante.

Filo Bryophyta - musgos e hepáticas; sem exosqueleto ou camada externa rígida, o corpo é constituido de partes delicadas; as briófitas são muito raramente encontradas como fósseis, talvez apareceram no Siluriano (nematofitas), seguramente, no Devoniano Inferior.

Filo Pteridophyta - plantas vasculares (com sistema condutor e de sustentação), muitas com tecidos lenhosos; deixaram abundantes megafósseis, principalmente a partir do Devoniano, mas estão presentes desde o Siluriano Médio; microfósseis constituidos por esporos, são muito freqüentes.

- **Subfilo Psilopsida** - grupo de pteridófitas extintas; são os fósseis mais antigos das plantas vasculares, iniciando-se no Siluriano Médio, dominantes no Devoniano; foram as primeiras plantas comprovadamente terrestres, cujo gênero mais conhecido é *Rhynia* (Fig. 4.10); teriam dois gêneros modernos, *Psilotum* e *Tmesipteris*, que não são mais considerados como pertencente às psilofitas e sim ao subfilo Pteropsida (família Psilotaceae).

- **Subfilo Lycopsida** - licopódios modernos e extintos; dominantes no Carbonífero, contem ervas e árvores muito altas como *Lepidodendron* (Fig. 4.11) e *Sigillaria*, nas florestas do Carbonífero (Fig. 4.12); folhas micrófilas (uma só nervura central); somente alguns gêneros herbáceos chegaram até o presente, como *Lycopodium* e *Selaginella*.

- **Subfilo Sphenopsida** - equisetos herbáceos e árbóreos; dominantes nas florestas do Carbonífero com árvores como *Calamites* (Fig. 4.12) e ervas; tronco segmentado em nós e entrenós, folhas micrófilas (uma só nervura central); somente um gênero herbáceo chegou até o presente, *Equisetum*.

- **Subfilo Pteropsida** - são as filicíneas e compreende todas as samambaias, fetos e avencas; folhas macrófilas (com rede de nervuras), geralmente pinadas (frondes); seus fósseis ocorrem a partir do Carbonífero, eram comuns no Mesozóico, mas no Terciário e no Presente não são dominantes na vegetação; entre seus fósseis mais conhecidos no Carbonífero e Permiano está o *Psaronius* (Fig. 4.13), abundante na Europa e nordeste do Brasil.

Filo Embryophyta Siphonogama - plantas vasculares, gametófitos retidos no esporófito; esporófito constitui a planta e produz pólen (no gametófito masculino) e óvulos (no gametófito feminino); após a fecundação forma-se a semente que é a unidade de dispersão da espécie.

Subfilo Gimnospermae - plantas geralmente lenhosas, raramente sem caule (Fig. 5.7); folhas simples e pequenas, ou menos freqüentemente, grandes e pinadas; inflorescências reduzidas a sacos polínicos e óvulos, geralmente reunidos em cones (estróbilos), com um ou dois sexos; polinização anemófila (pólen transportado por vento); sementes núas, sem envólucro formador de fruto e sem endosperma (não há dupla fecundação); lenho secundário com canais resinosos e sem verdadeiros vasos lenhosos; são terrestres e as que existem no presente ocorrem principalmente em florestas das zonas temperadas; são as coníferas, cicas e outras. Fósseis abundantes desde o Devoniano, principalmente troncos e pólen, às vezes cones e folhas.

- Classe Pteridospermae - também denominada Cycadofilicinae ou pteridospermas. Plantas extintas, produtoras de semente e com aspecto de fetos arborescentes (samambaiaçu); geralmente árvores com tronco robusto, algumas são ervas rastejantes; Gêneros mais conhecidos:*Calymmatotheca* e *Glossopteris* (Fig. 3.4); surgiram no Devoniano, atingiram ao máximo no Carbonífero e se extinguiram no Cretáceo inferior. Alguns autores consideram-nas como um filo (Divisão) à parte, entre pteridófitas e gimnospermas.

- Classe Cycadinae - cicas; com tronco geralmente curto, não ramificado ou pouco ramificado; folhas grandes e compostas, na parte superior do tronco; crescimento secundário bem desenvolvido; flor feminina em um único macroestróbilo (cone);

sementes nuas; cones masculinos abundantes e com grande produção de pólen; com cerca de 9 gêneros modernos, confinados às zonas tropicais e subtropicais; as mais conhecidas são as *Cycas* e *Zamias*, apareceram no Permiano inferior e foram muito abundantes no Mesozóico.

- Classe Bennettitinae - plantas extintas, com tronco curto e geralmente tubériforme, não ramificado ou pouco ramificado, externamente armado com as bases persistentes das folhas; crescimento secundário desenvolvido e com tecido secretor; folhas simples, pinadas (fronde), em coroa na parte superior do tronco; inflorescência na axila das frondes: sementes semelhantes ás de pteridosperma; viveram do Triássico ao Cretáceo. Junto com as cicas, com as quais se parecem, constituem o grupo conhecido como "cícadas"; macrofósseis e polen (monossulcado) fóssil abundante.

- Classe Cordaitinae - plantas extintas, arborescentes, crescimento secundário bem desenvolvido; folhas compostas e grandes; flor feminina reduzida a um único macroesporófilo; sacos polínicos abundantes; formaram extensos bosques principalmente no Carbonífero do hemisfério norte mas o registro fóssil começa no Devoniano Superior e se extingue no Permiano; os mais conhecidos são os *Dadoxylon*, os *Cordaites* (Fig. 4.12) e os *Archeopteris*.

- Classe Ginkgoinae - ginkgos e semelhantes; grupo de plantas fósseis com uma única espécie viva (*Ginkgo biloba*, fig. 5.4); plantas arbóreas, com tronco muito ramificado, com canais de resina e sem verdadeiros vasos lenhosos; folhas simples, geralmente com nervura bífida; plantas masculinas com estames em cachos, plantas femininas com óvulos pedunculados, em ramos muito curtos; sementes grandes; fósseis conhecidos pelos botânicos antes da única espécie viva, *G. biloba*, esta tem sido cultivada no Oriente há muito tempo em templos budistas; fósseis desde o Permeano até o Terciário.

- Classe Coniferae - plantas em geral arborescentes, raramente arbustivas; tronco sempre muito ramificado; folhas pequenas, geralmente em forma de agulha (aciculadas); megaestróbilo (portador de óvulos) separado do microestróbilo (portador de pólen), mas ambos em geral na mesma planta; polinização anemófila (transporte por vento, fig. 5.7), pólen abundante; no presente este é o grupo de gimnospermas com o maior número de gêneros vivos, entre eles, os pinheiros, sequóias, cipestres, araucárias, etc.; muitos dos gêneros modernos são muito antigos e surgiram no Mesozóico ou Terciário Inferior; a maior parte das famílias teve uma distribuição geográfica muito maior no passado; entre os mais conhecidos do hemisfério sul estão a *Araucaria* e o *Podocarpus* (Fig. 6.7).

-Classe Gnetinae - pequeno grupo de plantas com algumas características diferentes das outras gimnospermas; lenho secundário com vasos; cones masculinos (microestróbilo) bem definido; folhas opostas ou em disposição helicoidal; óvulo nu; somente as Ephedraceae deixaram fósseis, porém só a partir do Terciário; não se conhecem fósseis de gnetáceas do Cretáceo para baixo; entre as viventes estão as efedras, welwitschias e gnetos.

Subfilo Angiospermae - plantas com flores e com óvulos encerrados em um ovário; semente dentro de um fruto, geralmente com endosperma; polinização por vento ou por insetos; com cerca de 200.000 espécies que crescem em uma grande variedade de ambientes, terrestres, palustres e aquáticos; conhecidas desde o Cretáceo médio (talvez do Jurássico); pólen, macrofósseis e megafósseis abundantes desde o Cretáceo superior; é o grupo dominante na maior parte da vegetação moderna; os gêneros atuais existem desde o início do Quaternário, sem extinções, o que permite uma boa reconstrução da vegetação e das condições ambientais deste período.

- Classe Dicotyledoneae - com mais de 50 ordens; embrião com dois cotilédones; subdivisões da flor com 4 ou 5 partes, ou múltiplos destas; geralmente com uma raiz principal, pivotante; folhas com nervura reticulada; herbáceas, arbustivas ou arbóreas; principalmente terrestres ou palustres, poucas aquáticas; o grupo inclue a maior parte das frutas comestíveis (laranja, manga, pêssego,etc.) flores cultivadas (rosa, jasmim, crisântemo, etc.), madeiras comerciais (jacarandá, carvalho, etc.), cactos e muitas outras plantas muito conhecidas; fósseis abundantes.

- Classe Monocotyledoneae - com cerca de 14 ordens; embrião com um cotilédone; subdivisões da flor com 3 partes, ou múltiplo de 3; folhas de nervuras paralelas; plantas com raízes muito ramificadas (fasciculadas); são principalmente herbáceas, algumas famílias são lenhosas (como as palmeiras); terrestres, palustres ou aquáticas (água doce); famílias mais abundantes: gramíneas, palmeiras, além de ciperáceas, aráceas e outras; fósseis abundantes.

REINO FUNGI

Organismos geralmente multicelulares com células eucariotes (Fig. 4.6); nutrição exclusivamente por absorção e portanto essencialmente parasítica ou saprofítica; geralmente não são móveis e se encontram dentro do tecido do organismo parasitado; reprodução sexual e assexual; muito poucos fósseis, ás vezes encontrado dentro de tecidos vegetais fossilizados, como nas plantas terrestres do Siluriano Superior.

Filo Myxomycota - mixomicetos com ca. 7 classes, nem um fóssil conhecido.

Filo Eumycota - com ca. 5 classes, entre elas as Ascomycotina (ascomicetos),Basidiomycotina (basidiomicetos) e Deuteromycotina (deuteromicetos ou fungos imperfeitos). Fósseis raros, alguns aparecem desde cerca de 2 bilhões de anos.

REINO ANIMALIA

Organismos multicelulares com células eurariotes e geralmente formando tecidos especializados; nutrição geralmente por ingestão ou raramente por absorção; nível complexo de organização; locomoção baseada em fibrilas de vários tipos; reprodução predominantemente sexual.

Filo Mesozoa - animais invertebrados e vermiformes, parasitos, nenhum fóssil conhecido.

Filo Porifera - invertebrados primitivos, multicelulares, conhecidos como esponjas; sem verdadeiros tecidos ou órgãos; esqueleto de calcita, sílica ou espongina; usualmente estacionários e ligados ao substrato na fase adulta; forma larval nadadora; habitam as águas doces e salgadas; fósseis talvez desde o Pré-cambriano superior, certamente desde o Cambriano.
- Classe Demospongiae - esponjas com esqueleto de fibras orgânicas.
- Classe Hexactinellida - esponjas com esqueleto silicoso
- Classe Calcaria - esponjas com esqueleto calcário.

Filo Archaeocyatha - organismos extintos; esqueleto cônico, de parede dupla, calcário; partes moles desconhecidas; ocorrem somente no Cambriano.

Filo Coelenterata - também denominados Cnidária; são os pólipos ou corais e as medusas; tecidos bem desenvolvidos, tentáculos com células urticantes (nematocistos); corpo com cavidade central grande, porém não têm um verdadeiro celoma; geralmente têm simetria radial; a maioria é marinha e muitos formam colônias; fósseis desde o Pré-cambriano Tardio.

- Classe Hydrozoa - são as hidras; corpo frágil, sem partes rígidas; a maioria colonial e estacionária; de água doce ou salgada; poucos fósseis.

- Classe Scyphozoa - medusa e água-viva; poucos fósseis, entre eles *Corumbella*, o mais antigo fóssil de invertebrados do Brasil (Fig. 4.7).

- Classe Anthozoa - anêmonas marinhas e pólipos ou corais; essencialmente não móveis quando adultos; os corais geralmente têm esqueleto calcário e muitos formam recifes nas partes rasas do mar; fósseis abundantes desde o Cambriano Tardio.

Filo Ctenophora - corpo frágil, sem partes rígidas, e com faixas de cílios na parte externa; nem um fóssil conhecido.

Existem outros filos que ou são muito raros ou não são identificáveis no registro fóssil a não ser como animais vermiformes. Muitos deixaram trilhas, buracos ou marcas em sedimentos. Estes traços fossilizados não podem ser atribuidos a um filo específico, e podem pertencer aos Acanthocephala, Platyhelminthes, Nemertinea, etc. e são designados no registro fóssil como "vermes".

Filo Bryozoa - animais pequenos, reunidos em colônias fixas ao substrato; corpo com celoma e com tentáculos ciliados em volta da boca; exoesqueleto calcário, quitinoso, córneo ou membranoso, mais ou menos tubular, que envolve um corpo frágil, semelhante ao dos celenterados; fósseis provavelmente desde o Cambriano Tardio; de água doce ou marinha; são importantes formadores de rochas e muito úteis em correlação geológica; foram muito mais abundantes no passado que no presente.

Filo Brachiopoda - organismos bivalves, exclusivamente marinhos; a valva (concha)dorsal ligeiramente maior que a ventral; a maioria das espécies tem um apêndice (pedicelo) que prende o animal ao substrato; alimenta-se por meio de tentáculos ciliados em volta de uma estrutura semi-rígida e especializada (lophophora) dentro da concha; foram muito mais abundantes no passado que no presente, tanto em número de espécies como em variedades; fósseis desde o Cambriano (Pré-cambriano?), especialmente abundantes no Paleozóico.

Classe Inarticulata - conchas de quitinifosfato; valvas sem articulação em dobradiça; fósseis desde o Cambriano (Pré-cambriano?); o gênero *Lingula* de hoje parece ter existido desde o Siluriano.

- Classe Articulata - conchas calcárias e com articulação em dobradiça bem desenvolvida; fósseis muito mais abundantes que os Inarticulata; ocorrem desde o Cambriano.

Filo Mollusca - grupo muito diversificado, geralmente são animais com conchas, com um canal alimentar de duas aberturas e corpo com uma cavidade verdadeira (celoma); concha calcária, com uma ou duas valvas, ou com várias partes, que é secretada por um tecido macio abaixo da concha (o manto); habitam as águas continentais, oceânicas ou são terrestres e são muito abundantes no presente; fósseis desde o Cambriano.

- Classe Monoplacophora - moluscos primitivos com concha única como um capuz; raros como fósseis, ocorrem do Devoniano em diante.

- Classe Amphineura - animais com a concha dividida em oito partes; somente marinhos; raros como fósseis, ocorrem do Ordovinciano ao Presente.

- Classe Gastropoda - lesmas, caramujos e caracóis; grupo de moluscos com o maior número de espécies (mais de 100.000); alguns não têm conchas (lesmas), outros tem uma concha calcária, em capuz ou em caracol; locomoção por um pé largo; cabeça distinta do resto do corpo e com órgãos sensoriais; habitat marinho, terrestre ou de água doce; muito comum no presente; fósseis abundantes desde o Cambriano.

- Classe Pelecypoda - moluscos bivalvos com cerca de 30.000 espécies; a maioria com valvas simétricas e um corpo achatado lateralmente entre as duas valvas articuladas e de simetria especular; a maior parte marinha, alguns de água doce; locomoção típica por rastejamento sobre um pé musculoso e em forma de machado; alguns são imóveis e estão ligados ao substrato (ostras, mexilhões e outros); são comuns como fósseis, ocorrem desde o Cambriano inferior até o presente.

- Classe Scaphopoda - moluscos encerrados em conchas em forma de chifre; concha oca e aberta nas duas extremidades, uma das quais se afina; unicamente marinhos; muito raros como fósseis; exceto em algumas localidades; vão do Ordoviciano ao Presente.

- Classe Cephalopoda - grupo muito diversificado de animais marinhos com conchas (*Nautilus* e os extintos *Ammonites*) ou sem elas (polvos); as formas fósseis, como os Ammonites (Fig.5.10), geralmente têm uma concha em espiral achatada, dividida em várias câmaras e partições complexas; o corpo dos cefalópodos tem uma cabeça grande, distinta, com olhos e com boca rodeada de tentáculos longos; cérebro e órgãos sensoriais bem desenvolvidos; locomoção por um sistema de propulsão a jato; ; unicamente marinhos; fósseis abundantes desde o Ordoviciano Inferior; os Ammonites se extinguiram no final do Cretáceo; os cefalópodos são importantes em estratigrafia do Mesozóico.

Filo Annelida - vermes segmentados (como as minhocas) e sanguessugas; com 6 classes marinhas e terrestres, vivendo dentro do solo; deixaram buracos, trilhas, tubos, impressões e restos carbonizados, também deixaram abundantes dentes (Sclerodontes) que se preservaram; as marcas fossilizadas são encontradas desde o final do Pré-cambriano (?) até o presente.

Filo Onychophora - invertebrados próximos dos artrópodos e anelídeos; ocorrem muito raramente como fósseis desde o Cambriano até o Presente.

Filo Arthropoda - é considerado como o filo mais abundante (estimado em cerca de um milhão de espécies, o que corresponde a cerca de 80% de todos os animais); diversas formas do corpo ; praticamente todos têm o esqueleto externo quitinoso (exoesqueleto); corpo segmentado, geralmente cada segmento tem um par de apêndices, os quais são sempre articulados; locomoção por tunelamento, natação, rastejamento ou vôo; marinhos, terrestres ou de água doce; fósseis de artrópodos marinhos são abundantes desde o Pré-cambriano Tardio; artrópodos terrestres, como os insetos, estão menos representados como fósseis. Alguns autores consideram as classes descritas a seguir como filos.

- Classe Trilobita - artrópodos extintos, segmentados e com exoesqueleto trilobado longitudinalmente que consiste em cabeça (cephalon), tórax e cauda (pygidium); olhos simples ou compostos; ocuparam habitats diversos nos mares; muitos fósseis desde o Cambriano Inferior até o Permiano Tardio, onde se extinguiram.

- Classe Chelicerata - artrópodos segmentados ou não, membros anteriores em forma de pinça; formas terrestres (aranhas, escorpiões e traças) e marinhas ("king crab", e os extintos eurypteridios); arquivo fóssil bom desde o Cambriano.

- Classe Crustacea - artrópodos com conchas finas ou grossas (ostracodes, cirrípedes, lagostas e caranguejos, etc.), geralmente com corpo segmentado em cabeça, tórax e abdomem, com antenas e outros apêndices na cabeça, olhos compostos; tipo de locomoção variado; abundantes em ambiente marinho, em águas continentais e em solos úmidos; fósseis desde o Cambriano.

- Subclasse Ostracoda - pequenos animais (0,3 a 300 mm) envolvidos por uma carapaça quitinosa ou calcária; planctônicos ou bentônicos, nos mares, lagoas e solo úmido de floresta; mais abundantes no fundo raso dos oceanos; fósseis desde o Cambriano inferior até o presente; importantes em zoneamento bioestratigráfico do Jurássico ao Pleistoceno, junto às margens de antigos mares e como indicadores de paleossalinidade; a maioria dos gêneros do Mioceno em diante chega até o presente o que permite tirar conclusões sobre as condições ambientais das localidades nesse intervalo de tempo.

- Classe Myriapoda - centopéias, lacraias e miriápodos; terrestres; as centopéias são raramente representadas entre os fósseis, mas acredita-se que ocorrem do Carbonífero em diante; os miriápodos do Siluriano em diante.

- Classe Insecta - grupo extremamente diversificado, com cerca de 20 órdens e mais de 850.000 espécies; incluem as moscas (entre elas as drosófilas), gafanhotos, mariposas, borboletas, abelhas e muitos outros; são artrópodos tipicamente alados, com um par de antenas na cabeça e com três pares de pernas; hábitos alimentares diversos; locomoção variada, caminhando, furando buracos, nadando ou voando; primariamente terrestres; são raros como fósseis exceto localmente; aparecem desde o Devoniano; sua expansão é ligada ao desenvolvimento e diversificação das angiospermas.

- Grupo dos Chitinozoa - fósseis de organismos desconhecidos (**Incertae sedis**), provavelmente animais, com corpo em forma de frasco ou garrafa, com a parede de uma substância ainda desconhecida, mas muito resistente á oxidação e a alterações físicas (pressão, calor, etc.); estão extintos e aparecem no Ordoviciano (Pré-cambriano Tardio?) e desaparecem no final do Devoniano; ocorrem somente em sedimentos marinhos; são comuns em muitos tipos de rochas, inclusive nas metassedimentares; viveram em águas rasas e bem oxigenadas.

Filo Echinodermata - equinodermas; esqueleto interno (endoesqueleto) de placas calcárias, alguns completamente rígidos (ouriço do mar), outros um pouco flexíveis (estrelas do mar e pepinos do mar); simetria radial, geralmente pentâmera, na forma adulta; hábitos alimentares diversos; muitos são sésseis, outros se arrastam ou cavam buracos; todos exclusivamente marinhos: muito abundantes junto ás praias, em águas rasas, tanto hoje como no passado; seus fósseis são comuns desde o Cambriano até o presente. O filo contém muitas classes, seis das quais deixaram numerosos fósseis (Cistoidea, Blastoidea, Crinoidea, Stelleoidea, Echinoidea e Holothuroidea). Os equinodermas são considerados como sendo os invertebrados mais próximos dos vertebrados.

Filo Hemichordata - pequeno grupo de animais marinhos de forma variada, que apresenta certas afinidades com os vertebrados; o mais conhecido é o **Balanoglossum**, com forma de verme; fósseis muito raros, a partir do Ordoviciano inferior.

- Classe Graptolithina - organismos extintos comumente chamados graptolitos, marinhos, em colônia, com exoesqueleto quitinoso de muitas formas; reprodução por gemação que forma novas colônias, geralmente ramificadas; apresenta formas flutuantes e outras fixas ao substrato; viveram do Cambriano Médio ao final do Mississipiano (Carbonífero).

- Grupo dos Conodontes - restos orgânicos em forma de dente que aparecem do Cambriano Médio ao Triássico Médio; provavelmente pertencem a animais dos quais muito pouco se sabe; a opinião geral é que se trata de um filo distinto dos conhecidos mas que seria relacionado com os cordados.

- **Filo Chordata** - vertebrados com alta organização; com um cordão dorsal (notocorda) de células flexiveis ou com coluna vertebral segmentada; guelras no estado embrionário e/ou adulto; forma do corpo variada; diversos tipos de hábitos alimentares, aquáticos ou terrestres; fósseis aumentam progressivamente em número a partir do Cambriano Tardio.

Sub-filo Urochordata - são os tunicados; animais pequenos, de corpo mole, com notocorda rudimentar; exclusivamente marinhos, geralmente pelágicos; nenhum fóssil conhecido.

Subfilo Cephalochordata - cordados primitivos, de corpo mole e alongado, com notocorda; exclusivasmente marinhos; poucos gêneros vivos, entre eles o mais conhecido é o *Amphioxus*; nenhum fóssil conhecido.

Subfilo Vertebrata - animais com coluna vertebral, sistema nervoso altamente organizado, e com vários tipos de hábitos alimentares e de locomoção; marinhos, de água doce e terrestres; fósseis a partir do Cambriano Tardio.

- Classe Pisces - são os peixes, distribuidos em cerca de 35 ordens; vertebrados aquáticos, de sangue frio e predominantemente ovíparos; ocupam habitats variados em ambiente marinho, de água doce e salobre; hábitos alimentares variados; locomoção principalmente por natação; muitas formas fósseis do Ordoviciano em diante. Seus principais grupos são: Agnatha (peixes sem mandíbula, como a lampreia; ocorrem do Cambriano Tardio em diante); Placodermi (extintos, geralmente cobertos por placas, são considerados como os primeiros peixes com mandíbula; ocorreram do Siluriano ao Carbonífero); Chondrichthyes (peixes cartilaginosos, incluindo todos os tubarões, do Devoniano ao Presente); Osteichthyes (peixes ósseos), grupo que inclue a maioria dos peixes viventes, do Devoniano em diante).

- Classe Amphibia - anfíbios com cerca de 13 órdens que incluem sapos, rãs, salamandras e outros; vertebrados com um estágio de vida aquática e outro terrestre; a forma juvenil tem barbatanas nadadoras e a forma adulta tem membros locomotores; são de água doce, sendo que formas positivamente marinhas não são conhecidas; fósseis são raros e ocorrem desde o início do Devoniano.

- Classe Reptilia - répteis, com cerca de 16 ordens, a maior parte extinta; inclui cobras, crocodilos, jacarés, lagartos, camaleões, tartarugas, etc.; entre os extintos se encontram os dinossauros; corpo geralmente coberto por escamas ou placas (ósseas ou córneas); membros locomotores na maioria das ordens; a maioria é ovíparo e de sangue frio; formas terrestres, aquáticas e algumas aéreas; muitos fósseis, começando no Carbonífero e dominando entre os vertebrados do Mesozóico; entre os mais antigos e conhecidos do hemisfério sul estão o *Mesosaurus* (Fig. 3.4) do Permiano e o *Lystrosaurus* do Triássico, além dos dinossauros que ocorreram em todos os continentes.

- Classe Aves - inclui cerca de 33 ordens de aves, a maior parte vivente; vertebrados especializados á vida aérea; corpo coberto por penas e com modificações anatômicas adaptadas ao vôo tais como membros superiores modificados em asas; a maioria não tem dentes; todos são ovíparos, homeotermos e com temperatura alta do corpo; incluem os pássaros, os ratites (avestruz, ema, etc.) e os pingüins, entre os vivos; deixaram muito poucos fósseis começando no Jurássico.

- Classe Mammalia - inclui cerca de 34 ordens de mamíferos, das quais a metade está extinta; os atuais incluem os Ornitorrincos, Monotremas, Marsupiais e Placentários; vertebrados homeotermos (de sangue quente), geralmente com o corpo coberto de pelos e com órgãos produtores de leite; sistema nervoso altamente desenvolvido; diversos tipos de hábitos alimentares e modos de locomoção (incluindo o vôo); seus fósseis surgem no Triássico e vão aumentando em número até o presente; desta classe fazem parte o homem e os hominídeos.

REFERÊNCIAS DO CAPÍTULO

Arnold, C.A. 1947. An Introduction to Paleobotany. McGraw-Hill, New York, 433 pp.

Bailey, L.H. 1977. Manual of Cultivated Plants. MacMillan Publ., New York, 1116 pp.

Bloom, A.L. 1978. Geomorphology - a systematic analysis of Late Cenozoic Landforms. Prentice-Hall, Englewood Cliffs, New Jersey, USA, 510 pp.

Bold, H.C. 1967. Morphology of Plants. Harper International Edition, New York, 541 pp.

Brasier, M.D. 1985. Microfossils. George Allen & Unwin, Boston, 193 pp.

Carr, N.G. e Whitton, B.A. (editores) 1982. The Biology of Cianobacteria. Botanical Monographs, vol. 19, University of California, Berkeley.

Dodd, J.R. e Stanton jr., R.J. 1981. Paleoecology, Concepts and Applications. John Wiley & Sons, New York, 559 pp.

Font Quer, P. 1970. Dicionário de Botánica. Editorial Labor, Barcelona, 1244 pp.

Gary, M. MacAfee Jr., R.. e Wolf, C. L. 1974. Glossary of Geology. American Geological Institute, Washington, D.C., 805 +A-52 pp

Grayson, D.K. 1984. Nineteenth-century explanations of Pleistocene extinctions: a review and analysis. Em : P.S. Martin & R.G. Klein (editores) "Quaternary Extinctions: a Prehistoric Revolution". University of Arizona Press, Tucson (892 pp), p. 5-39.

Hawksworth, D.L., Sutton, B.C. e Ainsworth, G.C. 1983. Ainsworth and Bisby's Dictionary of the Fungi. 7ª edição. Commonwealth Mycological Institute, Kew, 445 pp.

Holmes, A. 1965. Principles of Physical Geology. 2nd. ed. The Ronald Press Co., New York, 1288 pp.

Lawrence, G.H. 1951. Taxonomy of Vascular Plants. MacMillan Co., New York, 823 pp.

Parker, T.J. e Haswell, W.A. 1949. A Text-book of Zoology, 2 volumes. MacMillan Co., London.

Raven, P.H., Evert, R.F. e Curtis, H. 1976. Biology of Plants. Worth Publ., New York. Tradução portuguesa: "BiologiaVegetal" (1978). Guanabara Dois, Rio de Janeiro.

Reineck, H.-E. e Singh, I.B. 1986. Depositional Sedimentary Environments. Springer-Verlag, Berlin, 551 pp.

Romer, A.S. e Parsons, T.S. 1977. The Vertebrate Body. W.S. Saunders, New York. Tradução portuguesa "Anatomia Comparada dos Vertebrados" (1985), Atheneu Editora, São Paulo, 559 pp.

Stokes, W.L. 1982. Essentials of Earth History. Prentice-Hall, Englewood Cliffs, USA, 577 pp.

Storer, T.I., Usinger, R.L., Stebbins, R.C. e Nybakken, J.W. 1979. General Zoology. McGraw-Hill, New York. Tradução portuguesa "Zoologia Geral" (1991), Co. Editora Nacional, São Paulo, 816 pp.

Suguio, K. 1982. Rochas Sedimentares - propriedades, gênese, importância econômica. Editora Edgard Blücher, São Paulo, 500 pp.

Tryon, R.M. e Tryon, A.F. 1982. Ferns and Allied Plants. Springer Verlag, New York, 857 pp.

Wettstein, R. 1944. Tratado de Botánica Sistemática. Editorial Labor, tradução espanhola por P. Font Quer, Barcelona, 1039 pp.

Willis, J.C. 1966. A Dictionary of the Flowering Plants and Ferns. Cambridge University Press, Cambridge, 1214 + LIII pp.

O TEMPO GEOLÓGICO

CAPÍTULO 2

E Introdução

m 1669 Nicolau Steno chegou à conclusão de que as rochas se superpunham em ordem cronológica (Lei da superposição) e que elas estavam originalmente em camadas horizontais. Cem anos depois, baseando-se na Lei de superposição, Giovani Arduino classificou as rochas em primárias (cristalinas contendo minerais metálicos); 2. secundárias (estratificadas, duras e contendo fósseis); 3. terciárias (vulcânicas e rochas fracamente consolidadas, geralmente com conchas marinhas) e, uma quarta categoria que seriam os sedimentos de aluvião. Este esboço de classificação foi sendo melhorado nos anos seguintes e surgiram vários tipos de classificação mais precisos e sempre baseados na lei de superposição. Mas nenhuma destas classificações permitiu a feitura de um mapa geológico porque na natureza não há uma seqüência cronológica sem interrupção e as estratificações variam de um lugar a outro. Faltava uma maneira de datar estes estratos.

Do ponto de vista da origem, as rochas podem ser classificadas em ígneas, metamórficas e sedimentares. As sedimentares são as que contêm fósseis e podem ser consolidadas ou não. São estas as que serão tratadas neste capítulo.

Em 1815 William Smith descobriu que os fósseis são um instrumento confiável para datar rochas. Cada unidade sucessiva de rocha sedimentar contem o seu conjunto característico de fósseis que pode distinguí-la das outras unidades. Esta descoberta abriu a possibilidade de correlacionar rochas da mesma idade e que estavam em localidades distantes e portanto, fazer mapas geológicos. Na mesma época Cuvier mostrou que cada mudança na seqüência de fauna representava uma idade específica e estabeleceu o conceito de que as espécies se extinguem. Os geólogos puderam então, com base nos fósseis e na extinção, definir as unidades geológicas e colocá-las, pela lei de superposição, em ordem

Tab. 2.1 - Escala do Tempo Geológico e da Geocronologia em anos antes do presente (AP) que delimitam as séries e períodos. De acordo com a União Internacional de Ciências Geológicas (IUGS), 1989.

EON	ERA	SISTEMA (Período)	SÉRIE (Época)	IDADE (milhõesde anos AP)
FANEROZÓICO	CENOZÓICA	QUATERNÁRIO	Holoceno	(0.01)
			Pleistoceno	1.6
		NEÓGENO	Plioceno	5.3 (4.8)
			Mioceno	23
		PALEÓGENO	Oligoceno	(36.5)
			Eoceno	53
			Paleoceno	65(64.4)
	MESOZÓICA	CRETÁCEO	Superior	95
			Inferior	135(140)
		JURÁSSICO	Superior	152
			Médio	180
			Inferior	205
		TRIÁSSICO	Superior	230
			Médio	240
			Inferior	250
	PALEOZÓICA	PERMIANO	Superior	260
			Inferior	290
		CARBONÍFERO	Superior	325
			Inferior	355
		DEVONIANO	Superior	375
			Médio	390
			Inferior	410
		SILURIANO	Superior	428
			Inferior	438
		ORDOVICIANO	Superior	455(473)
			Inferior	510
		CAMBRIANO	Superior	(525)
			Inferior	570(540)
PROTEROZÓICO	NEOPROTEROZÓICA		(superior)	1000
	MESOPROTEROZÓICA		(médio)	1600
	PALEOPROTEROZÓICA		(inferior)	2500
ARQUEANO				

cronológica. Esta seqüência cronológica constitui a **Escala de Tempo Geológico** (Tab.2.1. e na contracapa deste livro).

A definição de cada unidade estratigráfica e a sua cronologia surgiram aos poucos, com o estudo de muitos geólogos, trabalhando independentemente desde o final do século 18 até meados do século 19. Cada período geológico foi caracterizado depois de muita observação, muito estudo, e foi colocado na escala geológica depois de muitas tentativas. As subdivisões dos períodos ainda estão em estudo e são re-examinadas cada vez que se criam novos métodos de observação.

A Escala de Tempo Geológico é subdividida em quatro intervalos denominados **Eras**: Pré-cambriana, Paleozóica, Mesozóica e Cenozóica. Nem todos os geólogos concordam inteiramente com esta divisão, mas os outros pontos de vista serão tratados nos capítulos dedicados especificamente a cada uma destas Eras.

Cada uma destas divisões é caracterizada por um conjunto de fósseis. O limite entre as Eras, é marcado por mudanças radicais do conjunto de fósseis. A Era Paleozóica se iniciou com uma explosão de formas novas e terminou com uma extinção em massa na qual cerca de 96% dos organismos marinhos se extinguiram. O final da Era Mesozóica também é marcado por uma extinção em massa nos continentes e nos oceanos.

As Eras são subdivididas em intervalos menores denominados **Períodos**. Estes são subdivididos em **Epocas (Séries)** ou em intervalos gerais como: inferior, médio e superior. Todas estas subdivisões são caracterizadas por conjuntos de fósseis.

A escala geológica é sempre representada na seqüência estratigráfica, a qual obedece à ordem de superposição inicial dos estratos. Esta ordem implica necessariamente numa medida de tempo - o tempo necessário para a deposição daquele estrato. Implica também no conceito de tempo relativo: o estrato mais antigo está na base da escala e é seguido pelos outros que se vão superpondo no espaço e no tempo até chegar ao mais recente, o qual fica em cima de todos.

2. Datação Relativa

Os fósseis deixaram um registro bem marcado a partir do período Cambriano e menos abundante nos períodos do Pré-cambriano. Estes fósseis foram e continuam sendo descritos pelos paleontólogos que os colocam na seqüência em que surgem. O registro fóssil, arrumado assim, mostra que os organismos evoluiram, novas espécies surgiram a partir de formas anteriores, e outras se extinguiram. Na seqüência evolutiva, um grupo surge, sofre expansão e depois parte das espécies se extingue (Fig.2.1.). Este é o caso das Licopodíneas (Lycopsida), um grande grupo que surgiu no Paleozóico superior e do qual só os licopódios e as selaginelas chegaram até o presente . Um outro exemplo se

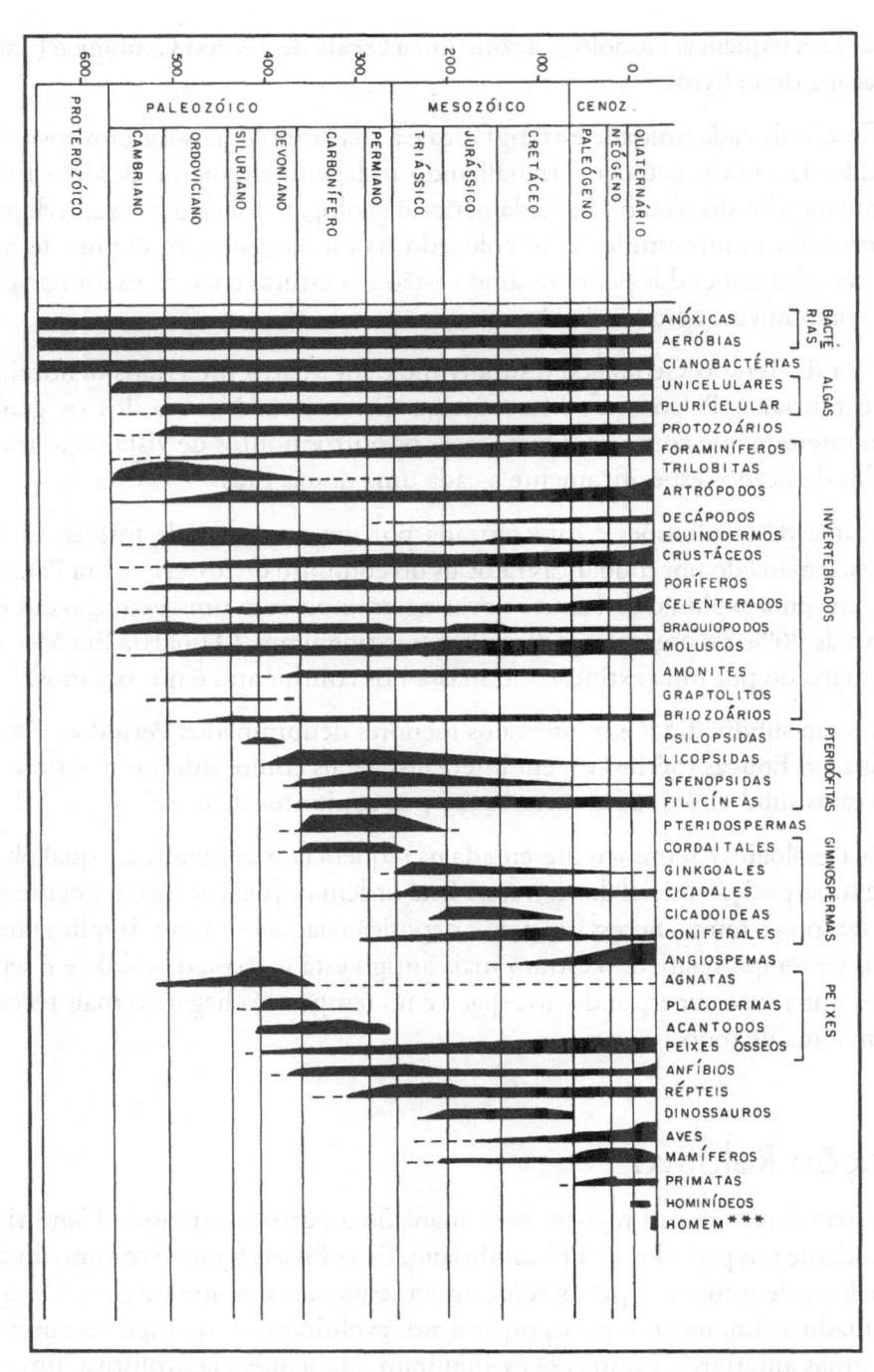

Fig. 2.1. Quadro do início, expansão e extinção de alguns grupos selecionados da biota.

encontra entre as Gingkoales, que foram muito abundantes no Mesozóico, tanto em espécies como em número de indivíduos. Hoje só existe uma espécie viva, o **Ginkgo biloba**. Em outros casos, depois da expansão de um determinado taxon, todas as espécies se extinguiram, como os dinossauros e as pteridospermas.

Todas as vezes em que as condições ambientais são semelhantes, mesmo que ocorram em épocas diferentes da escala geológica, elas produzem rochas sedimentares semelhantes. Entretanto, os fósseis, contidos em rochas semelhantes, mas de épocas distantes, são totalmente diferentes por causa do processo de evolução dos organismos. Para cada período, época ou outra unidade de tempo, existe um conjunto de fósseis característico. Conhecendo-se o conjunto de fósseis de uma formação pode-se dizer a que intervalo de tempo da escala geológica ela pertence e pode-se avaliar a extensão territorial onde esta formação ocorre.

A datação por fósseis se baseia na superposição das camadas, e não no tempo que estas camadas levaram para depositar, portanto é uma datação de valores relativos e não de valores absolutos. Usando-se este critério, pode-se dizer que as rochas que contêm os fósseis devonianos são mais antigas que as rochas do Carbonífero. Pode-se afirmar que o período Cretáceo é anterior ao Terciário, e que vem depois do Jurássico. Desta forma se estabeleceu a seqüência dos períodos geológicos e foi feita a subdivisão dentro de cada um, baseando-se em fósseis.

A Ecologia, que estuda os ecossistemas atuais, mostra que os organismos modernos geralmente estão confinados a ambientes específicos e a nichos ecológicos. Muito poucas plantas e animais são cosmopolitas e vivem por toda a Terra. Os acidentes topográficos criam ambientes diferentes; a latitude imprime um padrão global de clima em zonas definidas. Em cada situação diferente de solo, topografia e microclima vivem espécies características junto com espécies tolerantes, as quais têm uma amplitude de área maior. Isto cria uma grande diversidade de ecossistemas e uma complexidade de distribuição biogeográfica. Todas estas situações existiram no passado e o registro fóssil reflete toda a complexidade de interrelação de fatores bióticos e abióticos. Se esses "reflexos" são observados e interpretados corretamente, é possível fazer uma datação relativa, reconstruir os ecossistemas de cada período de tempo e estudar a evolução dos organismos. Como dizia Arthur Holmes, as rochas sedimentares são como as páginas de um livro que, ao aprender a decifrá-las e colocá-las na ordem própria, tem-se a história de Terra (Holmes 1965, p.157).

2.1. Bioestratigrafia

A **Bioestratigrafia** é a parte de geologia que trata da datação e da correlação de rochas por meio de fósseis. Cada planta ou animal não existiu durante todo o tempo geológico. Alguns organismos surgiram e se adaptaram bem às condições ambientais e chegaram até os nossos dias; mas esses casos são raros. Na maioria dos grupos existe uma sucessão evolutiva, uma forma dando origem a outra ou mais formas, e se extinguindo. Quando uma espécie se extingue ela divide o tempo geológico em três partes: o tempo antes dela surgir, o tempo durante o qual ela viveu e o tempo em que ela está extinta. Esta divisão é fundamental na bioestratigrafia porque todas as rochas que contenham o fóssil foram depositadas enquanto esse organismo existiu, e conseqüentemente são da mesma idade.

O intervalo de tempo em que uma espécie viveu é a **amplitude** (range) dessa espécie. A escolha das espécies ou grupos taxonômicos com amplitude grande ou pequena, para datação, depende da precisão e do objetivo que se tem em mente. Se o tempo total em que viveu uma espécie é muito grande, rochas sedimentares de regiões diferentes que contenham este fóssil, podem ser de idade diferente. Essas espécies com grande amplitude não servem portanto, para a bioestratigrafia, mas são usadas para correlacionar intervalos de tempo grandes, isto é, caracterizar unidades maiores da escala geológica, como os Períodos ou Eras. Por exemplo, o grupo dos dinossauros caracteriza a era Mesozóica, pois nenhum deles viveu antes ou depois desta era. Os Trilobitas caracterizam o Paleozóico (inferior e médio), pelo mesmo motivo.

Se a amplitude de um fóssil é curta, sua presença na rocha fornece uma datação precisa. Este tipo é importante em bioestratigrafia e é muitas vezes denominado **fóssil índice ou fóssil guia**, porque ele indica um intervalo de tempo curto e caracteriza uma zona estratigráfica (Fig. 2.2, zona II).

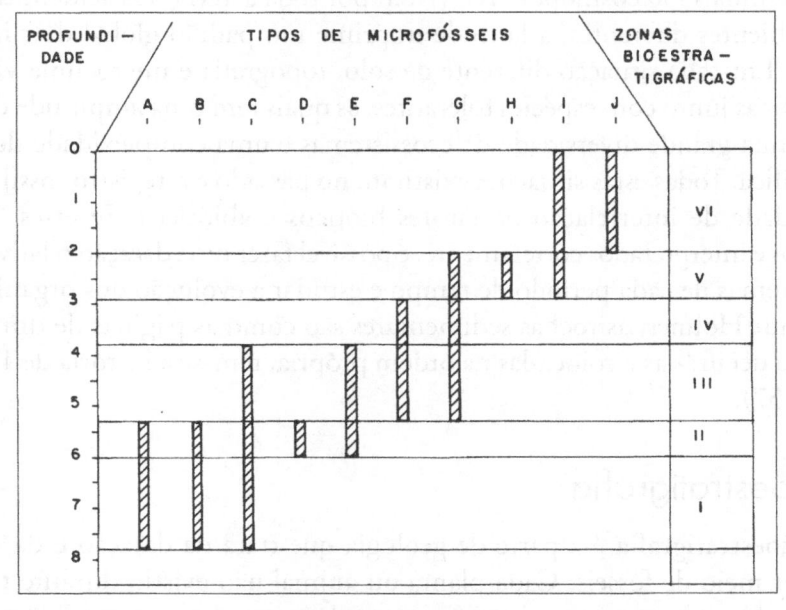

Fig. 2.2. Zonas bioestratigráficas baseadas em microfósseis.

Os estratos que contêm os fósseis de uma espécie constituem a **zona de amplitude** da espécie. Quando se analizam os estratos de uma localidade a zona de amplitude da espécie representa o tempo total em que ela viveu ali. Geralmente não representa o tempo total de sua existência porque uma espécie não aparece simultaneamente em todas as partes nem termina ao mesmo tempo em todos os lugares, como mostram os estudos bioestratigráficos dos fósseis. Quando uma espécie se origina em uma área ela pode produzir muito mais descendentes do que a área comporta e muito dos seus descendentes podem se expandir para áreas próximas. Ao invadir novas áreas ela se estabelece, se o ambiente lhe é propício ou é eliminada por falta de adaptação ou por competidores. O tempo total que uma espécie existiu, portanto, deve ser inferido das análises de muitas localidades diferentes. É determinado o estrato mais antigo e o mais recente e a zona de amplitude da espécie é estabelecida. À medida que aumenta o número de observações em regiões diferentes, diminui a probabilidade de que a zona de amplitude tenha que ser revista.

Um exemplo do que foi dito acima é dado pelo gênero *Nypa*, uma palmeirinha que habitava o litoral do mar Caribe, no final do Cretáceo (Senoniano superior, J. Muller, 1970). Pólen de *Nypa* surge primeiro no litoral venezuelano e depois se expande até a América Central, aumentando sua área de distribuição. Mais tarde o pólen deste gênero desaparece dos sedimentos, primeiro na costa da América do Sul, depois na América Central. Entretanto esta palmeira vive até hoje nos manguezais do litoral da India. Em cada uma das regiões citadas *Nypa* caracteriza uma zona bioestratigráfica com amplitude e tempo geológico diferentes.

Quando a zona bioestratigráfica de uma espécie é coberta por estratos de seus descendentes e por sua vez cobre estratos de seus antecessores, a localidade onde ela ocorre contém toda a amplitude da espécie e é considerada uma **localidade tipo** desta espécie. Mas estes casos não são os habituais. Mais comumente, uma espécie aparece numa seção como um fóssil inteiramente desenvolvido e nos estratos inferiores não há indicação de seus antecessores (Fig. 2.3). Isto pode sugerir uma de duas opções: (1) ou a evolução foi puntual e a espécie surgiu por uma mudança abrupta na evolução do taxon, e é difícil determinar a espécie da qual se originou; (2) ou a sua presença no local é devida a mudanças ambientais e/ou migração de espécie. As duas possibilidades têm que ser analisadas com cuidado para a interpretação paleoecológica e evolutiva.

Se a ocorrência de um taxon for bem delimitada, ela serve para a datação regional. Mas se a ocorrência é simplesmente devida a uma pequena modificação ambiental de carater local, como por exemplo, uma mudança de salinidade, ela não caracteriza uma zona estratigráfica, mas simplesmente revela ser uma espécie sensível a um **facies** ambiental (Fig.2.3). Estas espécies não têm valor para a correlação de rochas, mas dão informações importantes para a paleoecologia e biogeografia da região.

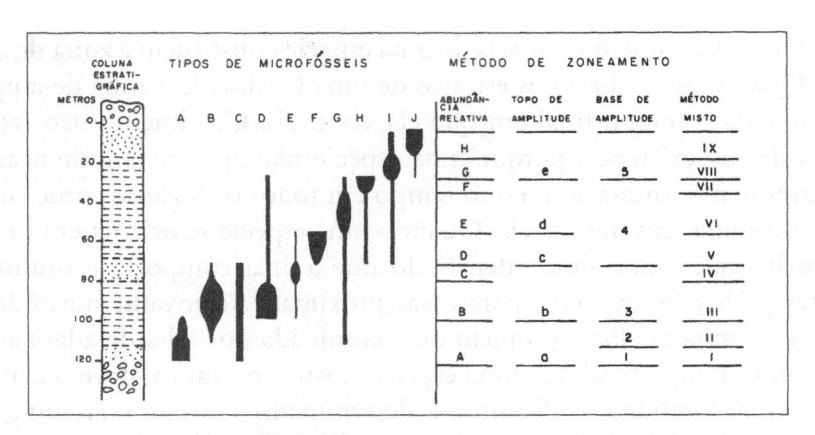

Fig. 2.3. Zoneamento por quatro critérios diferentes utilizando zonas bioestratigráficas delimitadas pela presença e abundância dos microfósseis.

As zonas bioestratigráficas raramente são caracterizadas pela aparição de uma única espécie porque na maioria dos casos não há um fóssil índice. As zonas, na sua maioria, são caracterizadas por um conjunto de tipos. A este conjunto dá-se o nome de **assemblage**. A palavra "assemblage" (do francês "assembler", reunir) é usada em francês e adotada em inglês para denominar o conjunto de fósseis de um determinado nível estratigráfico e será usada neste livro com o mesmo significado e como sinônimo de conjunto de fósseis. A palavra "assembléia" usada por alguns é uma tradução errada de "assemblage". A palavra "associação", empregada por outros, não pode ser usada nesse sentido porque "associação" tem um significado específico em Ecologia, que não é este.

Na fig. 2.2 são estabelecidas seis zonas, cada uma delas com uma assemblage diferente, caracterizada não só pela presença de certos tipos, mas também pelo desaparecimento de outros. A fig. 2.3 mostra um outro tipo de representação onde, além da amplitude de cada tipo está representada a sua abundância relativa dentro do conjunto de microfósseis.

Uma vez estabelecidas as zonas bioestratigráficas de uma seção é possível compará-las com seções de outras localidades e verificar se têm zonas em comum. Hoje existem métodos quantitativos para avaliar as zonas e compará-las entre si. As zonas equivalentes têm a mesma idade. Esta correlação permite datá-las, isto é, colocá-las no lugar certo da escala relativa do tempo, e mapeá-las.

A bioestratigrafia se baseia nos seguintes fundamentos: 1. Lei de superposição das camadas sedimentares. 2. Presença de fósseis nestas camadas. 3. Evolução biológica. 4. Irreversibilidade da evolução. A evolução dos seres vivos traz como conseqüência a mudança do conjunto fóssil ao longo do tempo geológico pois, cada organismo tem uma amplitude de vida diferente e, quando um organismo se extingue, ele nunca mais volta a aparecer porque a extinção é para sempre.

Antes do advento dos métodos de datação radiométrica, toda a datação era feita por bioestratigrafia. Foi assim que se construiu a coluna estratigráfica de posição relativa e se caracterizaram, desde o século passado os períodos geológicos. Hoje, estas posições estão sendo datadas por radioisótopos e outros métodos independentes. Entretanto, a bioestratigrafia segue sendo um método importantíssimo na identificação dos períodos e de suas subdivisões, e é amplamente utilizada.

Um exemplo da aplicação de bioestratigrafia é a sua utilização na prospecção de petróleo. Suponhamos, por exemplo, que o petróleo de uma determinada região se encontra nas camadas do Oligoceno superior. Uma perfuração de poço, para encontrar o petróleo, tem de passar pelos períodos mais jóvens até chegar no Mioceno inferior.Daí em diante virá o Oligoceno superior (Tab. 2.1) onde se encontra o petróleo. Entretanto, se depois do Mioceno vier uma camada de Cretáceo, por exemplo, significa que houve perda das camadas intermediárias. Não adianta seguir perfurando porque nesse local não há petróleo. Antes de 1960 usava-se estimar a profundidade na prospecção. Se o óleo do primeiro poço fosse encontrado a uns mil pés de profundidade, os outros poços eram perfurados até aí ou mais, o que representava um aumento enorme nos gastos quando não se achava o petróleo.

Uma outra aplicação interessante da bioestratigrafia é o estudo do deslocamento, de uma região para outra, das espécies sensíveis a condições ambientais específicas e com amplitude grande na escala de tempo. O estudo desse deslocamento pode mostrar alterações ambientais como mudanças climáticas ou latitudinais que indicam o sentido de deslocamento de continentes, ou mostrar modificações nas bordas continentais. Em todos estes estudos, bem como em prospecção de petróleo, as análises são feitas com microfósseis.

3. Datação Absoluta

Para determinar a duração de tempo real que levou cada acontecimento geológico e a idade da Terra, era necessário encontrar um processo irreversível cuja velocidade fosse conhecida. Este processo foi procurado desde o século passado, mas só foi possível depois da descoberta da radioatividade.

Nos finais do século 19 e início do século 20, H. Becquerel e depois dele Piérre e Marie Curie descobriram e estudaram a radioatividade emitida pelo rádio e o urânio . As pesquisas com material radioativo continuaram se desenvolvendo e em 1913 já se conheciam outros elementos radioativos como o tório, o rubídio e o potássio.

Em 1905, Rutherford havia afirmado que "a idade de um mineral de urânio pode ser estimada medindo-se a quantidade de chumbo formada e acumulada no mineral. Baseando-se nesta informação, B.B. Boltwood mostrou, em 1907, que a radioatividade

Tab.2.2 - Datações radiométricas para o Paleozóico desde o início do século até o presente; em milhões de anos A.P.; observe os desvios padrão em milhões de anos, dados por Holmes.

Período	Autores			
	Boltwood* 1911	Kulp** 1961	Holmes 1965	IVGS 1989
Permiano	-	280	259 ± 5	290
Carbonífero	340	345	325-345 ± 10	355
Devoniano	370	405	395-399 ± 10	410
Siluriano	410	425	415-435 ± 10	438
Ordoviciano	430	500	480-490 ± 15	510
Cambriano	-	-	584 ± 20	570(540)
Proterozóico				

* - datação urânio-chumbo (em Eicher, 1976); nos outros autores as datações incluem todos os métodos radiométricos até a data.
** - em Tschudy & Scott, 1967.

podia ser usada para datação de rochas (Tab.2.2.). Este tipo de datação foi aperfeiçoado em 1911 por A. Holmes que criou o método moderno da datação por urânio/chumbo, usado até hoje para rochas muito antigas. Esta técnica, chamada **radiométrica**, permite uma datação absoluta porque correlaciona um evento geológico com outro evento independente, a desintegração radioativa de um isótopo.

Muitos átomos que ocorrem na natureza são instáveis e mudam espontaneamente a um estado mais baixo de energia por emissão radioativa. Este processo é denominado **decaimento radioativo** e constitui na desintegração do núcleo em função do tempo. Há tres tipos de decaimento : 1. no decaimento **alfa** o núcleo perde dois prótons e dois nêutrons e portanto a massa diminui de 4 e o número de prótons diminui de 2; 2. no decaimentos **beta** o núcleo emite um elétron de alta velocidade e um de seus neutrons se transforma em próton; este núcleo tem o número de prótons aumentado de 1 e a massa é a mesma; 3. no decaimento por **captura de elétron** o próton de um núcleo apanha um elétron orbital que se transforma em nêutron; neste caso, o número de prótons diminui de 1, mas a massa não muda.

Os átomos podem ser distinguidos uns dos outros pelo número de prótons e nêutrons do seu núcleo. O número de prótons determina de que elemento químico se trata. Por exemplo, o elemento Carbono tem 6 prótons. O número de prótons mais o número de nêutrons determina a massa atômica. Dois diferentes átomos podem conter o mesmo número de prótons, mas ter número diferente de nêutrons; esses dois átomos pertencem ao mesmo elemento ainda que tenham massas diferentes e são chamados **isótopos** deste elemento. Por exemplo, o número de prótons do Urânio é 92, mas ele é comumente encontrado na natureza com massa de 235 ou de 238. Suas anotações químicas respectivas são: $^{235}_{92}U$ e $^{238}_{92}U$. Em radiometria, para simplificar, representa-se estes dois isótopos como urânio-235 e urânio-238. O carbono encontra-se na natureza como carbono-12, carbono-13 e carbono-14.

Cada tipo de isótopo radioativo sofre um desses tipos de decaimento mas em cada um a velocidade de desintegração é constante, pelo menos dentro das condições físicas das camadas externas da Terra. Em outras palavras, o decaimento radioativo é independente das condições externas, como pressão e temperatura. A velocidade de decaimento também não se altera por mudanças químicas como oxidação e redução pois estas têm lugar somente nos elétrons orbitais e não no núcleo. Dependendo do isótopo, o tempo de decaimento decorrido pode durar minutos, séculos ou milhões de anos.

A **datação radiométrica** é feita por diferentes métodos que medem, ou a quantidade de isótopo produzido por decaimento radioativo ou a quantidade do próprio isótopo radioativo que resta na rocha. Existem vários métodos, e cada um cobre uma faixa de tempo dentro da qual ele pode ser usado apropriadamente. Cada um é baseado em suposições explícitas e implícitas que têm de ser conhecidas por quem usa a datação. O uso de uma datação fora dos limites do seu método ou do intervalo de tempo dentro do qual ele é válido, não tem precisão e pode levar a erros grandes de datação. Como são métodos radiométricos diferentes, os mais usados serão discutidos em separado.

3.1. Datação radiométrica por isótopos de meia-vida longa

Quando um isótopo radioativo é incorporado a uma rocha, esta pode oxidar ou erodir, mas a velocidade de decaimento radioativo do isótopo será somente controlada pelo tempo que passou desde a cristalização de rocha. Todos os isótopos de vida-curta que existiram no início da história da Terra já desapareceram, mas os elementos cujos isótopos são de meia-vida longa existem desde o início da Terra e podem ser usados para a datação de rochas muito antigas.

O princípio da datação de rochas por radiometria pode ser comparado com uma ampulheta. Enquanto existe areia passando do compartimento de cima para o de baixo da ampulheta, o tempo está sendo medido. O compartimento de baixo representa os átomos estáveis resultantes de decaimento radioativo e que estão sendo acumulados. A ampulheta tem que ser selada para que nenhuma areia escape. Da mesma forma a estrutura do mineral não pode deixar que nenhum átomo escape, nem que entrem átomos do exterior. Em outras palavras, o sistema tem que ser fechado para não haver erro na medição. Mas aí para a comparação entre os dois, porque o decaimento radioativo não é linear como na ampulheta e sim ocorre em velocidade exponencial.

Todo e qualquer átomo de um isótopo radioativo tem a mesma probabilidade de decaimento num dado período de tempo. A probabilidade de decair é expressa pela constante lambda e o número de átomos que decai em um ano, por exemplo, é de N; no ano seguinte, o número de átomos que vai emitir radioatividade será menor porque o sistema tem N a menos. Logo, o número que decairá será menor, e assim sucessivamente pelos anos seguintes. O tempo total requerido para que todos os átomos radioativos do sistema dacaiam não pode ser calculado e em teoria é infinito. Mas é possível calcular com precisão o tempo requerido para que a metade dos átomos de um isótopo se desintegre. Este tempo é chamado **meia-vida** do isótopo. Cada isótopo tem uma meia-vida característica que pode durar segundos ou milhões de anos (Tab. 2.3). Nesta parte serão tratados os que tem meia-vida longa.

Se bem que existam muitos elementos com isótopos radioativos de meia-vida longa, a maior parte é muito rara na crosta terrestre e somente seis são usados normalmente para datar rochas: potássio-40, rubídio-87, tório-232, urânio-235, urânio-238 e samário-147. Em todos esses casos, o que se mede é quanto do isótopo radioativo se transformou no isótopo estável. Então o método utilizado é sempre referido aos dois isótopos, o inicial e o resultante. Por exemplo, método radiométrico de rubídio-estrôncio. Como a medida de desintegração é feita por contagem estatística o resultado é apresentado pela média ± o desvio-padrão.

Tab. 2.3 - Meia-vida dos isótopos mais usados em datações radiométricas.

ISÓTOPO RADIOATIVO	PRODUTO FINAL ESTÁVEL	MEIA-VIDA (em anos)
Urânio-235	Chumbo-207	713 milhões
Urânio-238	Chumbo-206	4.510 milhões
Tório-232	Chumbo-208	14.000 milhões
Tório-230	Protactínio-	75.200 mil
Potássio-40	Argônio-40	1.300 milhões
	Cálcio-40	
Rubídio-87	Estrôncio-86	47.000 milhões
Samário-147	Neodímio-144	106.000 milhões
Carbono-14	Nitrogênio-14	5.730 +/- 40 (hoje)
		5.568 +/- 30 (Libby)
Trítio	Hidrogênio	12,5
Cálcio-41	Cálcio-40	100.000

3.1.1. Método de Potássio-Argônio

O potássio é o oitavo elemento mais abundante na crosta terrestre e cerca de 0,012% de todo ele é radioativo. A maior parte do potássio decai para cálcio-40 (decaimento beta), mas como o cálcio é muito comum em rochas não é possível distinguir entre o cálcio original da rocha e o cálcio produzido por decaimento de potássio-40. Somente 11% do potássio-40 decai para argônio-40 (captura de elétron). Como este é um gás inerte, o que está na rocha deve vir da desintegração do potássio.

A técnica de potássio-argônio (K/Ar) para datação é amplamente utilizada para rochas vulcânicas e plutônicas, mas também pode datar outros minerais. Este método foi usado para conhecer a idade de basaltos do fundo do mar. Por meio dele foi possível datar com precisão as reversões de polaridade geomagnética e correlacioná-las em escala mundial. Como o argônio pode ser detectado mesmo em quantidades muito pequenas, o método data rochas desde o Pré-cambriano até o Terciário. O decaimento do potássio para argônio é muito lento (Tab.2.3) e a mudança é mínima em 1 a 2 milhões de anos o que faz com que este método só possa ser usado em datação nas quais os limites são bem maiores que um milhão de anos. Ele não tem resolução, por exemplo, para o Quaternário cuja duração total é de pouco mais de um milhão de anos. Atualmente está havendo um esforço para tornar o método mais sensível para que possa datar até 100 mil anos A.P. pela detecção de quantidades mínimas de argônio.

A limitação principal deste método é que o argônio é um gás nobre e não estabelece ligações químicas com átomos visinhos. Se o mineral se aquece, perde o argônio e só passa a acumular novamente quando o mineral se esfria. Para rochas que cristalizam em profundidades maiores que 5 mil metros, o argônio só é retido na rede cristalina em temperaturas abaixo de 200°C. Se a rocha se cristalizou de muitos minerais (micas, por exemplo) a uma temperatura maior, ela não reterá o argônio durante o tempo que levar para descer a 200°C. Da mesma forma, se ela se recristalizou, não reterá o gás anterior. Por isto, as datações de potássio-argônio são datações mínimas, devendo ser interpretadas, na maior parte dos casos, como idade de resfriamento.

Este método foi usado nas rochas vulcânicas das ilhas Havaianas, e mostrou que a mais antiga era a ilha de Kauai com 5,6 - 3,8 milhões de anos (M.a.) e a mais moderna é a ilha de Hawaii, com menos de 1 M.a. Estes estudos mostraram que a atividade vulcânica que formou esta série de ilhas, migrou progressivamente de noroeste para sudeste (Fig.2.4).

Uma variação do método de potássio-argônio consiste na utilização da razão $^{40}Ar/^{39}Ar$ que por isto é chamado de método Ar/Ar. Está sendo utilizado para datações em rochas mais recentes, entre 1,5 e 2 milhões de anos. Em 1991, R.C. Walter e colaboradores utilizaram este método para datar rochas da garganta de Olduwai (África) entre 1,7 e 1,8 M.a. Nestas rochas foram encontrados ossos de hominídios que antes eram tidos como muito mais recentes.

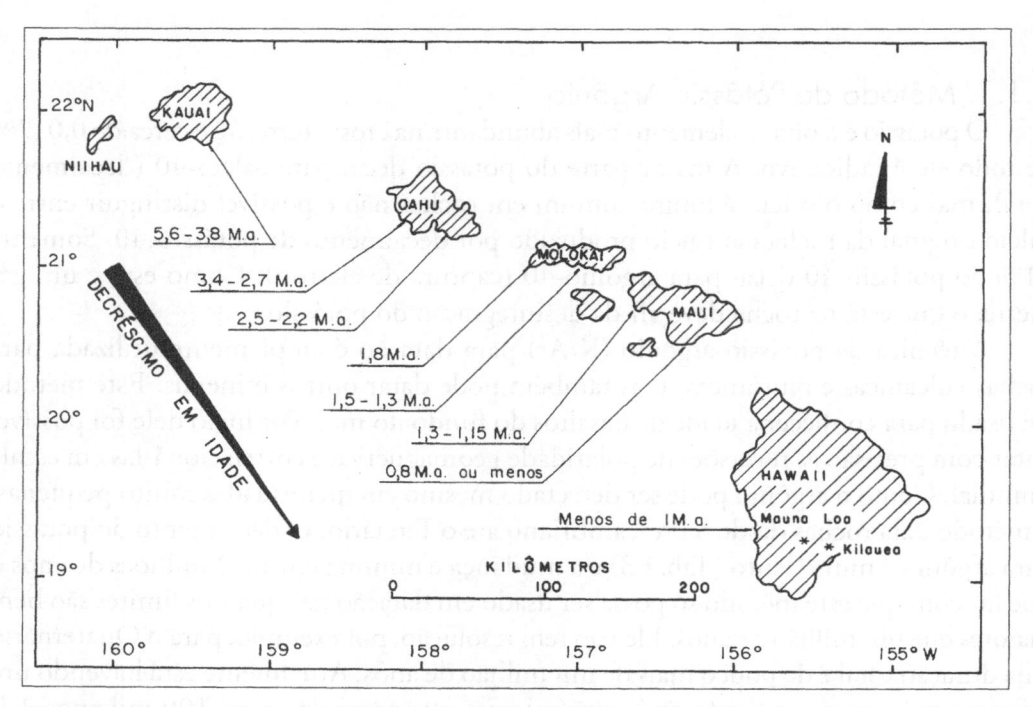

Fig. 2.4. Datação por potássio-argônio das principais ilhas do arquipélago do Havaí (Hawaii) adaptado de I. McDougall (em Eicher, 1976). A atividade vulcânica que formou estas ilhas deve ser proveniente de um "hot spot". Enquanto a placa do Pacífico deslizou de SE para NW, as ilhas foram se formando sobre o "hot spot". Observa-se um aumento progressivo de idade até a ilha de Havaí, que é a mais jovem e foi formada no Quaternário.

3.1.2. Método de Rubídio-Estrôncio

O método de Rb/Sr é usado principalmente para rochas ígneas e metamórficas muito antigas (na escala de 10^9 anos), porque o erro analítico do método aumenta nas rochas jovens, chegando a 100%. O Rubídio-87 se transforma em Estrôncio-87 (Tab.2.3). As rochas que têm rubídio geralmente contêm estrôncio. O isótopo de referência (estável) no método Rb-Sr é o Sr-86. As razões medidas e que dão a idade do material são as razões $^{87}Sr/^{86}Sr$. Uma fonte de erro do método é a determinação precisa da quantidade original dos dois estrôncios.

Este foi um dos métodos usados para determinar as rochas muito antigas da Terra que estão nos escudos continentais, as quais foram datadas em cerca 3,7 bilhões (10^9) de anos. O método também está sendo empregado no estudo do processo de formação de rochas do Proterozóico superior (Neoproterozóico) como, por exemmplo, na formação de rochas vulcânicas e plutônicas do Brasil Central (Tab. 2.5). Foi usado com sucesso para datar rochas lunares coletadas na missão Apolo. Um basalto lunar foi datado em 3.300 ± 80 M.a. por este método. Observe que neste caso o desvio da média foi calculado

Tab. 2.4 - Datações radiométricas de rochas vulcânica e plutônicas, em Goiás ocidental, usadas para o estabelecimento da idade de eventos formadores de rochas na região.Traduzido e adaptado de Pimentel e Fuck (1992).

Unidade	Idade U/Pb em zircão (M.a.)	Idade Rb/Sr isócrona (M.a.)	$^{87}Sr/^{86}Sr$	Idade K/Ar em anfibólio (M.a.)
Arenópolis gnaisse	899 +/- 7	818 +/- 5	0,7042	-
Sanclerlândia gnaisse	-	940 +/- 150	0,7024	-
Matrinxã gnaisse	-	895 +/- 200	0,7025	-
Arenópolis metariolito	929 +/- 8	933 +/- 60	0,7035	859 +/- 43
Jaupacl metariolito	764 +/- 14	587 +/- 45	0,7052	-
Jaupaci, granito subvulcânico	-	643 +/- 19	0,7032	-
Fazenda Nova metariolito	-	608 +/- 48	0,7032	-
Bom Jardim metabasalto	-	-	-	712 +/- 53

em 80 milhões de anos. O erro deste método é sempre da ordem de milhões de anos (veja, por exemplo, as determinações de idades feitas por Holmes, tab. 2.2 e por Pimentel e Fuck, tab. 2.4).

3.1.3. Método da Série de Urânio

É baseado no fato de que todo o urânio que ocorre naturalmente na Terra contem Urânio-238 que decai para Chumbo-206 e Urânio-235 que decai para Chumbo-207 (Tab. 2.3). Em ambos os casos há uma série de isótopos intermediários (Fig.2.5). O urânio-238 é o mais abundante e está na proporção de 138:1 em relação ao outro. Nos minerais de urânio ocorre também o Tório-232 que decai para Chumbo-208. Assim, em um mesmo mineral pode-se usar os três tipos independentes de datação para confirmar e controlar o método.

Foi com a utilização deste método que recentemente foram datadas as rochas mais antigas conhecidas na Terra. São gnaisses com aproximadamente 3,9 bilhões de anos de idade que ocorrem no escudo pré-cambriano do Canadá. Foi também com este método que foram datadas rochas granitóides da Bahia (Brasil) em cerca de 3,5 bilhões de anos e constituem, até agora, nas rochas mais antigas conhecidas na América do Sul.

Os métodos da série de Urânio foram usados satisfatoriamente em rochas lunares que foram datadas com Urânio-Chumbo (U/Pb) entre 4.600 e 4.700 M.a. e com Tório-Chumbo (Th/Pb) em 4.650 M.a. Esta mesma idade foi obtida para meteoritos com este método . Hoje acredita-se que este material lunar, coletado na missão Apolo 11, representa

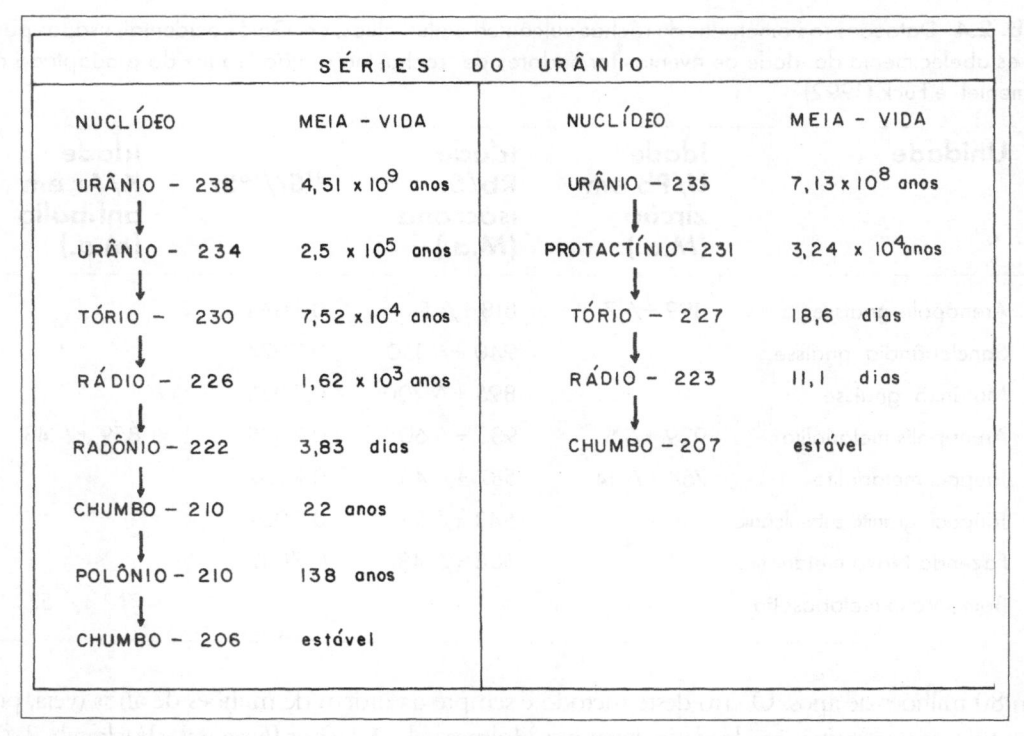

Fig. 2.5. Série de decaimento do Urânio (^{238}U e ^{235}U), adaptada de Bradley (1985).

a idade da Lua e do resto do sistema solar. Pelo menos, ele representa a idade mínima do sistema solar até que novos materiais ou novos métodos de datação sejam encontrados.

Nos métodos da série de urânio e no de rubídio-estrôncio, o erro de medida é da ordem de milhões de anos e por isso só podem ser usados para rochas muito antigas. As datacões radiométricas de rochas vulcânicas e plutônicas feitas por Pimentel e Fuck (Tab. 2.4) são um exemplo da órdem de grandeza do desvio-padrão nas medidas radiométricas por três métodos diferentes, U/Pb, Rb/Sr e K/Ar. Entretanto, estes resultados, apesar do erro, mostraram que o processo de formação de crosta na região ocidental de Goiás ocorreu no Neoproterozóico, entre 600 e 940 M.a. atrás, e as datações permitiram estabelecer a cronologia e a gênese desse evento.

3.2. Método Radiocarbônico

O carbono-14 (C-14) é um isótopo radioativo que ocorre normalmente na atmosfera e nos seres vivos. A sua meia-vida é de cerca de 5.730 anos (Tab.2.3), o que significa que este método só pode ser utilizado para o Quaternário Tardio.

O Carbono-14 apresenta uma peculiaridade muito especial. Ele está sendo criado continuamente na parte alta da atmosfera, a cerca de 15 km acima da superfície da Terra. Átomos de nitrogênio-14 (N-14) são bombardeados constantemente por raios cósmicos nesta altitude, o que faz com que cada núcleo absorva um nêutron, emita um próton e se transforme em carbono-14. Este carbono recém-criado é imediatamente incorporado ao gás carbônico (CO_2) atmosférico e é assimilado no ciclo de carbono dos seres vivos. Eventualmente, o C-14 decai novamente a N-14 (Fig.2.6). Antes que se iniciassem as explosões de bombas atômicas, o C-14 estava em equilíbrio dinâmico na atmosfera, isto é, a quantidade produzida era igual à degradada em N-14. A partir de 1946 este equilíbrio se rompeu.

Na década de 50 W. Libby criou o método de datação por radiocarbono. Pelo processo de fotossíntese as plantas removem o gás carbônico da atmosfera. Como C-12, C-13 e C-14 estão em equilíbrio, a atmosfera, o mar,as plantas e os animais vivos têm estes isótopos em equilíbrio dinâmico. Quando um organismo morre, ele para de absorver CO_2 e lentamente a proporção de C-14 diminui no corpo por decaimento radioativo. O método de datação criado por Libby, não mede a quantidade de isótopo estável produzido pelo decaimento radioativo, como nas técnicas com isótopos de longa-vida. O que se mede é a quantidade de C-14 que restou na matéria orgânica morta.

Para que o método funcione são necessários os seguintes postulados: 1. que a reserva de carbono da biosfera esteja em equilíbrio; 2. que o influxo de raios cósmicos tenha sido constante; 3. que não tenha havido perturbação na dinâmica de reserva de carbono; 4. que a concentração de C-14 na atmosfera tenha sido constante nos últimos 75.000 anos. Por causa das explosões atômicas que modificaram o equilíbrio de C-14 na atmosfera, não é possível datar com métodos radiocarbônicos idades mais recentes que 1950. Por isto, todas as idades radiocarbônicas se referem a um certo número de anos **antes do presente** (A.P.), em que o presente é 1950. Para datações dentro do intervalo da história humana é necessário acrescentar os anos que decorreram depois esta data.

Os postulados descritos acima são verdadeiros somente quando tomados de uma maneira geral de forma que em uma datação sempre existem pequenas variações que

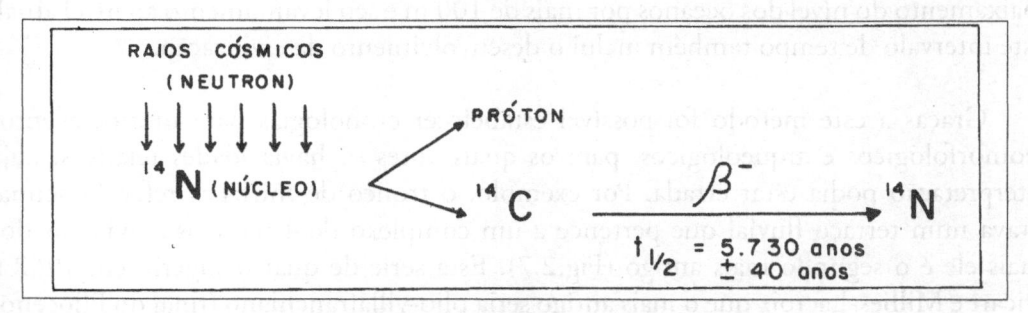

Fig. 2.6. Esquema da formação do isótopo radioativo de carbono (C-14).

causam erros e que devem ser tomadas em conta pelos usuários. Por isto as datações devem ser calibradas. Para os anos mais recentes é possível calibrar com datas bem conhecidas da história da humanidade e com a técnica de anéis de crescimento de árvores (veja adiante). Para tempos mais antigos deve-se procurar datá-los também por outros métodos independentes.

Como o C-14 tem meia-vida muito curta (Tab. 2.3), a datação máxima possível fica geralmente entre 25 e 30 mil anos A.P., dependendo do método empregado na detecção do C-14 residual e da qualidade da amostra. Somente em casos especiais, quando é possível conseguir uma grande quantidade de matéria orgânica para datar (pelo menos 1 kg de sedimento úmido), a datação pela radiação emitida pode se estender até o limite do método (entre cerca de 70-75 mil anos) . Foi assim que se datou um tronco de Myrtaceae encontrado dentro de sedimentos fluviais do rio Motatán (Venezuela) onde, por concentração do material radioativo, foi possível determinar uma idade de 50.640 ± 4.000 A.P. (Schubert e Valastro, 1980). Mas nestes casos o desvio padrão é alto, da ordem de milhares de anos, enquanto que na faixa ótima do método o desvio é da ordem de centenas ou dezenas de anos. O mínimo para o método é de ±40 anos.

Ultimamente tem-se feito muitos esforços para conseguir técnicas que aumentem a eficiência da datação radiocarbônica. Há poucos anos desenvolveu-se uma técnica que usa ciclotrons como espectômetro de massa de alta energia. Estes aceleradores, como o Tandetron, detectam, não a radiação emitida mas sim a quantidade absoluta de átomos de C-14 presente em uma amostra muito pequena, com até 5 mg. Levando em conta que para cada átomo de C-14 da atmosfera existem 100 mil trilhões (10^{14}) de átomos de C-12, esta técnica é muito mais eficiente que a usada normalmente. É possível usar amostras muito menores e aumentar o intervalo de tempo medido. Entretanto, ela ainda é uma técnica muito cara.

A datação radiocarbônica, criada por Libby e que lhe deu o prêmio Nobel, representa muito pouco na escala de tempo em geologia. Entretanto, do ponto de vista do conhecimento, esta técnica permitiu a datação absoluta dos últimos 75.000 anos que inclui a última grande expansão das geleiras (glaciares), sua posterior retração; o abaixamento do nível dos oceanos por mais de 100 m e seu levantamento ao nível atual. Este intervalo de tempo também inclui o desenvolvimento da civilização.

Graças a este método foi possível estabelecer cronologias para muitos eventos geomorfológicos e arqueológicos, para os quais antes só havia idades relativas, cuja interpretação podia estar errada. Por exemplo, o tronco de mirtácea referido acima, estava num terraço fluvial que pertence a um complexo de 4 terraços aluvionais dos quais ele é o segundo mais antigo (Fig.2.7). Esta série de quatro sugeriu em 1962 a Tricart e Milliès-Lacroix que o mais antigo seria plio-villafranchiano (final do Plioceno) e o mais moderno seria do Holoceno. Portanto, cada terraço seria depositado em uma

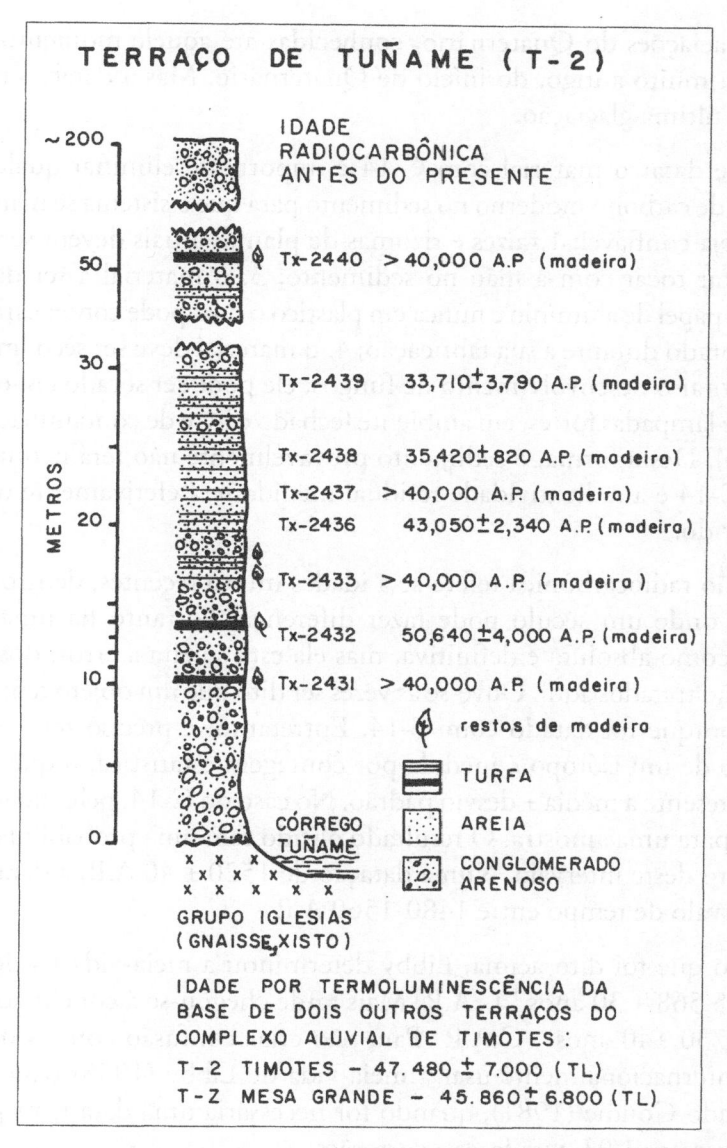

Fig. 2.7. Esquema do terraço aluvial de Tuñame, Andes venezuelanos, com as datações de ^{14}C feitas em restos de madeira e de matéria orgânica incluídos nos sedimentos. Esquema adaptado de Schubert e Valastro Jr. (1980). Em baixo da figura, datações por termoluminescência (areia e lama) na base de dois outros terraços pertencentes ao complexo aluvial de Timotes (Schubert e Vaz, 1987) que mostram, por um método independente, aproximadamente a mesma idade. Estas datações correlacionam cromológica e quantitativamente os três terraços e os situam mais ou menos no meio da glaciação Würm-Wisconsin.

das quatro glaciações do Quaternário, conhecidas até aquele momento. O tronco de mirtácea seria muito antigo, do início de Quaternário. Mas a datação radiocarbônica colocou-o na última glaciação.

Antes de datar o material com C-14 é importante eliminar qualquer forma de incorporação de carbono moderno no sedimento para que o sistema se mantenha fechado e a datação seja confiável: 1.raízes e rizomas de plantas atuais devem ser retiradas com pinça; 2. evitar tocar com a mão no sedimento; 3. o material a ser datado deve ser envolvido em papel de alumínio e nunca em plástico o qual pode conter carbono moderno que é incorporado durante a sua fabricação; 4. o material deve ser seco imediatamente à coleta para evitar o desenvolvimento de fungos; ele pode ser secado em estufa até 85°C ou debaixo de lâmpadas fortes, em ambiente fechado e livre de contaminação por matéria orgânica atual. Desta forma, o sedimento provavelmente não terá nenhuma adição ou diluição de C-14 e a radioatividade residual medida será efetivamente uma função do tempo decorrido.

A datação radiocarbônica refere-se a idades muito recentes, dentro da história da humanidade onde um século pode fazer diferença. Portanto há uma tendência de considerá-la como absoluta e definitiva, mas ela está sujeita a erros, dos quais os mais relevantes estão tratados aqui. Ouve-se ás vezes ser dito que um objeto tem , por exemplo, 2.700 anos porque foi datado com C-14. Entretanto, é preciso ter em mente que a desintegração de um isótopo é medida por contagem estatística, o que faz com que o resultado represente a média ± desvio padrão. No caso do C-14, pelo menos 16 alíquotas são medidas para uma amostra. O resultado obtido tem uma probabilidade de 68,27% de estar dentro deste intervalo. Numa datação de 1520 ± 40 A.P., a data absoluta deve estar no intervalo de tempo entre 1480-1560 A.P.

Além do que foi dito acima, Libby determinou a meia-vida na década de 1950 como sendo 5.568 ± 30 anos [14]C A.P. Mais tarde chegou-se á conclusão que o melhor valor é de 5.730 ±40 anos [14]C A.P. Para não criar confusão com as datas anteriores resolveu-se internacionalmente usar a meia-vida de Libby (1955) para as datações de rotina. Segundo Goudie (1981), quando for necessária uma data mais precisa, tem-se que multiplicar por 1,03 para fazer a correção.

Atualmente usa-se a razão carbono-13/carbono-12 ($^{13}C/^{12}C$) para corrigir as datações radiométricas mas este assunto é tratado no capítulo 9.

Para conhecer melhor os limites do método é necessário consultar livros especializados sobre o assunto. Uma sugestão é a leitura do capítulo 5.1 do livro de Goudie ou o de Geyh e Schleicher, e os artigos apresentados nas referências deste capítulo.

3.3 Método de Tório-Protactínio

A datação absoluta do Quaternário é problemática. O método radiométrico, descrito acima, só data os últimos 30.000 anos e em casos especiais, 75.000 anos, que só atingem até o meio da última glaciação. Todo o resto dos 1,6 milhões de anos do Quaternário não podem ser datados desta forma. No método de potássio-argônio, o decaimento radioativo é tão lento que a relação dos dois isótopos quase não muda em um milhão de anos. O erro de medida neste método e na série de urânio é muito grande para datar precisamente o período. Criou-se estão, uma técnica nova para datar os testemunhos de sondagem ("cores") muito longos extraídos do fundo do oceano.

A maior parte do urânio da água do mar mantem-se em solução, mas o Tório-230 produzido na série de decaimento do Urânio-238 (Fig. 2.5) precipita-se rapidamente e é incorporado às partículas que se estão depositando no fundo do mar. A quantidade de Tório-230 acumulada no sedimento vai diminuindo gradativamente com o tempo por decaimento radioativo. Portanto, a idade estimada por este método é uma função da profundidade do sedimento datado. Se a velocidade de sedimentação e de precipitação do tório forem constantes para um determinado local, a quantidade de tório em relação à profundidade é também uma função do tempo. Logo, medindo-se a concentração do tório ao longo do testemunho de sondagem e comparando com a concentração na interface água-sedimento (que representa a precipitação atual), é possível estimar a idade daquela porção do testemunho de sondagem ("core"). Este método está sendo usado para datar sedimentos marinhos com centenas de milhares de anos.

Um método semelhante e independente é o de Tório-230 /Protactínio-231 (Th/Pa), que pode ser usado para os últimos 150.000 anos. Entretanto, ambos os métodos supõem que a precipitação do isótopo seja constante e que a velocidade de sedimentação durante estes últimos milhares de anos tenha sido constante. Estas suposições são muito perigosas para um tempo tão grande, no qual houve, sem nenhuma dúvida, grandes mudanças climáticas que afetaram a velocidade de sedimentação. O método tem um erro grande devido a essas premissas que introduzem um fator variável e imprevisível. É possível que as dificuldades de correlação entre diferentes testemunhos de sondagem ("cores") marinhos, e de correlação por idade entre eles e os eventos nos continentes, sejam devidas a isto. É preciso lembrar também que os postulados em que se baseia a datação por C-14 não são os mesmos que os dos métodos acima, e que os sedimentos continentais geralmente são mais incompletos que os marinhos.

3.4. Outros métodos radiométricos

Além dos pares de elementos descritos na parte anterior, outros pares de elementos são utilizados como método de datação. Entre eles estão as terras-raras Samário e

Neodímio, usados para rochas muito antigas, e os dois isótopos de berílio (Be-7 e Be-10). O Trítio (ou trício), um isótopo de hidrogênio, tem sido extensivamente usado na datação recente de testemunhos de sondagem ("cores") de gelo e para estudar o tempo necessário para a água da chuva penetrar e percorrer as rochas. Também é usado para avaliar a idade dos vinhos e comidas preservadas. Sua meia-vida é de 12,5 anos.

Outro método é o de chumbo-210 que, devido a sua pequena meia-vida de 22 anos (Fig. 2.5) tem sido usado para determinação de velocidade de sedimentação, crescimento de corais modernos e turfeiras até uma idade de alguns séculos (geralmente até uns 150 anos). Em todos os casos acima, o método de medida é o mesmo descrito para os isótopos de longa-vida.

O método do carbono-14 mede os últimos 75.000 anos. Os métodos dos isótopos de longa-vida medem de um milhão de anos para mais. Desta forma o Pleistoceno, onde o homem surgiu e evoluiu e onde está concentrada a maior parte das informações paleoecológicas, só é datado na sua parte superior. Principalmente entre 100.000 e 730.000 anos atrás, as datações absolutas são imprecisas e ambíguas. Em 1979, G. Raisbeck e F. Yion propuseram um método baseado no cálcio-41 que usa a relação $^{41}Ca/$ ^{40}Ca mantida nos organismos. Esta técnica está em fase de experimentação e tem grandes possibilidades, pois o Cálcio-41 tem uma meia-vida de cerca de 100.000 anos, que é bem mais longa que o carbono-14, é encontrado em esqueletos da maioria dos animais e cobre o intervalo de tempo não atingido pelos outros métodos radiométricos. O problema mais sério do cálcio é que depois que o organismo morre, pode haver deposição de carbonatos sobre o esqueleto ou dissolução dos mesmos.

O traço-de-fissão (fission-track) é outro método que usa as propriedades radioativas dos elementos. Alguns elementos, entre eles o Urânio-238, decaem espontaneamente por fissão do núcleo. Este processo desprende energia que faz com que os dois núcleos resultantes da fissão penetrem no material em volta, danificando-o. Formam-se então dois minúsculos tubos de 10 a 20 micrômetros, chamados "tracks" ou **traços**, que irradiam do núcleo original. O número de traços é uma função da quantidade de urânio e do tempo, e pode ser usado para datação.

A termoluminescência é a luz emitida por um sólido isolante, quando aquecido. Esta propriedade de certos sólidos permite usa-la para datação radiométrica. As partículas ionizantes alfa, beta e gama, que são emitidas pela radioatividade natural da Terra e a radiação cósmica, irradiam continuamente as rochas e os minerais e fazem com que estes sólidos emitam uma luminescência natural que pode ser medida com precisão.

Quando a argila é aquecida acima de 500°C a sua termoluminescência (TL) original é eliminada. Isto acontece com a terra-cota e a cerâmica que são queimadas em fornos ou fogueiras para sua preparação. A partir daí estes objetos começam a ser expostos novamente às partículas ionizantes que existem normalmente na natureza. Se a intensidade da TL desses objetos for medida, a quantidade de TL emitida é proporcional ao tempo decorrido depois da última queima do barro. Esta técnica é usada para datar cerâmicas nas escavações arqueológicas e atualmente está sendo também usada para datar argilas do Quaternário Tardio servindo de calibração para as datações de C-14 (Fig. 2.7).

4. Outros Métodos de Datação

Além dos métodos radiométricos existem outros relacionados com outros ramos da ciência, que são usados para datação absoluta.

4.1. Método de hidratação da obsidiana

Um método de datação química é a da hidratação da obsidiana. A obsidiana é um vidro natural, amorfo, que geralmente se forma nas lavas dos vulcões. Quando a obsidiana é lascada em facetas para fazer, por exemplo, uma ponta de flecha,a nova superfície começa a se hidratar lentamente por absorção de água da atmosfera. Esta absorção forma uma película muito fina, porém visível, que vai desde 1 μm a mais de 50 μm, e que é proporcional ao tempo que a superfície ficou exposta. Como não é possível datar por C-14 um instrumento lítico, este método é de grande utilidade.

Como este método e o da termoluninescência datam o próprio objeto e não o sedimento em volta, são ferramentas importantes em arqueologia. A datação radiocarbônica ou outra do material em volta de uma cerâmica ou de um instrumento lítico, pode não refletir a sua verdadeira idade, pois o sedimento ou solo a sua volta ás vezes pertence a um tempo diferente. Isto acontece principalmente com objetos encontrados em sedimentos aluvionais, coluvionais ou em sepulturas.

Para o conhecimento mais aprofundado dos métodos de datação absoluta descritos acima e de outros métodos menos usados veja, por exemplo, o livro de Geyh e Schleicher (1990) que, além de descrever os processos, fornece os conceitos básicos em cada caso e o intervalo de tempo dentro do qual o método é válido, menciona também o autor e cita o trabalho original onde o método foi descrito pela primeira vez (coisa rara hoje em dia).

4.2. Dendrocronologia

O método biológico de datação mais usado para o Quaternário Tardio é a **Dendrocronologia**. As árvores da zona temperada não crescem no inverno, mas na primavera o tecido do câmbio dos troncos produz células de paredes finas que formam um anel concêntrico a sua volta. No final da estação de crescimento o câmbio produz células de paredes grossas que envolvem externamente o anel de primavera. Na maioria destas espécies arbóreas forma-se então uma série de anéis duplos, concêntricos (claro seguido de escuro)que marcam geralmente cada ano de vida da árvore (Fig.2.8). Contando-se esses **anéis de crescimento** tem-se a idade da árvore.

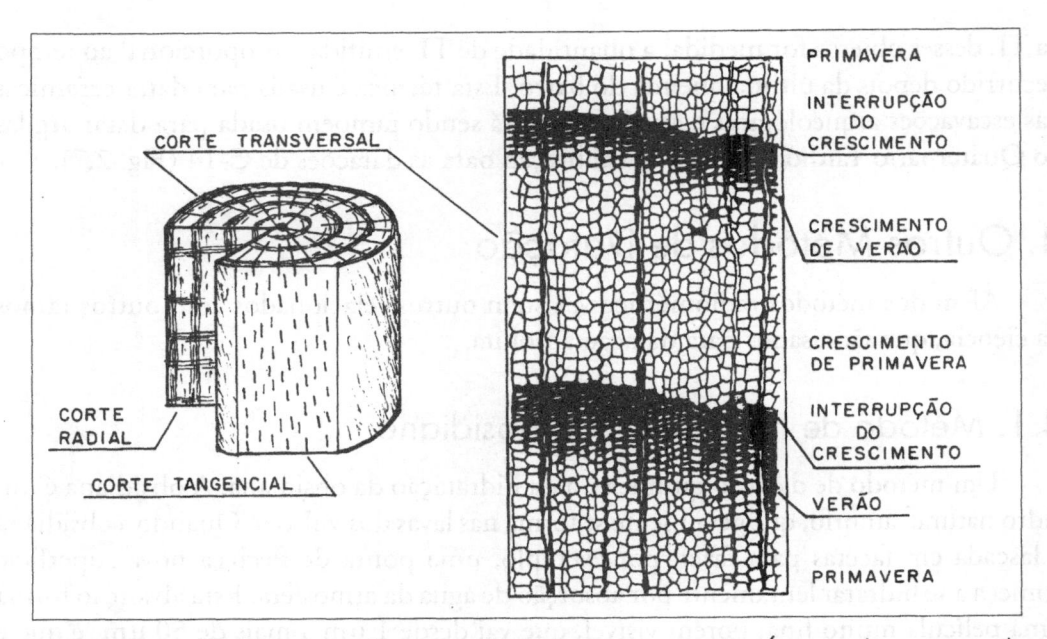

Fig. 2.8. Anéis de crescimento de uma madeira de zona temperada. Á esquerda, esquema de um tronco com quatro anéis de crescimento, mostrando os três tipos de corte que caracterizam a madeira de uma espécie vegetal. Á direita, corte transversal do lenho secundário de *Sequoia sempervirens* (Gimnosperma, Conífera) mostrando dois anéis de crescimento. Adaptado de Eames e MacDaniels (1953).

O crescimento de uma árvore depende de uma série de fatores cujas combinações são muito complexas, tais como: nutrientes do solo, quantidade de iluminação e sombreamento dentro da floresta. Depende também de fatores climáticos como temperatura, precipitação, insolação, velocidade de vento, umidade, etc., e de sua distribuição e intensidade ao longo do ano. Disto resulta que os anéis de crescimento marcados na madeira variam em espessura e nitidez, conforme o ano tenha sido favorável a seu crescimento ou não. A formação de anéis também depende da espécie. Umas têm anéis muito nítidos e outras não. Os anéis de crescimento anuais da zona temperada servem desta forma para calibrar as datações de carbono-14 nos últimos 7.000 anos e para dar algumas informações sobre as condições climáticas desse tempo.

Nos trópicos não existe o ciclo das quatro estações da zona temperada. Nas poucas espécies onde os anéis podem ser vistos, eles não representam ciclos anuais mas sim épocas de crescimento. Estas épocas podem representar muitos ou poucos anos, mas provavelmente indicam mudanças ambientais que propiciam bem, pouco ou nada, o crescimento. Talvez estejam ligados a épocas de seca e épocas de chuvas. Nestes casos a dendrocronologia só pode ser usada com muito critério e associada à datação em vários pontos desta madeira.

A detecção do sinal climático por anéis de crescimento ainda é problemática porque os fatores climáticos são complexos. Porém, os anéis de crescimento nas zonas temperadas e tropicais, são o registro de condições ambientais que podem ser estudadas milênios depois que a árvore morreu. O problema ainda está na interpretação paleoclimática correta do registro. É necessário associá-la às informações vindas de outras fontes, tais como a análise palinológica dos sedimentos locais, e o exame de documentos históricos sobre a região.

Como datação absoluta, os anéis de crescimento dão a idade mínima. Por mais antigo que seja o tronco estudado para uma região, nada afirma que a árvore pertencia à primeira geração de sua espécie que cresceu ali. Porém, dentro do intervalo de tempo que ela viveu é possível calibrar as datações de carbono-14 e conferir reconstruções paleoclimáticas baseadas em outros métodos. Além disto, a resposta das plantas a uma mudança climática tem sempre um intervalo de tempo de espera ("lag fase") antes de que o sinal se expresse. Este assunto é tratado com mais detalhe nos capítulos que se referem à interpretação paleoecológica.

Tradicionalmente a dendrocronologia é usada para os últimos 7.000 anos, mas agora começa a ser utilizada para detectar a presença do ciclo das estações climáticas no Mesozóico (veja o capítulo sobre esta era). Para maiores detalhes sobre o método, consulte o livro de Fritts (1976) ou o "Laboratory of Ring Research", Universidade de Arizona, Tucson.

4.3. Varvas e ritmitos

Um método geológico de datação do Quaternário Tardio é a contagem de varvas. **Varvas** são uma sequência de lâminas sedimentares muito finas, depositadas anualmente, e que segue o rítmo das estações climáticas. Certos lagos e lagoas de águas tranqüilas apresentam uma sedimentação em varvas. Isto ocorre principalmente em lagoas glaciais em que uma camada de cor clara e de grãos relativamente grossos (areia fina ou silte) sedimenta no verão como resultado do degelo rápido dos glaciares, gradualmente se acumula sobre ela uma camada de grãos cada vez mais finos (argilas) geralmente contendo muita matéria orgânica. A sedimentação fina e escura é constituída de partículas que estavam em suspensão na água da lagoa e que sedimentam lentamente durante o inverno enquanto o lago está com a superfície congelada.

O resultado deste tipo de sedimentação são as varvas onde há um limite nítido no início de cada camada clara de verão e uma gradação para partículas mais finas e escuras para cima, até o fim do inverno. A contagem das varvas indica a idade dos depósitos glacio-lacustres.

Outro tipo de **ritmito** (sedimentos em camadas com cor e textura diferente que se alternam) pode ser observado em golfos e baías tranqüilas devido á mudanças de deposição de carbonatos biogênicos para deposição de material terrígeno. Eles podem ser anuais e mudam de calcita ou cocolitos (no verão) para quartzo na época das chuvas fortes de outono, inverno e primavera. Também há ritmitos anuais em outros depósitos marinhos que intercalam camadas de diatomáceas (cor verde oliva) com material terrígeno rico em H_2S (cor preta oliva). Segundo Reineck e Singh, em ambos os casos a sedimentação está associada a condições de estagnação e de alto teor de H_2S. Nestes ambientes não existe perturbação do sedimento pela fauna bentônica.

Nem todos os depósitos laminados são anuais. Eles podem representar mudanças no regime de um rio que alimenta um lago. Por exemplo, estas mudanças ocorrem nas enchentes violentas que têm lugar cada dezena ou centena de anos. É necessário um estudo cuidadoso para determinar se os ritmitos são ou não anuais. Reineck e Singh ponderam que um padrão rítmico de depósito em rochas sedimentares muito antigas pode ser diferente do de hoje. O ano podia não ser de 365 dias e o dia podia não ter 24 horas (veja capítulo 4, parte 3).

5. A Idade da Terra

A idade da Terra tem preocupado sempre o homem. As primeiras estimativas estão nos livros sagrados de religiões muito antigas. Os Vedas (livro sagrado do Induísmo) alegam que a Terra é antiqüíssima e que o mundo presente existe desde 1.972 milhões de anos atrás. Houve um bispo irlandês, no século passado, que calculou a idade da Terra, usando o número de gerações alistadas na Bíblia (Judaica e Cristã). Para ele a Terra teria sido criada no ano 4.004 antes de Cristo, e houve debates violentos sobre estes cálculos que muitos consideravam como verdadeiros. Mas as primeiras tentativas de calcular quantitativamente a idade da Terra ja haviam sido iniciadas no século retrasado.

Em 1715, o astrônomo E. Harvey sugeriu que se podia calcular a idade da Terra pela medida de salinidade do mar. Considerando o mar inicial como sendo de água doce, media-se com precisão o conteúdo do sal no mar e repetia-se a medida 10 anos depois. Se isto fosse feito não encontrariam nenhuma diferença entre as duas medições porque hoje sabemos que a salinidade média não muda em dez anos. Porém, esta proposta mostra como era subestimada a idade real da Terra. Em 1899, o método da salinidade foi retomado por J. Joly que estimou a quantidade de sódio transportada pelos rios atuais por análise da água fluvial. Como ele sabia aproximadamente o volume dos oceanos, calculou quanto tempo levaria para que o conteúdo de sódio nos mares atingisse a concentração atual partindo de um mar inicial de água doce. Fez correções para o sódio lançado na terra pelo respingo das ondas, o evaporado, o soprado para terra e o reciclado das rochas oceânicas. Pelos seus cálculos passaram-se 90 M.a. desde que a primeira água se condensou no planeta. Segundo Eicher, esta estimativa tão baixa é devido a dois fatores que eram ignorados naquele tempo: 1. o intercâmbio de sódio entre a água do mar e as rochas estava subestimado; 2 o sódio liberado das rochas não se acumula facilmente na água, mas é reciclado na sua maior parte. Hoje acredita-se que a água dos mares não está aumentando em salinidade e sim que está em equilíbrio com os sais dissolvidos ou evaporados de rochas e sedimentos (Fig.2.9). Por estas razões o método de salinidade não serve para avaliar a idade da Terra. Entretanto ele serviu para mostrar que a Terra era muito mais antiga que os 6 mil anos propostos na época.

Métodos biológicos para calcular a idade da Terra foram usados no final do século 19, baseados na velocidade de evolução das espécies de organismos. Darwin considerou que a velocidade de evolução seria um processo lento pelo princípio de seleção natural, descoberto por Wallace e ele. Na primeira edição do seu livro "A origem das espécies", ele sugeriu que teriam passado cerca de 300 M.a. desde a parte final da Era Paleozóica até o presente. Lyell, em 1867, calculou o tempo geológico pela estimativa da velocidade de evolução das espécies de moluscos. Ele supos que seriam necessários 20 M.a. para ocorrer uma mudança completa das espécies de moluscos e que teria havido 12 destas mudanças. Daí, ele concluiu que decorreram 240 M.a. desde o início do período Ordoviciano, quando surgiram os primeiros moluscos (Fig. 2.1). Estas tentativas estão dentro da ordem de grandeza estimada hoje, mas não podiam dar um resultado correto porque, ainda que a evolução seja um processo irreversível, a velocidade de evolução de cada espécie é diferente da de outras.

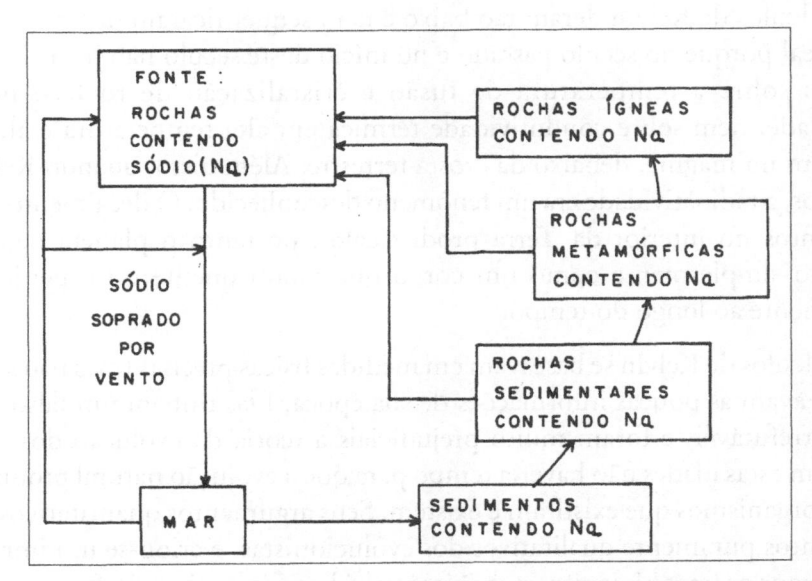

Fig. 2.9. O ciclo do sódio na Terra mostra que o mar é somente uma das áreas de deposição e não o local do depósito final deste elemento. Adaptado de Eicher (1976).

O cálculo que sacudiu o meio científico do final do século 19 foi feito por Kelvin. Nas minas profundas de todo o mundo, a temperatura aumenta uniformemente com a profundidade. Este fato levou á ideia de que o gradiente térmico é devido ao calor irradiado de um interior muito quente e que se dissipa através da crosta terrestre, que é mais fria e a Terra está perdendo calor. Kelvin raciocinou que ela está ficando cada vez mais fria, e que portanto, em tempos passados, ela foi muito mais quente. Considerando que a dissipação de calor se iniciou a partir de uma Terra em fusão, Kelvin usou todas as informações físicas que havia na época, mediu a velocidade de perda de calor atual e estimou a idade da Terra. Todos os seus cálculos deram um tempo sempre menor que 100 M.a. Ele também chegou á conclusão de que o sol não é eterno e que gradualmente se esfriaria, ainda que naquele tempo não se conhecesse o mecanismo da energia emitida pelo sol. Segundo seus cálculos, o sol teria iluminado a Terra cerca de 10% mais intensamente há um milhão de anos atrás e só continuaria a iluminá-la por mais alguns milhões de anos. Em 1897, Kelvin resumiu pela última vez as suas idéias, concluindo que a Terra começou a ser habitada somente entre 20 e 40 M.a. atrás, quando teria começado a cristalização das rochas.

Menos de 100 milhões de anos para o início da formação da Terra e 20-40 M.a. para o início da vida era muito menos que o calculado por Darwin e por Lyell. A discrepância entre estes resultados causou grande polêmica entre os estudiosos da época. Entretanto "venceram" os valores de Kelvin, pelo peso de sua autoridade científica e por seus cálculos parecerem muito mais rigorosos que os cálculos baseados na biologia.

Os cálculos de Kelvin deram tão baixo e nem sequer ficaram dentro da ordem de grandeza real porque no século passado e no início deste século não havia informações detalhadas sobre a temperatura de fusão e cristalização de rochas, nem sobre radioatividade, nem sobre condutividade térmica em alta temperatura e alta pressão, que ocorrem no magma, debaixo da crosta terrestre. Além disto, quando Kelvin fez os seus cálculos, a radioatividade era um fenômeno desconhecido. O decaimento radioativo dos elementos no interior da Terra produz calor, portanto o planeta não pode ser considerado simplesmente como um corpo que estava quente e foi perdendo calor uniformemente ao longo do tempo.

Os cálculos de Kelvin se baseavam em medidas físicas precisas (mas não suficientes) e que utilizavam as poucas informações de sua época. Elas tinham um falso rigor, mas pareciam irrefutáveis e foram muito prejudiciais à teoria da evolução dos seres vivos porque, com estas idades não haveria tempo para que a evolução natural produzisse toda a gama de organismos que existiram e existem. Seus argumentos quantitativos barraram os argumentos puramente qualitativos dos evolucionistas, e criou-se um impasse entre os fatos físicos e os fatos biológicos que só foi resolvido muito mais tarde. Este acontecimento exemplifica muito bem como um resultado quantitativo pode ser falso, porque a falta de dados não permite a consideração de todos os parâmetros do qual depende o fenômeno.

Outro método que foi usado para calcular a idade da Terra se baseia na velocidade de acumulação dos sedimentos. Desde o século passado sabemos que uma camada grossa de areia pode acumular em um dia, ao passo que uma camada fina de argila depositada sobre ela pode ter levado 100 anos para se formar, e um estrato muito fino entre elas pode representar mais tempo que as duas juntas. Estabeleceu-se que os diferentes tipos de rochas sedimentares têm velocidades diferentes: a mais lenta é a rocha calcária, seguida dos folhelhos, e a mais rápida é o arenito. Baseando-se nisto, os geólogos começaram a procurar localidades que tivessem uma seqüência com uma longa deposição de rochas sedimentares para calcular a idade dos vários períodos geológicos. Mas o comum na natureza é que a superposição de estratos é diferente de uma localidade para a outra. Há interrupções na seqüência estratigráfica por erosão e por movimentos tectônicos. Além disto, a velocidade de sedimentação para um mesmo tipo de sedimento varia de um lugar para o outro devido às características do local. É ainda necessário fazer uma correção para a compactação que varia quando um sedimento se transforma em rocha sedimentar.

Com a necessidade de tantas correções, os cálculos dos diferentes geólogos daquela época deram resultados diferentes. Entretanto, influenciados consciente ou inconscientemente pelos resultados de Kelvin, a maioria desses cálculos deu uma idade para a Terra menor que 100 M.a.

A datação absoluta dos eventos geológicos só foi possível depois da descoberta dos métodos radiométricos com isótopos de longa vida. Este método foi desenvolvido primeiro por Boltwood por volta de 1907 e utilizado amplamente nos trabalhos de Holmes de 1911 em diante (veja secção 3.1). Os resultados obtidos refutaram para sempre os argumentos de Kelvin e deram uma base quantitativa ao processo da evolução da vida.

Ainda não é possível calcular com precisão a idade da Terra. O número de anos que decorre durante o decaimento radioativo só começa a contar depois da cristalização da rocha, quando os isótopos ficam presos na rede cristalográfica. O tempo que passou antes não pode ser datado por este método. As rochas mais antigas que se conhecem datam de quase 4×10^9 anos, e ainda são em pequeno número (veja capítulo 4).

A primeira idade absoluta tida como a idade de formação da Terra foi obtida por Patterson, em 1956, ao analisar meteoritos os quais foram considerados como originários de fragmentos que se condensaram e formaram a Terra. Ele obteve a idade de 4,56 bilhões de ano pelo método de Pb-Pb. Estima-se hoje que a Terra tenha cerca de 4,6-4,7 $\times$ 10^9. Os dados atuais indicam, portanto, que o sistema solar tem um pouco mais que isto.

As idades absolutas para o Cretáceo e o Terciário ja estão bem estabelecidas por numerosas datações feitas com métodos diferentes e independentes. Porém, ainda há muitos problemas com os períodos mais antigos, porque a datação radiométrica é feita em rochas ígneas e a datação por fósseis, em rochas sedimentares. Nem sempre é possivel definir estratigraficamente a posição de uma rocha vulcânica. Mas a solução é uma questão de tempo, e já existe uma boa aproximação da duração dos diferentes eventos da história da Terra (Tab.2.1.).

6. Magnitude doTempo Geológico

É muito difícil concebermos o que significam 4,6 bilhões de anos. Mesmo idades menores como os 70 a 75 milhões de anos que durou o Cretáceo, ou mesmo os 1,6 a 2 milhões de anos do Quaternário são difíceis de se imaginar tendo em vista a duração da vida humana e dos eventos históricos da humanidade.

Tab. 2.5 - O CALENDÁRIO CÓSMICO - traduzido e resumido de C. Sagan (1978).

B.a. = bilhões de anos; M.a. = milhões de anos		
15 B.a. "Big Bang"; início do Universo que conhecemos............................	1	Janeiro
- Origem da Via Láctea..	1	Maio
- Origem do sistema solar...	9	Setembro
4 B.a. - Formação da Terra...	14	Setembro
3,9 B.a. - Formação das rochas mais antigas que se conhece na Terra.........	2	Outubro
- Fósseis mais antigos (bactérias e cianobácterias)	9	Outubro
- Invenção do sexo pelos microorganismos	1	Novembro
- Fósseis de plantas fotossintéticas mais antigas.......................	12	Novembro
- Oxigênio começa a ser parte significativa da atmosfera terrestre .	1	Dezembro
- Primeiros vermes	16	Dezembro
- Termina o Pré-cambriano. Era Paleozóica e		
Período Cambriano se iniciam. Invertebrados prosperam..............	17	Dezembro
- Primeiro plâncton oceânico. Trilobitas prosperam.......................	18	Dezembro
- Período Ordoviciano. Primeiros peixes, primeiros vertebrados	19	Dezembro
- Período Siluriano. Primeiras plantas vasculares.		
Plantas iniciam a colonização dos continentes..........................	20	Dezembro
400 M.a. - Início do Período Devoniano. Primeiros insetos.		
Animais começam a colonização dos continentes..........................	21	Dezembro
- Primeiros anfíbios. Primeiros insetos com asa	22	Dezembro
300 M.a. - Período Carbonífero. Primeiras árvores. Primeiros répteis	23	Dezembro
- Período Permiano se inicia. Primeiros dinossauros	24	Dezembro
225 M.a. - Termina a Era Paleozóica. Começa a Era Mesozóica	25	Dezembro
220 M.a. - Período Triássico. Primeiros mamíferos	26	Dezembro
180 M.a. - Período Jurássico. Primeiros pássaros	27	Dezembro
135 M.a. - Período Cretáceo. Primeiras flores. Os dinossauros se extinguem ..	28	Dezembro
60 M.a. - Termina a Era Mesozóica. Começa a Era Cenozóica e o Terciário.		
Primeiros Cetáceos; primeiros primatas	29	Dezembro
- Início da evolução dos lóbulos frontais do crânio dos primatas.		
Primeiros hominídeos. Mamíferos gigantes prosperam	30	Dezembro
2 M.a. Final do Período Plioceno. Início do Período Quaternário		
(Pleistoceno e Holoceno)	31	Dezembro

Tab. 2.5 - (continuação).

O DIA 31 DE DEZEMBRO	
- Origem do Proconsul e do Ramapithecus, prováveis ancestrais dos macacos e do homem	1:30 pm
- Primeiros humanos	10:30 pm
- Uso bem difundido de instrumentos de pedra	11:00 pm
- Domesticação do fogo pelo homem de Pequim	11:46 pm
- Início da última glaciação	11:56 pm
ÚLTIMO MINUTO	
- Invenção da agricultura	11:59:20" pm
- Invenção do alfabeto; Império Acadiano	51"
- Metalurgia do bronze; invenção da bússola	53"
- Metalugia do ferro; 1° Império Assírio	54"
- Atenas de Péricles; nascimento de Buda	55"
- Geometria Euclidiana, Física de Arquimedes; Astronomia de Ptolomeu. Império Romano. Nascimento de Cristo	56"
- Invenção do zero e do decimal na India. Queda do Império Romano	57"
- Renascimento na Europa. Emergência do método experimental em ciência ...	59"
- Desenvolvimento e difusão da ciência e tecnologia; emer-	O PRESENTE
gência da cultura global. Aquisição do poder de auto	Primeiro
destruição pelo homem. Primeiros passos para a exploração	segundo
espacial dos planetas e a busca de formas extra-terrestres	do
de inteligência	Ano Novo

Muitos esquemas foram idealizados para dar uma idéia da magnitude da escala geológica. O mais conhecido comprime em um ano os 4,6 bilhões de anos da Terra. Neste cálculo a Terra se formaria no primeiro minuto do mês de Janeiro; a rocha mais antiga que conhecemos teria cristalizado em Março. Os primeiros seres vivos começariam a aparecer no mar em Maio. Plantas e animais terrestres surgiriam no final de Novembro. Os pântanos cheios de árvores que iriam originar a hulha do período Carbonífero começariam no meio de Dezembro; os dinossauros dominariam a Terra e desapareceriam logo após o Natal, no dia 26; os primeiros hominídios surgiriam no início da noite de 31 de Dezembro. A última glaciação começaria a retroceder faltando 1 minuto e 15 segundos para a meia-noite do dia 31 . Roma dominou o mundo ocidental por 5 segundos (de 11:59:45 à 11:59:50); Colombo descobriu as Américas 3 segundos antes de terminar o ano. A ciência geológica nasceu com os escritos de Hutton um pouco antes de um segundo antes do final deste "ano" (Eicher,1976).

C. Sagan, em 1978, usou a mesma idéia (que parece foi primeiro usada por Huxley), mas iniciou com o calendário cósmico no momento do "Big-Bang" e calculou os outros eventos para que coubessem em um ano (Tab.2.5). A observação do que aconteceu no "último minuto" do dia 31 de dezembro deste "ano" especial (final da tabela 2.5) dá uma idéia muito boa do que representa a nossa civilização em relação ao tempo que a Terra levou para atingir a este ponto. Uma única espécie de ser vivo pode destruir o que levou milhares de milhões de anos para ser criado. É preciso respeitar esta longuíssima história.

REFERÊNCIAS CAPÍTULO

Bradley, R.S. 1985. Quaternary Palaeoclimatology. Allen &Unwin, London, 472 pp.

Eames, A.J. e MacDaniels, L.H. 1953. An Introduction to Plant Anatomy. McGraw-Hill, New York, 427 pp.

Eicher , D.L. 1976. Geologic Time. Prentice-Hall, Foundations of Earth Science Series, Englewood Cliffs, USA, 150 pp. Tradução portuguesa "Tempo Geológico", Série de Textos Básicos de Geociências, Ed. Edgard Blücher, São Paulo.

Fritts, H.C. 1976. Tree rings and climate. Academic Press, London.

Geyh, M.A. e Schleicher, H. 1990. Absolute Age Determination: physical and chemical dating methods and their application. Springer-Verlag, Berlin, 503 pp.

Goudie, A. 1981. Geomorphological Techniques. Allen & Unwin, London.

Holmes, A. 1965. Principles of Physical Geology. Ronald Press Co., New York, 1288pp.

Libby, W.F. 1955. Radiocarbon dating. Chicago University Press, Chicago.

Libby, W.F. 1970. Radiocarbon dating. Phil. Trans. R.Soc. A269: 1-10.

Muller, J. 1970. Palynological evidence on early differentiation of Angiosperms. Biological Reviews 45: 417-450.

Pimentel, M.M. e Fuck, R.A. 1992. Neoproterozoic crustal accretion in Central Brazil. Geology 20:375-379.

Reineck, H.-E. e Singh, I.B. 1986. Depositional Sedimentary Environment. Springer Verlag, Berlin, 551 pp.

Sagan, C. 1978. The Dragons of Eden. Coronet Books. Hodder & Stoughton, 263 pp. Tradução portuguesa "Os dragões do Eden", Francisco Alves Editora, Rio de Janeiro.

Salgado-Labouriau, M.L. 1984a. Late-Quaternary palynological studies in the Venezuelan Andes. Erdwissensch. Forschung 18: 279-293.

Schubert, C. e Valastro Jr., S. 1980. Quaternary Esnujaque Formation, Venezuelan Andes: preliminary alluvial chronology in a tropical mountain range. Z. Deut.. Geol. Ges. 131: 927- 947.

Schubert, C. e Vaz, J.E. 1987. Edad termoluminescente del complejo aluvial cuaternario de Timotes, Andes venezolanos. Acta Cient. Venez. 38:285-286.

Stuiver, M. e Polach, H.A. 1977. Radiocarbon: 1977 Discussion. Report of ^{14}C data. Radiocarbon 19(3):355-363.

Taylor, R.E. 1987. Dating techniques in Archeology and Paleoanthropology. Analytical Chemistry 59 (4):317a-331A.

van Geel, B. e Mook, W.G. 1982. High resolution ^{14}C dating of organic deposits using natural atmospheric ^{14}C variations. Radiocarbon 31(2):151-155.

Walter, R.C., Menega, P.C., Hay, R.L., Drake, R.E. e Curtis, G.H. 1991. Lazer-fusion $^{40}Ar/^{39}Ar$ dating of Bed I, Oldwai Gorge, Tanzania. Nature 354:145-149

O MOVIMENTO DOS CONTINENTES

CAPÍTULO 3

A | Teoria da Deriva Continental

A ocorrência de sedimentos marinhos nos continentes fez com que se pensasse que estes poderiam afundar e que o fundo do mar poderia levantar-se e se tornar parte de continente. Entretanto, em meados do século passado, já tinha sido observado que estes sedimentos marinhos geralmente se encontravam perto das bordas dos continentes e que portanto, na sua maioria, representavam inundações temporais de mares rasos sobre a terra. Por este motivo Dana, em 1846, afirmou que os continentes e oceanos jamais mudaram de lugar e a relação terra/oceano se manteve imutável através dos tempos. No mesmo ano E. Forbes escrevia que não era possível explicar a distribuição de certos animais e plantas sem se supor que parte do oceano antes era terra. Começou então a grande controvérsia que só na década de 1960 foi resolvida.

Os geólogos afirmavam que os continentes sempre ocuparam a mesma posição através dos tempos geológicos, mas admitiam a possibilidade de movimentos verticais. Os biólogos que concordavam com estas idéias começaram a criar, na maior parte das vezes com a imaginação, sem base geológica, uma série de "pontes-de-terra" (land bridges) que se formariam por ação vulcânica, para dar passagem á migração das espécies entre dois continentes. O modelo seria o istmo do Panamá (Fig.3.1), onde efetivamente isto ocorreu. Também criaram "escalas-de-ilhas" (stepping-stones) como as Pequenas Antilhas do Caribe (Fig.6.1), que permitiriam a passagem da biota. Estes dois tipos de acidentes geográficos realmente foram rotas de migração de flora e fauna ao longo da história geológica, e continuam sendo (Tab.3.1). Porém, a maior parte das pontes-de-terra e escalas-de-ilhas que foram usadas para explicar a semelhança de flora e fauna entre dois continentes, são o produto da imaginação. Por exemplo, "ilhas" ligando os dois lados do oceano Atlântico, entre Europa e América do Norte e, entre Africa e América do Sul, que depois teriam desaparecido.

Outro mecanismo invocado para explicar a distribuição da biota é a migração por "jangada", pela qual troncos de árvores e grandes torrões de terra que flutuam na água levariam em cima delas animais e plantas (Tab.3.1). Mesmo que assim fora, como explicar por exemplo, a migração entre a América do Sul e a Austrália ou a India?

A dificuldade de explicar o afundamento de ilhas e continentes, e a observação de que formações geológicas idênticas ocorrem em dois continentes, fizeram com que algumas pessoas procurassem outra explicação.

Desde o século 17 quando os mapas se tornaram cada vez mais precisos, observou-se que a forma do litoral ocidental da África é um complemento da forma do litoral oriental da América do Sul. De 1620 em diante já se escrevia sobre a união de ambos no passado. Em 1858 Snider publicou um mapa do Cretáceo Superior no qual ele une o antigo e o novo continente. Mas este mapa foi esquecido em seguida. Influenciado pelas idéias de sua época, A. Humboldt, em 1801 escreveu que o Atlântico foi um imenso vale invadido pelo mar.

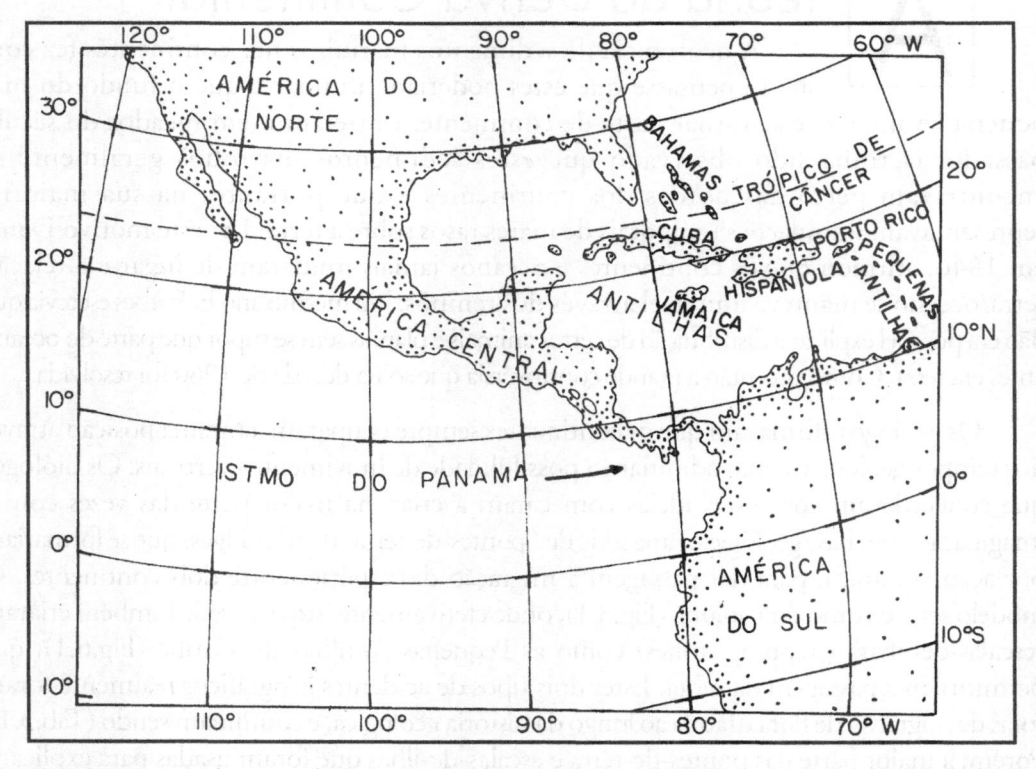

Fig. 3.1. Mapa do ístmo do Panamá que liga a América do Sul e a América do Norte. Este ístmo é relativamente recente e começou a se formar primeiro como um arco-de-ilhas no final do Cretáceo. A ponte-de-terra que isolou definitivamente o Mar do Caribe do oceano Pacífico só se completou no final do Plioceno, entre 2,4 e 3,5 milhões de anos atrás.

Tab.3.1 - Tipos de migração da biota através de uma barreira grande de água.

Tipos	Características de migração	Sobrevivência	Ocorrência	Exemplos atuais
Ponte-de-terra	Irrestrita e massiva, em ambos os sentidos.	Todos os que conseguem deslocar, extinguir ou cohabitar com os antigos habitantes.	Somente onde houve formação de ístmos por vulcanismo ou abaixamento do nível do mar.	Istmo do Panamá e outros.
Escala-de-ilha	Restrita aos animais que podem voar ou nadar entre ilhas. Restrita ás plantas cujas unidades de dispersão possam ser levadas por vento ou por animais que migram.	Aqueles que chegam e se adaptam à nova área. Comum como rota de animais migratórios.	Somente onde há ilhas com distância pequena entre elas. No passado, é preciso evidência da existência destas ilhas.	Arcos de ilhas como as Pequenas Antilhas. Ilhas onde a biota foi destruída por catástrofes (vulcanismo, furacões, incêndios) como em Krakatoa.
Jangada natural	Muito restrita e em pequena escala, ao acaso, de biota que foi apanhada nesse processo. A distância e a direção percorrida são governadas pelas correntes de água.	Somente os animais e plantas cujas jangadas chegam intactas até à terra firme.	Muito difícil a saída intacta de jangadas naturais ao mar. Comum em grandes rios de planície com épocas de regime torrencial	Rios da bacia do Amazonas.
Flutuação	Específica de algumas espécies de plantas.Direção e distância de migração são governadas pelas correntes de água.	Muito pequena. Somente as partes da planta que chegarem vivas e se estabelecerem.	Frutos que podem flutuar sem perder a viabilidade. Pedaços de plantas arrastados nas enchentes e levados ao mar.	O coco-da-baía é o caso mais conhecido, porém há muitos outros. Comum para algas ou outras plantas de praias e deltas.
Deriva continental	Irrestrita.Toda a biota se desloca junto com o continente.	Todos os que sobreviverem às mudanças de clima durante o deslocamento do continente.	No final do Mesozóico e durante o Terciário, enquanto os fragmentos continentais se moviam.	Não há.

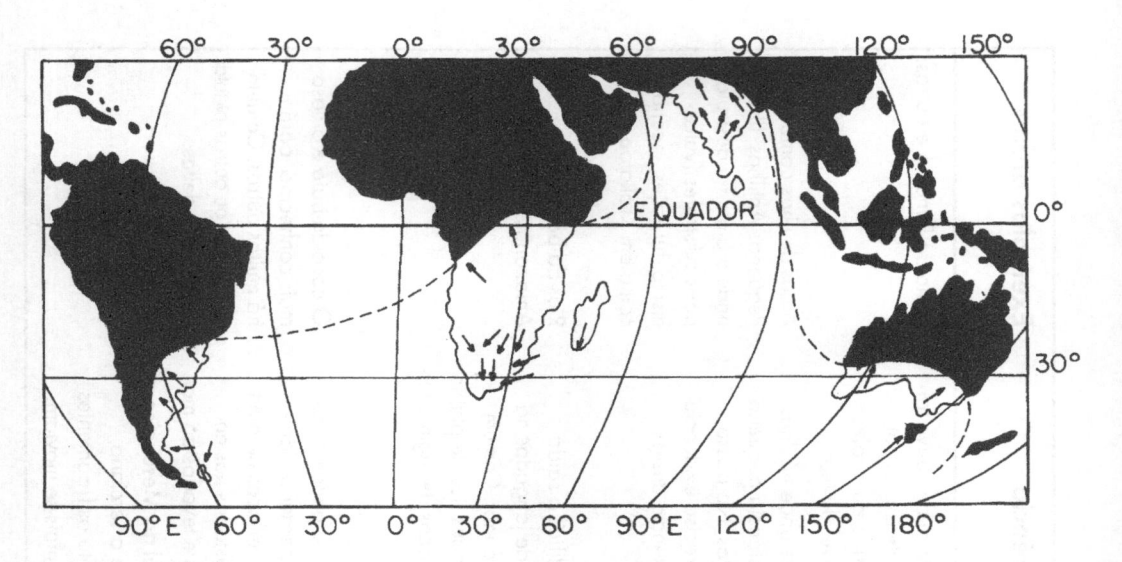

Fig. 3.2. Distribuição geográfica das glaciações do final do Carbonífero, segundo Holmes (1965). As setas indicam os sentidos de movimento das geleiras e lençóis de gelo, verificadas no campo pelas estrias encontradas em tilitos. As glaciações do NW argentino e E australiano não estão incluídas aqui.

Em 1915 Alfred Wegener publicou seu famoso livro sobre a deriva dos continentes e novamente o problema voltou á discussão. Wegener propôs a união de todos os continentes em um só supercontinente durante o Permocarbonífero. Como base desta hipótese ele reuniu todos os argumentos e evidências geológicas, geográficas e biogeográficas de semelhança entre continentes que eram conhecidas naquela época. Em seu livro, que foi re-editado até 1936, ele apresenta mapas que mostram como se fragmentou este supercontinente para formar os continentes atuais. Entre as numerosas evidências alistadas por ele as mais conhecidas são apresentadas a seguir.

Em 1856 foi encontrada na Índia uma grande quantidade de tilitos permocarboníferos. Tilito é uma rocha sedimentar que somente se forma debaixo de uma camada espessa de gelo glacial. A grande extensão destes tilitos mostra a presença, naquela época, de glaciações extensas em uma região onde hoje o clima é quente (Fig. 3.2). Tilitos de mesma idade foram achados em seguida em outros continentes: 1856, no sul da Autrália: 1870, na África do Sul; 1888, no sul do Brasil. Como todos estes tilitos são da mesma época, houve uma glaciação simultânea no Permocarbonífero de todas estas regiões. Só há duas explicações possíveis para este fato: 1. ou os polos mudaram de lugar (o que não explica totalmente estas ocorrências); 2. ou os continentes se moveram. Wegener escolheu a segunda alternativa (Fig. 3.3).

Sabia-se da existência de minas de carvão-de pedra (hulha) na Europa e América do Norte com a mesma flora do Carbonífero, minas de diamante na Africa e na América do Sul; e formações geológicas idênticas nos lados opostos do Atlântico (Fig. 3.13). Já tinha sido assinalada a presença de um mesmo gênero de pequenos répteis *(Mesosaurus)* no Permiano do Brasil e da Africa do Sul que não podia ter atravessado 3.200 km de água salgada (Fig. 3.4); sabia-se que a **Flora de Glossopteris** do Mesozóico é a mesma na India, Africa do Sul, América do Sul, Austrália e Antártida (Fig. 3.4). Por exemplo,folhas fósseis de **Glossopteris** foram coletadas por Scott em 1912, na Antártida, a 480 km do polo austral. A presença destas plantas aí, mostraram que Antártida naquela época tinha uma flora exuberante e que não poderia estar no polo sul.

Em relação á biogeografia atual já haviam muitos fatos curiosos de distribuição de plantas e animais que eram discutidas de maneira veemente nos séculos 19 e 20 (e continuaram até a década de 1970). Entre eles, as diferenças entre os hemisférios ocidental e oriental: não há, por exemplo beijaflores, cactos ou preguiças, no Velho Mundo; nem tampouco elefantes, hipopótamos, rinocerontes ou grandes macacos, no Novo Mundo. Entretanto, as grandes aves que não voam (Ratites), como o avestruz e a ema, existiram em abundância na América do Sul, Africa, Austrália e Madagascar, e ainda existem algumas espécies vivas. Árvores como *Podocarpus* e o *Nothofagus,* peixes pulmonados de água doce, e muitos outros têm distribuição semelhante. Estas ocorrências em áreas disjuntas, separadas por oceanos, não podiam ser explicadas se os continentes ficaram imóveis.

Por outro lado, a idéia da suposta impossibilidade de intercâmbio no passado, entre o Velho e o Novo Mundo estava tão arraigada em algumas mentes que foram criados gêneros distintos para plantas muito semelhante mas que vivem em lados opostos do mar. O exemplo mais claro é o gênero *Ravenala* (a árvore-do-viajante), da família Strelitziaceae. Seu nome popular vem da água que se acumula na base das folhas e pode ser bebida por viajantes em caso da necessidade. O gênero *Ravenala* tinha uma espécie, *R. madascariensis* em Madagascar (ilha a 450 km da costa leste da Africa) e uma espécie (atualmente duas) na zona tropical da América do Sul (*R. guianensis*). A ideia de que não podia haver intercâmbio entre Madagascar e América do Sul tropical, fez com que se criasse um novo gênero *Phenakospermum* para a espécie da Guiana e Brasil mesmo sabendo que a família a que pertence (Strelitziaceae) somente ocorre na Africa do Sul, Madagascar e América do Sul.

Baseando-se em todas as numerosas informações que reuniu, Wegener propôs que os continentes estavam reunidos no Carbonífero e depois se moveram (veja Fig. 6.10). Seu mapa de 1915 reune todos os continentes em um só supercontinente, que ele denominou **Pangeae** (Fig. 3.3). O polo sul ficava logo abaixo da Africa e em sua volta estavam a América do Sul, Africa, India, Antártida e Austrália. O equador no mapa de Wegener, publicado em 1924, sobre o Carbonífero, passava pelo golfo de México e o sul da Europa.

Wegener subdividiu Pangeae em: Laurentia (hoje chamada Laurásia),ao norte (América do Norte + Europa + Asia, menos India) e Gondwanaland (hoje Gondwana),

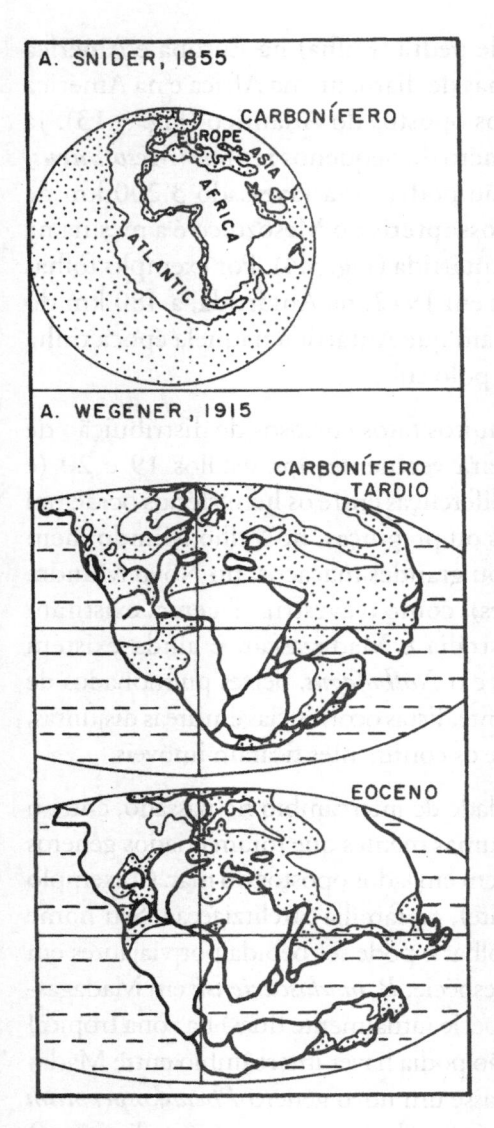

Fig. 3.3. Primeiras reconstruções da união dos continente no passado. Em cima, A. Snider uniu os continentes na tentativa de explicar as semelhanças entre as floras carboníferas da Europa e América do Norte. Nas duas figuras de baixo, reconstruções de A. Wegener que foram tão criticadas no seu tempo (as áreas pontilhadas representam mares rasos). Redesenhado de Holmes (1965). Compare com as reconstruções mais modernas (Figs. 5.2 e 6.9).

ao sul (América do Sul + Africa + India + Antártida + Austrália), utilizando uma antiga nomenclatura de Suess (1884-1909). O oceano seria um só e foi denominado **Panthalassa** (do grego, mar total). Creio que é necessário recordar estes fatos históricos porque muitos livros e artigos de geofísica e biogeografia a partir de 1970 descrevem a teoria de deriva continental mas não mencionam a Wegener, cujas idéias estavam corretas e que morreu ridicularizado por seus colegas, em 1930 quando estava colocando uma estação meteorológica na Groelândia. Alem disto, usam-se os termos criados por ele sem siquer mencionar seu autor, nem a luta que ele teve ao tentar impor suas idéias.

A teoria de deriva continental tinha um ponto fraco, faltava o mecanismo ou força que produziu a fragmentação e posteriormente, a deriva dos continentes. Wegener era um climatologista e os seus argumentos para explicar o mecanismo da deriva foram facilmente destruídos porque não tinham base física.

Ele acreditava que a crosta dos continentes era mais forte e navegava sobre uma crosta oceânica fraca. Ainda que mais tarde se tenha provado que as duas crostas são diferentes, os geofísicos mostraram que a crosta dos mares é muito rígida para que os continentes flutuassem sobre ela. Para explicar a fragmentação de Pangea, Wegener sugeriu que a força centrífuga exercida sobre os continentes, oriunda do próprio movimento de rotação da Terra, empurraria os continentes para fora do polo sul e as Américas para o oeste. O movimento das Américas para oeste e o seu atrito sobre o litoral oceânico faria com que se enrugasse toda a crosta ocidental e assim se teriam formado os Andes e as Montanhas Rochosas. Mas os geofísicos mostraram, por cálculos matemáticos, que esta força seria muito pequena e insuficiente para mover continentes. Seria necessário aumentá-la tanto para que isto acontecesse que

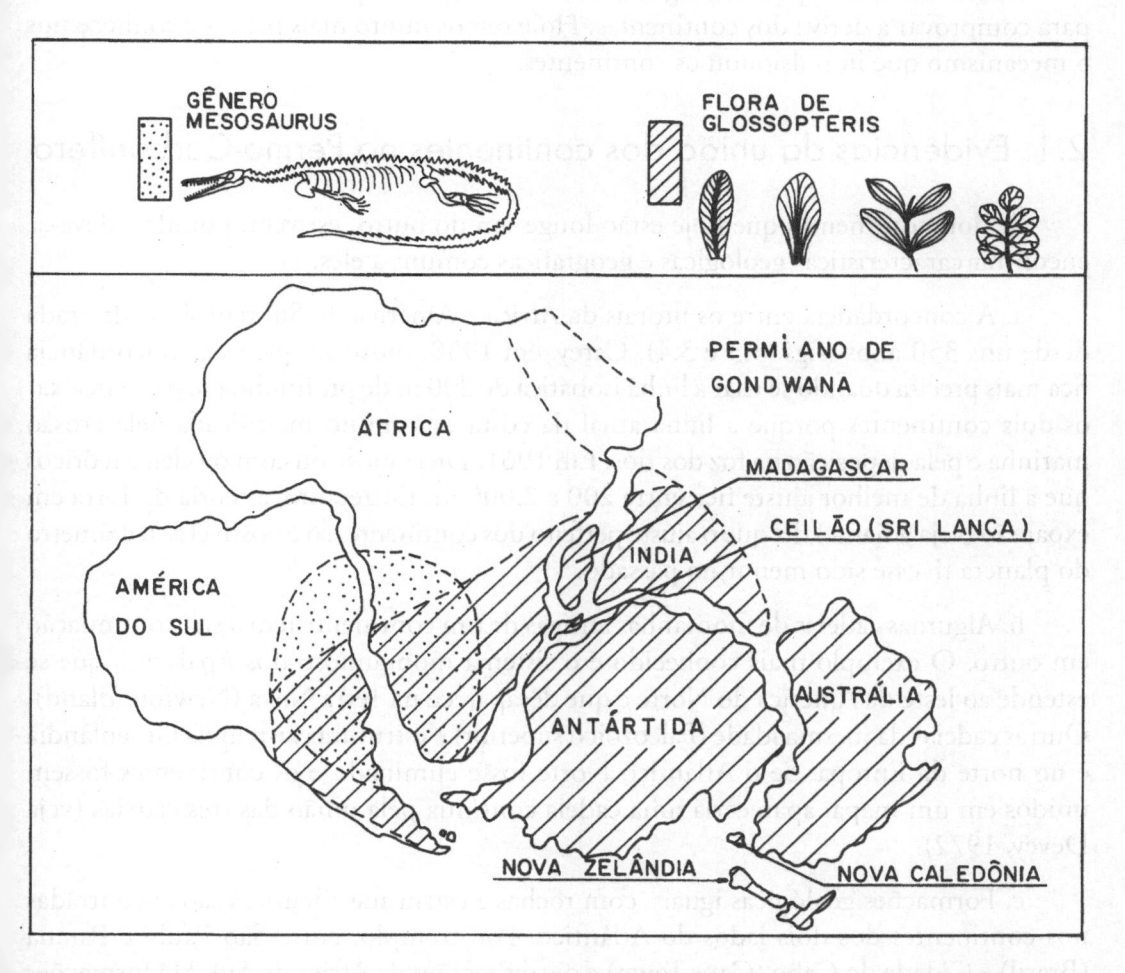

Fig. 3.4. Distribuição de dois importantes grupos de fósseis de Gondwana, a Fauna de Mesosaurus (segundo Tarbuck e Lutgens, 1988) e a Flora de Glossopteris (segundo Archangelsky e Arrondo, 1965). Desta flora estão representadas, da esquerda para a direita, as folhas dos gêneros-forma *Glossopteris, Gangamopteris, Schizoneura e Merianopteris* (segundo Stokes, 1982). Mapa base segundo Lester King (em Holmes, 1965), adaptado.

o atrito das marés pararia a Terra em poucos anos. Em vez de procurar um outro mecanismo para a fragmentação dos continentes, geofísicos e muitos outros pesquisadores ridicularizaram a idéia e desprezaram as inúmeras evidências. Muito poucos acreditaram nesta teoria, até a década de 1970.

2. A Nova Teoria da Deriva Continental

Apesar de toda a oposição, alguns estudiosos seguiram procurando mais evidências para comprovar a deriva dos continentes. Hoje temos muito mais provas e conhecemos o mecanismo que impulsionou os continentes.

2.1. Evidências da união dos continentes no Permo-Carbonífero

Se dois continentes que hoje estão longe um do outro, estiveram unidos, deve-se encontrar características geológicas e geográficas comuns a eles.

a. A concordância entre os litorais da África e América do Sul tem sido admirada desde uns 350 anos (figs. 3.3 e 3.4). Carey, em 1958, mostrou que esta concordância fica mais precisa quando se usar a linha isobática de 200 m de profundidade para encaixar os dois continentes porque a linha atual da costa está muito modificada pela erosão marinha e pela deposição na foz dos rios. Em 1961, Dietz mostrou com modelos teóricos que a linha de melhor ajuste fica entre 200 e 2.000 m. Entretanto, a teoria da Terra em expansão (veja adiante) diz que o ajuste perfeito dos continentes só é possível se o diâmetro do planeta tivesse sido menor no passado.

b. Algumas cadeias de montanhas antigas de um continente têm a sua continuação em outro. O exemplo mais conhecido é o sistema montanhoso dos Apalaches que se estende ao leste da América do Norte e que desaparece na Terra Nova (Newfoundland). Outras cadeias da mesma idade (Paleozóico superior) e estrutura existem na Groenlândia e no norte da Europa. Se o Atlântico Norte fosse eliminado e os continentes fossem unidos em um mapa, apareceria uma cadeia contínua pela união das três cadeias (veja Devey, 1972).

c. Formações geológicas iguais, com rochas e estruturas idênticas são encontradas nos continentes dos dois lados do Atlântico. Por exemplo, entre São Paulo e Paraná (Brasil) e Cidade do Cabo (Cape Town) e outras regiões da África do Sul. Há formações semelhantes entre Lavras (Brasil) e Katanga e Congo (sudoeste da África). As formações auríferas da Güiana e Brasil são idênticas ás de Gana, na África. Existem muitos outros exemplos, além destes e da glaciação Permocarbonífera, de que já se falou, mas seria muito longo detalhar aqui.

Hoje, não há mais dúvidas da união no passado entre estes continentes. Com base neste fato, procuram-se no continente oposto as jazidas de minerais (alumínio, vanádio, zircônio, ouro, diamante, vermiculita, etc., assim como petróleo) que já foram encontradas no outro, o que facilita e barateia a prospecção.

d. O registro fóssil do Carbonífero e do Permiano, como já foi dito anteriormente, é semelhante entre América do Norte e Europa e entre os continentes do Hemisfério Sul e Índia. Novos achados, além dos já citados, apontam para a existência de um supercontinente ao Norte (Laurásia) e outro ao Sul (Gondwana). Estudos comparativos de fauna e flora, com métodos modernos, deram mais informações. Eles mostram com mais detalhes qual foi o intervalo de tempo em que os continentes estiveram unidos e que este intervalo foi maior do que se supunha antes, incluindo pelo menos desde o Siluriano superior até o Cretáceo. Sugeriram que o Mar de Tétis (Tethys) teve várias mudanças em extensão e forma e que o oceano Atlântico não existia durante este tempo (veja fig. 6.10). Este assunto será tratado com mais detalhes nos capítulos que se referem ao Paleozóico e o Mesozóico.

2.2. Evidências do deslocamento dos continentes

2.2.1. Paleoclima

Se os continentes ocupavam posições diferentes na superfície da Terra, a distribuição das zonas climáticas deve ter mudado no passado e essa mudança é diferente em cada continente.

a. As glaciações Permocarboníferas mostraram que os continentes do Hemisfério Sul e Índia estavam unidos sobre a região antártica durante esse tempo e, depois sairam daí. Wegener já se dera conta disto. O estudo das estrias marcadas nos tilitos pelo avanço dos glaciares indicam a direção de movimento das geleiras daquele tempo (Fig.3.2 e 3.5) e a posição do Polo Sul em cada ponto do Paleozóico Superior.

b. Dunas antigas e direção do paleovento. O estudo estatístico da direção de ventos em antigas dunas do Permiano da Grã-Bretanha mostra que elas estavam sobre a ação dos ventos alísios. Como estas dunas estão atualmente na latitude de uns 52°N, calculou-se que a Grã-Bretanha no Permiano devia estar próxima da latitude de 30°N, que é a faixa dos desertos (veja capítulo 8). Além de sair desta latitude, a ilha deve ter girado cerca de 40° para que as dunas permianas se tivessem formado na posição em que estão (Fig.3.6). Segundo Holmes, estudos semelhantes foram feitos nos Estados Unidos e mostraram também o movimento da América do Norte para o Norte.

c. Distribuição de evaporitos (paleossalinas). Para haver acumulação de sal em depósitos espessos (salinas) é necessário um clima quente e árido. Os depósitos modernos estão se formando nestas condições, por evaporação da água do mar ou lago salgado. Os maiores depósitos de sal da Europa e USA são do Permiano. Isto indica que nesse tempo o clima nos locais dessas salinas era quente e árido, e que essas regiões estavam mais ao sul que no presente.Confirmam assim a evidência das dunas.

Os evaporitos permianos são encontrados em: Sul dos USA, Grã-Bretanha, Alemanha, Sudoeste da plataforma russa e piemonte oeste dos Montes Urais. Os depósitos do rio Kama, nos Urais ocidentais, têm as mais espessas camadas de sais de potássio, e estão hoje entre 50-60°N. No Permiano deviam estar entre 15-30°N latitude. Daí Holmes, em 1965, concluiu que a Grã-Bretanha e Europa se moveram em média 27° em latitude, para o Norte, nos últimos 250 milhões de anos, com uma velocidade média de 11 km/M.a.

Foram achados depósitos de sal do Cambriano ao Siluriano Tardio na ilha de Queen Elizabeth, no ártico canadense. Hoje esta ilha está a 75-78°N, o que sugere que há cerca de 450 M.a. o escudo canadense estava a ±30° ao norte do equador, e se moveu segundo Holmes (1965) para o noroeste com uma velocidade média de cerca de 10 km/M.a.

Evaporitos encontrados nas plataformas continentais atlânticas da África e da América do Sul são uma das evidências do movimento de separação entre esses continentes (capítulo 4).

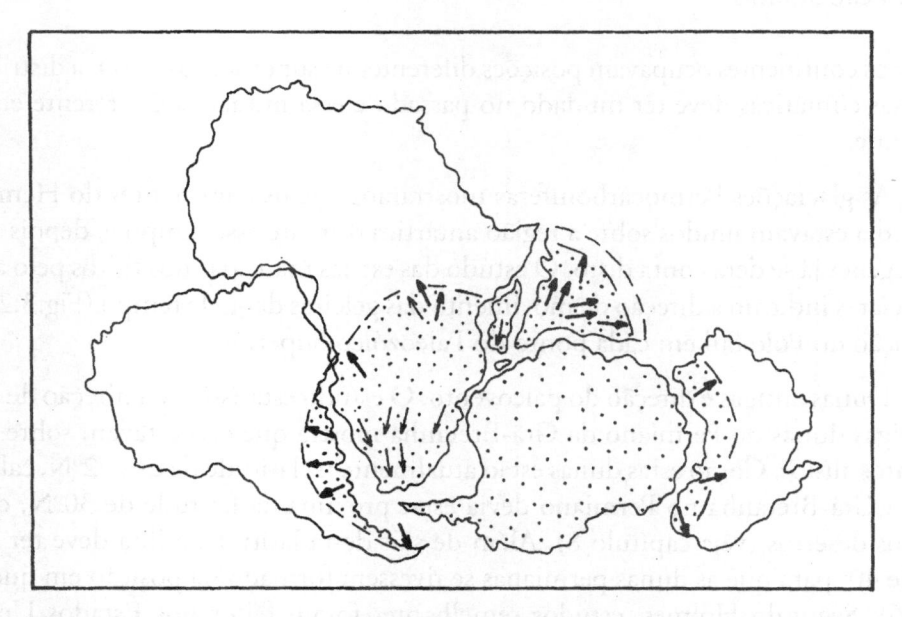

Fig. 3.5. Reconstrução do Supercontinente Gondwana baseada nos tilitos do Carbonífero que mostram a união dos continentes meridionais em torno do Polo Sul durante este período geológico. As setas indicam o sentido de movimento dos glaciares. Compare com a fig. 3.2.

d. Antigos recifes de algas coralínas. Foram achados recifes do Paleozóico inferior no círculo ártico (Groelândia e ilhas árticas do Canadá). Hoje a zona onde vivem os corais fica ao redor do equador, donde se conclui que no Paleozóico inferior o equador passava por estas regiões.

Pesquisadores que não aceitaram a teoria da deriva continental rebateram estes achados com dois argumentos: 1. ou os corais daquele tempo preferiam as águas frias, como ocorre hoje com algumas espécies isoladas de corais; 2. ou as águas árticas eram quentes naquele tempo, enquanto que as águas tropicais eram quentíssimas para os corais. Entretanto os dois argumentos são falhos porque independente de necessitar águas frias ou quentes, as algas coralinas necessitam muita luz e não poderiam agüentar as noites de seis meses acima do círculo ártico. Portanto naquele tempo, o norte do Canadá não estava no ártico e sim muito mais ao sul.

Mais tarde, cientistas russos e chineses mediram a convexidade dos recifes de algas coralínas em coxins e mostraram que os modernos tem uma orientação marcada na direção de máxima radiação do sol. Estes resultados foram comparados com os do calcário de algas formadoras de recifes do Pré-cambriano. Os resultados indicam não somente o movimento dos continentes como também a posição deles em relação ao sol. A mudança de posição e rotação dos continentes se põe evidente.

2.2.2. Paleomagnetismo

Quando um material magnético esfria, os cristais adquirem magnetização que fica paralela á do campo magnético da Terra. Isto é, eles se orientam na direção do polo

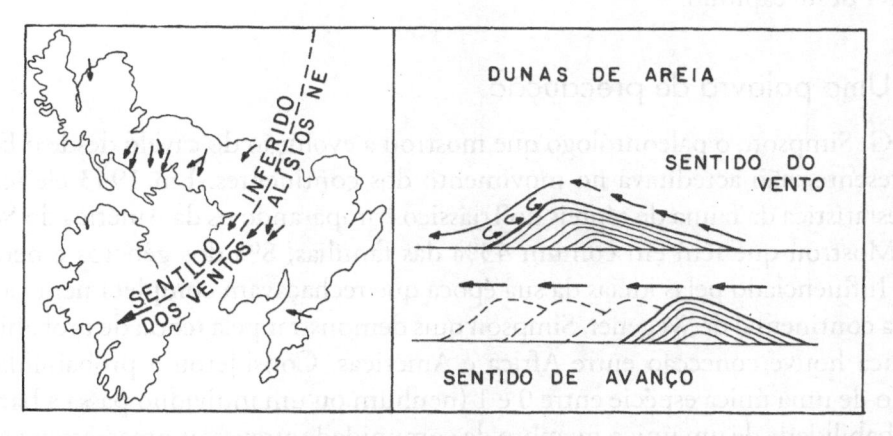

Fig. 3.6. Á esquerda, sentido do avanço de paleodunas no deserto permiano da Grã-Bretanha, segundo F.W. Shotton e S.K. Runcorn (em Holmes, 1965). Observe que o mapa foi girado de 40° para seguir a direção do movimento dos ventos alísios de NE. Á direita, um esquema do trajeto do vento sobre uma duna e o sentido de deslocamento de uma duna, empurrada pelo vento dominante.

magnético no momento da sua solidificação. Isto ocorre atualmente com a lava dos vulcões e se faz experimentalmente em laboratório. Esta orientação depende da localização da rocha e se ela está ao norte ou ao sul do equador.

Da mesma forma que as rochas modernas, as antigas mostram sua orientação magnética. Entretanto, a orientação magnética das rochas antigas é distinta das atuais, e varia de acordo com a idade da rocha e segundo o continente donde ela provem. Por exemplo, P. Blackett e S. Runcorn testaram a orientação magnética de basaltos (rochas ígneas) da Europa e América do Norte e mostraram que basaltos de idades diferentes apontam para direções diferentes no horizonte.

Isto fez com que se criasse a teoria de que o polo magnético se moveu e ocupou posições distintas através da história da Terra (Teoria do Polo Errante). Mas, se isto fosse verdade, todos os continentes tinham que ter suas rochas magnéticas orientadas para a mesma direção em um determinado tempo geológico. Ao ser feita a curva do movimento do polo ao longo dos períodos geológicos, verificou-se que cada continente tem sua curva, que é distinta dos outros continentes. Somente uma explicação é possível diante destes resultados: os continentes se moveram independentemente uns dos outros. Ao juntar dois continentes que estariam unidos no passado pela teoria de Deriva Continental, as curvas eram as mesmas. Com isto a teoria de Deriva Continental voltou a ser considerada a partir da década de 1960. Porém, faltava ainda o mecanismo para a movimentação dos continentes.

O estudo do paleomagnetismo deu outras informações importantes que permitem a datação e correlação de rochas que contêm minerais magnéticos. Este assunto é tratado na parte 4 deste capítulo.

2.2.3. Uma palavra de precaução

G.G. Simpson, o paleontólogo que mostrou a evolução do cavalo desde o Eoceno até o presente, não acreditava no movimento dos continentes. Em 1943 ele fez uma análise estatística da fauna de répteis do Triássico comparando os da América do Sul e da África. Mostrou que têm em comum 43% das famílias, 8% dos gêneros e nenhuma espécie. Influenciado pelas idéias da sua época que rechaçavam completamente a teoria de deriva continental de Wegener, Simpson quis demonstrar pela teoria de probabilidade que nunca houve conecção entre África e Américas. Considerou a probabilidade de dispersão de uma única espécie entre 0 e 1 (nenhum ou um indivíduo passa a barreira). Se a probabilidade de um único membro da comunidade atravessar uma barreira em um ano é de $p=0,000.001$ (10^{-6}); durante um milhão da anos a probabilidade aumenta para $p=0,63$ e durante 10 M.a. para 0.99995. Em outras palavras, a passagem de um único réptil seria praticamente certa em um intervalo de tempo muito longo. Ele conclui que esta probabilidade "mostra" que uma dispersão deste tipo é um evento raro, e que como não há espécies de répteis triássicos em comum entre África e América, os 8% de gêneros em comum são ao acaso e sempre houve uma barreira de oceano entre os dois continentes (em Holmes, 1965, p.1221-22).

As conclusões de Simpson em 1943, não estão de acordo com as evidências que temos hoje. Evidências negativas, como as que apresentou Simpson (nenhuma espécie em comum) podem ser destruídas por um único achado. Para que répteis do Triássico (ou de qualquer outro período) se preservem como fósseis é necessária uma série de condições que só existem em freqüência muito baixa. A não existência pode ser devida a: 1. não se ter preservado em uma área ao passo que se preservou em outra, por razões locais; 2. não terem sido explorados e buscados detalhadamente em todo o território correspondente, nos dois continentes; 3. não há efetivamente espécies em comum, por haverem outros tipos de barreira geográficas. Uma delas é bem conhecida em geologia. Sabe-se que durante o Triássico o sul da África e da América do Sul tinham muitas regiões desérticas.

As conclusões erradas de G.G. Simpson mostram que um estudo estatístico não pode ser baseado em evidência negativa, e que não adianta fazer um estudo estatístico rigoroso quando faltam informações básicas e ignoram-se os achados de outros ramos da ciência. Isto deve ser tomado em conta quando se trabalha com modelos estatísticos. A reconstrução de situações no passado distante exige um levantamento interdisciplinar dos dados. Atualmente, com o grande acúmulo de informação, isto só pode ser feito pela colaboração entre especialistas das diferentes disciplinas das ciências da Terra. Simpson não considerou outros achados da paleontologia que sugeriam a união desses continentes; nem sequer a evidência de um réptil, *Mesosaurus*, do Permiano, que existiu somente no sul da África e da América do Sul (Fig. 3.4).

Simpsom não considerou importante para aceitar ou eliminar a sua hipótese (nenhuma comumicação entre África e América), a existência de 43% de famílias e 8% de gêneros em comum entre os dois continentes. Isto significa que enquanto os répteis surgiam no processo evolutivo, devia haver ampla possibilidade de migração entre o que hoje é África e América do Sul para que ao chegar o Triássico, tivessem em comum quase a metade das famílias. Os dados existentes naquela época também sugerem que devia haver outros tipos de barreira no Triássico, que permitiram as especiações dentro os gêneros. Seus dados mostram muito mais o contato no passado e seu subseqüente isolamento do que o que ele se propunha mostrar.

Pode-se então concluir que as evidências geológicas e geográficas do movimento dos continentes são positivas e que as evidências biológicas dão mais solidez e mais dados para o estudo da deriva continental. Felizmente, ano após ano mais achados vão pouco a pouco completando as informações sobre este assunto e a exploração sistemática que está sendo feita atualmente na Antártida certamente contribuirá para novas elucidações do ponto de vista evolutivo, paleoecológico e paleogeográfico.

3. Teoria Tectônica Global

Esta teoria começou por volta de 1960 e ganhou rapidamente o apoio da geologia pois explica muitos dos problemas de formação, topografia e estrutura da crosta terrestre.

Os estudos de perfis de reflexão de ondas sísmicas mostram que a crosta terrestre dos continentes têm uma espessura de cerca de 34-40 km (60-70 km nas altas montanhas) porém é mais delgada debaixo do mar, com cerca de 6 km (Tab. 3.2). A crosta continental e a crosta oceânica, junto com a parte superior do manto terrestre é denominada **Litosfera**. A litosfera, que é rígida, apoia-se sobre uma camada mais viscosa (plástica) que se denomina **Astenosfera**, composta de material mais ou menos fundido (Fig.3.7). Abaixo está a **Mesosfera**, que é rígida. A combinação da duas camadas rígidas com uma camada plástica entre elas resulta em um sistema instável.

A necessidade de conhecer o relevo do fundo do mar durante a segunda guerra mundial, para a movimentação dos submarinos, pos a descoberto a existência de cadeias de montanhas submersas. Estudos detalhados destas montanhas submarinhas começaram a partir de 1947 com o uso de instrumentos recém inventados, o SONAR (Sound Navigation Ranging) e o FATÔMETRO (Fathometer).

Depois de 1960 ficou evidente que as cadeias de montanhas submarinas formam uma cordilheira muito longa que se curva e se ramifica por todos os oceanos (Fig. 3.8) com uma extensão total de uns 73.000 km. Suas montanhas se elevam até cerca de 3.000 m por cima do nível médio do fundo oceânico. Amostras tiradas desta cordilheira (que foi denominada **Dorsal Oceânica**) mostram que ela é muito jovem, sendo composta de rochas basálticas e cortada por falhas transversais e contêm numerosos vulcões ativos, muitos deles com suas crateras acima do nível do mar.

Tab. 3.2. Características físicas das camadas da Terra

Camada	Densidade média (g/cm³)	Espessura média (km)
Crosta continental	2,7	34 - 40 (60 - 70, nas altas montanhas)
Crosta oceânica	3,0	6
Manto	3.4	ca. 2.870
Núcleo	10,5	ca. 3.480
Média da Terra	5.5	ca. 6.376

A parte melhor conhecida da cordilheira submarina é a do oceano Atlântico. Ela se estende de norte a sul pela parte central do mar e é denominada **Dorsal do Atlântico Médio**. Foi estudada inicialmente, nos anos de 1950, por um grupo de geólogos do Observatório Geológico Lamont-Doherty (New York), nos quais foram usadas novas técnicas como, perfis sísmicos de multicanais, altímetros de satélite, submersíveis de grande profundidade, e um navio sondador especialmente equipado. Mostrou-se que suas montanhas têm alturas entre 1800 e 3000 m e que ao longo de toda a sua extensão há um vale estreito e íngrime por onde emergem lavas. A Dorsal Atlântica é cortada transversalmente por falhas paralelas entre si (Fig. 3.8). Este mesmo tipo de falhamento foi encontrado mais tarde nas outras Dorsais como, por exemplo, na Dorsal do Pacífico Oriental.

Estudos de paleomagnetismo mostram faixas de polaridade alternada nestas Dorsais e também que os flancos do vale central são simétricos. Estas alternâncias de polaridade permitem uma datação muito boa do fundo do mar (parte 4).

Em 1962 todas as informações foram reunidas por H.H. Hess em um artigo sobre a história das bacias oceânicas ("The History of Ocean Basins") que despertou o interesse de alguns cientistas. A conseqüência imediata destas descobertas foi o fato novo de que está sendo criada uma nova crosta basáltica ao longo de todo o vale central da cordilheira submarina. Esta crosta recém-formada é gradualmente empurrada para ambos os lados da dorsal criando, em grande quantidade, novas áreas de fundo de mar.

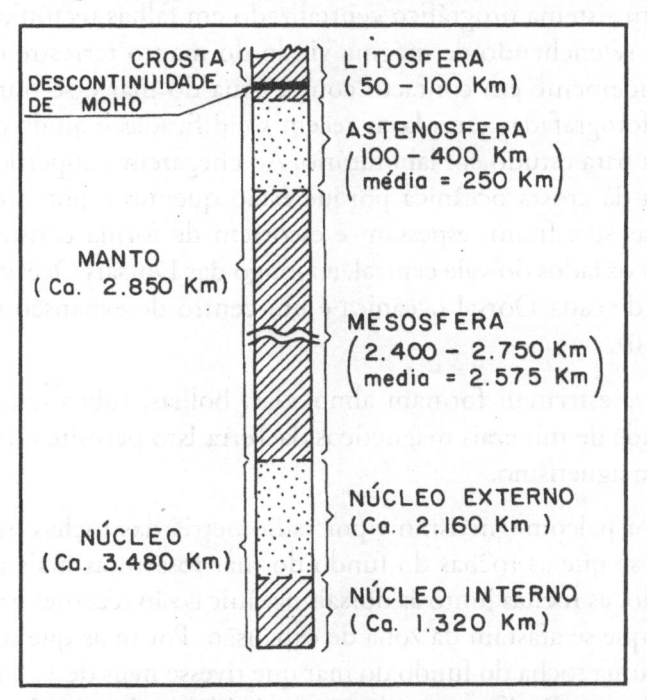

Fig. 3.7. Comparação entre dois tipos de classificação das camadas da Terra.

Estes fatos formam um novo conceito, expressado em 1961 por R.S. Dietz, como a **Teoria da Expansão do Fundo do Oceano**. Esta nova teoria preparou o terreno para a confirmação da Teoria de Wegener. A Teoria da Deriva Continental passou a ser chamada de Teoria de Expansão do Fundo Oceânico, depois Teoria de Tectônica de Placas e finalmente de Teoria Tectônica Global. Ainda há muito para ser estudado, e muitos problemas a resolver sobre a geofísica e a tectônica da crosta e do manto terrestre, e estas pesquisas estão em andamento. Porém o acúmulo de informação já mudou o conceito sobre as camadas da Terra e sua dinâmica. Uma síntese destas idéias é dada a seguir.

3.1. Formação de litosfera

Atualmente fazem-se observações diretas da litosfera usando submersíveis especiais e perfurações nas partes mais profundas do oceano. O submersível "Alvin" por exemplo, foi planejado para tirar fotografias e amostras das fraturas e proeminências da Dorsal do Atlântico Médio e amostrou, entre outros, o fundo do mar a 400 km dos Açores. Navios foram aparelhados especialmente para poder perfurar o fundo do mar em regiões onde a coluna de água é muito profunda e retirar testemunhos de sondagem ("cores") para estudos detalhados dos sedimentos marinhos e da rocha matriz. O "Glomar Challenger" foi o primeiro deles.

As observações do fundo do oceano mostraram que as cadeias de montanhas submarinas são um sistema orográfico centralizado em falhas tectônicas que à medida que se abrem vão se enchendo de magma vindo do manto terrestre (Fig. 3.9A). Este magma esfria rapidamente em contacto com a água do mar e se transforma em lava basáltica. Foram fotografadas estas lavas recém solidificadas e ainda plásticas e foram retiradas amostras para estudo em laboratório. Ao chegarem á superfície as lavas ficam acima da litosfera da crosta oceânica porque estão quentes e por isto, menos densas (Tab. 3.2.). Aí elas se esfriam, espessam e escorrem de forma contínua para fora da fratura, em ambos os lados do vale central, ao longo das Dorsais Oceânicas. Portanto, o vale (rift) central de cada Dorsal oceânica é um centro de expansão rápida do fundo oceânico (Fig. 3.10).

As lavas ao se esfriarem formam almofadas, bolhas, tubos, etc. e contêm uma pequena quantidade de minerais magnéticos da Terra.Isto permite que elas possam ser datadas por paleomagnetismo.

A datação por paleomagnetismo e por radiometria das rochas oceânicas foi uma surpresa. Pensava-se que as rochas do fundo do mar fossem as mais antigas do nosso planeta. Entretanto, as rochas junto ás dorsais oceânicas são recentes e vão ficando mais antigas á medida que se afastam da zona de expansão. Por mais que se tenha buscado, não se encontrou uma rocha do fundo do mar que tivesse mais de 170 milhões de anos. Nem sequer no Oceano Pacífico, que deve ter existido desde o início da formação dos mares.

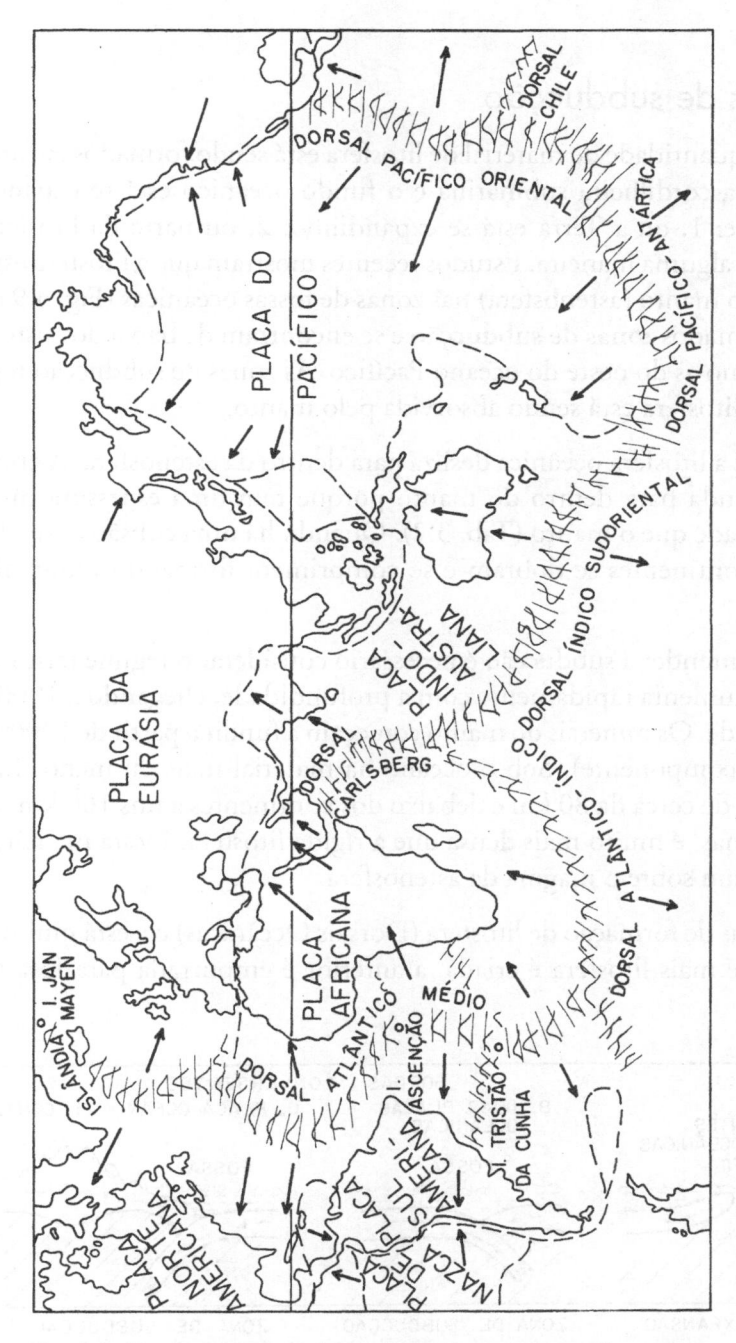

Fig. 3.8. Distribuição atual das cadeias de montanhas submarinas (Dorsais) e das placas tectônicas da Terra. As placas muito pequenas não são mostradas nesta escala. Observe o sistema de falhas tectônicas ao longo de todas as dorsais. As setas indicam o sentido de movimento das placas no presente.

3.2. Zonas de subducção

Grande quantidade de material de litosfera está sendo formados em ambos os lados das fraturas da cordilheira submarina e o fundo oceânico está se expandindo, o que resulta em que: 1. ou a Terra está se expandindo; 2. ou parte da litosfera está sendo consumida de alguma maneira. Estudos recentes mostram que a litosfera está afundando para dentro do manto (astenosfera) nas zonas de fossas oceânicas (Fig. 3.9 e 3.10). Estes locais são chamados **zonas de subducção** e se encontram de baixo dos sistemas de fossas oceânicas, como as do oeste do oceano Pacífico. As zonas de subducção representam os locais onde a litosfera está sendo absorvida pelo manto.

Somente a litosfera oceânica desliza para dentro da astenosfera. A crosta continental não se afunda para dentro do manto porque tem uma espessura muito grande e menor densidade que o manto (Tab. 3.2). Quando há uma colisão entre duas partes da litosfera, os continentes se dobram e se comprimem formando montanhas, como se verá a seguir.

Para se entender a subducção é necessário considerar o regime térmico da Terra. A temperatura aumenta rapidamente com a profundidade, chegando a 1200°C a 500 km de profundidade. Os minerais do manto começam a fundir a partir de 1200°C (peridotito é o principal componente). Sob o oceano há material mais ou menos fundido numa profundidade de cerca da 80 km e debaixo dos continentes a uns 100 km. A astenosfera é mais mole mas é muito mais densa que a rígida litosfera. Desta maneira as placas da litosfera flutuam sobre o magma da astenosfera.

Nas zonas de formação de litosfera (Dorsais Oceânicas) ela está muito mais quente. Á medida que mais litosfera é criada, a anterior é empurrada para fora (expansão do

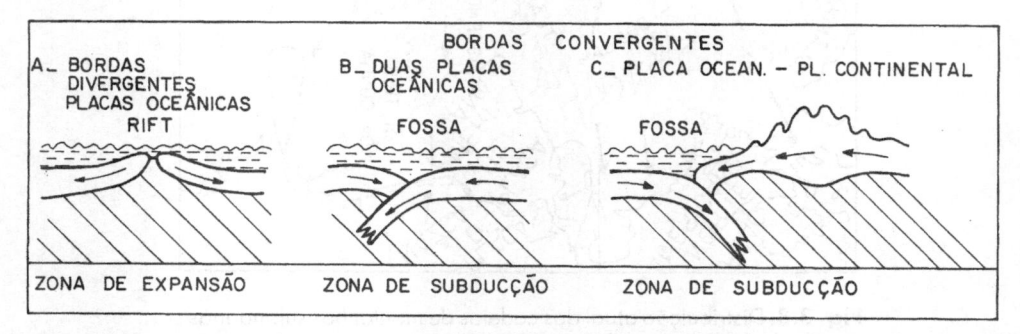

Fig. 3.9. Limites entre placas tectônicas. A - zona de expansão entre duas placas oceânicas; B - zona de convergência entre duas placas oceânicas, onde se forma uma fossa; C - zona de convergência entre uma placa oceânica e uma placa continental, que resulta em uma zona de subducção no mar e no levantamento de montanhas no continente.

fundo oceânico) e começa a esfriar, primeiro na superfície da crosta oceânica e depois, no seu interior. Desta forma, acredita-se que a crosta oceânica deve se tornar mais fria, e portanto mais densa, á medida que se afasta da zona de formação. Datações radiométricas e de paleomagnetismo mostram que este processo é lento e leva milhões de anos. Pensa-se que entre 170 e 200 M.a. a litosfera já está tão densa que começa a mergulhar na astenosfera. Isto traria como conseqüência a formação de uma zona de subducção e explicaria o fato de que não exista crosta oceânica mais antiga do que 200 M.a.

O aumento térmico em função da profundidade, denominado gradiente geotérmico, é hoje explorado por alguns países, como a França, Itália, Japão, Costa Rica e México, como fonte de energia alternativa. Ele já era conhecido desde o século passado pela medida direta nas minas profundas, e mostrou-se que o gradiente geotérmico varia de uma região para outra. Os estudos atuais da crosta começam a esclarecer este fato.

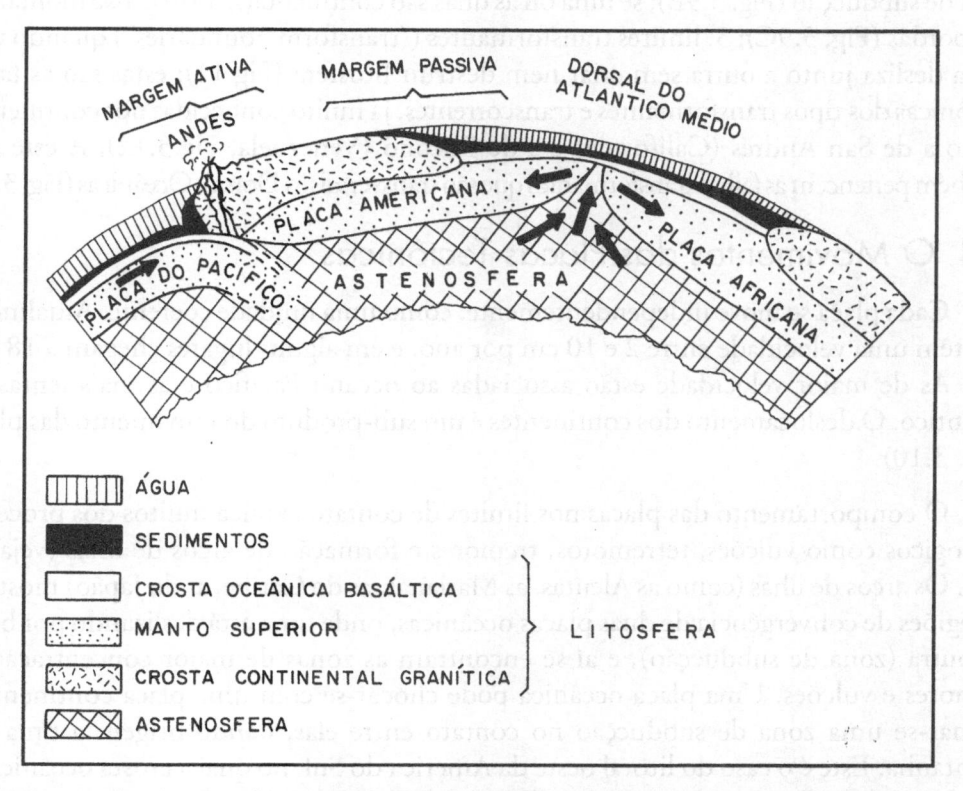

Fig. 3.10. Esquema da Dorsal do Atlântico Médio e da placa sul americana e seus limites, segundo M. Talwani e M. Langseth (1981).

3.3. Placas tectônicas

A litosfera não é contínua. Ela é formada de fragmentos com zonas de estiramento nas cordilheiras submarinas e zonas de subducção nas fossas oceânicas, onde é absorvida pelo manto. A estes fragmentos de litosfera se denominam **placas tectônicas** (Fig. 3.10). Atualmente há sete placas muito grandes (Africana, Indo-Australiana, Sul-Americana, Norte-Americana, Eurásia, Antártica e Pacífica) e vinte placas pequenas (Nazca, Cocos, do Caribe, Filipina, Arábica, etc.) e provavelmente devem ser descobertas mais algumas pequenas placas. Os mapas-mundi, em geral, só mostram as placas grandes e médias pois as outras são muito pequenas para serem representadas nessa escala(Fig. 3.8).

Existem três tipos de limites de contato entre duas placas: 1. limites divergentes, onde se forma litosfera resultante de ressurgência de material da astenosfera (Fig. 3.9A); nestes limites as bordas das duas placas estão se separando por expansão bilateral da litosfera; eles são encontrados nas dorsais oceânicas; 2. limites convergentes, onde duas placas se chocam uma contra a outra; se uma delas ou ambas são oceânicas, cria-se uma zona de subducção (Fig. 3.9B); se uma ou as duas são continentais, formam-se montanhas nas bordas (Fig. 3.9C); 3. limites transformantes ("transform boundaries") quando uma placa desliza junto a outra sem criar nem destruir litosfera (Fig.11); estas são as falhas tectônicas dos tipos transformantes e transcorrentes, já muito conhecidas nos continentes, como a de San Andrés (California) e a de Boconó (Venezuela, Fig.3.12). A este tipo também pertencem as falhas transformantes que são transversais às Dorsais Oceânicas (Fig. 3.11).

3.4. O Movimentos das Placas Tectônicas

Cada placa se move independentemente, como uma unidade coerente. Atualmente elas têm uma velocidade entre 2 e 10 cm por ano, e em alguns lugares chegam a 18 cm/ano. As de maior velocidade estão associadas ao oceano Pacífico e as mais lentas, ao Atlântico. O deslocamento dos continentes é um sub-produto do movimento das placas (Fig. 3.10).

O comportamento das placas nos limites de contato explica muitos dos processos geológicos como vulcões, terremotos, tremores e formação de arcos de ilhas (veja fig. 6.1). Os arcos de ilhas (como as Aleutas, as Marianas, as do Caribe, as do Japão) mostram as regiões de convergência de duas placas oceânicas, onde uma está deslizando por baixo da outra (zona de subducção), e aí se encontram as zonas de maior concentração de tremores e vulcões. Uma placa oceânica pode chocar-se com uma placa continental e formar-se uma zona de subducção no contato entre elas, dando origem a uma alta montanha. Este é o caso do litoral oeste da América do Sul, no qual a crosta oceânica do Pacífico (placa de Nazca) está mergulhando debaixo da placa da América do Sul e levantando os Andes desde o final do Terciário (Fig. 3.10). Duas placas continentais

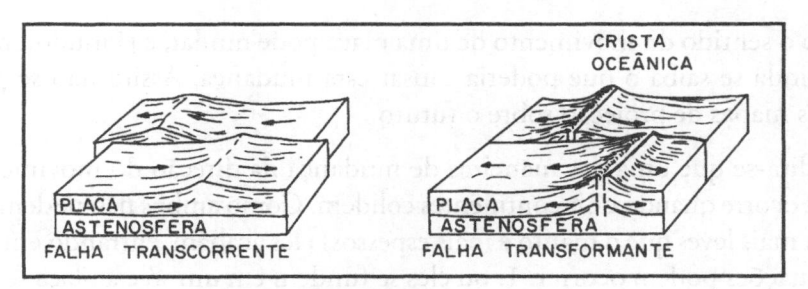

Fig. 3.11. Tipos de falhas deslizantes.

podem colidir como a Índia que está empurrando a Ásia. Neste caso nenhuma se afunda e ambas se deformam pela colisão dando origem a altas montanhas, como o Himalaia (veja fig. 6.5).

Hoje acredita-se que o movimento das placas tectônicas seja devido a correntes de convecção térmica na astenosfera. Primeiro pensou-se que se formaria uma grande célula de corrente convectiva entre as zonas de subducção. Portanto cada célula seria do tamanho da placa. Hoje acredita-se que as células convectivas sejam muito menores. Seja como for, as correntes de convecção térmica "empurram" as placas. Os detalhes deste mecanismo ainda não estão bem esclarecidos, mas não há mais dúvida de que foi descoberto o mecanismo pelo qual as placas se movem e que resultou na deriva dos continentes.

No futuro os continentes ocuparão posições diferentes das de hoje e as distâncias entre eles serão outras. Se as placas continuarem nas direções em que se movem hoje, dentro de 50 M.a. a América do Norte estará mais longe da Europa; as Américas do Sul e do Norte mais próximas pois a América Central será comprimida e deformada.

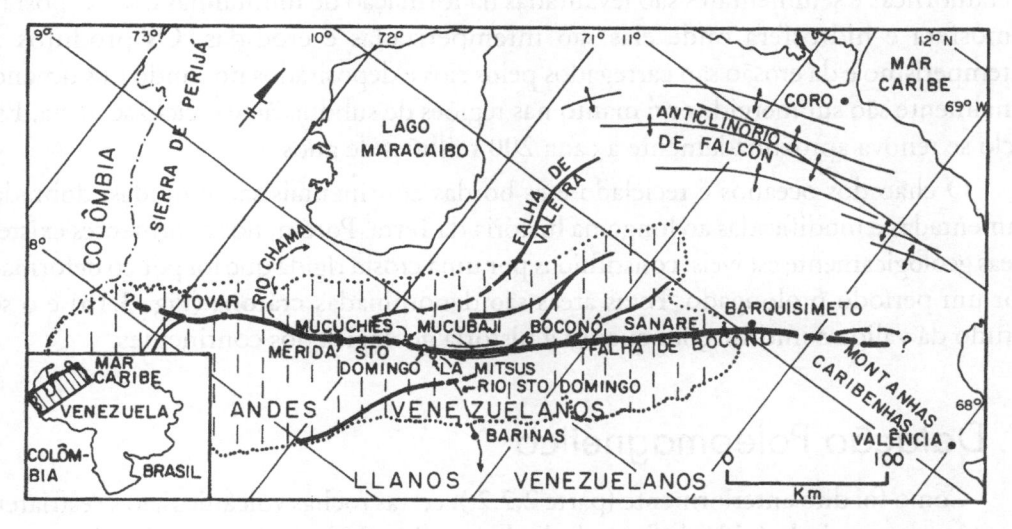

Fig. 3.12. O sistema de falhas de Boconó na Venezuela, segundo Schubert e Henneberg (1975), redesenhado.

Entretanto o sentido do movimento de uma placa pode mudar, e já mudou no passado, sem que ainda se saiba o que poderia causar esta mudança. Assim não se pode ainda confiar nos mapas de projeção sobre o futuro.

Acredita-se que uma das maneiras de mudança na direção do movimento de um continente ocorre quando dois continentes colidem. Como ambos não podem submergir (por serem mais leves que o manto e mais espessos) eles acabam entrando em equilíbrio. Aí duas situações podem ocorrer: 1. ou eles se fundem em um só e a placa se fratura em outro ponto, como ocorreu quando a Sibéria colidiu com a Europa e a cicatriz da fusão são os Urais; 2. ou eles mudam de direção do movimento de suas placas; acredita-se que isto ocorreu entre América do Norte e África. Os movimentos das placas durante o tempo geológico serão descritas nos capítulos seguintes.

3.5. O Ciclo das Placas Tectônicas

As placas de litosfera do fundo dos oceanos formam-se nas dorsais da cordilheira submarina, vão se tornando mais densas á medida que se afastam das Dorsais, mergulham nas zonas de subducção, e são tragadas pelo manto nas fossas oceânicas. Além da parte mediana das dorsais submarinas, a parte mais profunda do manto está conectada com a superfície da litosfera por fendas por onde escapam gases e pelos vulcões. Desta maneira as placas oceânicas são recicladas continuamente. Dos sedimentos dos mares antigos só restam os antigos fundos que se levantaram por movimentos tectônicos ou colisão de placas.

Os sedimentos acumulados no fundo dos oceanos são submergidos e metamorfoseados ou fundidos na parte mais profunda da astenosfera. Rochas ígneas, metamórficas e sedimentares são levantadas na formação de montanhas e são expostas á atmosfera e hidrosfera onde elas são intemperizadas e erodidas. Os produtos do intemperismo e da erosão são carregados pelos rios e depositados no fundo dos oceanos. Finalmente são submergidos no manto nas regiões de subducção e o ciclo se fecha. Este ciclo se renova aproximadamente a cada 200 milhões de anos.

O chão dos oceanos é reciclado e as bordas continentais são erodidas, dobradas, aumentadas e modificadas ao longo da história da Terra. Porém, nos continentes existem áreas geologicamente estáveis, constituidas por uma crosta rígida que foi pouco deformada por um período prolongado. Estas áreas são denominadas **crátons** (Fig. 3.13) e o seu estudo dá valiosas informações quanto á história geológica dos continentes.

4. Datação Paleomagnética

Como foi dito anteriormente (parte 2.2.2.), certas rochas vulcânicas,ao se esfriarem, mantêm os cristais de óxido de ferro alinhados na direção do polo magnético. Isto ocorre nos minerais de magnetita (Fe_3O_4), hematita (Fe_2O_3) e ilmenita ($FeTiO_3$), contidos em lavas vulcânicas. Esta propriedade é chamada **magnetismo termorresidual** (TRM = "ther-moremanent magnetism"). Da mesma forma, durante o processo de sedimentação, as partículas de minerais de ferro e titânio contidas no sedimento ficam alinhadas na direção do campo magnético da Terra. Isto é chamado **magnetismo residual deposicional** (DRM = "depositional remanent magnetism") e por isto dá informações análogas ás lavas.

Medidas cuidadosas do magnetismo residual em rochas vulcânicas de várias partes da Terra mostraram que, além da orientação magnética, as lavas atuais dão a distância aproximada do polo magnético.

A descoberta destes dois fatos fez com que se começasse a estudar o magnetisno termorresidual dos dois lados das Dorsais Oceânicas. A grande surpresa revelada por esses estudos foi o fato de que o campo magnético da Terra inverteu muitas vezes, ao longo do tempo. O polo magnético sul se transforma em polo magnético norte, e vice versa. Postulando que o planeta não virou 180°, alguma coisa aconteceu para que ocorresse esta mudança periódica.

A inversão de sinal magnético ocorre simultanenamente em todo o planeta. Isto foi provado pelo estudo estatístico da idade obtida em um número significativo de amostras. Todas as amostras de mesma idade (datadas por outros métodos) têm a mesma orientação magnética. Não há misturas no sinal de polaridade. Os intervalos de tempo com sinal igual ao atual passaram a ser chamados **normais** e os de sinal oposto são chamados **reversos**.

Observou-se que a duração dos tempos normais e reversos não é constante, e os ciclos não são rítmicos. A última mudança, que passa de reverso para a situação atual (chamada normal) ocorreu há cerca de 690.000 anos. O intervalo reverso anterior durou aproximadamente 200.000 anos e o antes dele, normal, durou 60.000 anos. Hoje são conhecidas cerca de 80 reversões para os últimos 110 milhões de anos (M.a.).

Ainda não existe uma explicação satisfatória para este fenômeno. Já se sabe que o Sol tem reversões dos polos magnéticos aproximadamente a cada ca. 11 anos. Sugere-se que na Terra as reversões possam ter causas terrestres ou extraterrestres, como terremotos e impactos fortes de meteoritos e cometas.

Seja qual for a causa, a simultaneidade das reversões e a duração característica de cada fase permitem uma datação independente dos métodos radiométricos (capítulo 2). O paleomagnetismo data rochas vulcânicas, sedimentares e sedimentos de forma relativamente barata e pode usar um grande volume de rochas com pouco trabalho. Os sinais de mudança de orientação magnética podem ser identificados, contados e amarrados ás datações com radioisótopos e com velocidade de sedimentação.

Como todos os outros métodos de datação, o de paleomagnetismo tem límites de uso e margem de erro.

Criou-se uma classificação para as reversões na qual chamam-se **eventos de polaridade** aquelas de pequena duração (10.000-100.000 anos). Os intervalos entre 100 mil e 1 milhão, nos quais predomina um tipo de polaridade, são chamados **épocas de polaridade**; os **períodos de polaridade** cobrem de 1 M.a. a 10 M.a. e as **eras de polaridade**, de 10 M.a. a 100 M.a. O uso dos termos da geologia histórica para qualificar

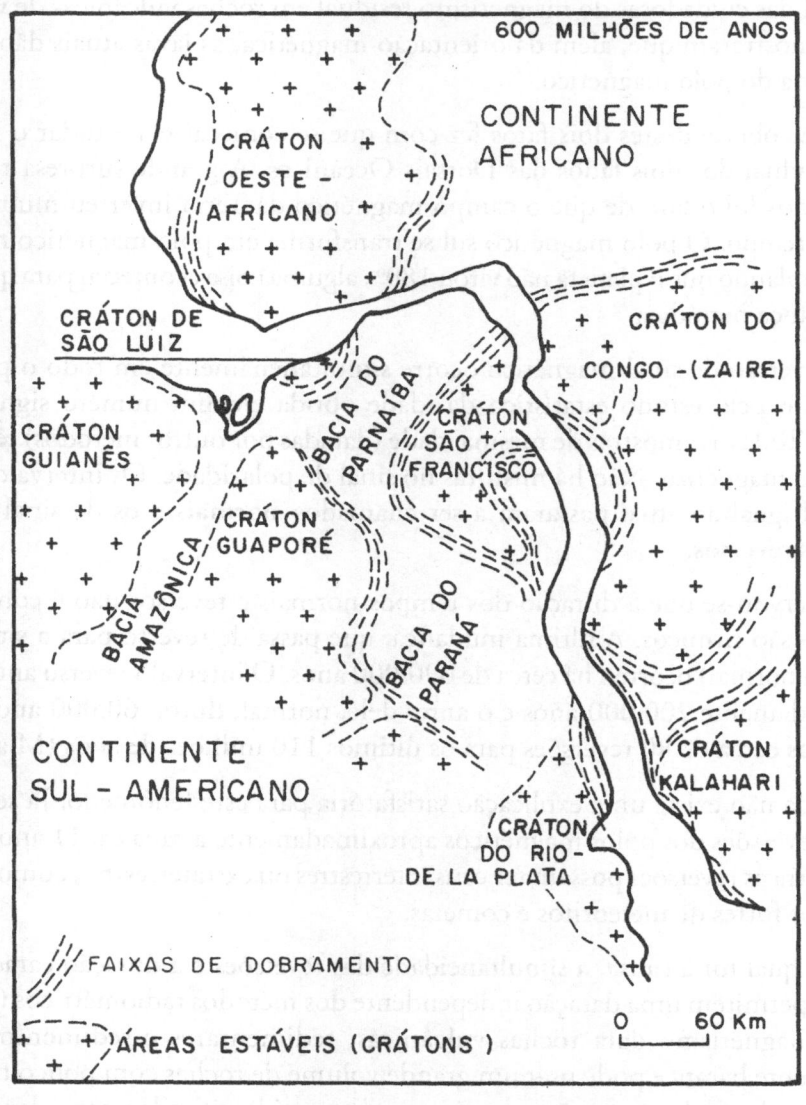

Fig. 3.13. Formações geológicas idênticas na África e na América do Sul evidenciam a ligação destes dois continentes no final do Proterozóico. O contorno dos continentes e a distância entre eles são artifícios de apresentação e não representam a forma e distância que tinham no tempo em que estavam unidos. Informações baseadas em Alvarenga e Trompette, 1992.

estas reversões mostra uma falta de imaginação e um vocabulário muito restrito dos que fizeram a classificação, e criaram uma confusão desnecessária.

O melhor registro da seqüência de reversões dos últimos 100 M.a. se encontra em ambos os lados das Dorsais Oceânicas, por razões óbvias. As datações paleomagnéticas de sedimentos continentais do Quaternário superior estão em pleno desenvolvimento. Este tipo de datação pode correlacionar muito bem eventos climáticos detectados em sedimentos marinhos com os encontrados em sedimentos continentais, o que não ocorre com os outros métodos de datação. Veja os comentários sobre este problema no capítulo 2, parte 3.1.2.

5. A Teoria da Terra em Expansão

A teoria de Kelvin, exposta no século passado, de que a Terra esfriou-se gradativamente a partir do estado de fusão e que segue perdendo calor, inclusive por meio dos vulcões, deu o modelo físico para a teoria de que a Terra se contrai á medida que se esfria. Esta teoria foi originada por Elie de Beaumont, em 1829 e foi aceita pela maioria dos cientistas da época. A contração térmica seria, segundo eles, a causa primária dos vulcões, tremores, levantamentos de montanhas, e outros. Porém esta explicação para as manifestações tectônicas caiu com a descoberta das placas tectônicas. Contrariamente, medidas diretas, estudos sismológicos e muitos outros nos últimos anos parecem indicar que a Terra está se expandindo contra a força da gravidade, em lugar de se contrair com a gravidade.

Em 1933, Hilgenberg apresentou a hipótese de que as áreas continentais formaram no passado uma couraça contínua em volta da Terra. Esta couraça, pela expansão da Terra se fraturaria ocasionando a dispersão dos continentes. As fraturas seriam enchidas por material saido do manto através dos vulcões e formaria o fundo do mar. Este fundo do mar portanto, estaria sendo aumentado ao longo dos tempos. A deriva dos continentes seria feita pela expansão do planeta e a formação dos mares separando-os.

O astrônomo J.K.E. Halm, em 1935, baseando-se na teoria de expansão estimou que a densidade média da Terra original seria de 9,13 (a atual é em média 5,51) e que teria um raio de 5.430 km em vez dos 6.376 km atuais. Segundo Halm o mar Vermelho e o Golfo de Adem se formaram ao longo de uma fratura muito grande. Esta fratura (rift) só ficou sendo conhecida cerca de 20 anos depois. Muitos outros cientistas, entre eles A.Holmes, S.W. Carey e H. Owen, apoiam a teoria de expansão da Terra. Mais evidências estão sendo procuradas, principalmente a partir de 1957, para comprovar esta teoria.

O uso de equipamento eletrônico de alta precisão e as perfurações para obter testemunhos de sondagem da crosta oceânica têm dado informações que indicam não somente a expansão do fundo oceânico e o movimento das placas tectônicas, como parecem indicar que o planeta está em expansão. Estas pesquisas estão agora em andamento. O problema maior está em mostrar que houve expansão contínua no passado e que o que se observa hoje não é simplesmente uma pulsação de volume.

Segundo Owen, a subducção da nova litosfera gerada nas Dorsais Oceânicas, não pode explicar sozinha os movimentos dos continentes. É preciso considerar também a diminuição da curvatura do planeta pela sua expansão e a formação localizada de litosfera. A formação de crosta oceânica no Mesozóico ocorreu principalmente no Hemisfério Sul. Segundo Owen isto provocou um deslocamento do núcleo e do equador da Terra para o sul, e explicaria o movimento aparente (segundo ele) dos continentes de Pangea em direção ao norte.

Do ponto de vista paleogeográfico a curvatura atual da superfície da Terra não permite um ajuste bom dos continentes atuais para formar Pangea (veja parte 2.1.). A falta de ajuste, principalmente no Paleozóico, é explicada pela erosão das bordas dos continentes por ondas do mar e por deposição de novos sedimentos pelos rios que desaguam nos oceanos. Entretanto, se o raio da Terra tivesse sido menor, o ajuste, segundo Carey, seria quase perfeito. Em 1986, H. Owen publicou um atlas com a posição dos continentes durante os últimos 200 milhões de anos, desde que Pangea existia. Os mapas dos diferentes períodos geológicos estão com as projeções corrigidas para o suposto diâmetro da Terra em expansão, em cada período.

Ainda faltam muitos dados para negar ou afirmar esta teoria. Porém, o acúmulo de evidências tectônicas e de medidas diretas, fora e na superfície do planeta, faz com que se deva seriamente considerar a possibilidade de que o interior da Terra possa estar se expandindo.

REFERÊNCIAS DO CAPÍTULO

Alvarenga, C.J.S. e Trompette, R. 1992. Glacially influenced sedimentation in Later Proterozoic of the Paraguay belt (Mato Grosso, Brazil). Palaeogeogr. Palaeoclim. Palaeoecol. 92:85- 105.

Anderson, D.L. 1981. Hotspots, basalts, and the evolution of the mantle. Science 213:82-96

Ashpole, E. 1985. Expanding Earth. SPECTRUM, British Science News 193, p.1 e 6-8.

Archangelsky, S. e Arrondo, O.G. 1965. Elementos florísticos del Pérmico argentino.I. Las Glossopterídeas de la "Serie Nueva Lubecka", Prov. de Chubut. Rev. Mus. La Plata s.n., Pal.4:259- 264.

Burchfield, B.C. 1983. The continental crust. Sci. Am. 249(3):68- 84.

Carey, S.W. 1958. The tectonic approach to continent drift. Em: "Continental Drift - a symposium". University of Tasmania, p.177

Carey, S.W. 1976. The Expanding Earth. Elsevier, Amsterdam.

Dercourt, J.M. 1991. New trends in tectonics. Ciência e Cultura 43(2):127-130.

Dewey, J.F. 1972. Plate Tectonics. Sci. Am. 226(5):56-68.

Dietz, R.S. 1961. Continent and ocean basin evolution by spreading of the sea floor. Nature 190: 854-857.

Francheteau, J. 1983. The oceanic crust. Sci. Am. 249(3):68-84.

Heirtzler, J.R. e Bryan, W.B. 1975. The floor of the Mid-Atlantic rift. Sci. Amer. 233(2):78-90.

Holmes, A. 1965. Principles of Physical Geology. The Ronald Press Co., New York, 2ª edição, 1288 pp.

Jeanloz, R. 1993. The hidden shore: enough water be locked in the earth to fill the oceans ten times over. The Sciences, January/February, p.26-31.

Jordan, T.H. 1979. The deep structure of the continents. Sci. Amer. 240(1):70-82.

Kearey, P. e Vine, F.J. 1990. Global Tectonics. Geoscience texts. Blackwell Scientific Publ., Oxford, 302 pp.

McKenzie, D.P, 1972. Plate tectonics and sea-floor spreading. Amer. Scientist 50(4): 425-435.

McKenzie, D.P. e Richter, F. 1976. Convection currents in the Earth's mantle. Sci. Amer. 235(5):72-89.

Molnar, P. e Tapponier, P. 1977. The collision between India and Eurasia. Sci. Amer. 236(4):30-41.

Owen, H. 1985. Atlas of Continental Displacement: 200 million years to the present. Cambridge University Press, Cambridge.

Pollack, H.N. e Chapman, D.E. 1977. The flow of heat from the Earth's interior. Sci. Amer. 237(2):60-76.

Schubert, C. 1984. Los terremotos en Venezuela y su origen. Cuadernos Lagoven, Caracas, 72 pp.

Schubert, C. e Henneberg, H.G. 1975. Geological and geodetic investigations on the movement along the Boconó fault, Venezuelan Andes. Tectonophysics 29:119-207.

Seyfert, C.K. e Sirkin, L.A. 1979. Earth History and Plate Tectonics: an introduction to historical Geology. Harper & Row Publ., New York, 600pp.

Stokes, W.L. 1982. Essentials of Earth History. Prentice-Hall, Englewood Cliffs, USA, 577pp.

Talwani, M. e Langseth, M. 1981. Ocean crustal dynamics. Science 213:22-31.

Tarbuck, E.J. e Lutgens, F.K. 1988. Earth Science. Merril Publ. Co., Columbus, USA, 612 pp.

Toksoz, M.N. 1975. The subduction of the lithosphere. Sci. Amer. 233(5):89-98.

Weiner, J. 1988. O Planeta Terra. Martins Fontes, São Paulo, 361 pp.

AS PRIMEIRAS ERAS DA TERRA

CAPÍTULO 4

Introdução

De acordo com as datações feitas com radioisótopos, a Terra tem a idade de cerca de 4.600 milhões de anos ($4,6 \times 10^9$). A primeira parte de sua história é, de um modo geral, denominada **Pré-cambriano**. Este longo intervalo de tempo, incluindo os primeiros 4,000 milhões de anos (M.a.), foi assim chamado por vir antes do Cambriano, que é o primeiro período onde os fósseis abundam. O Pré-cambriano não era bem conhecido e sua duração foi subestimada por muito tempo por vários motivos que dificultaram o seu estudo. Entre eles os principais foram : 1. impossibilidade de datação absoluta; 2. falta de fósseis; 3. intenso metamorfismo de suas rochas; 4. reciclagem da maior parte da crosta pré-cambriana. A tudo isto se soma a dificuldade de aplicação do princípio do atualismo durante este tempo. Recentemente tem havido uma intensificação do estudo de rochas pré-cambrianas, devido a novos métodos de pesquisa, e às datações com Rubídio-Estrôncio e com Samário-Neodímio, que mostraram que este foi um longuíssimo tempo que representa cerca de 87% de toda a história da Terra.

O Pré-cambriano foi dividido em **Arqueano** (com cerca de 2,500 milhões de anos) e o **Proterozóico** (com cerca de 1,500 milhões de anos) e é definido pelas características geoquímicas e geofísicas de suas rochas.

1.1. A origem dos continentes

Há várias teorias para explicar a origem dos continentes. Entre elas há duas que são atualmente as mais aceitas .

1. Uma teoria diz que a maior parte dos continentes foi formada ao início pela diferenciação química da Terra e depois eles foram retrabalhados (aquecidos, derretidos, recristalizados, deformados e erodidos). Pode-se ver os efeitos destes processos em muitas partes dos continente e nas raízes das montanhas antigas.

Segundo esta teoria o volume dos continentes tem sido constante desde os tempos mais antigos. Esta idéia vem do século passado e foi reajustada e modernizada por Hilgenberg em 1933. Segundo ele, ao início, a crosta continental envolvia toda a Terra como uma couraça. Naquele tempo o planeta era menor. A Terra foi se expandindo ao longo de sua história, o que resultou no fraturamento da sua crosta original. As fraturas foram sendo enchidas com material fundido do manto da Terra, recriando uma nova crosta, mais fina (crosta oceânica). Segundo Halm, o raio inicial da Terra seria de 5,430 km e teria aumentado ao atual de 6,376 km. Esta teria sido a causa da fragmentação da crosta (continental) inicial, e de seu deslocamento e deriva pela formação e aumento progressivo da crosta oceânica (veja capítulo 3, parte 5).

2. Segundo Moorbath, apoiado por outros pesquisadores, o volume e a extensão dos continentes antigos eram relativamente pequenos (Fig. 4.1) e eles cresceram ao longo dos tempos geológicos por diferenciação química irreversível da parte superior do manto. O material diferenciado estaria constantemente aumentando nas bordas dos continentes. O processo seria homólogo ao que hoje ocorre ao longo da costa ocidental das Américas, onde o continente está se movendo para o Oeste sobre a densa crosta do Pacífico. A crosta oceânica vai submergindo nas zonas de subducção e ao derreter-se formam rochas "calco-alcalinas" mais leves que vão alimentar os vulcões da crosta ocidental das Américas, as quais fazem aumentar os continentes.

Para datar as rochas pré-cambrianas usam-se técnicas de datação com isótopos radioativos de meia-vida muito longa como: Urânio-Chumbo (U/Pb), Samário-Neodímio (Sa/Nd) e Rubídio-Estrôncio (Rb/Sr). A meia-vida do Rubídio 87 é de 47,000 milhões de anos (47×10^9). Veja capítulo 2, secção 3, e Tab 2.3).

S. Moorbath e colaboradores, baseando-se nas datações e distribuições das rochas mais antigas, chegaram á conclusão de que no Arqueano a crosta continental devia ser 5-10% da área presente. Estas rochas mais antigas deveriam representar os primórdios da crosta continental (Fig. 4.1). Como a seqüência da datação das rochas pré-cambrianas não é contínua e, ao contrário, se dispoem em cinco grupos distintos (tabela 4.1) eles chegaram à conclusão de que cada grupo de datação representaria um ciclo de crescimento dos continentes, com episódios de violenta ação tectônica seguida de períodos de relativa inatividade. Tem-se observado em tempos históricos, que há períodos de grande atividade de vulcões e terremotos seguidos de períodos de certa calma. Entretanto, não tem sido verificada uma periodicidade previsível de atividade.

Depois do último episódio de grande atividade formadora dos continentes, que deveria ter sido há uns 600 milhões de anos, estes teriam ficado com o volume e a área semelhante à atual e formariam um único supercontinente Pangea, ou dois supercontinentes, Gondwana e Laurasia. A configuração atual dos continentes seria conseqüência do último episódio de deriva continental que começou há cerca de 200 M.a.

Um ponto importante trazido pelo estudo de datação de rochas é que a crosta continental é muitíssimo mais antiga que a oceânica. Como foi visto (cap. 3, parte 3), a crosta continental tem um máximo cerca de $4,0 \times 10^9$ anos, composição química variável e estrutura complexa. A crosta oceânica é muito mais jovem. As rochas mais antigas debaixo do oceano tem menos de 200 M.a., sua composição química é pouco variável e

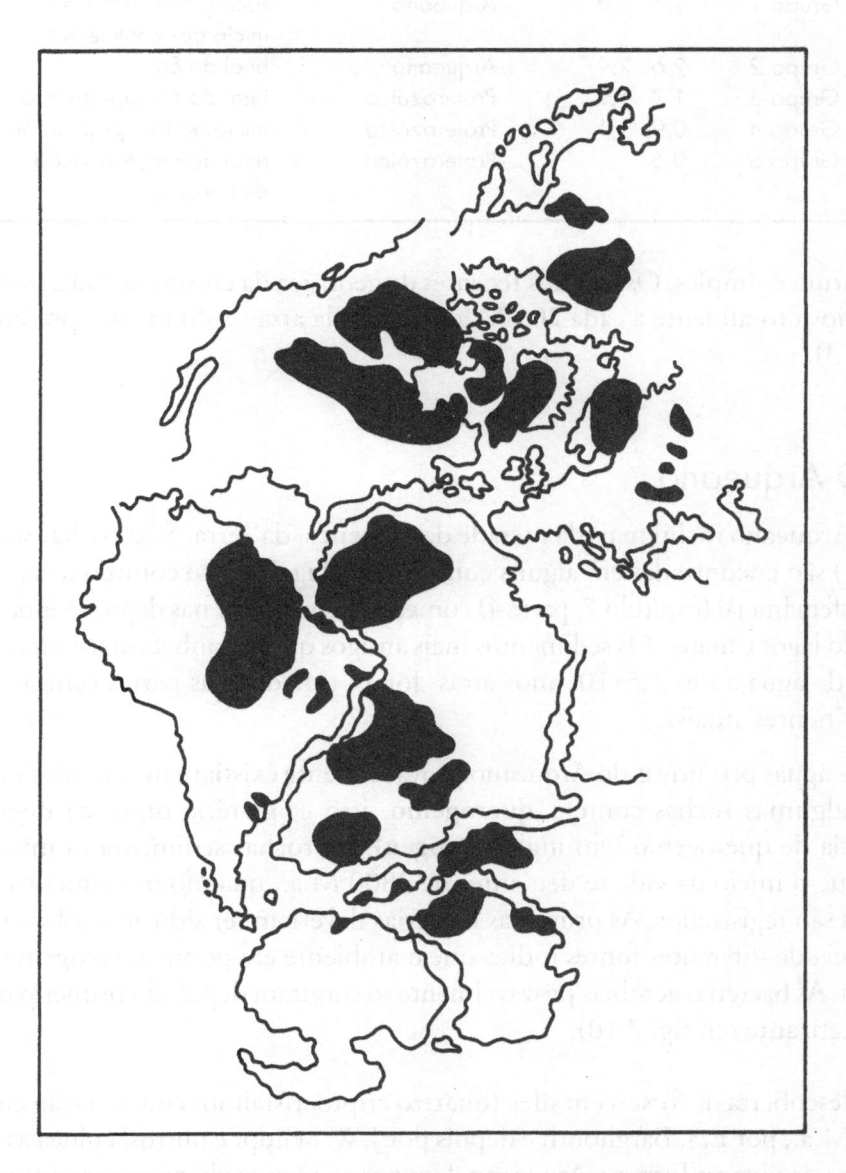

Fig. 4.1. Localização das rochas mais antigas que 1,6 bilhões de anos no supercontinente Pangea. Elas sugerem onde se encontravam os continentes arcaicos. Adaptado de Moorbath (1977).

Tab. 4.1 -Datações radiométricas das grandes erupções vulcânicas do Pré-cambriano, segundo Moorbath (1977).

ROCHAS	IDADES x10⁹ ANOS	ERA	OBSERVAÇÕES
Grupo 1	3,6 - 3,8	Arqueano	rochas mais antigas, início dos continentes.
Grupo 2	2,6 - 2,9	Arqueano	final da Era
Grupo 3	1,7 - 1,9	Proterozóico	final do Paleoproterozóico
Grupo 4	0,9 - 1,1	Proterozóico	início do Neoproterozóico
Grupo 5	0,6	Proterozóico	final da era, formação de Pangea.

sua estrutura é simples. Os estudos recentes de geofísica da crosta oceânica mostram que ela se renova totalmente a cada 200 M.a. e se recicla através do manto, por erosão (veja capítulo 3).

1.2. O Arqueano

O Arqueano inclui mais da metade da existência da Terra. Suas rochas mais antigas (Tab.4.1) são encontradas em alguns continentes (Fig.4.1).No começo o vapor de água da atmosfera inicial (capítulo 7, parte 4) começou a condensar nas depressões da superfície formando lagos e mares. Os sedimentos mais antigos que se conhecem foram depositados debaixo de água a uns $3,5 \times 10^9$ anos atrás foram achados nas partes centrais de vários dos continentes atuais.

Nas águas primitivas do Arqueano provavelmente existiam minúsculos organismos porque algumas rochas contem **querogênio**, isto é, matéria orgânica degradada. A ocorrência de querôgenio (em inglês **kerogen**) nas rochas sedimentares muito antigas sugere que o início da vida se deu antes de 3800 M.a., quando os primeiros fósseis de bactérias são registrados. As primeiras bactérias deveriam ter sido anaeróbias totais pois a evidência de diferentes fontes indica que o ambiente era pobre em oxigênio ou não o continha. As bactérias aeróbias provavelmente só surgiram depois do primeiro organismo fotossintetizante (cf. fig. 7.10).

A descoberta de fósseis em sílex (quartzo criptocristalino) com datação entre 3,500 e 3,200 M.a., por E.S. Barghoorn e depois por J.W. Schopf e outros, coloca as primeiras evidências de vida na Terra no Arqueano. Um pouco mais tarde surgem os estromatólitos. A evidência geológica mostra que estes tipos de bactérias e de cianobactérias formadoras de estromatólitos viviam nos mares e lagos arcáicos.

No final do Arqueano surgem formações de calcário ou de sílica denominadas **estromatólitos** (Fig. 4.2), que não são organismos e sim depósitos organo-sedimentares originados por organismos procariotes semelhantes ás cianobactérias (capítulo 1, parte 4) . Entre as cianobactérias atuais há um grupo que forma, no presente, estromatólitos semelhantes aos antigos, e seu estudo mostra como se formaram no Arqueano. Estas cianobactérias (também chamadas cianofíceas ou algas azuis) vivem submersas nos mares, junto aos litorais onde as águas são calmas e bem iluminadas pela luz solar (como por exemplo nas costas da Austrália) ou vivem em águas termais (como no Parque Yellowstone, USA). São organismos filamentosos que formam como um tapete no fundo das águas onde retêm grãos muito finos de sílica ou calcáreo (Fig. 4.2). Quando o "tapete" fica cheio de areia fina, os filamentos migram através deste depósito e começam novamente

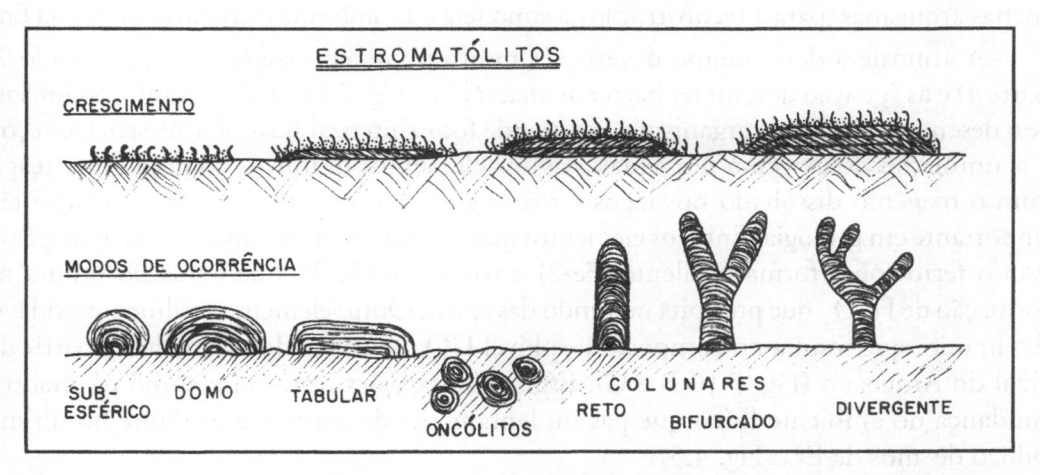

Fig. 4.2. Estromatólitos. Em cima: processo de formação e crescimento das camadas por migração total do tapete de cianobactérias. Em baixo: alguns dos tipos mais comuns de estromatólitos.

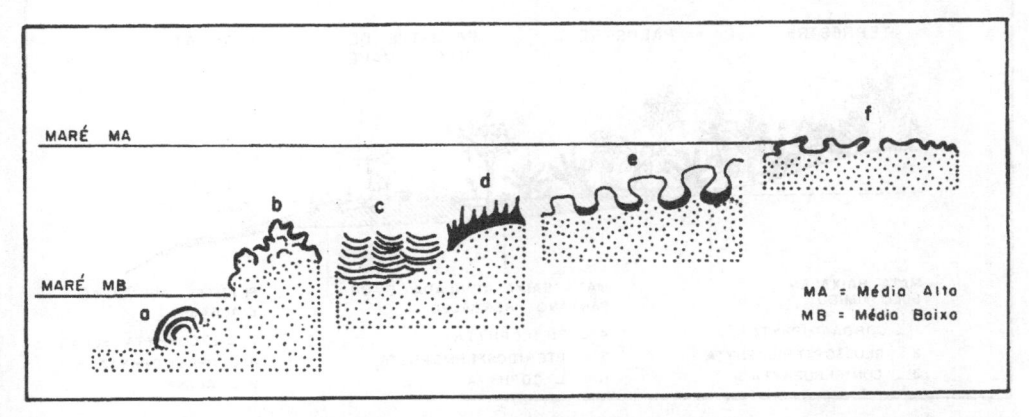

Fig. 4.3. Seqüência moderna da localização dos tipos de tapete algal na zona de intermaré no Golfo Pérsico. Adaptado de Golubic (em Walter, 1976).

a crescer sobre ele. Cada migração deixa em baixo uma camada distinta e fina de depósito o que faz com que o estromatólito fique estratificado em lâminas muito finas. Ainda não se conhece bem o mecanismo desta migração, mas os estudos do crescimento e desenvolvimento dos estromatólitos modernos (Fig. 4.3) têm ajudado muito na compreenção dos pré-cambrianos.

O estudo dos estromatólitos antigos mostrou que, além de cianobactérias, as lâminas finas contêm fósseis de vários tipos de bactérias daquela época. Os mais antigos foram datados entre 3,100 e 3,200 M.a., segundo alguns autores e 2,800-2,500 M.a., segundo outros. Mas eles só se tornaram abundantes no Proterozóico.

A presença de bactérias anaeróbias e aquáticas nos sílex do Arqueano e o surgimento das cianobactérias mais tarde, serviram de base, junto com o estudo geoquímico das rochas arqueanas, para a reconstrução da atmosfera e do ambiente marinho durante esta Era.

A atmosfera deste tempo deveria ser muito pobre em oxigênio (veja capítulo 7, parte 4) e as águas só deviam ter bactérias anaeróbias (Fig. 7.10A). Entretanto, ao iniciar-se o desenvolvimento de organismos capazes de fotossintetizar (cianobactérias), começou a acumulação de oxigênio nas águas. Alguns elementos químicos começaram a reagir com o oxigênio dissolvido nos lagos e mares e iniciou-se o processo de oxidação tão importante em geologia. Entre os elementos que se combinam facilmente com o oxigênio está o ferro sob a forma bivalente (Fe-2) e trivalente (Fe-3). Sua oxidação resulta na formação de Fe_2O_3 que precipita no fundo das águas. Outro elemento facilmente oxidável é o urânio, que resulta no composto insolúvel UO_2, encontrado nas rochas a partir do final do Arqueano (Fig. 7.10 B e C). Estas modificações trouxeram como resultado a mudança do ambiente físico que passou lentamente de redutor a oxidante no último bilhão de anos da Era (Fig. 4.5).

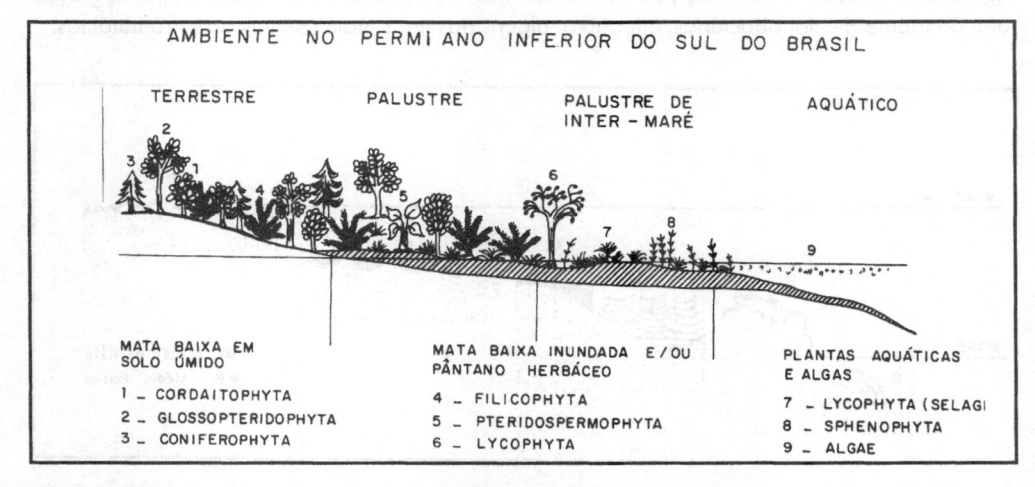

Fig. 4.4. Reconstrução da vegetação gondwânica geradora de hulha no sul do Brasil, segundo Marques-Toigo e Corrêa da Silva (1984), adaptada.

1.3. O Proterozóico

O Proterozóico se inicia, segundo alguns autores, há 2100 M.a. atrás e, segundo o IUGS (1989) há 2500 M.a. e dura até cerca 570 (540, segundo outros) M.a.(Tab. 2.1).

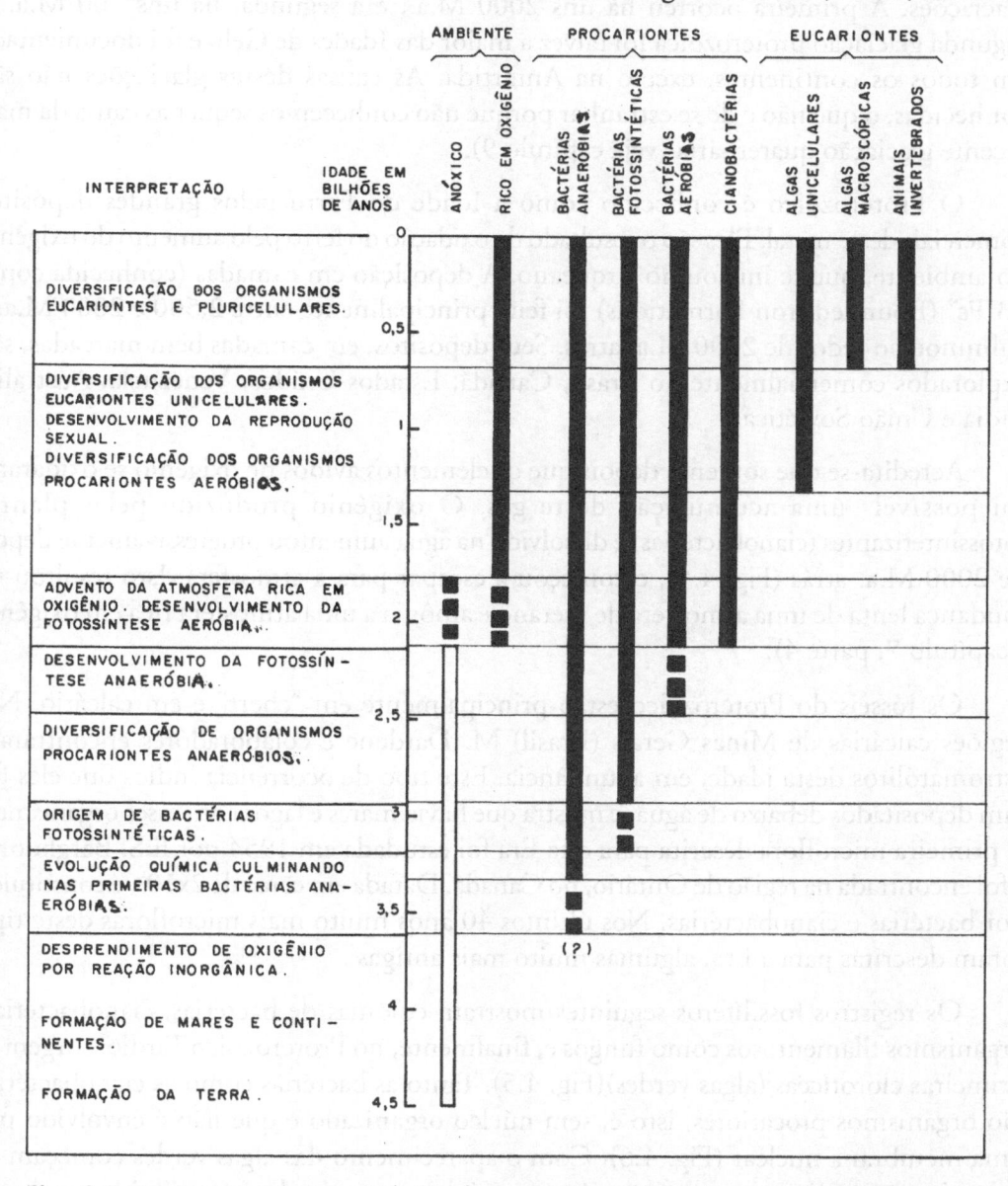

Fig. 4.5. Principais eventos na evolução dos organismos, baseados em evidência fóssil e em estudos geoquímicos. Segundo Schopf (1978), simplificado. Observe que o início da atmosfera rica em oxigênio teve lugar no Proterozóico, por volta de 2 bilhões de anos atrás.

As datações de todo o Pré-cambriano ainda tem muitos problemas. Não é fácil encontrar rochas apropriadas para datação e os laboratórios que fazem datações de material tão antigo são ainda muito poucos.

Durante esta Era houve grandes movimentos tectônicos e foram descritas duas glaciações. A primeira ocorreu há uns 2000 M.a., e a segunda, há uns 700 M.a. A segunda glaciação proterozóica foi talvez a maior das Idades de Gelo e foi documentada em todos os continentes, exceto na Antártida. As causas dessas glaciações não são conhecidas, o que não é de se estranhar porque não conhecemos sequer as causa da mais recente glaciação quaternária (veja capítulo 9).

O Proterozóico é conhecido como a Idade do Ferro pelos grandes depósitos comerciais deste metal. Eles são o resultado da oxidação do ferro pelo aumento do oxigênio no ambiente, que se iniciou no Arqueano. A deposição em camadas (conhecida como "BIFs" (Bounded Iron Formations) foi feita principalmente entre 2,500 e 2000 M.a. e culminou ao redor de 2200 M.a. atrás. Seus depósitos, em camadas bem marcadas, são explorados comercialmente no Brasil, Canadá, Estados Unidos, Venezuela, Austrália, Índia e União Soviética.

Acredita-se que somente depois que os elementos ávidos de oxigênio se oxidaram, foi possível uma acumulação deste gás. O oxigênio produzido pelas plantas fotossintetizantes (cianobactérias) e dissolvido na água aumentou progressivamente depois de 2000 M.a. atrás (Fig. 4.5), e começou a escapar para a atmosfera. Isto resultou na mudança lenta de uma atmosfera de metano e amônia a uma atmosfera rica em oxigênio (capítulo 7, parte 4).

Os fósseis do Proterozóico estão principalmente em "chert" e em calcário. Nas regiões calcárias de Minas Gerais (Brasil) M. Dardene e colaboradores encontraram estromatólitos desta idade, em abundância. Este tipo de ocorrência indica que eles foram depositados debaixo de água, e mostra que havia mares e lagos com esses organismos. A primeira microflora descrita para esta Era foi estudada em 1954 por E.S. Barghoorn, e foi encontrada na região de Ontário, no Canadá. Datada em cerca de 2×10^9, é constituida por bactérias e cianobactérias. Nos últimos 40 anos muito mais microfloras deste tipo foram descritas para a Era, algumas muito mais antigas .

Os registros fossilíferos seguintes mostram colônias de bactérias, cianobactérias, organismos filamentosos como fungos e, finalmente, no Proterozóico Tardio, surgem as primeiras clorofíceas (algas verdes)(Fig. 4.5). Tanto as bactérias como as cianobactérias são organismos procariotes, isto é, sem núcleo organizado e que não é envolvido por uma membrana nuclear (Fig. 4.6). Com o aparecimento das algas verdes começam os primeiros organismos eucariotes (com núcleo organizado e envolvido por uma membrana). O aparecimento das algas verdes deve ter contribuído para aumentar a quantidade de oxigênio no ambiente. A evidência fóssil portanto, indica que os primeiros

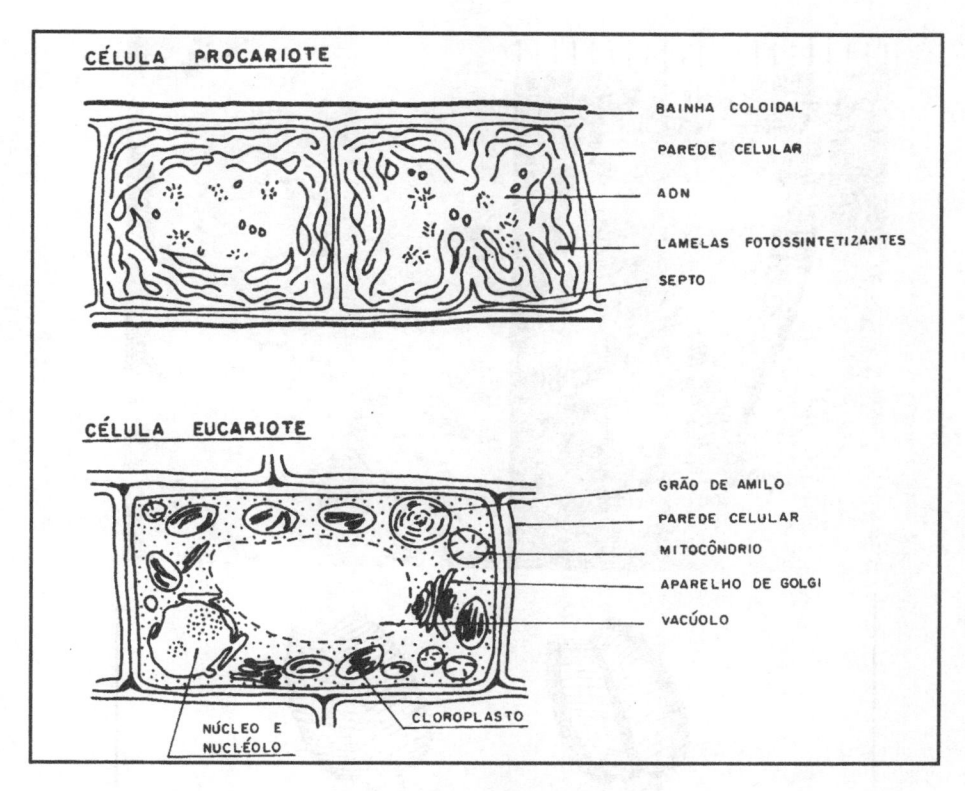

CÉLULA PROCARIOTE

BAINHA COLOIDAL
PAREDE CELULAR
ADN
LAMELAS FOTOSSINTETIZANTES
SEPTO

CÉLULA EUCARIOTE

GRÃO DE AMILO
PAREDE CELULAR
MITOCÔNDRIO
APARELHO DE GOLGI
VACÚOLO

NÚCLEO E NUCLÉOLO
CLOROPLASTO

Fig. 4.6. Comparação entre células procarióticas e eucarióticas.

organismos fotossitetizantes foram as cianobatérias e que os eucariotes vieram muito mais tarde, no último bilhão de anos do Proterozóico.

Junto com as algas verdes outras formas de vida surgiram que são conhecidas por **Fauna Ediacariana**. Esta foi descoberta primeiro no sul da Autrália, mas hoje já foram achadas faunas muito semelhantes á Ediacariana, principalmente nas baixas latitudes de muitos continentes, ocorrendo em estratos logo acima da última glaciação proterozóica. No Brasil a fauna Ediacariana foi encontrada por D.H.G. Walde na região de Corumbá (SW Brasil), representada pelas espécies *Corumbella werneri* (Fig. 4.7) e *Claudina waldei*. É interessante constatar a existência do gênero *Claudina* no centro do continente sul-americano pois sua primeira ocorrência foi assinalada no SW africano.

A fauna Ediacariana consiste em marcas e impressões deixadas em arenito que foram interpretadas por P. Cloud e M.F. Glaessner em 1982 como representando as impressões de um conjunto de invertebrados nus (sem concha ou exosqueleto) e de corpo mole, semelhantes aos modernos anelídios e celenterados. Estes organismos representariam os animais multicelulares mais antigos que se conhecem (Fig. 4.5). As idades destes arenitos ficam entre 590 e 533 M.a., com um erro de medida de mais ou

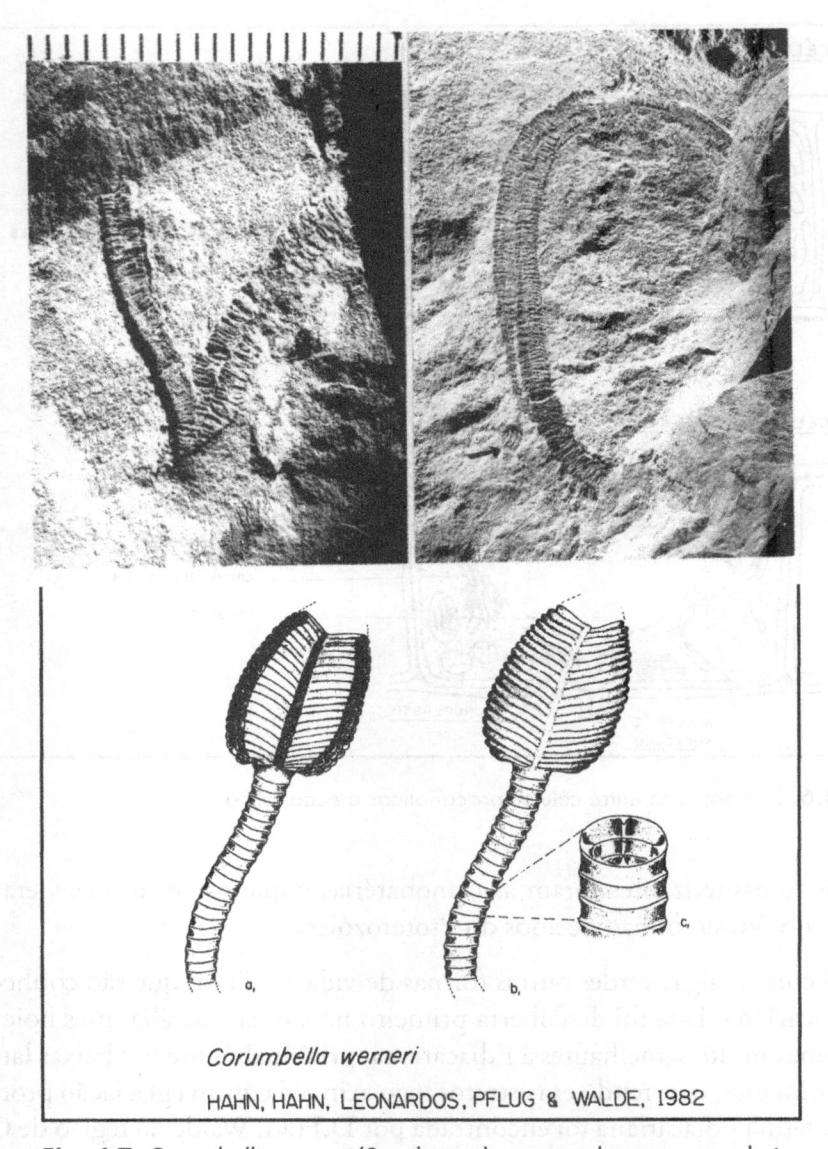

Corumbella werneri

HAHN, HAHN, LEONARDOS, PFLUG & WALDE, 1982

Fig. 4.7. *Corumbella werneri* (Scyphozoa) encontrada em uma pedreira calcária (Grupo Corumbá), Mato Grosso do Sul, Brasil; idade de ca. 600 milhões de anos. Em cima: duas fotografias do fóssil; a seta indica a extremidade superior destacada durante a fossilização. Em baixo: reconstrução do organismo segundo Hahn e colaboradores (1982). Fotografias e desenhos cedidos por D. W.-G. Walde.

menos 13 a 80 M.a. A interpretação dada para essas marcas e impressões é discutida por outros autores (por exemplo Seilacher, 1984) que acham que algumas destas marcas representam impressões de organismos extintos, sem relação alguma com as faunas modernas de medusas e águas vivas ou com vermes modernos, como é o caso da maior parte dos organismos da fauna de Burgess Shale, discutida mais adiante. Argumentam também que outras marcas são pseudofósseis, de origem inorgânica. Em muitos dos depósitos de fauna Ediacariana foram encontradas algas filamentosas, acritarcas (Fig. 4.8), estromatólitos (Fig. 4.2) e estruturas ambíguas chamadas "microfitólitos" (nome este muito mal dado porque em nada se parecem com fitólitos).

Segundo os autores que descreveram a fauna Ediacariana, ela representaria o final do Proterozóico de forma que o período Cambriano, que vem a seguir, começaria mais tarde que o comumente aceito. Ao final do Proterozóico se extingue uma grande quantidade de organismos e surgem novas formas que dão início á Era Paleozóica.

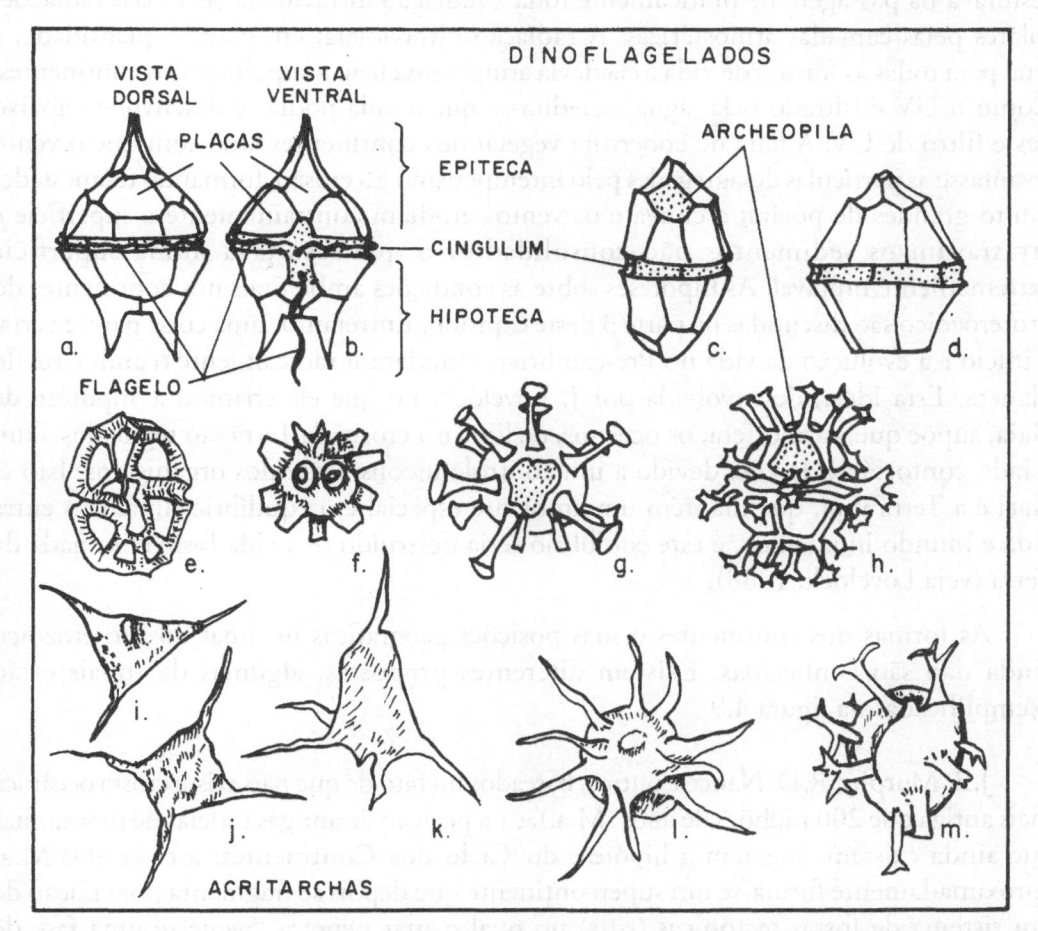

Fig. 4.8. Em cima e no meio: Dinoflagelados (Pyrrhophyta, classe Dinophyceae) com carapaça externa de esporopolenina; **a** e **b**: forma moderna, móvel, de Peridiniales com dois flagelos; **c** ao **h**: vários tipos de cistos do Mesozóico ao Presente. Em baixo, **i** ao **m**: vários tipos de carapaças de esporopolenina de Acritarcas do Paleozóico do Canadá (Evitt, 1985 e artigos no periódico "Palynology" vol. 9, 1985).

Ainda se conhece pouco sobre o ambiente durante o Proterozóico, e há mais suposição que fatos, por falta de dados concretos. A pequena quantidade de fósseis, as modificações drásticas que sofreram as rochas desse tempo e a dificuldade de comparação com ambientes e organismos da Terra atual, fazem com que a reconstrução do paleoambiente seja muito especulativa, e sujeita a modificações no futuro. Parece que a vida se limitou ao ambiente aquático, entretanto a eliminação de rochas dessa época pelos processos geológicos normais, pode ter destruído as evidências de formas terrestres, que poderiam ter sido microorganismos que viveriam dentro do sedimento não consolidado. Por outro lado, o ambiente dos continentes deve ter sido muito duro para o estabelecimento de vida. No início, a quantidade de oxigênio era muito pouca, o que resultava na passagem de praticamente toda a radiação ultravioleta (UV) das radiações solares pelas camadas atmosféricas. A radiação ultravioleta, em grande quantidade, é letal para todas as formas de vida e ela devia atingir em cheio a superfície dos continentes. Como o UV é filtrado pela 'água, acredita-se que a vida podia se desenvolver abaixo deste filtro de UV. A falta de cobertura vegetal nos continentes faria com que o vento levantasse as partículas desagregadas pelo intemperismo e a erosão, formando tempestades muito grandes de poeira; a chuva e os ventos erodiam constantemente a superfície e arrastavam os sedimentos não consolidados, o que resultava numa superficie extremamente mutável. As hipóteses sobre as condições ambientais nos continentes do Proterozóico são discutidas na parte 3 deste capítulo. Entretanto, uma coisa parece certa, o início e a evolução da vida no Pré-cambriano mudaram radicalmente o ambiente do planeta. Esta idéia, desenvolvida por J. Lovelock, no que ele chamou a **hipótese de Gaia**, supõe que a atmosfera, os oceanos, o clima e a crosta da Terra são regulados a um estado confortável de vida devido a um controle inconsciente dos organismos. Isto é, Gaia é a Terra viva, que mantém um ambiente especial em equilíbrio dinâmico entre vida e mundo inorgânico, e este equilíbrio seria destruído se a vida fosse eliminada da Terra (veja Lovelock, 1988).

As formas dos continentes e suas posições geográficas no final do Proterozóico ainda não são conhecidas. Existem diferentes propostas, algumas das quais estão exemplificadas na figura 4.9.

J.B. Murphy, R.D. Nance e outros, baseados no fato de que não existe crosta oceânica mais antiga que 200 milhões de anos (M.a.), e na posição de antigas cadeias de montanhas que ainda existem, sugerem a hipótese do **Ciclo dos Continentes**: a cada 400 M.a. aproximadamente forma-se um supercontinente que depois se fragmenta por criação de um sistema de fossas tectônicas (rifts) no qual o mar penetra. Segue-se uma fase de estiramento da crosta oceânica nesta zona e conseqüente deriva dos fragmentos continentais que deve durar cerca de 200 M.a. Em seguida, formam-se zonas de subducção na parte distal da crosta oceânica por esfriamento e conseqüente aumento de densidade (veja capítulo 3, parte 3). Os continentes vão novamente se aproximar até que depois de

200 M.a. eles colidem formando um novo supercontinente. O final do Proterozóico representaria a fase de fragmentação de um supercontinente anterior á Pangea. Mas ainda há muito a ser verificado antes de se provar ou não esta hipótese de formação cíclica de supercontinentes.

2. A Era Paleozóica

A Era Paleozóica, iniciada a cerca de 570 M.a. (540 M.a. segundo outros)e que teve uma duração de cerca de 345 M.a. Tab. 2.1) pode ser dividida em duas partes aproximadamente com a mesma duração. A parte mais antiga (períodos Cambriano, com duração de ca. 60 M.a.; Ordoviciano, ca. 70 M.a.; Siluriano, ca. 30 M.a.) não apresenta muita atividade geológica tal como formação de montanhas, vulcanismo, e

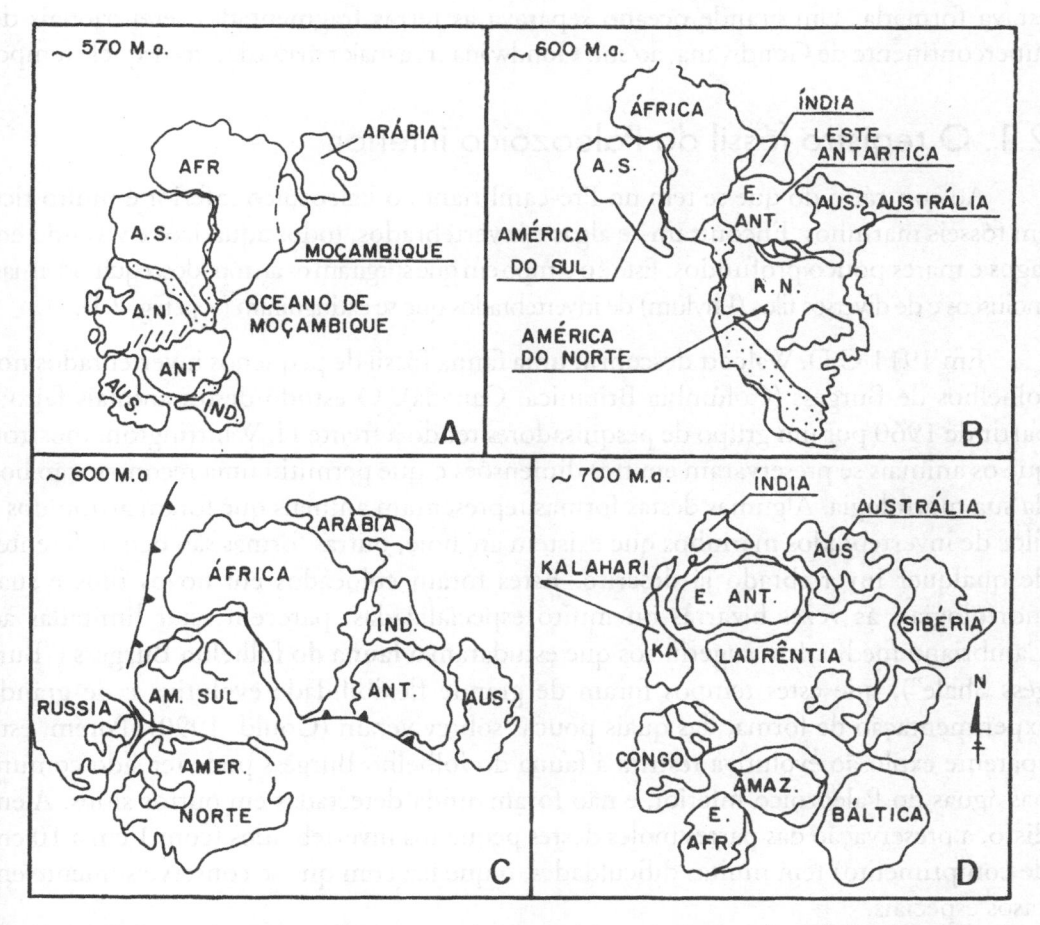

Fig. 4.9. Quatro hipóteses sobre o possível arranjo dos continentes no final do Proterozóico. A e B - segundo Dalziel (1991); C -segundo Bond et al. (em Murphy e Nance, 1991); D - segundo Hoffman (1991).

mudanças climáticas acentuadas. É um intervalo de tempo de terras baixas e mares pouco profundos, com uma glaciação no final do Ordoviciano do Uruguai, sul do Brasil e sul da África. A distribuição dos continentes nesse tempo só é conhecida em termos gerais. Entretanto, as informações estão sendo acumuladas rapidamente desde o desenvolvimento da teoria de tectônica de placas e de novos métodos de datação absoluta que permitirão uma reconstrução mais detalhada no futuro. Por outro lado a reciclagem da crosta oceânica faz com que só se possa estudar os sedimentos marinhos deste tempo que de alguma forma se elevaram e hoje fazem parte de continentes.

O que será mais tarde o continente de Laurásia (incluindo os atuais continentes da América do Norte e Eurásia, capítulo 3) estava fragmentado em vários blocos. As terras que hoje formam Eurásia e América do Norte eram muito menos extensas e estavam recortadas por mares rasos e separadas por corpos de água estreitos. Ásia ainda não estava formada. Um grande oceano separava as terras fragmentadas setentrionais do supercontinente de Gondwana, ao sul. Gondwana era a maior massa de terra daquele tempo.

2.1. O registro fóssil do Paleozóico inferior

Ao contrário do que se tem no Pré-cambriano, o Paleozóico inferior é muito rico em fósseis marinhos. Encontram-se algas e invertebrados, todos aquáticos e vivendo em lagos e mares pouco profundos. Este é o tempo em que surgiram os artrópodos, equinodermas, moluscos e de diversos filos (Phylum) de invertebrados que se extinguiram (veja Fig. 2.1).

Em 1911 C.D. Walcott descobriu uma fauna fóssil de pequenos invertebrados nos folhelhos de Burgess (Colúmbia Britânica, Canadá). O estudo destes animais feito a partir de 1960 por um grupo de pesquisadores tendo á frente H. Whittington, mostrou que os animais se preservaram em três dimensões o que permitiu uma reconstrução boa da sua morfologia. Algumas destas formas representam animais que foram atribuídos a filos de invertebrados marinhos que existem até hoje; outras formas são bem diferentes de qualquer invertebrado já descrito. Estes foram colocados em novos filos e suas morfologias, ás vezes bizarras ou muito especializadas, parecem estar limitadas ao Cambriano médio. Isto sugeriu aos que estudaram a **fauna do folhelho Burgess** ("Burgess Shale"), que estes tempos foram de grande flexibilidade evolutiva e de grande experimentação de forma, das quais poucas sobreviveram (Gould, 1990). Porém, esta aparente explosão evolutiva restrita á fauna do folhelho Burgess pode ter sido comum nas águas do Paleozóico inferior, e não foram ainda detectadas em outros sítios. Além disto, a preservação das partes moles destes pequenos invertebrados (com 1 cm a 10 cm de comprimento) tem muitas dificuldades, o que faz com que se conserve somente em casos especiais.

Os mais famosos dos artrópodos extintos, os trilobitas (Fig. 2.1), dominaram os mares cambrianos. Eles foram um grupo especial de artrópodos que rastejavam e nadavam. Seus exosqueletos leves e os rastos que deixaram no substrato, são abundantes no registro fóssil, chegando a atingir 60% da fauna do Cambriano. Os trilobitas continuaram abundantes no Paleozóico e só se extinguiram no final do Permiano. Cerca de 10 a 20% da fauna do Cambriano era constituída de braquiópodos e o restante era constituído de protozoários, esponjas, vermes, gastrópodos, equinodermas, cefalópodos e outros artrópodos (Fig. 2.1).

No início do Cambriano se encontram os *Archaeocyatha* que se assemelham ás esponjas e corais; eles se limitam a este período e são os primeiros animais formadores de recifes que se conhecem (Fig. 2.1).

O estudo cuidadoso dos fósseis de invertebrados do Paleozóico inferior feito nestes últimos 30 anos mostrou que desde o Cambriano já são encontradas relações complexas entre os invertebrados. A medida que a fauna proliferava e se diversificava, os nichos ecológicos foram sendo ocupados. Uns animais se alimentavam de matéria orgânica em decomposição, outros, os carnívoros, de seres vivos (como algas ou outros animais); alguns viviam em simbiose com algas fotossintetizantes; todos eles coexistindo nas mesmas águas. Quanto aos continentes, não temos ainda nenhum registro fóssil até o Siluriano médio. Por questão de exposição, esta última parte do Paleozóico inferior será tratada na secção seguinte.

Entre os microfósseis destacam-se principalmente os acritarcas, muito importantes para correlação de rochas deste tempo. Os acritarcas são um grupo artificial de organismos que começam no Pré-cambriano tardio, mas chegam a um máximo no início do Paleozóico. A maioria tem entre 20-150 µm no seu diâmetro maior, e têm uma grande variedade de formas (Fig. 4.8). Sua parede externa é formada de esporopolenina como a exina dos grãos de pólen. Por isto são resistentes a ácidos fortes e podem ser extraídos de rochas. Em sua maioria, eles parecem ser cistos de dinoflagelados.

A existência exclusiva de fósseis de organismos marinhos, que viviam submersos em água durante o Paleozóico inferior, e o aparecimento dos organismos terrestres somente no Siluriano médio, são devidos a muitos fatores, que serão discutidos mais adiante (parte 3).

O petróleo e o gás mais antigos que se conhecem se encontram em rochas ordovicianas do Hemisfério Norte. Isto faz pensar que a partir deste período a produção orgânica dos mares aumentou e se manteve daí por diante.

O abundante registro de fósseis marinhos no Paleozóico inferior indica que o oxigênio devia existir em quantidade suficiente dissolvido nas águas. Portanto, a atmosfera devia também ter bastante oxigênio porque ele se mantém em equilíbrio dinâmico entre o meio aquoso e gasoso, pelas leis da física. Desta forma, havia formação de ozônio nas camadas superiores da atmosfera e ambos, oxigênio e ozônio, já filtravam os raios ultravioleta (veja capítulo 7 e Fig. 7.10), desde pelo menos o Cambriano médio. Qual era a "eficiência" desta filtração até o Ordoviciano, é uma questão aberta (veja parte 3).

2.2. Paleozóico superior

A segunda parte do Paleozóico (períodos Devoniano com duração de ca. 55 M.a., Carbonífero, ca. 65 M.a., e Permiano, ca. 40 M.a.) iniciou-se há 410 M.a. Caracteriza-se por importantes movimentos das massas continentais e por muitas mudanças climáticas.

Gondwana, que desde os períodos anteriores era a maior massa continental, segue em sua forma compacta. As terras do norte começam a consolidar-se em um supercontinente, Laurásia. Nesta segunda parte do Paleozóico os dois grandes continentes convergem lentamente, um para o outro, e finalmente colidem no Permo-carbonífero para formar (ou re-criar) o supercontinente Pangea, que constituiu a maior massa de terra conhecida na história geológica do nosso planeta.

A coalescência de Laurásia resultou no desaparecimento de um braço de mar denominado Proto-Atlântico que separava a parte leste da parte oeste (veja capítulo 5). Sua colisão com Gondwana resultou no levantamento de cordilheiras como os Apalaches e os Urais, como ocorre quando duas placas continentais colidem (Fig. 6.5).

Nesse tempo Pangea tinha a forma de um crescente e se extendia quase de polo a polo (Fig. 6.10). O nordeste da América do Norte estava unido á Europa; Groelândia estava entre os dois, ao norte. A saliência da África encostava contra o leste e o sudeste dos Estados Unidos e o nordeste do Brasil. A saliência da América do Sul estava contra a costa oeste da África. Antártida conectava as extremidades meridionais da América do Sul e a África. Austrália estava unida ao extremo leste da Antártida. India se encaixava entre a África oriental e Austrália. A maior parte da Ásia estava fragmentada em blocos de ilhas e não fazia parte de Pangea. Entretanto, é possível que parte do que viria a ser a China estivesse unida â Gondwana. Como resultado desta disposição geográfica o supercontinente Pangea abrangia as zonas intertropical, temperada e antártica. Todos os tipos de clima podiam ser encontrados no supercontinente, na sua plataforma continental e seus mares rasos.

Nos ambientes continentais surgiu uma nova forma de vida, as plantas vasculares, provavelmente por evolução a partir de algas clorofíceas. Elas começaram no meio do Siluriano e a partir do Devoniano Superior dominaram a paisagem dos continentes. Seus fósseis se distinguem de todos os de períodos anteriores por possuirem características novas de evolução que lhes permitiram viver fora do ambiente aquático e começar assim a colonização dos continentes. Estas plantas com tecido vascular e de sustentação, e revestidas externamente por cutina, podiam ficar em posição erecta no ar. As primeiras plantas verdadeiramente terrestres conhecidas são as psilofitas (**Psilopsida**). Elas tinham alguns centímetros de altura (Tab. 4.2) e eram desprovidas de folhas (por exemplo, **Rhynia**); seus esporos eram triletes que se dispersavam pelo vento (Fig. 4.10). Depois delas vieram as Lycopsida e Sphenopsida e finalmente as Filicineas, que são as samambaias e fetos (Fig. 2.1).

Ao final do Devoniano, muitas plantas terrestres tinham porte arbóreo, folhas como nas samambaias e sistema radicular desenvolvido. Elas cresciam em formações densas que dominaram os vales e as praias. Perto de Gilboa, estado de Nova York, foram encontrados troncos com mais de um metro de diâmetro; num espaço de cerca de 5 metros quadrados havia cerca de 18 troncos em posição vertical, para os quais se estimou uma altura média entre 9 e 12 metros (Stokes 1982, p.305). Estas formações fechadas são as matas mais antigas que se conhecem. Elas constituiam a **Flora de Archaeopteris** na qual dominava o gênero deste nome, junto com muitas equisetíneas e licopodíneas. Destas últimas só sobreviveram até o presente os gêneros *Lycopodium, Selaginella* e *Equisetum.*

A **Flora de Archaeopteris** é encontrada na Rússia, Irlanda, Ilhas Ellesmere, Canadá, e Estados Unidos. É uma flora importante da Laurásia. Seus bosques devonianos são abundantes e o registro fóssil está bem documentado o que permitiu um estudo comparativo com os seus descendentes modernos e a reconstrução da estrutura e habitat. Estes bosques cresciam em terras baixas e úmidas de Laurásia. Entretanto, ainda não conhecemos a vegetação das terras altas.

O Devoniano é conhecido como a **Idade dos Peixes** porque pela primeira vez o registro fóssil mostra numerosos e variados peixes que representam um avanço evolutivo sobre os invertebrados.

Durante o Carbonífero, que segue ao Devoniano, a vegetação terrestre se desenvolve muito e formam-se bosques com plantas arborescentes que chegavam até 30 - 40 m de altura. Eram verdadeiras florestas. Neste período, além das pteridófitas, começa a se

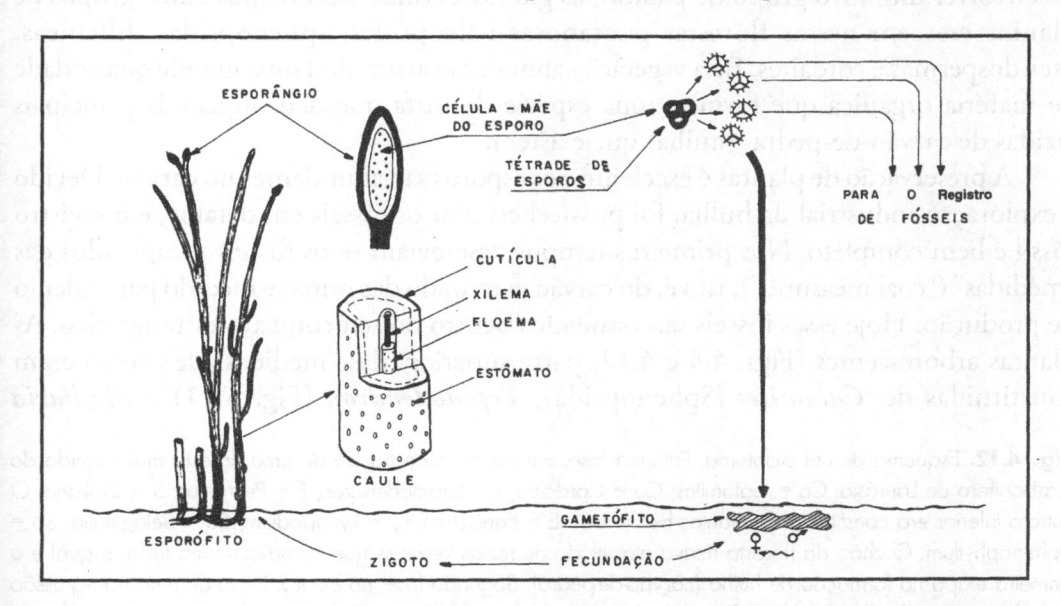

Fig. 4.10. Ciclo de vida de *Rhynia* (Psilopsida), uma das mais antigas plantas terrestres. Estas plantas e seus esporos triletes são encontrados em rochas do Devoniano inferior e a dispersão dos esporos era feita por vento.

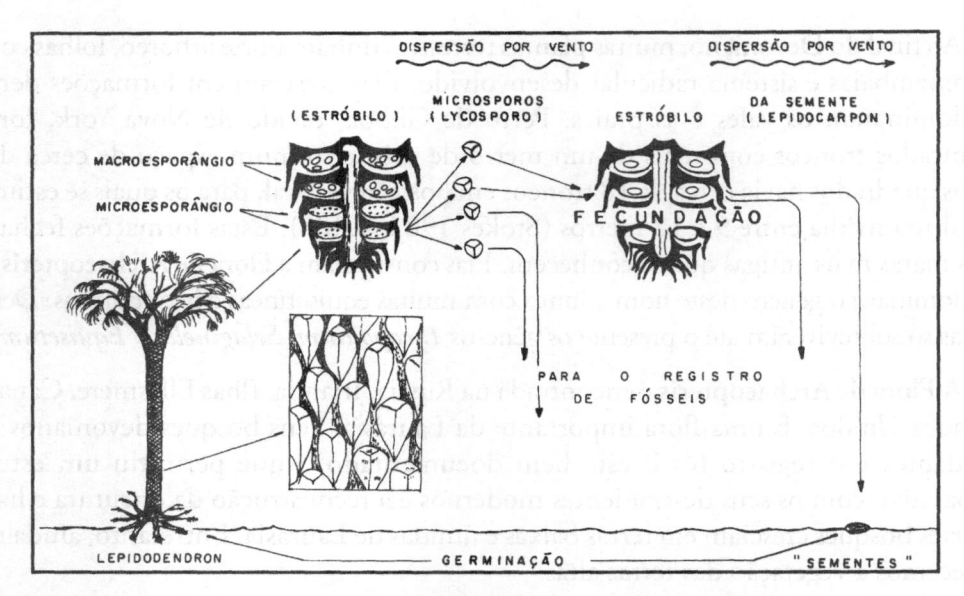

Fig. 4.11. Esquema do ciclo de vida de *Lepidodendron*, com a retenção do óvulo na parte feminina do cone (macroesporângio), transporte dos microsporos por vento para a fecundação (anemofilia) no macroesporângio de outra árvore da espécie e, formação da semente dentro do macroesporângio. A dispersão da espécie se dava por sementes, como ocorre hoje com os pinheiros e plantas com flores.

desenvolver um novo grupo de plantas, as gimnospermas. Pelo menos cinco grupos de plantas crescem nessas florestas pantanosas : licopsidas, sphenopsidas, filicíneas, pteridospermas e cordaites. Esta vegetação abundante acumulou uma grande quantidade de matéria orgânica que formou uma espécie de turfa que deu origem ás principais jazidas de carvão-de-pedra (hulha) que existem.

A preservação de plantas é excelente e os esporos são abundantes no carvão. Devido à exploração industrial da hulha, foi possível estudar os fósseis em detalhe, e o registro fóssil é bem completo. Nos primeiros tempos descreviam-se os fósseis recuperados das "medidas" ("coal measures"), isto é, do carvão ja retirado das minas e medido para cálculo de produção. Hoje esses fósseis são estudados dentro do seu contexto estratigráfico. As plantas arborescentes (Figs. 4.4 e 4.12, parte superior) das "medidas" de carvão eram constituidas de *Calamites* (Sphenopsida), *Lepidodendron* (Fig. 4.11) e *Sigillaria*

Fig. 4.12. Esquema de um ciclotema. Primeira fase, em cima: reconstrução de uma floresta muito úmida do Carbonífero de Laurásia: Ca = Calamites; Co = Cordaites; L = Lepidodendron; P = Psaronius; S = Sigillaria. O estrato inferior era constituido de plantas herbáceas: E = Equisetum; Ly = Lycopodium; Se = Selaginella: Sp = Sphenophyllum. O chão da floresta ficava atapetado de restos vegetais que formavam uma turfa, a qual é a primeira etapa na formação de hulha (carvão-de-pedra). Segunda fase, no centro: início de uma transgressão marinha, que resulta na morte das plantas. Em baixo: continuação da transgressão marinha com aumento do nível do mar e início da deposição marinha e da compactação da turfeira da antiga floresta. Posteriormente o mar regride ao primeiro nível e a floresta volta a crescer no local. Este ciclo se repetiu muitas vezes durante o Carbonífero.

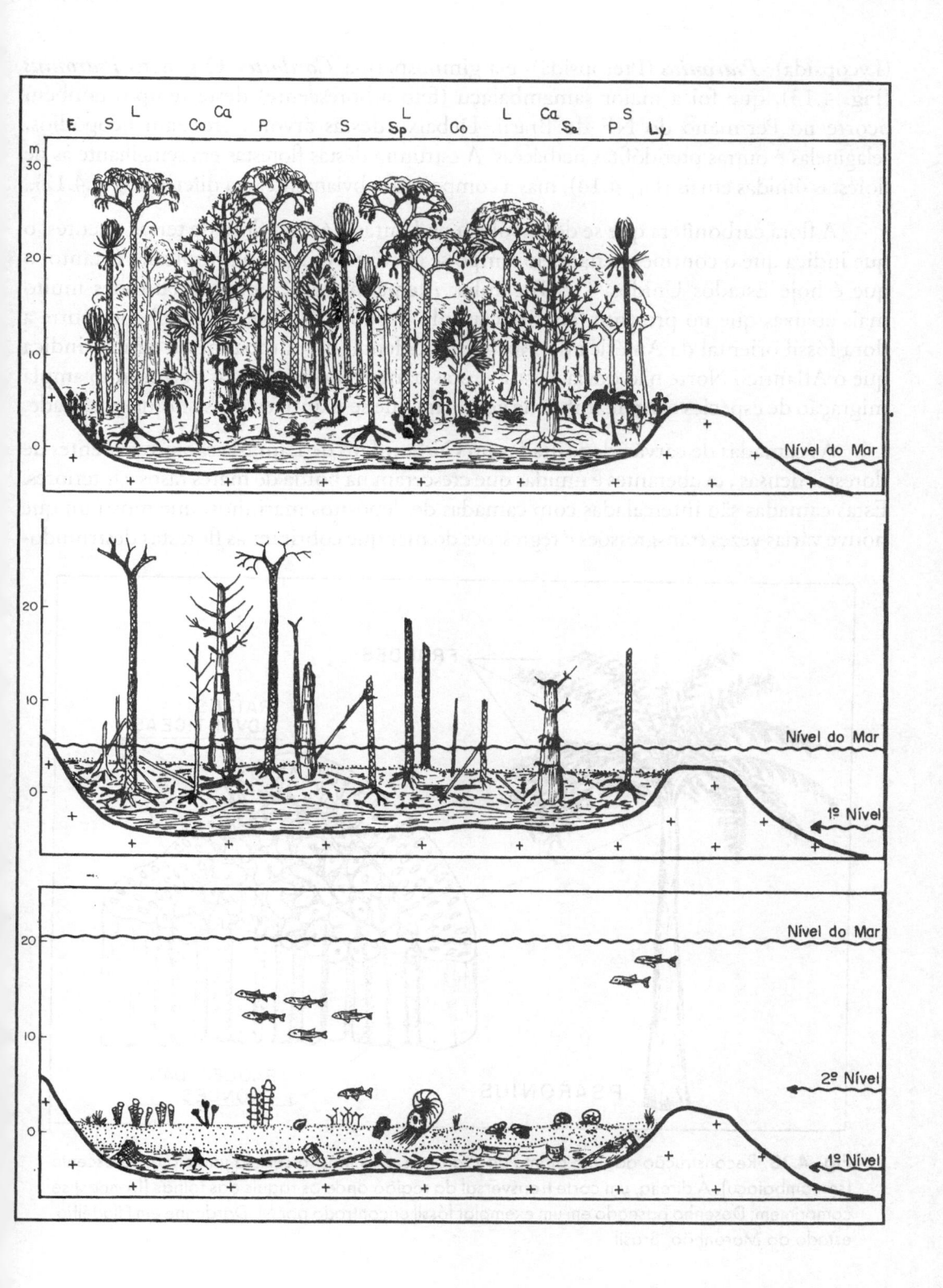

(Lycopsida), *Psaronius* (Pteropsida) e a gimnosperma *Cordaites*. O gênero *Psaronius* (Fig. 4.13), que foi a maior samambaiaçu (feto arborescente) deste tempo, também ocorre no Permiano do NE do Brasil. Debaixo destas árvores cresciam licopódios, selaginelas e outras pteridófitas herbáceas. A estrutura destas florestas era semelhante às de florestas úmidas atuais (Fig. 4.14), mas a composição obviamente, era diferente (Fig.4.12).

A flora carbonífera que se desenvolveu na Laurásia é uma flora de terras quentes, o que indica que o continente naquele tempo se encontrava na zona tropical. Portanto, o que é hoje Estados Unidos, Grã-Bretanha, Alemanha, etc., ocupava latitudes muito mais abaixas que no presente (confira capítulo 8, sobre climas). A semelhança entre a flora fóssil oriental da América do Norte e a ocidental da Europa, nesse tempo, indica que o Atlantico Norte não devia existir e estas partes estavam unidas permitindo ampla migração de espécies e intercâmbio de gens para que se mantivesse essa homogeneidade.

As camadas de carvão depositadas no Carbonífero de Laurásia são provenientes de florestas densas , exuberantes e úmidas que cresceram na borda de mares rasos e interiores. Estas camadas são intercaladas com camadas de depósitos marinhos, que mostram que houve várias vezes transgressões e regressões do mar que cobriram as florestas destruindo-

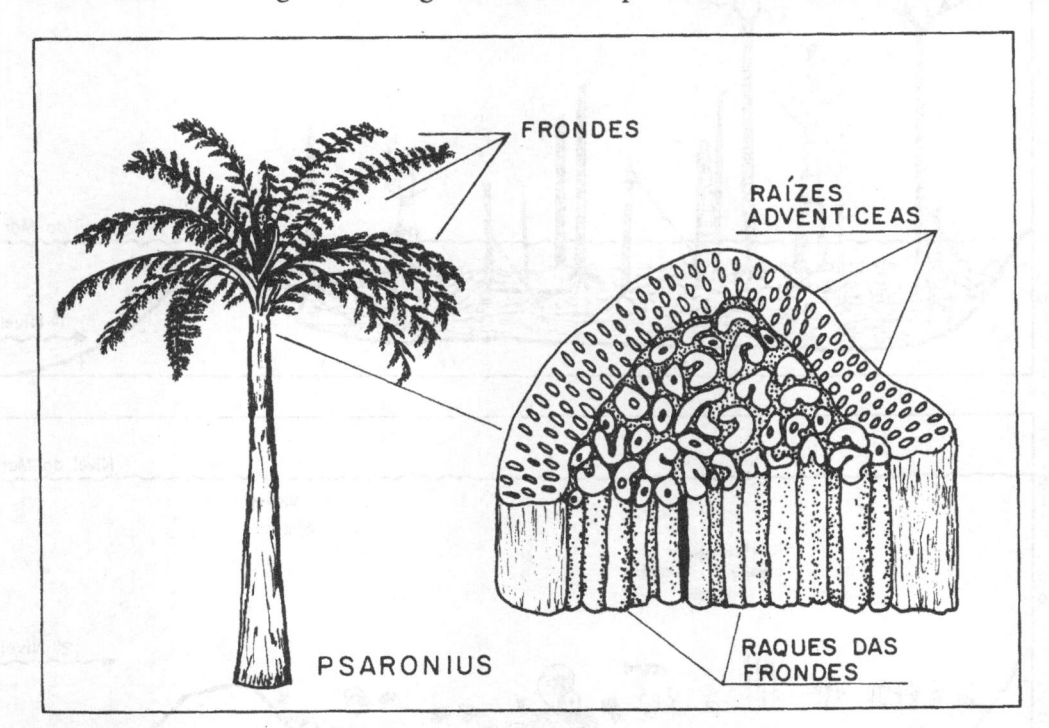

Fig. 4.13. Reconstrução da uma planta de *Psaronius,* que mostra ser ela um feto arborescente (samambaiaçu). Á direita, um corte transversal da região onde os raquis das folhas (frondes) se comprimem. Desenho baseado em um exemplar fóssil encontrado por M. Dardenne em Filadélfia, estado do Maranhão, Brasil.

as e depositando sedimentos marinhos sobre os restos orgânicos da floresta. Depois o mar recuava o que permitia novamente o desenvolvimento da vegetação (Fig. 4.12). A este acontecimento cíclico deu-se o nome de **ciclotema**. Há duas hipóteses que procuram explicar este evento cíclico. Uma , que o continente levantou e desceu várias vezes por movimentos tectônicos e, outra que as glaciações permocarboníferas no Hemisfério Sul causariam em cada máximo da glaciação uma queda no nivel do mar que permitiria o desenvolvimento das florestas carboníferas nos litorais de onde o mar recuara (veja efeitos das glaciações no mar, variando o seu nível, capítulo 9).

Enquanto decorria o Permocarbonífero, a flora do supercontinente Pangea se diferenciava latitudinalmente. Ao norte, em Laurásia crescia a flora carbonífera tropical, descrita acima. Para o sul, em Gondwana, se desenvolvia a flora temperada conhecida como a **Flora de Glossopteris** (Fig. 3.4). No extremo sul do supercontinente se estendia a glaciação permocarbonífera que ocupou o que hoje é a Austrália, Índia, e o sul da África e da América do Sul (Fig. 3.5). Esta extensa glaciação mostra que o sul da Pangea estava no polo antártico, e que essas terras estavam unidas.

As glaciações permocarboníferas não ocuparam simultaneamente todo o sul de Gondwana. Durante o Carbonífero elas estavam na parte meridional da América do Sul e África, mas no Permiano provavelmente Gondwana já se deslocara um pouco para o NW e estas regiões sairam do círculo polar antártico e a Flora de Glossopteris se expandiu sobre os tilitos carboníferos. As glaciações do Permiano se limitaram a uma parte da Austrália e possivelmente da Antártida.

A flora de Glossopteris caracterizou o Permiano de Gondwana e é encontrada na Índia (primeira ocorrência), África, América do Sul, Austrália e Antártida (Fig. 3.4 e 4.4). *Glossopteris*, o gênero mais abundante nesse tempo, é uma pteridófita das Pteridospermas (ou Cycadofilicineae, segundo outros autores), classe que se extinguiu totalmente. O gênero é constituído por plantas com aspecto de samambaia (fetos), com sementes simples e abundantes e com folhas grandes em forma de lingua, e daí vem o seu nome. Parece ter sido arborescente (Fig. 4.4). A flora de *Glossopteris*, além deste gênero, compreende *Gangamopteris* (gênero próximo), *Merianopteris*, *Schizoneura*, além de muitas licopodíneas e as primeiras gimnospermas. É uma flora de clima frio que sugere que a posição de Gondwana nesse tempo era na zona temperada sul (Fig. 6.10). O melhor carvão fóssil da África (Ecca Series) contém muitos fósseis de água doce, entre eles as folhas de *Glossopteris*. O Permiano do Brasil (Bacia do Paraná) também tem abundantes fósseis desta flora.

O carvão que ocorre no Brasil é do Permiano inferior. Os estudos de megafósseis e cutículas que foram iniciados há mais de um século, segundo M. Guerra-Sommers e outros, confirmam que não haviam árvores altas como no norte. A maior parte da vegetação era constituida por plantas pequenas do grupo das selaginelas (Lycopsida) e pequenas gimnospermas do grupo das Cordaitinae e dos glossopteris (Cycadofilicinea). Estudos de microfósseis deste carvão por M. Marques-Toigo e Z. Corrêa da Silva confirmam que a vegetação geradora do carvão não era uma floresta nos moldes da do Carbonífero do hemisfério norte. As comunidades eram constituídas por plantas baixas, principalmente herbáceas e arbustivas, associadas a algas, como as do grupo do ***Botryococcus*** e com algumas pequenas árvores. Esta vegetação crescia em terreno paludoso do litoral, onde se acumulou muita turfa; no solo menos úmido em torno do pântano cresciam pequenas gimnospermas e glossopteris como mostra a reconstrução da figura 4.4.

A origem das gimnospermas no Carbonífero marca o início da polinização por vento (anemofilia, Fig. 5.7) da qual se tratará em detalhe no segundo volume deste livro. Muitas gimnospermas se extinguiram logo depois e deram lugar a outras formas. Entre as classes que se extinguiram estão as Ginkgoales, das quais somente uma espécie chegou até o presente, ***Ginkgo biloba***, que era cultivada nos mosteiros do Oriente.

No Permiano do SW da África e do SE da América do Sul (inclusive o Brasil) se encontra a **Fauna de Mesosaurus**, cujo gênero mais comum era um pequeno réptil, **Mesosaurus** (Fig. 3.4). Seus fósseis, junto com os de outros animais, são encontrados em antigos deltas de lagoas. No Brasil o *Mesosaurus* é encontrado na Formação Írati, de Goiás ao Rio Grande do Sul.

A Flora de Glossopteris e a Fauna de Mesosaurus foram as primeiras evidências da

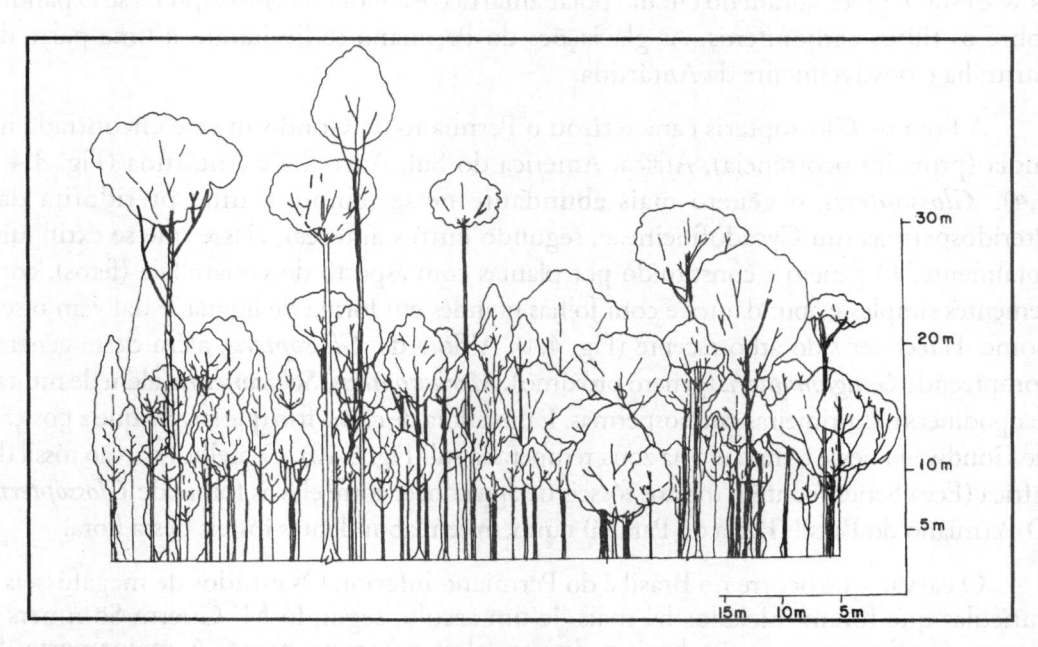

Fig. 4.14. Estrutura de um ecossistema moderno de floresta. O estrato superior é constituído por algumas copas de árvores emergentes, seguido em altura, de outro estrato de copas. O exemplo é de uma floresta de Borneo, segundo Richards (1952), onde só foram representadas as árvores com mais de 7,6 m de altura.

deriva continental (capítulo 3) porque argumentava-se que não era possível a passagem destas plantas e répteis de água doce através do oceano Atlântico. Estes continentes deveriam estar unidos em um só para permitir a migração entre regiões hoje tão distantes. A idéia do continente Gondwana hoje é considerada correta, se bem que ainda faltem muitos detalhes sobre sua forma e seus limites.

2.3. Conclusões sobre o Paleozóico

Quando a maior parte das terras estava reunida em um só continente, Pangea, no Paleozóico superior, criou-se um imenso oceano, **Panthalassa** que possibilitou o deslocamento amplo dos organismos marinhos, dentro dos limites de latitude e de correntes marinhas. Neste oceano se desenvolveu uma enorme variedade de formas de invertebrados como os artrópodos, braquiópodos, equinodermas e moluscos.

A partir do Devoniano surgiu uma grande variedade de peixes (Fig. 2.1) que ocupou as águas. A fauna marinha daí até o presente foi rica em espécies e em grupos taxonômicos superiores. Também no Paleozóico começou a diversificação de nichos ecológicos (veja capítulo 6, parte 3) nos mares e sugiram os animais predadores, os consumidores de carniça (necrófagos), os herbívoros e os simbiônticos. A diversificação destes grupos produziu milhares de espécies novas e um abundante registro fóssil que permite a datação relativa em detalhe dos sedimentos marinhos do Paleozóico superior. Entretanto, como esta fauna se desenvolveu nas plataformas continentais, o fato dos continentes estarem unidos em um só, fez com que a área de plataforma fosse bem menor que a que pode haver nos tempos em que os continentes não estão unidos.

Os vertebrados, como as plantas, iniciaram a conquista da terra firme no Paleózoico superior. Os anfíbios dominaram entre os animais terrestres durante o Carbonífero. Eles habitavam os pântanos antigos em regiões de clima úmido. Todas as evidências indicam que os répteis evoluiram dos anfíbios durante o Carbonífero.Suas características permitiram a adaptação a ambientes mais secos, do interior do continente durante o Permiano. Por isto existe uma tendência de se dizer que o período Permiano é caracterizado por um clima mais seco e quente, o que não é a mesma coisa.

É comum ver-se escrito que o Cambriano foi um período de grande experimentação evolutiva e que a Fauna do folhelho de Burgess (Gould, 1990) ou a Fauna de Ediacara (McMenamin, 1987) são os exemplos máximos desta diversidade morfológica a qual nunca mais surgiu na história da Terra. Esta idéia não está correta porque formas novas surgiram em abundância sempre e a escala de tempo dos períodos mais antigos está comprimida pela impossibilidade de distinguir unidades de tempo menores que centenas de milênios de anos.

A Fauna do folhelho de Burgess existiu por pelo menos uns 20 M.a. Se recuarmos esta mesma quantidade de anos a partir do presente, chegamos ao Mioceno e temos incluídos três períodos geológicos. Nesse intervalo de tempo surgiram milhares de espécies e a maior parte das famílias de angiospermas e de mamíferos. Estas novas formas, muitas delas hoje extintas (veja os capítulos sobre o Cenozóico), mostram que a evolução seguiu e segue sua história na Terra. Para comparar a evolução entre diferentes períodos geológicos é necessário ter-se em conta o intervalo de tempo que cada um durou porque os períodos e as Eras não têm a mesma duração em tempo (Tab. 2.1.). Da mesma forma, dizer por exemplo, que o organismo *Helicoplacus* (da Fauna Ediacariana) foi somente uma experiência de forma que se extinguiu, não tem sentido porque esta "experiência" sobreviveu por cerca de 20 milhões de anos (correspondendo ao tempo do Mioceno até o presente) e portanto este organismo esteve muito bem adaptado nesse longo tempo. Além disto, a palavra "experiência" está mal escolhida porque pressupõe um experimentador.

Os organismos se extinguiram e se extinguem não porque são ou foram uma experiência que não deu certo, mas porque as condições ambientais mudaram, ou surgiu na evolução um predador que o eliminou, ou outra circunstância que fez com que ele não pudesse mais viver. Os fatores que já se conhecem e que influenciam na eliminação dos organismos são muito numerosos e interagem, o que torna mais complexa a questão. Provavelmente outros fatores ainda serão descobertos agora que se está dando mais atenção às condições ambientais e às relações entre os organismos no passado. Esta relação tão complexa de fatores dentro de um ecossistema faz com que alguns paleontólogos, como H.B. Whittington, S. Conway Morris e D.E.G. Briggs, para simplificar a questão, digam que a dizimação no Paleozóico foi por "loteria", e que não há maneira de se estabelecer a causa da sobrevivência de umas poucas formas quando se analisa uma fauna desta Era.

A reconstrução global do ambiente físico no supercontinente de Pangea não é possível porque os fósseis de animais e plantas terrestres foram todos achados em pântanos ou em deltas de mares e lagos, onde a preservação é boa. Esta visão é incompleta já que o interior deste supercontinente e suas terras altas não são conhecidos. É como se fôssemos descrever a vegetação e a fauna atual do mundo unicamente pelos deltas e pântanos. Somente se pode dizer que os novos grupos de animais e plantas terrestres que se conhece do final do Paleozóico mostram um aumento maior de adaptações a condições mais secas, que nos grupos anteriores.

A Era Paleozóica foi um tempo de grandes mudanças do planeta. Como foi visto anteriomente, no Proterozóico ocorreu a grande mudança na atmosfera com o aumento crescente de oxigênio, que permitiu a filtração dos raios de ultra-violeta letais. O Paleozóico se inicia com um aumento na diversidade e no comportamento dos organismos vivos que no meio de Cambriano já povoam os mares com numerosas formas de vida. No meio do Siluriano iniciou-se a grande mudança nos continentes com a colonização primeiro das plantas, e depois dos animais.

O final do Paleozóico se caracteriza por grandes extinções, principalmente de animais marinhos. Nesse tempo Pangea inicia o movimento em direção ao norte; o sul de

Gondwana sai da área polar antártica o que termina com as glaciações Permo-carboníferas. Segundo Raven e Axelrod, Laurásia e Gondwana começam a se separar. Segundo outros autores já se haviam separado em dois grandes supercontinentes antes do movimento para o norte. A migração para o norte e a fragmentação de Pangea são consideradas como as possíveis causas das numerosas extinções no final do Paleozóico.

3. A Conquista dos Continentes

Até o Siluriano inferior, os continentes estavam desabitados, exceto talvez por bactérias e algas, que não deixaram fósseis. Do início do Cambriano até esse período numerosas formas de vida se desenvolveram nos mares deixando um amplo registro fóssil. No Siluriano médio começa a colonização dos continentes por plantas e animais. Por que foram precisos cerca de 3000 M.a., depois que a vida começou no mar, para que surgissem as primeiras plantas e animais verdadeiramente terrestres? Há três hipóteses que procuram explicar este atraso, e que se complementam.

Segundo alguns autores o atraso na conquista dos continentes foi devido á falta de oxigênio durante o Arqueano e início do Proterozóico. A atmosfera primitiva (veja capítulo 7) deixava passar a maior parte dos raios ultra violeta (UV) que, em grandes concentrações, são letais aos seres vivos. Os primeiros organismos encontrados em rochas do Arqueano, são bactérias que deviam ser anaeróbias. No final desta Era surgem organismos que são capazes de fazer fotossíntese, as cianobactérias, e o oxigênio começa lentamente a se acumular, primeiro nos mares e depois também na atmosfera. Durante o tempo em que o oxigênio era pouco, os seres vivos só poderiam viver debaixo de uma camada de água que filtraria os raios UV e todo o desenvolvimento da vida se limitaria aos mares e seria constituída de organismos anaeróbios ou que consumissem pouco oxigênio. Esta explicação é muito provável e a composição da atmosfera provavelmente era um fator inibidor da vida terrestre durante o Arqueano e o Proterozóico inferior. Entretanto, não é provável que esta situação persistisse por 2500-3000 M.a. (até o Siluriano médio), quando os continentes começaram a ser colonizados. Este fator não devia ser limitante a partir do Proterozóico, onde as evidências geoquímicas mostram que o ambiente já seria oxidante, e o registro fóssil mostra grande abundância de estromatólitos (formados por cianobactérias, fotossitetizantes) entre 2000 e 600 M.a., e a presença de restos de algas (principalmente cistos, esporos e acritarcas) a partir de 1500 M.a., que também faziam fotossíntese.

A segunda hipótese diz que foi necessário um tempo muito grande para surgirem as formas terrestres porque a adaptação fora do ambiente aquático necessitava do aparecimento de muitas estruturas especiais (veja parte 4). Nas plantas seria necessário desenvolver-se uma camada externa protetora (cutícula), um sistema de sustentação e de translocação de água e nutrientes (sistema vascular), e uma forma de dispersão dos seus propágulos pelo vento que fosse à prova de dessecação (esporos). Esta evolução de uma planta submersa a uma planta terrestre, sem dúvida foi necessária, mas porque levou tanto tempo?

A terceira hipótese diz que as duas explicações acima são fatores limitantes, cada uma em uma época diferente. Entretanto, havia um outro fator limitante, que era vento, o qual não deixou aparecerem as formas terrestres até o Siluriano médio, como se verá a seguir.

Estudos astronômicos, realizados desde o século passado, indicam que a Terra tinha uma velocidade de rotação muito maior que a atual, no seu início e foi desacelerando até atingir a velocidade que tem hoje (Tab. 4.3). A conseqüência desta velocidade de rotação maior é que os dias do ano eram mais numerosos e mais curtos (Tab.4.4). Estes estudos foram confirmados por Spencer Jones, Munk e MacDonald, Runcorn e outros, entre 1950 e 1970.

Tab. 4.2. Tamanho de plantas terrestres do Siluriano médio ao Devoniano inferior. Dados de Thomas & Spicer (1986) e Andrews et al. (1977).

Espécie	Comprimento aproximado (cm)	Espécie	Comprimento aproximado (cm)
Cooksonia pertonii	1,3	Psilophyton dapsile	8-35
Steganotheca striata	5	P. dawsonii*	25-100
Cooksonia hemisphaerica	6,5	P. microspinosum*	50
C. caledonia	7	Gosslingia breconensis	50
Zosterophyllum		Asteroxylon mackiei	50
myretonianum	15	Drepanophycus spinaeformis	50
Rhynia gwynne-vaughnii	18	Serrulacaulis furcatus**	60
Renalia hueberi	20	Sawdonia acanthotheca	100
Aglaophyton (Rhynia)		Psilophyton forbesii*	100
major	26	P. princeps*	100-200
Horneophyton (Hornea)		Pertica quadrifaria	200
lignieri	30	P. varia	300

* - em macegas compactas.
** - rastejante.

Observação - em muitos dos exemplares destas espécies falta a parte basal e a planta deve ter sido maior. Observe que no gênero **Psilophyton** os fósseis foram encontrados em macegas compactas de tal forma que as plantas, muito delgadas (com 4 a 10 mm de diâmetro), se apoiavam umas ás outras como ocorre hoje no capim quando cresce muito alto.

Há 2.000 M.a., no Proterozóico, o dia durava 14 horas e 50 minutos; no início do Cambriano, quando surgiu uma grande quantidade de formas novas de vida no mar, o dia já era de 21 horas e 19 minutos.

Estudos dos anéis de crescimento anuais de corais e de conchas bivalvas modernos comparados por Wells e por Berry e Barker com os anéis anuais destes organismos no Siluriano Médio, Carbonífero Inferior e Cretáceo Tardio, indicam que nesses períodos os dias eram mais curtos e o ano tinha mais dias (Tab. 4.5), o que apoia a hipótese de que a velocidade de rotação da Terra era maior usando um método de observação independente.

Segundo M.L. Salgado-Labouriau e A.L.L. Câmara, uma conseqüência importante da maior velocidade de rotação da Terra foi o desenvolvimento de uma circulação atmosférica mais rápida no passado. Além disto, os ventos seriam muito fortes sobre a superfície dos continentes durante o Pré-cambriano e início do Paleozóico porque a superfície, desprovida de vegetação, não causava o atrito que hoje freia a velocidade das correntes aéreas superficiais (veja capítulo 8). Disto resultavam grandes tempestades de poeira, ressecando a superfície e impossibilitando o desenvolvimento de formas de vida nos continentes. No início do Cambriano, com uma velocidade de rotação no equador de 12% maior que a atual, as correntes marinhas e as ondas no mar, que são tocadas pelo vento, já não eram tão fortes e permitiram o desenvolvimento de uma fauna marinha abundante e variada.

Tab.4.3 - Velocidade de rotação decrescente da Terra ao longo do tempo geológico calculada pelas equações apresentadas por Groves (1962). Os valores referem-se às datações da tabela 4.4. Salgado-Labouriau e Câmara, 1991.

Era ou Período Geologico	Velocidade angular W(rd/h)	Velocidade tangencial no equador (km/h)	Velocidade em relação ao presente (%)	Duração do ano médio (dias)
INÍCIO	2,110	13.457,553	703,70	2935,5
Arqueano	0.888	5.662,135	238,15	1235,1
Proterozóico	0,424	2.703,676	61,46	589,8
Cambriano	0,295	1.880,250	12,29	410,1
Devoniano	0,284	1.814,324	8,35	395,8
Carbonífero	0,281	1.794,019	7,14	391,3
Triássico	0,275	1.751,140	4,58	382,0
Jurássico	0,270	1.723,724	2,94	376,0
Cretáceo	0,266	1.695,503	1,26	369,8
Oligoceno	0,264	1.686,370	0,71	367,9
Plioceno	0,263	1.676,074	0,10	365,6
Pleistoceno	0,263	1.675,163	0,04	365,4
PRESENTE	0,263	1.674,463	0,00	365,3

A medida que a velocidade de rotação foi decelerando ao longo da história do planeta, os ventos diminuiram em intensidade até chegarem a um ponto, no Devoniano, no qual as plantas adaptadas a ambientes fora da água pudessem começar a cobrir a superfície dos continentes. As primeiras plantas, do Siluriano médio ao Devoniano inferior, eram pequenas (Tab.4.2), viviam junto da superfície, e ofereciam pouca resistência ao poder dessecante e erosivo do vento.

Tab.4.4 - Aumento da duração do dia em algumas idades geológicas selecionadas da Terra. Salgado-Labouriau e Câmara 1991.

Era ou Período	Idade radiométrica em anos 10^6 *	Duração média do dia**	Evidências geológicas selecionadas
INÍCIO	4600	02h 58m 42,4s	Começo da formação da Terra.
Arqueano	3700	07h 04m 42,4s	Rochas mais antigas.
Proterozóico	2000	14h 49m22,4s	Cianobactérias e bactérias nos mares; formação de estromatólitos.
Cambriano	575	21h 18m 52,4s	Desenvolvimento e diversificação da vida nos mares (algas e invertebrados). Primeiros trilobitas e animais com conchas.
Devoniano	405	22h 05m 20,4s	Diversificação dos peixes. Desenvolvimento das plantas, anfíbios e artrópodos terrestres.
Carbonífero	350	22h 20m 22,4s	Grande expansão da floresta úmida. Diversificação das Pteridófitas.
Jurássico	150	22h 15m 02,4s	Primeiros pássaros. Diversificação e expansão das cícadas e dinossauros.
Cretáceo	65	23h 38m 00,3s	Extinção dos dinossauros. Desenvolvimento dos mamíferos e angiospermas.
Oligoceno	37	23h 45m 55,6s	Primeiros primatas.
PRESENTE	ZERO	23h 56m 02.4s	————

* - as idades representam pontos selecionados dentro da Era ou do Período geológico que são relevantes para este artigo.
** - h = horas; m = minutos; s = segundos; o comprimento do dia inclui o período de luz mais o de obscuridade.

Com o aumento progressivo da cobertura vegetal nas áreas de terra firme, o vento foi sendo freiado pela fricção sobre a vegetação (veja capítulo 8) e plantas mais altas e rígidas começaram a surgir. Esta tendência foi aumentando ao longo do Devoniano até chegar ao desenvolvimento de uma pequena floresta, como a de Gilboa, no final do período. Ela atingiu ao máximo no período seguinte com as florestas úmidas carboníferas, onde haviam árvores com 30-40 m de altura. Neste período a velocidade de rotação já tinha diminuido para cerca de 7% acima do valor moderno e o comprimento do dia médio era de cerca de 22 horas e 20 minutos. Com a expansão da vegetação sobre os continentes a força do vento e o seu efeito dessecante e erosivo sobre a vegetação foram sendo freiados, como ocorre hoje. As raizes das plantas começaram a reter os sedimentos não consolidados e iniciou-se a formação de solo orgânico.

O fato de que o ano tinha muito mais dias e estes eram muito mais curtos (Tabs. 4.3 e 4.4) fazia com que o ciclo noite-e-dia (fotoperíodo) fosse diferente do de hoje. Isto deve ter influenciado os organismos fotossintéticos que surgiram e se desenvolveram durante o Proterozóico e o Paleozóico. Experiências científicas bem controladas de fotoperiodismo nas quais o ciclo de noite-e-dia foi feito menor que 24 horas, mostraram que as plantas atuais mudam o seu comportamento fisiológico (metabolismo, crescimento, época de formação de órgãos reprodutores, etc.) com diferentes ciclos. Estes resultados, ainda que em pequeno número, abrangem algas, pteridófitas e plantas superiores. Se

Tab. 4.5 - Cálculo do número por dias do ano ao longo dahistória geológica, baseado no número de anéis de crescimento de organismos daquele tempo.

Intervalo do tempo geológico	Número de dias por ano	Referência	Organismo
Cretáceo tardio	370	Berry & Barker, 1968	conchas bivalvas
Cretáceo	375	Pannela, 1972	estromatólitos
Triássico	371,6	Pannela, 1972	estromatólitos
Carbonífero sup.	380-390	Wells, 1970	corais
	383	Pannela, 1972	estromatólitos
Carbonífero inf.	398	Wells, 1970	corais
Devoniano médio	398	Wells, 1970	corais
	405,5	Pannela, 1972	estromatólitos
Devoniano inferior	410	Mazzulo, 1971 *	?
Siluriano médio	400	Wells, 1970	corais
	419	Mazzulo, 1971 *	?
Ordoviciano	412	Wells, 1970	corais
Cambriano médio	424	McGugan, 1967*	?
Pré-cambriano	880	Mohr, 1975*	estromatólitos

* - em Kukal (1990). The rate of Geological processes. Earth Science Reviews, 28 (1,2,3). 284 pp. As outras citações em Salgado-Labouriau e Câmara.

bem que não se possa aplicá-los diretamente às plantas do Proterozóico e Paleozóico, o fato de que os dias foram ficando progressivamente mais longos deve ter influenciado na produção de matéria orgânica e de oxigênio daqueles tempos. Infelizmente não é possível fazer uma estimativa quantitativa porque a resposta a uma mudança de ciclo depende da espécie e nenhuma das espécies arcaicas chegou até hoje. Porém é preciso levar isto em conta quando se fala da produção de oxigênio e de matéria orgânica nos primeiros períodos com vida na Terra.

4. Adaptação das Plantas para a Vida na Superfície

Para a conquista do ambiente terrestre, as plantas necessitavam certas características morfológicas que permitissem viver em um ambiente muito diferente do meio aquoso. O estudo das plantas aquáticas atuais mostra que em um ambiente aquático, as plantas submersas têm suas células a pouca distância da água que necessitam para o seu metabolismo e para a fotossíntese. Os nutrientes minerais estão dissolvidos nesta água e banham o corpo todo da planta.

Para viver fora da água, plantas (e outros organismos) necessitam uma cobertura externa impermeável que evite o seu dessecamento no ar, por transpiração da água interior. Esta cobertura é a **cutícula** que aparece desde as primeiras formas vegetais de superfície (Fig. 4.10). Por ser impermeável, a cutícula além de evitar a perda de água, não permite sua entrada, nem a de nutrientes nela dissolvidos, nem a troca de gases como CO_2 e O_2, com o meio em volta. Nas briófitas a cutícula é muito fina e a barreira que oferece é parcial. Nas outras plantas, de terra firme ou semi-aquáticas a cutícula é mais grossa e impermeável. Para a saída e entrada de água e gases surgiram durante a evolução pequenos orifícios na cutícula que se abrem e se fecham controlando a troca dos gases, os estômatos (Fig. 4.10). Além destas propriedades, a cutícula oferece uma certa proteção ao ataque microbiano, abrasão e contusão mecânica. Não há cutícula nas plantas aquáticas submersas, sejam algas ou plantas vasculares.

As algas não necessitam sistemas de translocação de alimentos pois o corpo é banhado pela água e pelos solutos necessários ao seu crescimento e desenvolvimento. Da mesma forma, os produtos da fotossíntese são feitos na maioria das células ou translocados de célula a célula. Para viver fora da água, uma planta precisa de um sistema que sustente o seu corpo (fibras, traqueídes e vasos) e que transloque as substâncias dentro do corpo da planta. Simultaneamente com o desenvolvimento do sistema de sustentação, as plantas terrestres desenvolveram o sistema vascular, que transloca os metabolitos e a água absorvida.

As partes de uma planta terrestre se especializaram constituindo órgãos que exercem funções diferentes. Umas fazem a fotossíntese (folhas e caule verde), outras absorvem água e sais minerais do solo (raizes, radículas e rizomas), outras se especializam em reprodução (esporângios, estróbilos e flores).

Os produtos da fotossíntese, os hormônios, a água e os sais minerais, são deslocados do órgão que os produz, os retira ou armazena, para os órgãos que os metabolizam, principalmente por meio do sistema vascular. A planta mais antiga que se conhece, *Cooksonia*, já apresenta órgãos especializados, um sistema vascular e de sustentação simples (floema, xilema e traqueídes). O mesmo acontece com *Rhynia* (Fig. 4.10) que crescia no Devoniano inferior. Este sistema foi se tornando mais elaborado à medida que surgiram novos tipos de plantas ao longo da história da Terra e atingiu o seu máximo desenvolvimento nas plantas com porte arbóreo, a partir do Devoniano superior.

Uma característica importante dos traqueídes (e mais tarde dos vasos) é que a parede externa é constituida de lignina. Esta substância está praticamente ausente nas plantas aquáticas. Nas plantas terrestres ela dá maior rigidez ao corpo da planta o que é muito adaptativo para um corpo fora da água e para o desenvolvimento do hábito erecto.

Uma vez vivendo fora da água os propágulos de uma planta não podem ser dispersados pelas correntes de água e necessitam outros meios para se espalharem . Ao sair da água um novo mecanismo de dispersão tornou-se possível, o vento. As primeiras pteridófitas começaram a ter os seus propágulos (esporos) espalhados sobre a superfície pelo vento, que pode levá-los a grandes distâncias da planta-mãe. Isto tornou possível a colonização de novos ambientes e a penetração da vegetação pelo interior dos continentes.

Os novos caracteres morfológicos que compreendem cutícula, estômato, tecido vascular a de sustentação, junto com a especialização das diferentes partes da planta e o vento como vetor de dispersão, tornaram possível a conquista dos continentes pelas plantas vasculares.

REFERÊNCIAS DO CAPÍTULO

Andrews, H.N., Kasper, A.E., Forbes, W.H., Gensel, P.G. e   Chaloner, W.G. 1977. Early Devonian
    flora of the Trout Valley Formation of northern Maine. Rev. Palaeobot. Palynol. 23:255- 285.
Arnold, C.A. 1947. *An Introduction to Paleobotany.* McGraw-Hill,   New York, 433pp.
Arrondo, O.G. 1972. Síntesis del conocimiento de lastafofloras del Paleozoico superior de Argentina.
    An. Acad. Bras. Cienc. 44(suplemento):37-50.
Brasier, M.D. 1985. Microfossils. George Allen & Unwin, London 193pp.
Dalziel, W.D. 1991. Pacific margins of Laurentia and East   Antartica-Australia as a conjugate rift pair:
    evidence and implications for an Eocambrian supercontinent. Geology 19:598- 601.
Dardene, M.A. e Campos Neto, M.C. 1975. Estromatólitos colunares   na Série Minas (MG). Revista
    Brasileira de Geociências 5:99- 105.
Evitt, W.R. 1985. Sporopollenin Dinoflagellate Cysts: their morphology and interpretation. AASP, Aus-
    tin, USA, 333 pp.
Gould, S.J. 1990. Vida Maravilhosa: O Acaso na Evolução e a Natureza da História. Companhia das
    Letras, Editora Schwarcz,   São Paulo, 391 pp.
Groves, G. W. 1962. Dynamics of the Earth-Moon System. Em: Z. Kopal (editor) "Physics and Astronomy
    of the Moon". Academic   Press, New York, Capítulo 3, p.61-88.
Guerra-Sommer, M., Marques-Toigo, M. e Corrêa da Silva, Z. 1991. Original biomass and coal depo-
    sition in southern Brazil (Lower Permian, Paraná basin). Bull. Soc. géol. France 162(2):227- 237.
Hahn, G., Hahn, R., Leonardos, O.H., Pflug, H.D. e Walde, D. H.-   G. 1982. Korperlich erhaltene
    Scyphozoen-resten aus dem Jungprakambrium Brasilien. Geologica et Palaeontologica 16:1- 18.
Haq, B.V. e Boersma, A. (editores) 1984. Introduction to Marine Micropaleontology. Elsevier, New
    York, 376 pp.
Hoffman, P.F. 1991. Did the breakout of Laurentia turn Gondwanaland inside-out? Science 252:1409-1412.
Ka'zmierczak, J. e Kempe, S. 1990. Modern Cyanobacteria analog of   Paleozoic stromatoporoids.
    Science 250:1244-1248.
Knoll, A.H. 1992. The early evolution of Eukaryotes: a geological   perspective. Science 256:622-627.
Kukal, Z. 1990. The Rate of Geological Processes. Earth-Science   Special Issue, 28(1,2,3):1-258
Lovelock, J. 1988. The Ages of Gaia. W.W. Norton & Co., Londres,   252pp. Tradução portuguesa "As
    Eras de Gaia" (s/d) Publicações   Europa-América, Mira-Sintra, Portugal.
Mamay, S.H. 1969. Cycads: fossil evidence of Paleozoic origin.   Science 164:295-296.
Marques-Toigo, M. e Corrêa da Silva, Z. 1984. On the origin of   Gondwanic South Brazilian coal
    measures. Symposium on Gondwana 106-
Coal, Comun. Serv. Geol. Portugal 70(2):151-160.
McMenamin, M.A.S. 1987. The emergence of animals. Sci. Amer. 256,   (4): 84-91.
Moorbath, S. 1977. The oldest rocks and the growth of the   continents. Sci. Am. 236(3):92-104.
Munk, W.H. e MacDonald, J.F. 1960. The Rotation of the Earth.   Cambridge Univ. Press, London.
Murphy, J.B. e Nance, R.D. 1991. Supercontinent model for the contrasting character of Late Protero-
    zoic orogenic belts. Geology 19:469-472.
Murphy, J.B. e Nance, R.D. 1992. Mountain belts and the   supercontinent cycle. Sci. Amer. 266(4):34-41.
Raven, P.H. e Axelrod, D.I. 1975. History of the flora and fauna of Latin America. Amer. Scientist
    63(4):420-429.
Ricardi, M.H. 1984. Compendio de Evolución Biológica y Geológica.   Talleres Gráficos Universitarios,
    Universidad de Los Andes.   Mérida ,Venezuela, 423 pp.
Richards, P.W. 1952. The Tropical Rain Forest: an ecological study. Cambridge University Press, Cam-
    bridge, 450pp. (edição   recente: 1979).

Runcorn, S.K. (editor) 1970. Palaeogeophysics. Academic Press, London.

Salgado-Labouriau, M.L. e Câmara, A.L.L. 1989. A conquista dos continentes por organismos. An. Acad. Brasil. Cienc. 61(1):115.

Salgado-Labouriau, M.L. e Câmara, A.L.L. 1992. High wind velocities, a limiting factor in the establishment of land plants ? Manuscrito inédito.

Schopf, J.W. 1978. The evolution of the earliest cells. Sci. Amer. 239(3):84-102.

Schopf, J.W. e Walter, M.R. 1982. Origin and early evolution of Cyanobacteria: the geological evidence. Em: N.G. Carr & B.A. Witton (editores) "The Biology of Cyanobacteria". Botanical Monographs, vol. 19. University of California Press, Berkeley, p.543-564.

Stokes, W.L. 1982. Essentials of Earth History. Prentice-Hall 2° edição, Englewood Cliffs, USA, 577 pp.

Thomas, B.A. e Spicer, R.A. 1987. The Evolution and Palaeobiology of Land Plants. Croom Helms, London, 309 pp.

Traverse, A. 1988. Paleopalynology. Unwin Hyman, Boston, 599 pp.

Tschudy, R.H. e Scott, R.A. (editores). 1969. Aspects of Palynology. John Wiley & Sons, 510 pp.

Walde, D.H.-G., Leonardos, O.H., Hahn, G. e Pflug, H.D. 1982.The first precambrian megafossils from South America, **Corumbella Werneri**. An. Acad. Brasil. Cienc. 54:461.

Walter, M.R. (editor) 1976. Stromatolites. Developments in Sedimentology 20. Elsevier, Amsterdam, 790 pp.

Wettstein, R. 1944. Tratado de Botánica Sistemática. Editorial Labor, Barcelona. Tradução espanhola por P.Font Quer. 1039 pp.

5
CAPÍTULO

O MESOZÓICO

Introdução

Ao terminar o Paleozóico principia a separação entre Laurásia e Gondwana e o supercontinente Pangea começa a se fragmentar.

A Era Mesozóica inicia-se há cerca de 250 M.a. (milhões de anos) e teve uma duração estimada em cerca de 185 M.a. Está dividida em 3 períodos, Triássico (que durou cerca de 45 M.a.), Jurássico (ca. 70 M.a.) e Cretáceo (ca. 70 M.a.). Durante esse tempo houve alterações drásticas nos continentes por fragmentação e deriva, e também formação de novos oceanos. Estas mudanças resultaram em modificações profundas no ambiente físico.

2. Primeira Parte do Mesozóico

Ao iniciar-se o Triássico Inferior, há uns 250 M.a., Laurásia e Gondwana começam a se separar (Fig. 5.1). A América do Norte estava ainda conectada ao norte da África pelos Apalaches e ligada também à Europa. No Triássico Médio a separação entre Laurásia e Gondwana fica maior, e o mar de Tethys separava os dois subcontinentes. Gondwana devia estar mais ao norte que na Era anterior porque Antártida tinha nesse tempo uma fauna completa de répteis, enquanto que antes estava sob a influência da glaciação permocarbonífera. No sul da África e no Brasil e Argentina sucedem episódios de grande atividade vulcânica com enorme derramamento de rochas basálticas. Lavas triássicas cobrem cerca de 2 milhões de km² no sul do Brasil e constituem a maior área exposta de rochas vulcânicas do mundo.

O exemplo fóssil mais notável para o Triássico de Gondwana é o *Lystrosaurus*, cujos fósseis foram achados em continentes do hemisfério sul, inclusive a 85° Sul, na

Antártida. Este era um réptil de cerca de um metro de comprimento, cujo esqueleto tem características singulares que incluem um par de presas recurvadas para baixo. A **Fauna de Lystrosaurus** compreendia um grupo de répteis e anfíbios que foram encontrados na Antártida, África do Sul, Índia e China. Sua ocorrência em regiões que estão hoje separadas por grandes extensões de oceano, foi um dos argumentos usados por Wegener (capítulo 3) para mostrar que estas regiões estiveram unidas no passado. Por ter sido encontrada também na China sugere que esta foi parte da Gondwana. A fauna de Lystrosaurus ainda não foi encontrada na América do Sul.

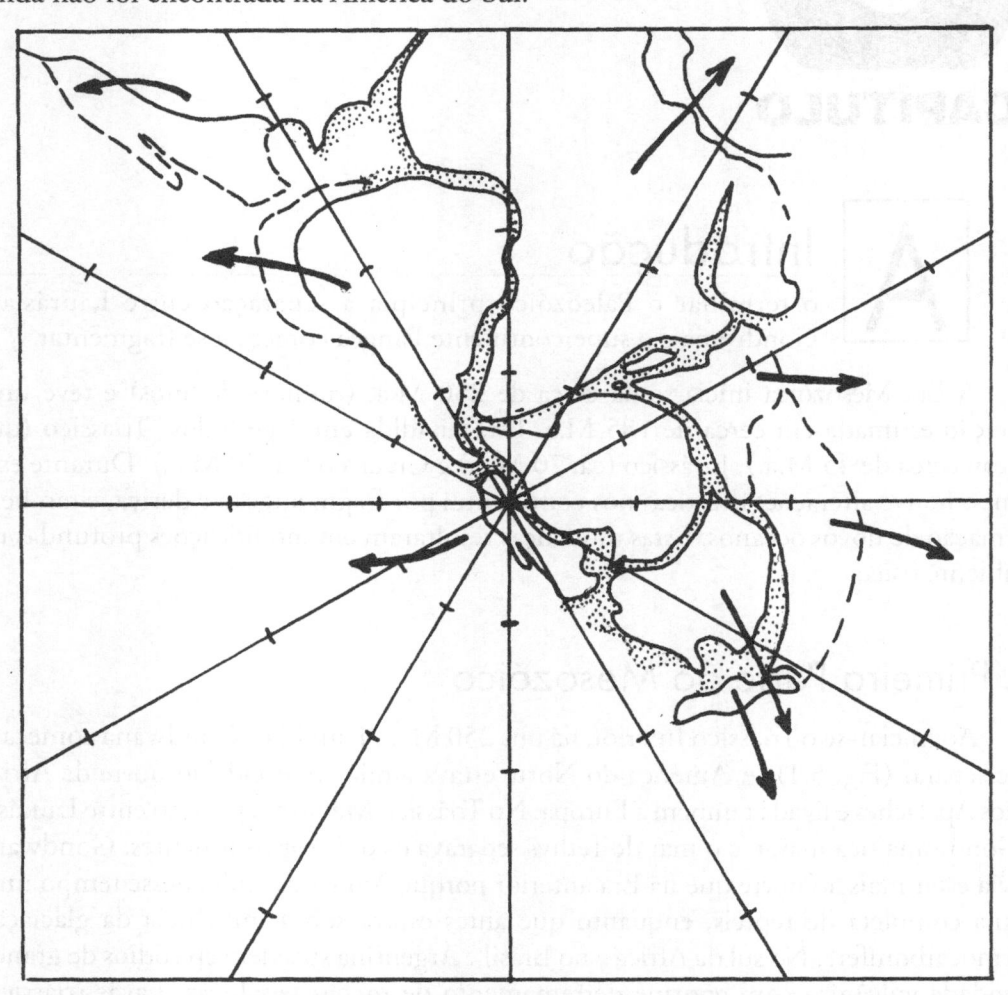

Fig. 5.1. Uma das hipóteses de localização das terras de Gondwana no Triássico inferior. À direita, entre Índia e Austrália, encontra-se a Terra de Pacífica que deve ter formado a região leste da China. À esquerda, entre o cone da América do Sul e a Nova Zelândia, encontra-se uma outra terra, ligada à Antártida, que deve ter formado a costa sudoeste da América do Norte e o Golfo do México (Protocalifórnia). As setas indicam a direção de deriva de cada subcontinente. Mapa base Smith e Briden (1975).

Acredita-se hoje que devia ter havido uma parte de Gondwana que foi denominada por Melville de **Pacífica**. Nela viviam peixes de água doce, plantas terrestres e répteis até o Cretáceo (Fig. 5.1). Segundo Melville, Crawford, Stokes e outros, Pacífica ficaria junto à costa leste da Austrália e ao se desagregar partiria em três fragmentos um indo chocar-se contra a América do Sul (Chile, Bolívia, etc), outro contra o oeste da América do Norte (Califórnia) e outro formaria a costa leste da China. Eu penso que seria mais lógico que Pacífica só iria formar a costa da China e outra terra se localizasse no sudoeste da América do Sul, e em conecção com a Antártida (Fig. 5.1). Parte dela ficaria ai e parte se deslocaria para o norte para formar a costa oeste da América do Norte e parte do Golfo do México. Esta terra eu designei de "Protocalifórnia". As ilhas hipotéticas

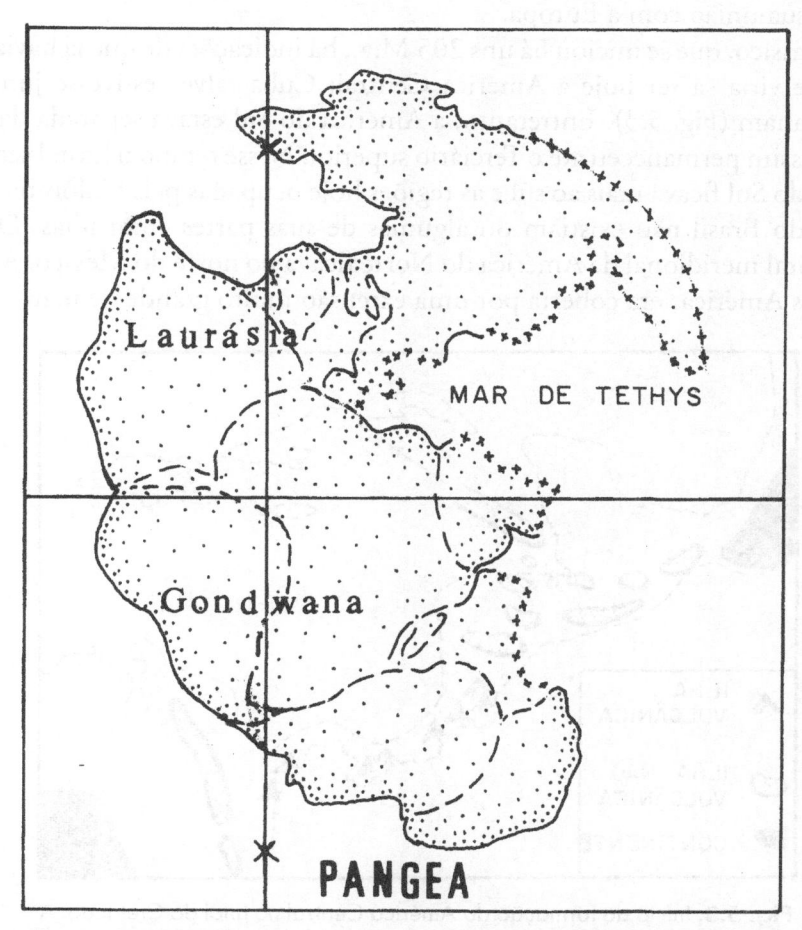

Fig. 5.2. Posição dos continentes no limite Triássico-Jurássico, há cerca de 200 M.a. atrás. A forma dos continentes marcada no mapa serve somente como referência. Eles muito provavelmente não tinham a forma moderna. As linhas ortogonais representam o equador (O° de latitude) e o meridiano de Greenwich (O° de longitude). Mapa base Smith e Briden (1975).

apresentadas em mapas do Mesozóico, como os de Stokes iriam constituir a Protocalifórnia movendo-se para o norte, como se moveu a Índia.

No Triássico surgem os primeiros mamíferos, mas eram animais muito pequenos. Os dinossauros começam o seu grande desenvolvimento nesse tempo. Ambos os grupos podiam ainda potencialmente migrar por toda a Pangea até quase ao final do período (Fig. 5.2).

Ao finalizar o Triássico acentua-se a fragmentação de Pangea. As Américas do Norte e do Sul estavam separadas por centenas de quilômetros de mar; um sistema de fossas tectônicas (rift) separava a África da Antártida, de um lado, e da Índia, do outro. A Austrália seguia conectada à Antártida, mas a Índia já estava destacada do seu encaixe na Gondwana. A partir do Triássico os diferentes fragmentos que iriam formar a Ásia, iniciaram a sua união com a Europa.

No Jurássico, que se iniciou há uns 205 M.a., há indicações de que já havia algumas ilhas no que viria a ser hoje a América Central; Cuba talvez estivesse junto a elas, segundo Graham (Fig. 5.3). Entretanto, a América do Sul estava separada da América do Norte e assim permaneceu até o Terciário superior. Nesse tempo o litoral setentrional da América do Sul ficava mais ao sul e as regiões hoje ocupadas pela Colômbia, Venezuela e norte do Brasil não existiam ou algumas de suas partes eram ilhas. Da mesma forma, o litoral meridional da América do Norte ficava no norte do México. A distância entre as duas Américas era coberta por uma extensão muito grande de mar.

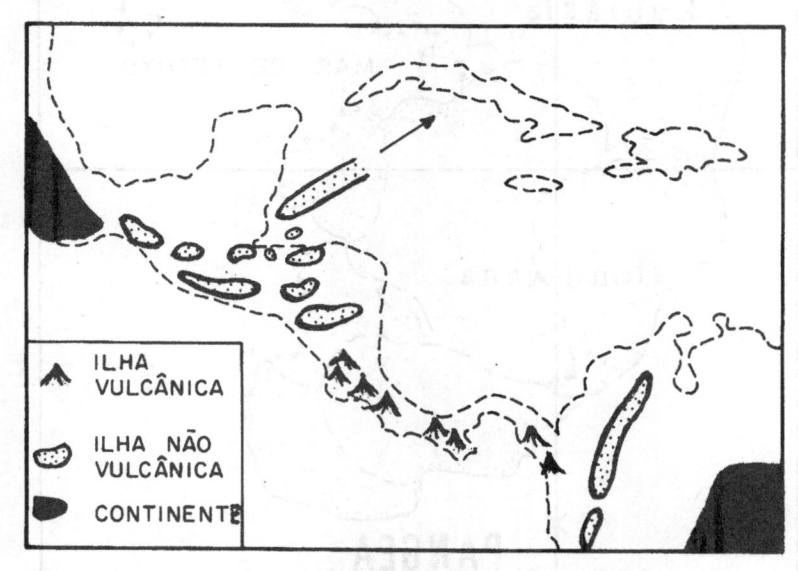

Fig. 5.3. Início da formação da América Central no final do Cretáceo. A posição atual do istmo e das ilhas de Cuba, Jamaica e Haiti estão representadas em linhas tracejadas, para referência. A interpretação é de Dengo (em Graham, 1978); a ilha de Cuba estaria próxima das ilhas precursoras da América Central. Observe onde terminavam as Américas do Sul e do Norte (em negro).

Há cerca de 165 M.a. América do Norte se separa da Europa e da África e começa sua migração para o oeste. O Oceano Atlântico Norte e o Mar Caribe começam a se formar. Porém o Atlântico Norte ainda é um mar interior e raso porque a Groenlândia faz a conecção entre a América do Norte e a Europa.

Gondwana não começou ainda a se fragmentar e América do Sul, África, e Antártida estavam unidas. Austrália estava ligada ao resto de Gondwana através do extremo leste da Antártida, Índia e Madagascar. Talvez o leste da China estivesse ligado a este supercontinente.

A flora e fauna de Gondwana que se conhecem eram as de um clima de temperado a quente e havia ampla oportunidade de migração e intercâmbio gênico (veja parte 5) entre as espécies e variedades deste continente contínuo. O mesmo não se pode dizer de Laurásia pois já começava a se formar a barreira do Atlântico Norte no seu interior e a leste fragmentos novos se uniam para formar a Ásia. Entretanto, era possível uma migração pelo norte, através da Groenlândia, ou uma migração parcial através do mar. Neste segundo caso só passariam os animais e plantas que pudessem atravessar a barreira oceânica. Mas este tipo de migração só é possível para um número restrito de organismos (Tab. 3.1).

O clima mudou nas áreas de Laurásia que passaram a ser beira-mar, quando se iniciou o Atlântico Norte (veja Fig. 6.10). A região tinha um clima continental durante o Paleozóico (veja capítulo 8, clima). Porém, ao formar-se uma massa grande de água, o que mais tarde viria a ser o leste da América do Norte e o oeste da Europa passam a ter um clima mais ameno, de região costeira (clima litoral) sob a ação dos alísios, da brisa e do terral, e das correntes marinhas. Isto, é claro, é mais um fator que vai influenciar na composição da flora e fauna terrestres. Além disto, são criadas novas áreas de plataforma continental, à medida que a nova crosta oceânica se forma por estiramento do fundo do mar. Estas plataformas servirão de novos ambientes para o desenvolvimento dos organismos marinhos.

Os fetos com semente (Pteridospermas), as selaginelas, as licopodíneas e equisetíneas, que eram comuns nas florestas do Carbonífero, são representados por relativamente poucas espécies no Mesozóico. Os verdadeiros fetos ou samambaias (Filicíneas) prosperaram no Triássico e no Jurássico. As cícadas dominaram no Jurássico de Laurásia que ficou conhecido como a **Idade das Cícadas**. Chama-se "cícada" não somente as gimnospermas da ordem das Cycadales, como também de outras ordens, hoje extintas, as Cycadeoidales e Bennettiales, todas comuns no Triássico e dominantes no Jurássico. Os poucos remanescentes das Cycadales (cerca de 65 espécies) que chegaram até o presente crescem nas Américas Central e Sul, África, Austrália e Asia oriental. Acredita-se que as cícadas foram a alimentação principal dos dinossauros herbívoros.

Durante esse tempo, outras gimnospermas foram importantes. Entre elas estão as Ginkgoales das quais somente uma espécie chegou até os nossos dias, o *Ginkgo biloba*

(Fig. 5.4). O ginkgo é considerado o mais antigo gênero vivente de plantas com sementes e só existe cultivado. A espécie era cultivada pelos monges tibetanos, mas hoje em dia se encontra em jardins e parques de todo o mundo. O estudo da sua anatomia, embriologia e fisiologia tem dado muitas informações sobre os ginkgos extintos que existiram na América do Norte, Europa Central, região Malaia, África do Sul e Austrália.

Outro gênero muito antigo de gimnosperma que chegou ate nós é a *Araucaria*, que se originou no Jurássico e cujos fósseis se encontram em todo o mundo. A famosa floresta petrificada do Arizona tem troncos de araucária com 1,5m de diâmetro e mais de 30m de altura, e a do Jurássico da Patagônia argentina (Cerro Cuadrado) tem material abundante de *A. mirabilis*. Entretanto, o gênero *Araucaria*, hoje em dia com cerca de 18 espécies, está limitado à zona temperada da Austrália, Nova Zelândia e ilhas próximas, bem como da América do Sul meridional. A *Araucaria angustifolia*, o pinheiro-do-paraná, ocorre no sul do Brasil e a *A. araucana*. no Chile e na Argentina. Os verdadeiros pinheiros (gênero *Pinus*) e as sequóias surgiram no Jurássico Tardio.

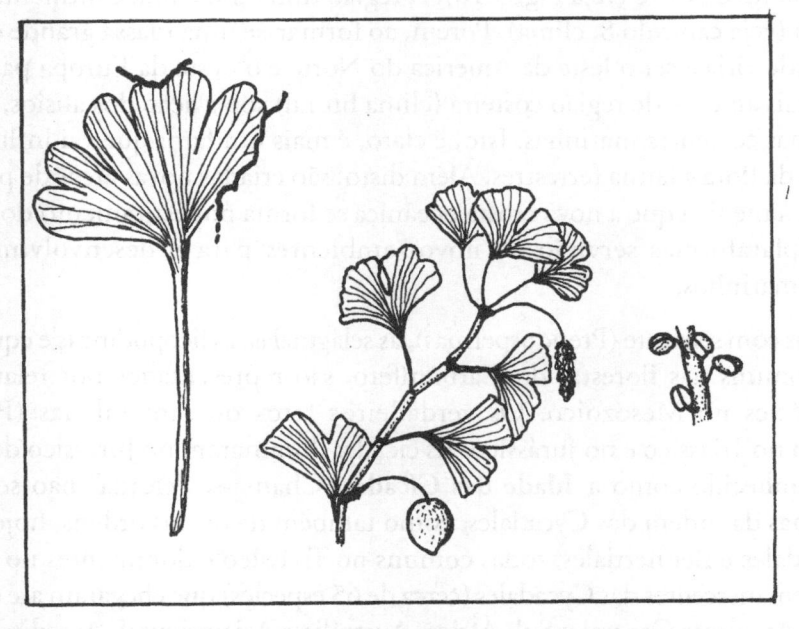

Fig. 5.4. O gênero *Ginkgo*. À esquerda, impressão fóssil de folha de *Ginkgo digitata* do Jurássico (segundo Arnold, 1947); à direita, ramo e folhas da única espécie viva, *Ginkgo biloba*, contendo semente e microestróbilo; em detalhe, parte de um microestróbilo com quatro microesporófilos, produtores de pólen.

3. Segunda Parte do Mesozóico

No Cretáceo inferior, há uns 135 M.a. deve ter havido uma fratura na direção norte-sul na Gondwana e a litosfera começou a se formar entre a África e a América do Sul, o que resultou na separação entre as duas e no início da formação do Atlântico Sul Fig. 5.5).   O Atlântico Norte há 125 M.a. já chega à profundidade de uns 4000m, segundo Sclater e Tapscott, e portanto, já era uma barreira real para a migração da biota na direção leste-oeste entre América do Norte, Europa e África. Mas esses dois mares ainda estavam separados pelo norte de Gondwana que se mantinha unido (Fig. 5.5).

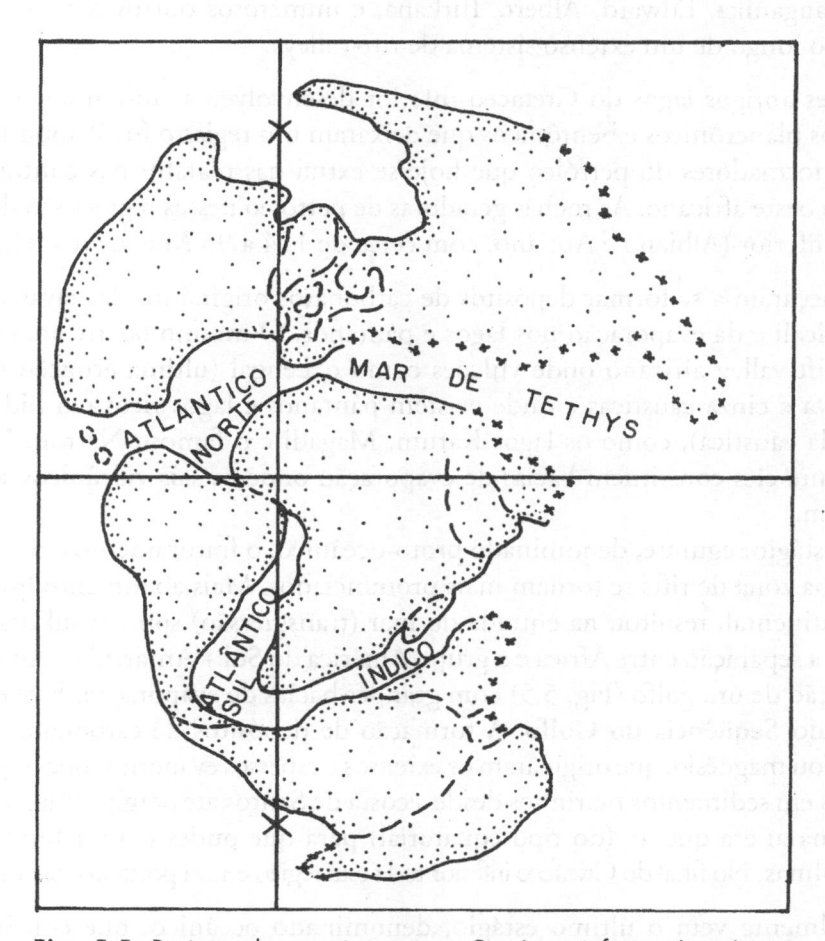

Fig. 5.5. Posição dos continentes no Cretáceo inferior. Laurásia e Gondwana estavam separadas; África e América do Sul ainda estariam unidas ao norte de forma que as partes norte e sul do Oceâno Atlântico não se tinham ligado; o Mar de Tethys estava conectado com o Atlântico Norte. Mapa base Smith e Briden (1975).

Os estudos geológicos e micropaleontológicos de poços de sondagem, feitos principalmente pela Petrobrás, em sedimentos marinhos das costas brasileiras, mostram a seqüência de estágios da abertura gradual do Atlântico Sul e exemplificam o que se passou em outras fragmentações da crosta continental. Inicialmente houve um estágio pré-rift, no Triássico-Jurássico, com o soerguimento térmico do continente na zona da fratura. Os sedimentos sobre o embasamento pré-cambriano contêm microfósseis não marinhos. No estágio seguinte, de rift, conhecido como **Seqüência dos Lagos**, começou um sistema de fraturas do tipo rift-valley na direção norte-sul. Um rift-valley é uma depressão tectônica alongada como um vale estreito e profundo. Nesses vales formou-se uma série de lagos, de forma semelhante aos lagos atuais do leste africano, tais como Vitória, Tanganika, Edward, Albert, Turkana, e numerosos outros menores. Estes se dispõem ao longo de um extenso sistema de rift-valleys.

Nesses antigos lagos do Cretáceo inferior desenvolveu-se um ambiente rico em organismos planctônicos e bentônicos que deixaram um registro fóssil abundante. Eles seriam os formadores do petróleo que hoje se extrai nas plataformas continentais do Brasil e do oeste africano. As rochas geradoras de petróleo nessas regiões são do final do Cretáceo inferior (Albiano e Aptiano, com cerca de 114 a 95 M.a. de idade).

Começaram a se formar depósitos de carbonatos originários das lavas vulcânicas ricas em álcali e da evaporação nos lagos e pântanos. O mesmo ocorre atualmente no Grande Rift-valley africano onde vulcões como o Lengai (última erupção em 1966) lançam lava e cinza cáusticas e onde existem pântanos e lagos ricos em hidróxido de sódio (soda cáustica), como os lagos Karum, Magadi e o famoso Nátron. Devido ao clima quente eles constituem bacias de evaporação onde os sais vulcânicos solúveis se concentram.

No estágio seguinte, denominado proto-oceânico, o fraturamento e o abatimento da crosta na zona de rifts se tornam mais pronunciados. Mais abatimento (grabens) da crosta continental, resultou na entrada do mar (transgressão) sobre o sul dessa região. Começou a separação entre África e o grupo América do Sul + Antártida + Austrália pela configuração de um golfo (Fig. 5.5) com grandes bacias de evaporação. Este estágio foi denominado **Seqüência do Golfo**. A formação de depósitos de carbonatos de sódio, potássio e/ou magnésio, que originaram os extensos e espessos evaporitos que hoje ocorrem submersos em sedimentos marinhos desde a costa de Santos até Sergipe-Alagoas, mostra que o clima aí era quente (do tipo equatorial) para que pudessem ser formadas estas grandes salinas. No final do Cretáceo inferior toda esta região estava portanto, na zona tropical.

Finalmente vem o último estágio, denominado oceânico, que continua até o Presente. Aumentam a intrusão e extrusão de magma basáltico na faixa norte-sul ao longo do rift-valley que dá origem à cordilheira submarina Dorsal do Atlântico Médio (veja a Fig. 3.10) e à crosta oceânica que vai formar o fundo do oceano Atlântico Sul. Os registros fósseis desta época contêm organismos marinhos (Fig. 5.6). Para maiores detalhes veja Schobbenhauss e colaboradores (1984, capítulo 12). Seqüências de estágios semelhantes a esta ocorreram durante o Mesozóico à medida que Pangea se fragmentava e está ocorrendo hoje na África onde a região leste está começando a se separar do continente africano. O sistema de rifts africano, com 6400 km de extensão, é o modelo moderno do mecanismo de fragmentação de continente.

A evidência palinológica mostra que nesta época surge um novo tipo de planta, as angiospermas, ou plantas com flores e frutos. É preciso entender que a preservação de uma flor de angiosperma como fóssil é muito difícil por causa da sua fragilidade. Por isto a presença de pólen de angiospermas em sedimentos do Cretáceo inferior é a principal evidência da presença destas plantas nesse tempo. No início, o pólen de angiospermas estava em pequeno número no meio de uma grande quantidade de pólen de gimnospermas e esporos de pteridófitas. Eram grãos com estrutura e ornamentação simples. As formas encontradas não se assemelham a nenhuma forma moderna e por isto só se pode indicar suas possíveis afinidades com ordens de plantas atuais. No Cretáceo

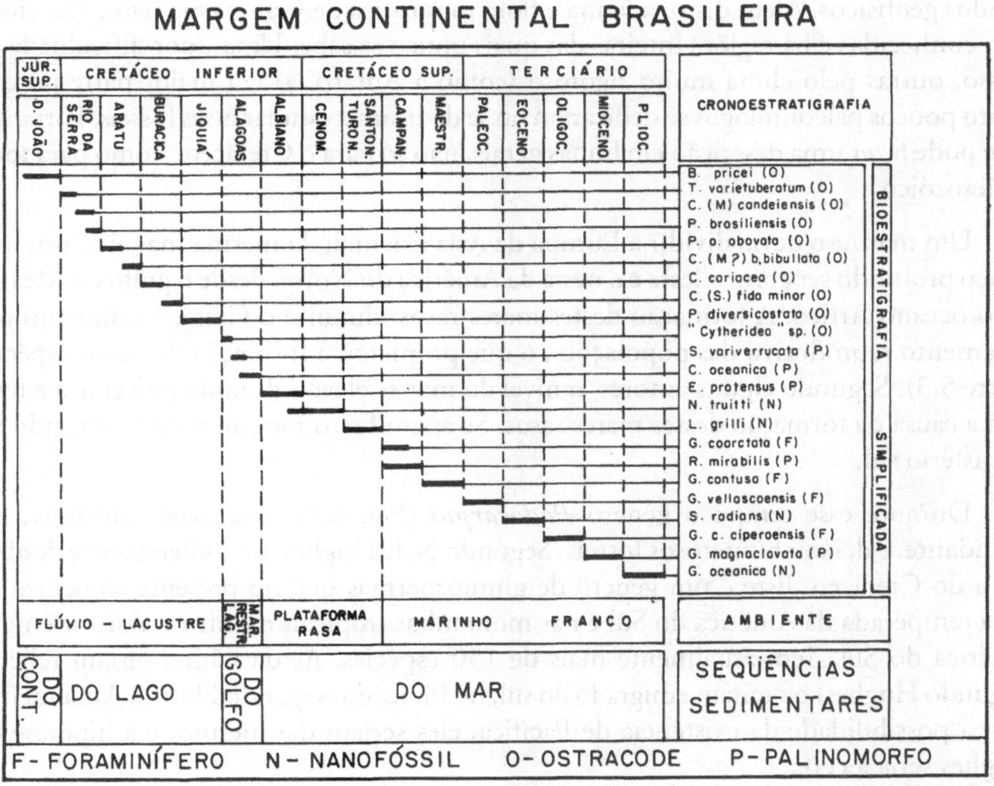

Fig 5.6. Seqüência cronológica da ocorrência de microfósseis na plataforma continental brasileira que mostra a formação do Atlântico Sul. O conjunto de microfósseis (assemblage) passa de continental a marinho ao longo do tempo. Segundo Viana (1980).

inferior o pólen representa possivelmente às órdens Rannales, Papaverales, Theales, Dilleniales e Trochodendrales (J. Muller). Suas plantas deviam encontrar-se em pequeno número, num ambiente dominado por gimnospermas e pteridófitas.

Á medida que se desenvolve o Cretáceo continua aumentando a separação entre Gondwana e Laurásia; o estreito de Gibraltar estava mais largo que hoje, e o mar de Tethys (veja adiante) se comunicava com o Atlântico Norte. Há cerca de 90 M.a. o Atlântico Norte se une ao Atlântico Sul quando se separa definitivamente o nordeste do Brasil da região da Nigéria. Mas estes oceanos ainda eram estreitos neste ponto em relação á posição de hoje (veja Fig. 6.10). Já era difícil o intercâmbio gênico da biota da América do Sul e da África. Entretanto, em algumas partes no sul, é possível que houvesse caminho entre o cone sul da América e a Antártida, e através desta, haveria conexão com a Austrália e a Nova Zelândia.

O arranjo exato entre essas partes do sul de Gondwana ainda está em estudo, e o conhecimento em detalhe das movimentações possíveis da biota dependerão desses estudos geofísicos. Além disto, a fauna e flora mesozóica de Gondwana não estão ainda bem conhecidas e há regiões inteiras das quais pouco se sabe. Umas, por dificuldade de acesso, outras pelo clima muito rigoroso (como a Antártida) e a maior parte porque muito poucos paleontólogos se dedicaram ou se dedicam a estudar esses fósseis. Portanto, só se pode fazer uma descrição em linhas gerais, não só para o Cretáceo, como para todo o Mesozóico.

Um mar raso devia dividir a Europa da Ásia oriental; da mesma maneira, um mar pouco profundo separava o leste e o oeste da América do Norte, desde o golfo do México até o oceano Ártico. A formação destes mares rasos, durante o Cretáceo, aumentou o isolamento reprodutivo das populações, o que propiciou a formação de novas espécies (parte 5.3). Segundo alguns autores, o nível do mar se elevou durante esta época e teria sido a causa da formação destes mares rasos. Se assim foi, o mesmo teria acontecido no hemisfério sul.

Durante esse tempo o gênero *Podocarpus* (Fig. 6.7), que existe até hoje, era abundante, e deixou numerosos fósseis. Segundo N.F. Hughes, seu pólen ocorre desde o meio do Cretáceo. Este é um gênero de gimnospermas que no presente só ocorre na zona temperada da América do Sul e nas montanhas tropicais da África, Ásia oriental e América do Sul. Tem atualmente mais de 150 espécies. As da China seriam relictos (segundo Hughes) ou teriam emigrado do sul, no Plioceno (segundo Florin). Atualmente, com a possibilidade da existência de Pacífica, eles seriam daí mesmo, e a hipótese de Hughes seria a certa.

No final do Cretáceo inferior encontram-se muitos megafósseis de angiospermas (impressões de folhas, troncos e as primeiras flores) no meio de abundantes fósseis dos grupos mais antigos. Os fósseis mais antigos de flores (segundo Basinger e Dilcher) são do Cenomaniano (94-96 M.a.) e o tipo floral se aproxima (sem ser igual) ás órdens modernas de Saxifragales, Rosales e Rhamnales. A estrutura das flores sugere polinização por insetos. Os grãos de pólen são muito pequenos (8 a 12 μm), tricolporados e com superfície psilada ou escabrada. Os mais espetaculares achados são botões florais carbonizados encontrados em camadas de carvão desta época por Friis e que pertencem ao grupo das Saxifragáceas. Entretanto, alguns paleontólogos colocam o início das Angiospermas um pouco antes (Aptiano-Albiano).

Existem impressões de folhas e fragmentos de troncos do Jurássico que são postos entre as angiospermas, mas esta suposta classificação não é aceita pela maioria dos paleobotânicos. Por enquanto, o limite no tempo para a origem das angiospermas é dado pelo pólen que, pela grande resistência de sua membrana externa, fossiliza-se bem e marca este início no Cretáceo inferior. Com relação ao problema da origem das angiospermas veja Sporne (1971), Hughes (1976), Krassilov (1977), Basinger e Dilcher (1984), e literatura citada por eles. Entretanto, é preciso lembrar que todos estes achados são de antigos estuários e deltas e ainda não se conhece o interior dos continentes.

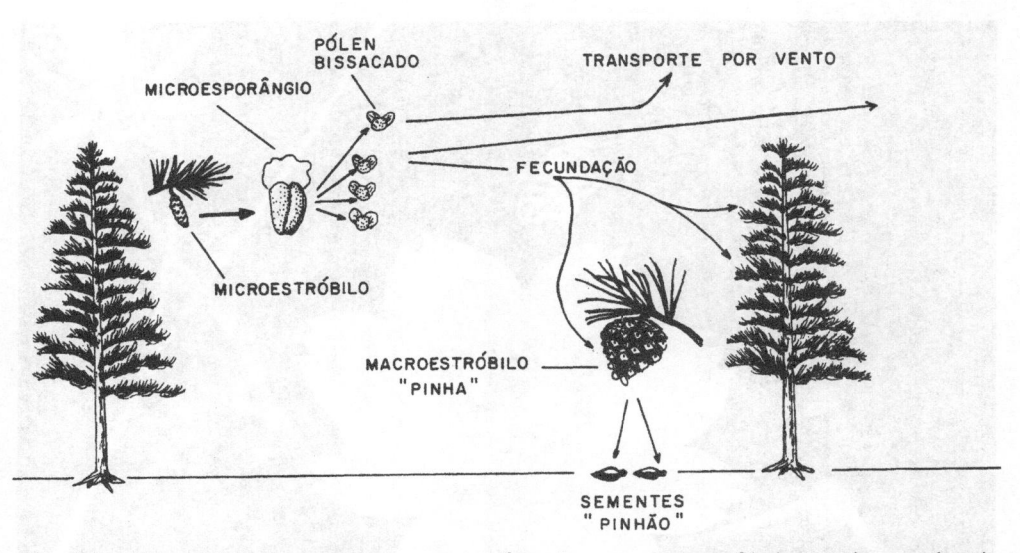

DISPERSÃO POR VENTO

Fig. 5.7. O vetor de polinização em uma conífera é o vento (anemofilia). O pólen produzido em uma árvore é levado pelo vento até o cone feminino ou pinha (macroestróbilo) de outra árvore; aí se dá a fecundação e a formação da semente (pinhão); cada grão de pólen tem um, dois ou três sacos cheios de ar (conforme a espécie) que permitem maior flutuação no ar; nesta representação o pólen é bi-sacado. A maior parte do pólen dispersado pelo vento cai na superfície do solo ou da água, onde pode ser incorporado ao sedimento, ficando preservado como fóssil.

As gimnospermas têm polinização por vento (anemofilia, Fig. 5.7)) e os esporos de pteridófitas terrestres se dispersam também por vento (capítulo 4 e Fig. 4.11). O transporte do pólen por correntes de ar foi uma adaptação importante na conquista da terra pelas plantas no Paleozóico superior porque diminuiu a dependência da água e permitiu que estas plantas se estabelecessem em terra firme, saindo dos pântanos e beiras de lagos e mares. Quando apareceram as angiospermas, no Cretáceo, surge uma nova forma de polinização, cujo vetor é um inseto (entomofilia, Fig. 5.8). A entomofilia criou uma relação estreita entre plantas e insetos e é interessante notar que o grande desenvolvimento das angiospermas coincide com a explosão evolutiva de alguns grupos de insetos voadores, entre eles os Hymenópteros, os Lepidópteros e os Dípteros. Outras angiospermas mantiveram a anemofilia. A polinização das angiospermas e os vetores de transporte de pólen e esporos, serão tratados em detalhe no segundo volume deste livro.

No Cretáceo superior, cerca de 600 km de mar provavelmente já separavam a África da América do Sul. Alguns autores, como Raven e Axelrod, acreditam que existiam ilhas entre os dois fragmentos. Estas ilhas estariam ao longo da cordilheira submarina da Dorsal Atlântica. Não há evidência dessas ilhas e esta é uma hipótese para explicar as semelhanças de fauna e flora durante esse tempo. A migração entre África e América do Sul seria feita por escalas-de-ilhas (veja Tab. 3.1). De qualquer maneira o oceano Atlântico

Fig. 5.8. Entomofilia: polinização na qual o vetor é um inseto que leva os grãos de pólen de uma flor à outra. Observe as "bolotas" de pólen carregadas nas patas de trás da abelha que está saindo de uma flor de *Cosmos*. Fotografia de Antonio Seben (1992).

ja constituía uma barreira para a migração de muitos grupos da biota e isolava as populações do leste e do oeste de Gondwana.

Ao final do Cretáceo inicia-se a separação entre a Terra do Fogo e a Antártida. Os detalhes desta separação estão sendo estudados agora nas expedições à Antártida. Este continente começa então o seu movimento para o sul (ao polo) que resultará na quase completa extinção de plantas e animais. Há cerca de 80 M.a. Austrália começa sua separação da Antártida. Entretanto, elas ainda estão próximas e só mais tarde, no Oligoceno, se separam completamente. Em seguida, há uns 70 M.a., Índia se separa de Gondwana e começa o seu movimento em direção ao nordeste. O supercontinente de Gondwana, que existiu desde o início do Paleozóico, se fragmenta ainda mais. Segundo Raven e Axelrod a separação entre Antártida e Austrália fez com que se abrisse uma passagem para as águas antárticas, muito frias, entre os dois continentes. Como resultado haveria um abaixamento da temperatura nos dois novos litorais, causando as extinções no oeste australiano.

As Américas continuam bastante separadas porque eram menores em extensão territorial. A maior parte dos mapas que mostram a posição dos continentes durante o Mesozóico e Terciário representam seus contornos como são hoje em dia. Porém, é preciso ter sempre em mente que não era assim, Eurásia e as Américas do Norte e Sul, eram menores. O subcontinente da América do Sul começava no escudo Güianês e algumas ilhas ocupavam parte do que iriam ser os Andes setentrionais . A América do Norte tinha o México como limite sul (Fig. 5.3).

Ao final do Cretáceo começa uma grande atividade orogenética entre as duas Américas e forma-se um arco-de-ilhas vulcânicas entre elas (Fig. 5.3). Estas ilhas devem ter servido de escalas na migração limitada de fauna e flora terrestres. Os animais que podiam nadar ou voar de ilha em ilha ou as sementes e esporos que se dispersavam por vento (ou por esses animais), podiam usar esses arcos de ilhas como escalas de migração. Outros organismos ou sementes podiam ser levados, ao acaso, de uma ilha a outra, por correntes marinhas ou sobre troncos e "jangadas" naturais que boiam no mar. Estes são tipos de migração seletiva e são em menor escala que uma migração dentro de um continente (Tab. 3.1).

Enquanto se desenvolve o Cretáceo, surgem novos tipos polínicos, mais diversificados e mais elaborados, que mostram o desenvolvimento das Angiospermas. A freqüência de pólen nos sedimentos continua aumentando até que, no Cretáceo médio (ca. 90 M.a.), eles dominam em número sobre os de gimnospermas e os esporos de pteridófitas. Alguns tipos vão se extinguir no Terciário, como o grupo dos "Normapolles" e o gênero-forma *Aquilapollenites,* mas um certo número de tipos polínicos de angiospermas continua até a atualidade permitindo desta maneira a sua identificação a nível de gênero. Ao final do Cretáceo já é possível identificar varios gêneros modernos, entre eles a *Nipa,* uma palmeirinha dos mangues da Índia e que ocorreu no Cretáceo do norte da América do Sul (segundo J. Muller) de onde se extinguiu mais tarde. Também já existiam os gêneros *Ilex, Alnus, Juglans , Nothofagus*, e pólen de Myrtaceas , entre outros (Muller, 1970; Tschudy & Scott, 1969; Traverse, 1988).

Atualmente está havendo um grande interesse no estudo de palinomorfos (esporos, pólen, algas, etc., resistentes a ácidos) do Cretáceo que, seguramente trará novas informações. Entretanto, estes estudos geralmente se limitam às descrições morfológicas, sem se preocuparem com os conjuntos (assemblages) de palinomorfos e suas implicações ecológicas. Se forem feitas as análises palinológicas destas rochas sedimentares obedecendo aos métodos desenvolvidos para o Quaternário, surgirão muito mais informações que as que temos hoje.

4. Algumas Considerações Sobre o Mesozóico

A existência de Pangea como um único supercontinente permitiu a migração e o intercâmbio de genes da maior parte da biota terrestre. A distribuição de plantas e animais era controlada principalmente pela latitude e por barreiras geográficas como montanhas, desertos e grandes rios. Os fósseis mesozóicos mostram que naquela época havia grandes áreas com uniformidade de flora e fauna . Isto foi possível pela união de Laurasia com Gondwana e a coalizão de vários blocos (antes isolados) para formar o que viria a ser a maior parte da Ásia. Entretanto, havia uma diferenciação latitudinal da biota. Isto levou a supor que Pangea não tinha a forma arredondada com a qual é apresentada nos mapas

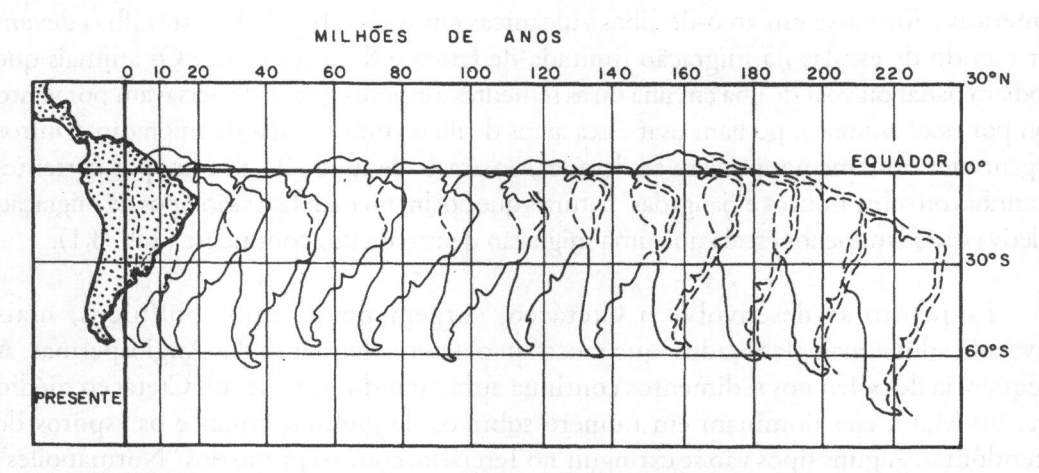

Fig. 5.9. Mudança na posição da América do Sul a cada 20 M.a., desde o Triássico inferior até o presente. Além de derivar na direção NW e mudar de latitude, o continente gira levemente em relação aos meridianos. A linha tracejada dupla marca a sua fronteira com a África. A posição dos continentes em cada 20 M.a. é baseada em Smith e Briden (1975) onde o contorno é aproximadamente o atual, para servir de referência.

do início da teoria de deriva continental (Fig. 3.3). A forma de Pangea durante a maior parte do Mesozóico devia ter sido a de um crescente lunar que se extendia desde o círculo polar ártico até o círculo antártico (Fig.5.2 e 6.10).

A fragmentação de Pangea iniciou a criação de barreiras oceânicas que impediam a recombinação gênica e a migração de organismos terrestres entre os fragmentos, o que resultou em um isolamento reprodutivo cada vez maior nas biotas. Em cada fragmento a mutação (parte 5.1) criava novas espécies, que se adaptavam aos novos ambientes, e muitas das antigas iam sendo eliminadas por seleção natural (parte 5.4). Além disto cada nova placa tectônica começou a se mover com velocidade e sentido de movimento independentes (capítulo 3). Isto resultou em mudanças diferentes de latitude nas massas continentais (Fig. 5.9 e 6.4) que teve como conseqüência mudanças diferentes no clima de cada fragmento, sendo então necessária a adaptação dos organismos terrestres às novas condições físicas ou a sua morte.

Finalmente, a formação de novos litorais oceânicos nas zonas de fratura fez com que regiões que antes tinham um clima continental com temperaturas extremas, passassem a ter um clima mais suave sob a ação das massas de água dos novos oceanos. As mudanças climáticas, principalmente do Jurássico ao final de Cretáceo, foram drásticas nos continentes.

No final do Mesozóico surge um novo tipo de planta, as angiospermas, que terão uma evolução explosiva durante o Terciário e dominarão a vegetação do planeta no Quaternário com cerca de 250.000 espécies, segundo Takhtajan. Entre as angiospermas que se originam no Cretáceo (as supostamente do Jurássico são contestadas) se encontra o *Nothofagus* (a faia do sul) que serviu de exemplo da unidade de Gondwana muito antes de que a teoria de placas tectônicas desse credibilidade á existência deste supercontinente. A ocorrência de seus fósseis junto a outros elementos de clima temperado austral não somente mostrou a união de terras hoje separadas por imensos oceanos, como indicou que essas terras estavam na zona climática temperada. Este gênero existe no presente, no Chile, Argentina, Nova Zelândia e Austrália, segundo Wettstein.

Entre os animais gondwânicos o exemplo mais conhecido de especiação grande é o de um grupo de aves, os **Ratites**, que são aves com asas rudimentares. Os representantes atuais deste grupo são a avestruz (África), a ema (América do Sul), os kiwis e a moa (Nova Zelândia) e o pássaro-elefante ("elephant bird", Madagascar). Estes dois últimos se extinguiram recentemente. Eles representam os relictos do grande grupo dos ratites que ocupava toda a Gondwana no final do Mesozóico.

Os dinossauros se encontravam por toda parte em Pangea. Também aí se achavam antigos peixes de água doce, rãs, lagartixas, serpentes booides e os mamíferos primitivos (Prototherides). Ao final do Cretáceo há uma extinção muito grande e surgem novas formas. As possíveis causas desta extinção serão discutidas mais adiante. Os três grandes grupos que começaram nessa Era, os mamíferos, os insetos e as angiospermas (Fig. 2.1), vão ser os dominantes no Quaternário. Entretanto, suas evoluções e migrações já não encontram uma massa contínua de terra, mas sim fragmentos do antigo supercontinente,separados por oceanos, ou áreas isoladas por altas montanhas que vão formando barreiras cada vez mais difíceis de serem transpostas, e que vão mudando de clima à medida que transcorre o Mesozóico. Estas mudanças vão se tornar mais fortes durante o Terciário.

4.1. O Mar de Tethys

Ao sul dos escudos da Europa e Ásia, e ao norte da plataforma Áfricana e do bloco da Índia se encontra o maior cinturão geossinclinal da Terra. Ele existiu nos períodos anteriores e seguiu subsidindo (abaixando) e recebendo sedimentos durante o Mesozóico. Ao final do Paleozóico o Oceano Pacífico terminava em forma de triângulo entre o sul da Ásia e o nordeste da África, e esta grande área oceânica foi denominada Mar de Tethys (Fig. 5.2 e 6.10).

Os períodos Triássico, Jurássico e Cretáceo receberam seus nomes pelos estudos intensivos dos sedimentos deixados pelo Mar de Tethys. As rochas carbonáticas (calcário e dolomita) desta região contêm uma quantidade enorme de fósseis marinhos que foram depositados no fundo de um mar cálido, o que indica que naquele tempo elas se encontravam na zona equatorial. Os corais e as esponjas são abundantes, o que também indica mares mornos, pelo que conhecemos da distribuição destes organismos no presente. O Cretáceo, cujo nome significa portador de calcário ("creta" em latim é carbonato de cálcio, que deu greda em português), é chamado assim por causa da tremenda acumulação de calcário na Europa e Ásia durante esse período.

Os depósitos do Mar de Tethys do Triássico, Jurássico e Cretáceo estão hoje acima do nível do mar, inclusive em montanhas como os Alpes, Pireneus, Atlas, Cárpatos, Cáucaso, Himalaia e Planalto do Pamir (Fig. 9.2). O que resta do Mar de Tethys constitui hoje o Oceano Índico. O cinturão de Tethys é um exemplo do movimento horizontal da crosta que transformou um fundo de mar em terra firme. A história deste grande mar mostra a eliminação, por movimentação de placas tectônicas, de um ambiente intensamente povoado.

4.2. As extinções no final do Mesozóico

O final do Mesozóico, como o final do Paleozóico, é caracterizado por um grande número de extinções no mar e na terra.

Os dinossauros, devido ao tamanho gigante de muitos dos seus gêneros e por terem sido incorporados à literatura de ficção para adultos e crianças, são conhecidos por todos.A sua extinção, mais que qualquer outra, tem preocupado às pessoas e tem sido às vezes discutida violentamente. No século passado já se havia proposto que eles se extinguiram durante o Dilúvio por serem muito grandes e não couberam na Arca de Noé, esquecendo-se dos enormes monstros marinhos, bem como outros organismos aquáticos que também se extinguiram na mesma época.

O termo dinossauro é aplicado popularmente a duas ordens de répteis que alcançaram enormes tamanhos e ocuparam ambientes semelhantes. O dinossauro típico tem as patas trazeiras mais desenvolvidas e é bípede. Mais de 500 espécies já foram descritas, distribuídas por toda a Terra. Seus esqueletos fossilizados são abundantes em certas formações; seus ovos e recém-nascidos são conhecidos em muitos casos e suas pegadas estão marcadas em muitas rochas sedimentares. Hoje em dia os especialistas em dinossauros estão divididos em suas opiniões sobre se eles eram verdadeiros répteis de sangue frio (ectotermos) ou se tinham sangue quente (endotermos), o que é uma característica dos mamíferos atuais. Eles tiveram sua origem no Triássico e se extinguiram no Cretáceo, evoluindo durante este tempo de animais relativamente pequenos aos gigantes cosmopolitas tão conhecidos de todos.

Parece que o grande sucesso dos dinossauros seria devido ao seu grande tamanho, e segundo alguns autores o seu gigantismo seria a principal causa de sua extinção. Como os outros répteis, os dinossauros não deviam parar inteiramente de crescer, o que os diferencia dos mamíferos que crescem rapidamente até atingirem ao estado adulto e param de crescer. O seu grande tamanho lhes dava uma certa imunidade contra predadores e contra as forças da natureza como tempestades e inundações. Entretanto, o ambiente de alguma maneira devia ser propício no Mesozóico superior porque eles não se desenvolveram nem antes nem depois. Quais foram as causas desse grande desenvolvimento e por que se extinguiram ? Estas são as perguntas que têm preocupado a muita gente.

Uma hipótese da extinção dos dinossauros é que o desenvolvimento e expansão das plantas com flores (angiospermas) resultou na falta de comida para eles. Os gigantescos herbívoros acostumados a uma dieta de gimnospermas ricas em óleos essenciais não puderam adaptar-se a uma mudança de dieta com plantas sem óleos purgativos; ao perecerem os herbívoros, os carnívoros morreriam por falta de comida.

Outra hipótese é que o enorme desenvolvimento do corpo sem um desenvolvimento cerebral correspondente, não permitiu a adaptação aos novos ambientes onde se desenvolveram as angiospermas. Há uma sugestão de que os pequenos mamíferos que surgiram e foram aumentando em número no transcorrer do Mesozóico, eram predadores dos ovos dos dinossauros. Também há a hipótese de que uma doença viral ou bacteriana os tenha eliminado. Os partidários dessas últimas hipóteses argumentam que não é verdade que os dinossauros se extinguiram de repente, mas sim foram se extinguindo aos poucos ao longo do Cretáceo.

Não foram só os dinossauros que desapareceram ao terminar o Cretáceo, muitos outros animais terrestres e marinhos também se extinguiram. Entre a biota marinha que se extinguiu no final deste período estão os ammonites (Fig. 5.10) e grande número de foraminíferos (Fig. 5.11). Os ammonites (Ammonites, Cephalopoda) surgiram no Paleozóico superior e atingiram seu máximo desenvolvimento no Jurássico (Fig. 2.1). Nesse período, mais que qualquer outro, eles eram representados por numerosos tipos, pequenos e grandes, extremamente abundantes no conjunto de invertebrados marinhos.

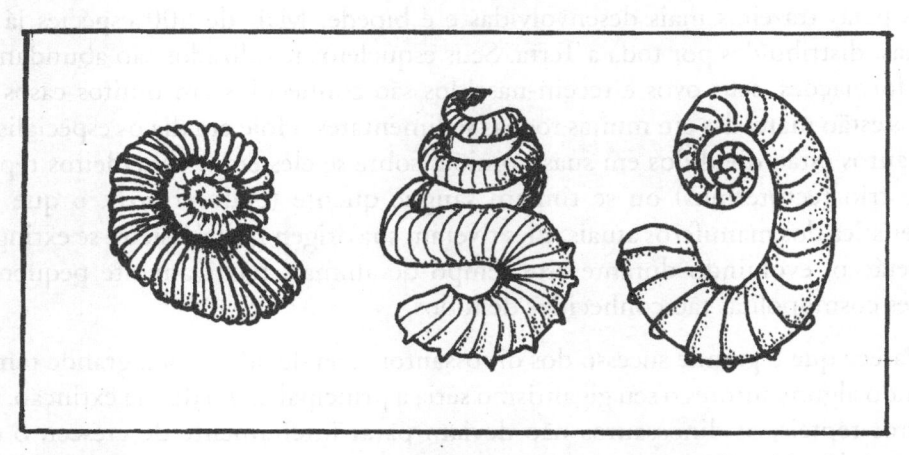

Fig. 5.10. Ammonites dos mares do Cretáceo. O exemplar à esquerda é da Colômbia e tem um diâmetro máximo de 6,5 cm; esta é a forma geral mais comum de ammonites, Os dois exemplares da direita apresentam a espiral normalmente aberta, em vez da espiral compacta da maioria dos fósseis deste grupo.

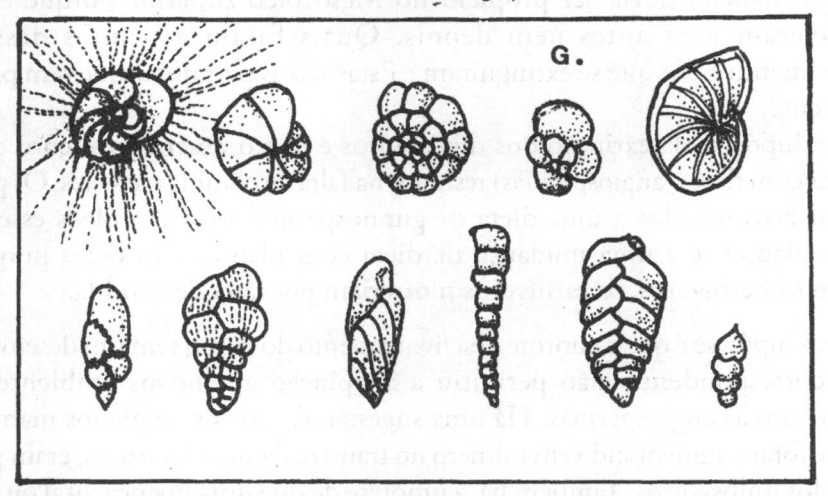

Fig. 5.11. Foraminíferos. À esquerda, organismo bentônico vivo, com longos e delgados pseudópodos; em seguida, vários tipos de concha sendo que a 4° da esquerda para a direita, em cima, é do gênero **Globigerina** que foi utilizado para estudos de paleoclima no Cenozóico. Adaptado de Parker e Haswell (1949) e Brasier (1980).

No Cretáceo começa o declínio do grupo que cessa no final desse período. Não se conhece nenhum ammonite acima do Cretáceo.

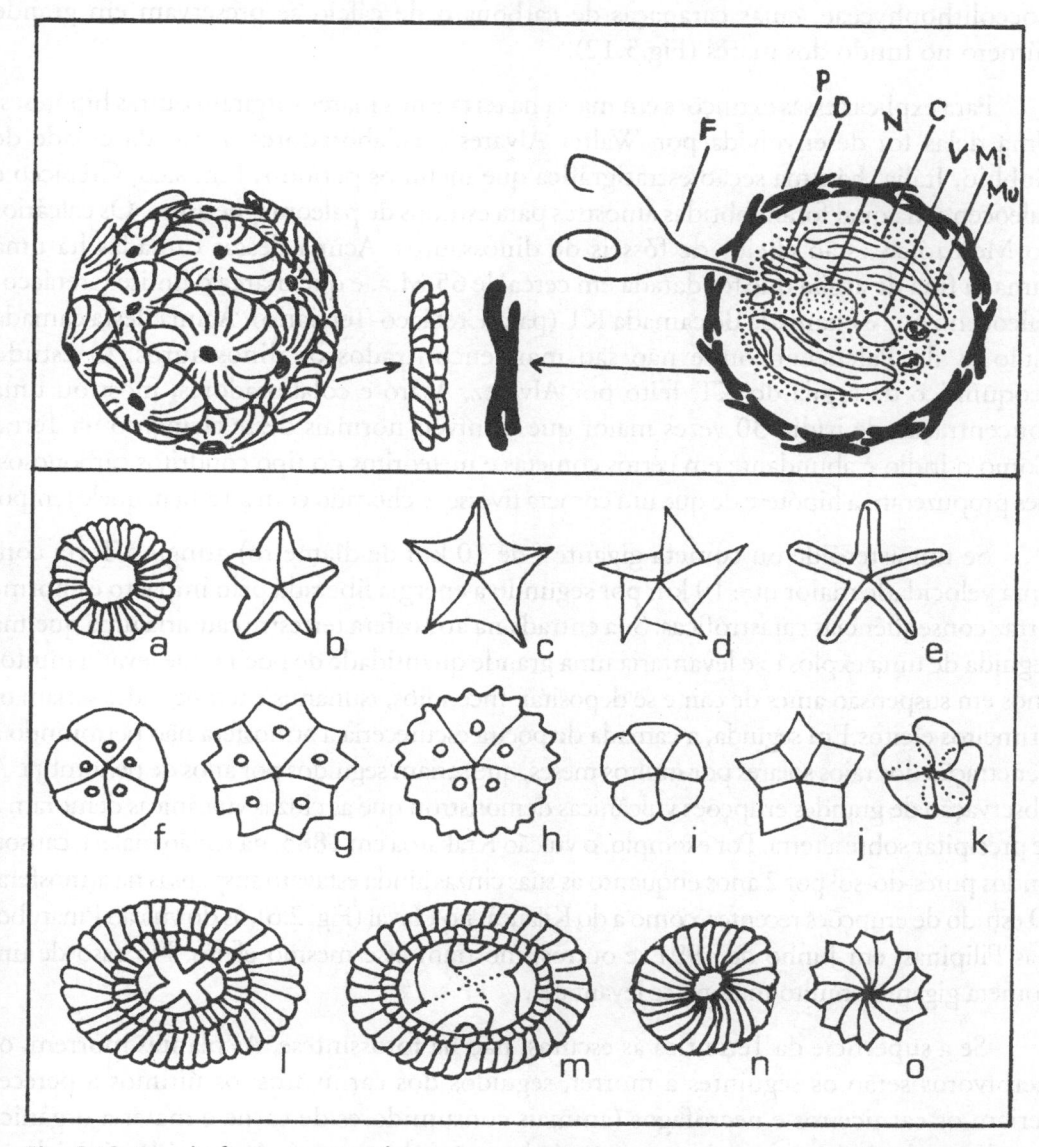

Fig. 5.12. Cocolitofíceas. Em cima, forma de um cocolitóforo vivo e corte transversal do organismo mostrando: **C** = cloroplasto; **D** = dictiosoma; **F** = flagelo; **Mi** = mitocôndrio; **Mu** = camada de muco; **N** = núcleo; **P** = placa ou escudo; **V** = vacúolo (Haq & Boersma, 1978; Brasier, 1985). Em baixo, escudos calcários de Cocolitofíceas que constituem os principais gêneros-forma de nanofósseis calcários do Brasil: a. **Nannoconus**, Cretáceo superior; b. ao e. **Micrantholithus**, do Cretáceo ao Quaternário; f. ao h. **Pemma**, do Terciário ao Quaternário; i. ao k. **Braarudosphaera**, do Cretáceo ao Quaternário; l. ao m. **Chiasmolithus**, do Terciário inferior; n. ao o. **Discoaster**, do Terciário. Dados da Petrobrás.

Também no final do Cretáceo se extinguem muitas formas de nanofósseis calcários, que são microfósseis de algas planctônicas da divisão Chrysophyta, classe Coccolithophyceae, cujas carapaças de carbonato de cálcio se preservam em grande número no fundo dos mares (Fig.5.12).

Para explicar essas extinções em massa na terra e nos mares surgiram outras hipóteses. Uma delas foi desenvolvida por Walter Alvares e colaboradores. Perto da cidade de Gubbio, Itália, há uma seção estratigráfica que inclui os períodos Jurássico, Cretáceo e Paleoceno, da qual foram obtidas amostras para estudos de paleomagnetismo. Os calcários do Mesozóico estão cheios de fósseis de dinossauros. Acima dessas camadas há uma camada fina de argila que foi datada em cerca de 65 M.a. e que marca o limite Cretáceo-Paleoceno que é chamada de camada KT (para Cretáceo-Terciário). Acima desta camada estão as do Paleoceno onde não são mais encontrados os dinossauros. O estudo geoquímico da argila do KT, feito por Alvarez, Asaro e colaboradores, mostrou uma concentração de irídio 30 vezes maior que os níveis normais deste elemento na Terra. Como o irídio é abundante em certos cometas e meteoritos do tipo condritos carbonosos, eles propuzeram a hipótese de que um cometa tivesse se chocado com a Terra naquele tempo.

Se um asteróide ou cometa gigante (de 10 km de diâmetro) atingir a Terra com uma velocidade maior que 10 km por segundo a energia liberada pelo impacto é enorme e traz conseqüências catastróficas. Sua entrada na atmosfera terrestre causaria uma queima seguida de uma explosão e levantaria uma grande quantidade de poeira que levaria muitos anos em suspensão antes de cair e se depositar. Incêndios, tsunamis e tempestades seriam os primeiros efeitos.Em seguida, a camada de poeira escureceria a atmosfera não permitindo a penetração dos raios solares por muitos meses, que seriam seguidos por anos de penumbra. A observação de grandes erupções vulcânicas demonstrou que as cinzas vulcânicas demoram a se precipitar sobre a terra. Por exemplo, o vulcão Krakatoa em 1883, na região malaia, causou lindos pores-do-sol por 2 anos enquanto as suas cinzas ainda estavam suspensas na atmosfera. O estudo de erupções recentes, como a do Kilauea, no Havaí (Fig. 2.6), às do vulcão Pinatubo, nas Filipinas, em Junho de 1991, e outros, mostram esse mesmo efeito. No caso de um cometa gigante, muito mais pó se levantaria.

Se a superfície da Terra fica ás escuras, não há fotossíntese. As plantas morrem, os herbívoros serão os seguintes a morrer, seguidos dos carnívoros; os últimos a perecer seriam os carniceiros e necrófagos (animais consumidores de carne e matéria orgânica em decomposição) que teriam um período curto de sucesso. A escuridão inicial e a penumbra que vem em seguida têm uma outra conseqüência, que é o abaixamento da temperatura média de muitos graus, o que também seria um fator de extinção. O fitoplâncton também seria atingido pela escuridão e a cadeia alimentar se romperia nos mares e lagos, o que resultaria em grande extinção entre os organismos aquáticos. Baseando-se no mesmo tipo de raciocínio mostrou-se que este também poderia ser o resultado final de uma guerra nuclear (veja Dotto, 1986).

A presença de irídio em concentrações de 10 a 100 vezes maiores que o nível normal foi detectada em outros lugares no limite Cretáceo-Terciário da Tunísia, Dinamarca, França e Espanha. Em Caravaca, na Espanha, os sedimentos marinhos do final do Cretáceo são ricos em microfósseis de foraminíferos, cocolitóforos, outros. Estas camadas são seguidas pela camada de argila estéril de fóssil e com irídio, mostrando a extinção no mar. Hoje estão sendo estudados outros elementos, como ouro, platina, ósmio, rádio e rutênio, cujos níveis são anômalos na camada KT. Para maiores detalhes veja Alvarez e Asaro (1990).

Em contraposição à teoria do impacto de cometa, outros pesquisadores, como V.E. Courtillot, argumentam que a extinção no limite KT foi devida a uma erupção vulcânica enorme e que esse tipo de erupção ocorreu muitas vezes na história da Terra (veja, por exemplo Tab. 4.1). Ela teria causado os mesmos efeitos descritos para um impacto de cometa : incêndios, tsunamis, escurecimento da atmosfera, etc. Além disto, em muitas cinzas vulcânicas encontra-se irídio em níveis maiores que os normais. Esta hipótese de erupções vulcânicas em grande escala em todo o planeta é admitida por muitos autores para explicar eventos na história da Terra, por exemplo, para explicar a formação inicial dos continentes (capítulo 4). A hipótese de Courtillot é baseada em um grande derramamento de lava vulcânica em Deccan Trapp, no oeste da Índia. Courtillot em um artigo de 1990 discute varias anomalias geológicas como vulcanismo muito forte, "hot spots", camadas de argila com irídio, etc. que, segundo ele, apontam para uma causa comum e interna da Terra, e não para uma causa extraterrena.

5. Os Processos Básicos da Evolução

Os livros de Geologia Histórica e de Paleontologia, inclusive os mais recentes, discutem a evolução dos seres vivos unicamente pelo mecanismo da seleção natural e citam somente Charles Darwin. É surpreendente ler estas tentativas de explicar a formação de novos filos e classes, e a extinção de espécies, exclusivamente por este processo evolutivo que foi descoberto no meio do século passado, e ignorar todos os outros descritos posteriormente. Contudo, estes livros tratam os outros assuntos em dia, com os mais modernos resultados e conceitos. A seleção natural é importante no processo evolutivo, mas se ela fosse a única forma de especiação, isto é, formação de novas espécies, a evolução dos organismos provavelmente nem existiria. A própria noção de seleção supõe implicitamente que existe uma diversidade a ser selecionada, e o gerador da diversidade não é a seleção natural.

Hoje em dia conhecem-se muitos mecanismos de evolução. Destes, só apresentaremos aqui os quatro processos básicos, que ocorrem em todos os organismos, e que são: 1. mutação; 2. recombinação de genes; 3. isolamento reprodutivo; 4. seleção natural; e daremos alguns outros, específicos de alguns grupos de organismos. Para maiores detalhes deve-se consultar a vastíssima bibliografia, da qual uns poucos livros são citados no fim deste capítulo.

5.1. Mutação

Foi primeiro estudada por Hugo de Vries e por William Bateson, no começo do século, como variações descontínuas e hereditárias. O conceito moderno de mutação é de Thomas Hunt Morgan e seus associados, baseado nos estudos da mosca das frutas

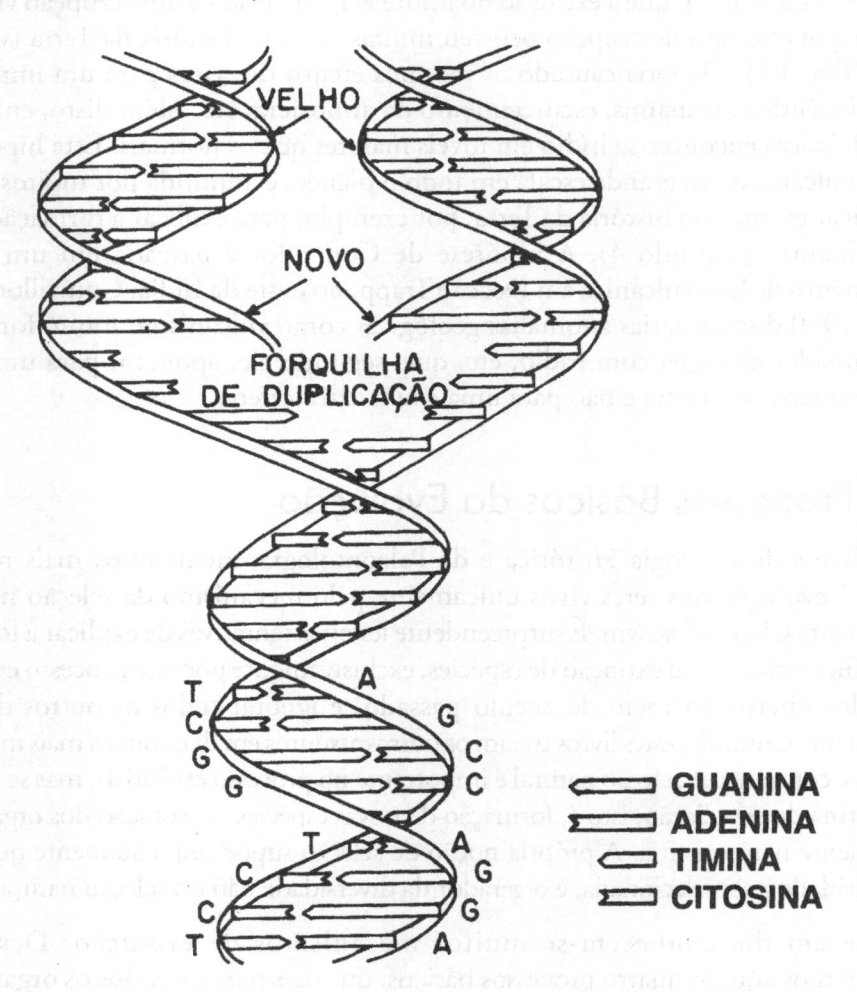

Fig. 5.13. Duplicação normal do ADN, representado com uma das seqüência de bases nitrogenadas mais comuns dos nucleotídeos. Na parte superior estão os dois novos segmentos, que são idênticos. Adaptado de Dobzhansky et al. (1977).

(Drosophila melanogaster) na década de 30, e depois estendidos a outros organismos. O conhecimento dos mecanismos de mutação, no seu sentido mais amplo, foi um passo decisivo no estudo da evolução dos seres vivos.

A **mutação** é uma alteração no material genético. Para entender os mecanismos de mutação foi preciso primeiro conhecer a estrutura dos cromossomos. A informação hereditária dos organismos está codificada na seqüência de nucleotídeos que constitui a molécula de ADN (DNA, em inglês). Em todos os organismos, desde os vírus e as batérias até os mamíferos e as angiospermas, esta molécula é responsável pelo armazenamento das informações genéticas que, com exceção dos virus, está nos cromossomos. Nos retrovirus as informações se encontram na molécula de RNA.

No ser vivo há uma duplicação do ADN quando ele se reproduz e quando as células se dividem. Nos animais e plantas superiores, por exemplo, há uma duplicação (ou replicação) no ADN dos cromossomos nas células que formam os gametas. Estas são as células reprodutivas: óvulo, nas fêmeas e espermatozóide (ou anterozóide, ou pólen), nos machos. Na fusão dos dois gametas (fecundação) é formado um novo organismo que carrega nos seus cromossomos a informação codificada das características biológicas da mãe e do pai e, portanto, do seu grupo taxonômico.

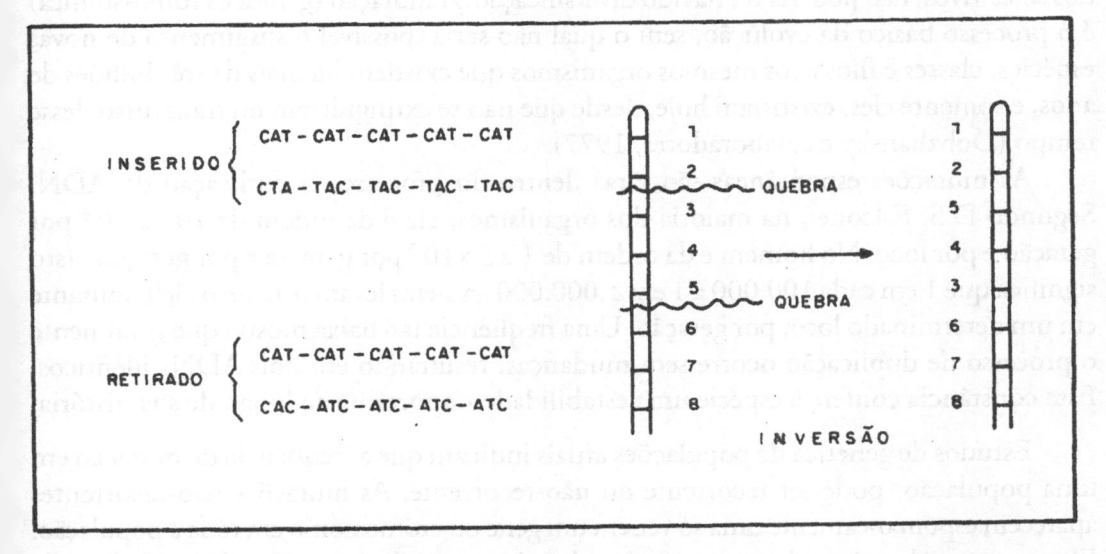

Fig. 5.14. Exemplos de mutações por adição (inserido), deleção (retirado) e inversão na seqüência de nucleotídeos do cromossomo.

Cada duplicação do ADN resulta em dois cromossomos idênticos entre si (Fig.5.13). Ocasionalmente, no processo de duplicação há uma mudança na informação codificada no ADN. Por exemplo, pode haver uma quebra na estrutura da molécula e nova união das partes, que leva a uma alteração na seqüência da nucleotídeos (Fig. 5.14, á direita). Para ilustrar como uma pequena alteração na seqüência muda uma mensagem, Dobzhansky e colaboradores usam a seqüência de letras da palavra CAT (gato, em inglês) na qual, retiram ou acrescentam a letra T uma só vez e a mensagem transmitida passa a ser outra (Fig. 5.14, á esquerda). Uma alteração na seqüência de nucleotídeo pode resultar em uma mudança nas características biológicas do organismo. Esta e outras mudanças que alteram a seqüência no ADN são denominadas **mutação**.

Há dois tipos de mudanças hereditárias: mutação gênica e mutação cromossômica, que ocorrem espontaneamente. Estas mudanças constituem na única fonte de novas "informações" genéticas. As mutações ocorrem também em células somáticas (fora dos gametas) de plantas e animais. Nos seres vivos inferiores como, por exemplo, bactérias e algas, também ocorrem mutações, por mecanismos semelhantes. Pela mutação a informação codificada no ADN que passa à geração seguinte, é diferente. O detalhamento destes numerosos tipos foge ao propósito deste livro. As mutações se encontram explicadas e exemplificadas nos livros de genética e de evolução (como por exemplo, Stebbins, 1974; Dobzhansky e colaboradores, 1977; Futuyma, 1986; Pinto da Costa, 1987; Falconer, 1989, Burns e Bottino, 1991, e muitos outros).

Como as espécies de organismos que existem na Terra descendem de uma ou algumas formas primordiais de vida, se não houvesse mudanças hereditárias ao longo da história dos seres vivos, não poderia ter havido diversificação. A mutação (gênica e cromossômica) é o processo básico da evolução, sem o qual não seria possível o surgimento de novas espécies, classes e filos e, os mesmos organismos que existiam há mais de três bilhões de anos, e somente eles, existiriam hoje, desde que não se extinguissem no transcurso desse tempo (Dobzhansky e colaboradores, 1977).

As mutações espontâneas são raras dentro do processo de replicação do ADN. Segundo D.S. Falconer, na maioria dos organismos, ela é da ordem de 10^{-5} a 10^{-6} por geração e por loco. No homem é da órdem de 1 a 3 $\times 10^{-5}$ por gameta e por geração. Isto significa que 1 em cada 100.000 a 1 em 1.000.000 gametas levam um novo alelo mutante em um determinado loco, por geração. Uma freqüência tão baixa mostra que geralmente o processo de duplicação ocorre sem mudanças, resultando em dois ADNs idênticos. Esta constância confere à espécie uma estabilidade importante ao longo de sua história.

Estudos de genética de populações atuais indicam que a freqüência de mutação em uma população pode ser recorrente ou não-recorrente. As mutações não-recorrentes aparecem espontaneamente uma só vez em um gene ou cromossomo em toda a população. Ela tem uma chance muito pequena de sobreviver quando o número de indivíduos da espécie é grande. Como as populações são limitadas na natureza, a mutação não-recorrente pode ocasionalmente sobreviver e mudar a freqüência de genes. Quando os mutantes adquirem a capacidade de explorar recursos de maneira diferente do grupo original pela utilização de novos ambientes ou novas fontes de alimento, eles sobrevivem e passam a ocupar um novo nicho ecológico (veja nicho, capítulo 6, parte 3). A mutação recorrente aparece regularmente, com freqüência característica dentro da população. Por exemplo, a ausência de iris nos olhos humanos (aniridia) é causada pela mutação de um gene dominante que ocorre em um entre cada 100.000 nascimentos de crianças.

Por mais baixas que sejam as ocorrências de mutações, elas passam a ser altamente significativas ao longo do tempo geológico. Além disto, foi observado que certos agentes naturais, como os raios cósmicos, o ultra-violeta, a radioatividade, certas substâncias químicas e outros, podem acelerar a taxa de mutações. A exposição de animais, de plantas inteiras e de sementes a estes agentes mutagênicos, e as consequências destes tratamentos, são hoje objeto de estudos e podem ter aplicação em programas de melhoramento genético das espécies utilizadas pelo homem.

A mutação ocorre natural e independentemente, seja ela adaptativa ou não ao ambiente. Isto é muito importante no processo evolutivo, pois se o ambiente muda (e mudou numerosíssimas vezes no passado !), algumas das mutações que seriam deletérias (em certos ambientes) passariam a ser adaptativas nos novos ambientes. É comum em culturas de bactérias que, quando as condições ambientais passam a ser adversas, surja uma nova cepa, geneticamente estável, que vive bem nessas novas condições.

Nos organismos superiores algo semelhante ocorre. Mas, o valor da mutação no processo evolutivo sempre depende do espectro de efeitos que ele produz (valor adaptativo do indivíduo mutante, "fitness") e do papel que o gene mutante tem sobre a interação população-ambiente, como se verá mais adiante. Se, por exemplo, uma mutação aumenta a densidade de pelos de um mamífero, ela pode ser adaptativa para o animal que vive no Alasca e ser inconveniente para o que vive no equador. O aumento de melanina (o pigmento que dá a cor escura à pele humana) é mais adaptativo nos trópicos, porque protege a pele da intensa radiação solar; porém, não favorece nos países austrais ou boreais onde há pouca luz, que é necessária para a síntese da vitamina D, e onde a pele clara é mais adaptativa.

Se bem que fundamental, a mutação interage com os outros processos evolutivos, como veremos a seguir.

5.2. Recombinação de genes

Uma população de indivíduos contém a soma total dos **genótipos** (tipos hereditários) de todos os indivíduos, o que é chamado o **banco de genes** ("gene pool"). Desta forma, a população mantém a continuidade da espécie pelo mecanismo da hereditariedade genética.

Em 1908 Hardy e Weinberg, independentemente, deduziram das leis fundamentais da genética (leis de Mendel), que uma população mantem o banco de genes em equilíbrio. Em outras palavras, a abundância relativa de um par de alelos não muda de uma geração para outra. Esta descoberta foi muito importante em genética de populações e em evolução. Ela não só mostra o processo de manutenção da integridade da espécie, como a manutenção da variabilidade.

Nos organismos com reprodução sexuada os genes estão dispostos em um par de cromossomos, um vindo do pai e o outro vindo da mãe, portanto há duas cópias de cada gene (alelos). Na formação dos gametas (masculino e feminino) pode ocorrer um intercâmbio de genes equivalentes (alelos) entre dois membros do par de cromossomos, e se formam cromossomos com seqüências mistas. Esta **recombinação de genes** exige que os segmentos de ADN trocados sejam homólogos, isto é, a seqüência de nucleotídeos em um dos segmentos de ADN deve ser semelhante à seqüência do outro segmento, diferindo só nos locais onde as mudanças ocorrem. Mais adiante será tratado outro tipo (transposição) em que não é necessária esta condição.

A capacidade dos segmentos de ADN em diferentes cromossomos se recombinarem, faz com que o conjunto de genes contidos em cada óvulo ou espermatozóide (ou pólen) seja diferente. Como um indivíduo produz muitos gametas, estes podem potencialmente interagir com espermatozóides (ou pólen) ou óvulos de muitos outros indivíduos. Portanto, há uma enorme oportunidade (calculável) de criação de diversidade genética na população pela recombinação de genes. Como as populações são finitas, o número de indivíduos que a compõe (tamanho da população) pode levar a cruzamentos endogâmicos. Isto ocorre principalmente em populações pequenas. Porém, na ausência de acasalamento intensional ou de extenso endogamismo (casamento consangüíneo, "inbreeding"), a probabilidade de quaisquer duas plantas ou animais terem composição genética idêntica, é praticamente nula.

Os ambientes naturais não são homogêneos e sim um mosaico de micro-ambientes similares e dissimilares onde o microclima e o solo variam dentro de certos limites. Desta forma a variabilidade do banco genético permite a adaptação dos indivíduos neste mosaico. Portanto, algumas mutações são mantidas na população. Quando houver oscilação e principalmente, quando houver uma mudança climática, os indivíduos da população que nascem com a capacidade maior de se adaptar a esta mudança (fitness), têm maior chance de sobreviver.

A resposta de uma população a uma mudança ambiental drástica depende da variabilidade do banco de genes. Pode haver o desenvolvimento de um ecotipo, de uma subespécie, ou uma mudança evolutiva em outro sentido, que resulta na criação de uma nova espécie. Estes indivíduos podem sobreviver se tiverem características com valor adaptativo (fitness) ás novas condições ambientais. Como a variabilidade é limitada ao conjunto de caracteres codificados no ADN, se não houver possibilidade de mudança, a espécie se extingue. A resposta que vem é ainda imprevisível mas, de qualquer maneira, depende principalmente do banco de genes no momento em que se dá a mudança ambiental.

O reconhecimento de que a recombinação de genes é importante fez com que hoje governos e instituições internacionais estejam constituindo bancos de genes para as espécies de plantas e animais criados pelo homem. Nestes "bancos" são também mantidos os germoplasmas das espécies "selvagens" que deram origem a estes organismos e que potencialmente servem para a criação de novos híbridos e variedades. A FAO ("Food and Agriculture Organization") está desenvolvendo um grande projeto nesta área.

Da mesma forma que a endogamia diminui o valor adaptativo e a adequação (fitness) dos organismos dentro de uma população, o seu oposto, cria organismos melhor adequados. A variabilidade biológica aumenta com o cruzamento de duas variedades ou sub-espécies (**hibridação**) que permite nova recombinação de genes. Por razões ainda pouco conhecidas, as recombinações podem resultar num organismo mais robusto, o que se denomina **heterose** (vigor híbrido).

Muitos evolucionistas acreditam que o processo mais importante na formação de novas espécies é a recombinação gênica. Na história da Terra houve ampla oportunidade de atuação da recombinação de genes atuando sobre a macro-evolução. Por exemplo, durante a existência do supercontinente Pangea, animais podiam migrar a grandes distâncias por terra e acasalar com outras variedades de sua espécie. Os organismos marinhos podiam se mover relativamente livres na grande e contínua plataforma continental, bem como no imenso oceano. O pólen levado pelo vento (anemofilia, Fig. 5.7) podia fecundar óvulos de outra população distante. Os esporos podiam ser levados pelo vento (Fig. 4.11) ou por água a locais onde crescia outra população. Isto se vê muito bem no registro fóssil do Paleozóico e Mesozóico onde fauna e flora têm carater cosmopolita, em que uma espécie ou um gênero abrange enormes áreas geográficas. Com isto a variabilidade do banco de genes era mantida. Quando começou a fragmentação e deriva continental, e mares se abriram ou se fecharam, cada população que foi separada do resto tinha o seu banco de genes diversificado que iria permitir o surgimento de novas variedades a medida que o ambiente ia mudando diferencialmente em cada subcontinente. Exemplos destas situações são discutidos neste capítulo e no seguinte.

5.3. Isolamento reprodutivo

A idéia de que o isolamento reprodutivo é um processo de evolução começou com A.R. Wallace e depois com M. Wagner, no final do século 19. Modernamente foi desenvolvido por E. Mayr nos anos 60.

O **isolamento reprodutivo** ocorre quando há um bloqueio parcial ou total de intercâmbio de genes (fluxo gênico) entre populações da mesma espécie. Este bloqueio pode ser reprodutivo ou geográfico. O bloqueio reprodutivo existe quando aparecem indivíduos na população que, por mutação ou recombinação de genes, sofrem uma alteração fisiológica ou bioquímica na reprodução. Mudança da época de maturação sexual ou de reprodução destes indivíduos, mudança nos feromônios (que atraem o sexo oposto) e muitas outras, impedem o cruzamento com a população original. Por exemplo, quando o pólen de uma sub-população de plantas fica maduro em uma época em que o estigma das flores da população original não está receptivo, não há formação do tubo polínico; quando os grãos de pólen atingem o estigma eles formam os tubos mas não penetram no estigma para a posterior fecundação. O pólen não "reconhece" bioquimicamente o órgão feminino de sua espécie. Também pode haver um bloqueio mecânico quando surge um grupo de indivíduos dentro da população, ou em uma

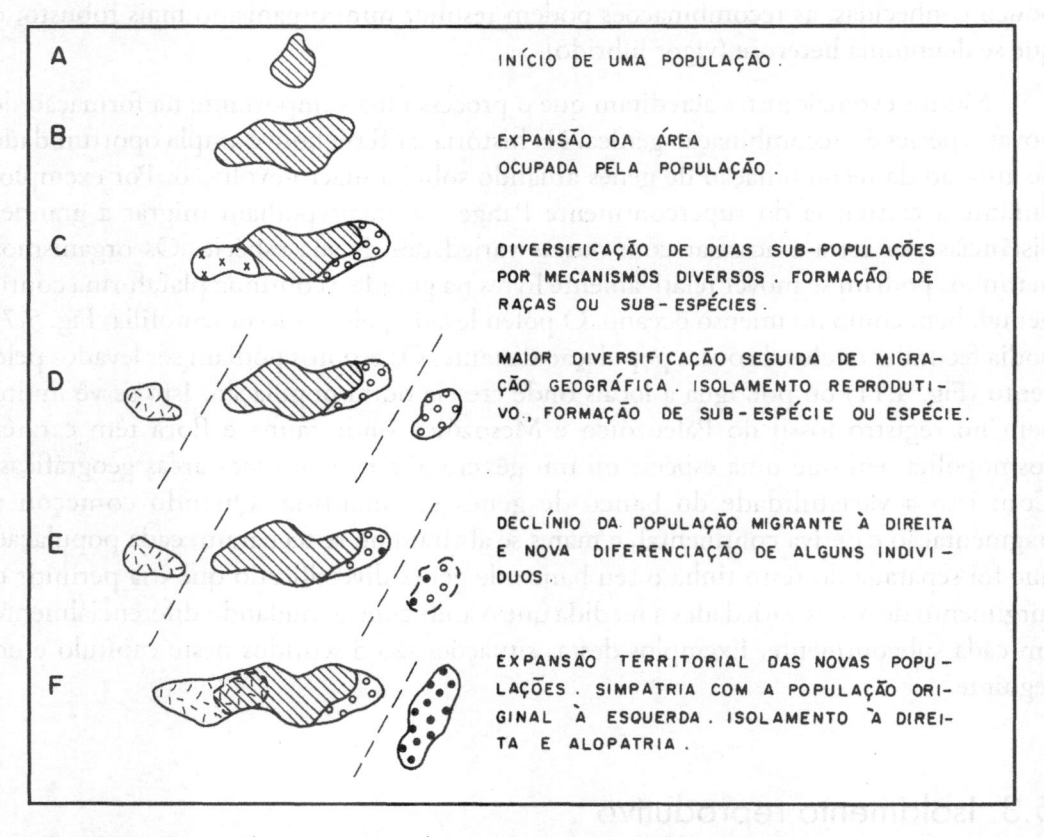

Fig. 5.15. Origem de novas espécies por isolamento reprodutivo. O esquema mostra os três tipos mais comuns: origem de novas sub-espécies na periferia da área (etapa C); alopatria (etapas D e E); simpatria (etapa F). A linha tracejada marca a formação de uma barreira. Adaptado de Dobzhanski et al. (1977). Veja o texto para maiores detalhes.

subpopulação periférica, com a genitália (órgão de copulação) diferente que não permite a cópula com indivíduos da população original. Este caso foi observado primeiro em *Drosophila* (a mosca das frutas) e depois, em muitas outras espécies.

A sub-população começa a divergir da população original até ao isolamento reprodutivo total que barra o intercâmbio de genes e conduz á formação de uma nova espécie (Fig. 5.15). A velocidade de especiação depende do mecanismo de isolamento e da espécie. Em alguns casos pode ser muito lenta, em outros pode surgir em poucos anos; em bactérias, em dias.

O mecanismo de isolamento reprodutivo por barreiras geográficas como meio de formar novas espécies foi descrito pela primeira vez por A.R. Wallace, estudando a distribuição geográfica de animais no arquipélago malaio, no século 19. Ele mostrou que há uma linha divisória que passa por certas ilhas, e que separa a oeste, a fauna asiática e a leste, a australiana. Esta fronteira é conhecida como "a linha de Wallace" (Fig. 6.13).

Barreiras geográficas foram principalmente ativas como mecanismo de isolamento reprodutivo e conseqüente especiação, quando houve a subdivisão de Pangea, no início do Mesozóico e, mais tarde, na fragmentação dos supercontinentes de Laurásia e Gondwana. A formação de mar entre os fragmentos continentais foi criando uma barreira oceânica cada vez maior que impediu progressivamente o fluxo gênico entre populações dos lados opostos do novo oceano. Alem desta, muitas outras formas de barreira geográfica se formaram e se formam, como o levantamento de cadeia de montanhas, a desertificação de grandes áreas, o avanço de geleiras, a mudança do curso de um grande rio, a formação de lagos, e outros, que isolam total ou parcialmente uma população.

Na Fig.5.15 estão esquematizados três dos principais tipos de formação de espécies por isolamento reprodutivo. A subpopulação que se destaca á esquerda (etapa C), depois de se isolar geografica e reprodutivamente, volta a ocupar parte da área geográfica da população original (etapa E). A especiação que originou a sua diferenciação permitiu que pudesse ocupar um **nicho ecológico** diferente (veja Cap. 6) da população-mãe. Estas duas espécies (ou subespécies) são chamadas **espécies simpátricas** (com a mesma pátria).

À direita da população original destaca-se uma subpopulação com isolamento reprodutivo (Fig. 5.15) da qual alguns elementos migram, mantem-se isolados geograficamente (etapa E) e passam por mais diferenciação (por mutação, recombinação genética, ou outro mecanismo). Este tipo de especiação produz **espécies alopátricas** (com pátria diferente). Este tipo é comum em arquipélagos, arcos-de-ilhas ou ilhas fluviais e lacustres. O exemplo clássico é a distribuição de pássaros do gênero *Geospiza* ("finches", um tipo de pardal) nas ilhas do arquilélago de Galápagos, estudados por C. Darwin. Neles, a forma do bico diferencia as espécies de cada ilha e mostra os hábitos alimentares nos quais cada espécie se especializou. Existem numerosíssimos exemplos em pássaros como, os gêneros *Loxops, Hemignathus e Pseudonestor* que habitam as ilhas do Havaí e que teriam originado várias espécies vindas de um ancestral comum (Dobzhansky et al.,

1977). A forma do bico e o aparelho de mastigação de cada espécie mostram os hábitos alimentares nos quais eles se especializaram como, folhas, vagens, nectar, insetos em cascas de árvore, etc. Exemplos em outros animais e em plantas são numerosos e podem ser encontrados nos livros e artigos de biogeografia e de evolução.

O oposto do isolamento reprodutivo é a **migração** de novos indivíduos para dentro de uma população. Este tipo de migração pode mudar a freqüência de genes na população e resultar em novas combinações (parte 5.2).

5.4. Seleção natural

O conceito de **seleção natural** é muito antigo e sempre foi usado empiricamente para a criação ou melhoramento de animais domésticos e plantas cultivadas. Ele foi usado pela primeira vez para explicar a origem das espécies por Alfred Russell Wallace em 1855, e discutida em detalhe por ele em um belo artigo publicado em 1858. Charles Darwin adotou este conceito num artigo apresentado simultaneamente com o segundo de Wallace e desenvolveu o conceito em seu famoso livro "A Origem das Espécies", cuja primeira edição foi em 1859. Por que Darwin, no seu artigo e no seu livro não deu crédito a F. Blyth que foi o precursor da teoria de seleção natural (veja Dobzhansky et al. 1977), nem ao seu descobridor, Wallace, causa perplexidade até hoje, mesmo depois do muito que se escreveu sobre o assunto (por exemplo, Brackman, 1980; Brooks, 1984; Ferreira, 1990).

Em 1835-36, F. Blyth na apresentação de seus estudos sobre animais domésticos escreve que os indivíduos mais fortes e saudáveis têm mais chance de sobreviver e deixar descendentes, que os indivíduos fracos e doentes. Este conceito é hoje conhecido como **valor adaptativo** ou adequação ("fitness"). A.R. Wallace, em 1855 e 1858, levou este conceito ao nível ecológico e evolutivo afirmando que, todas as vezes que uma variedade (de organismos) se torna mais adaptada ao meio, ela deixa mais descendentes que as outras variedades da espécie e, portanto, começa a dominar a área e eliminar as outras. A base para a formulação deste conceito foram os numerosos exemplos da fauna da Indonésia que ele estava estudando.

A seleção natural como processo evolutivo foi descoberta antes que se conhecessem os mecanismos da hereditariedade e quando o estudo de fósseis estava na sua infância e a biogeografia estava se iniciando com os trabalhos de Wallace. Portanto, hoje o conceito de seleção natural é um pouco diferente do que se pensava nos meados do século 19.

Do ponto de vista moderno o mecanismo de seleção natural é considerado muito mais como um processo conservador do que inovador (Dobzhansky, Ayala, Stebbins e Valentine, 1977). Não é o processo pelo qual surgem novas espécies, mas sim que favorece os indivíduos na população que adquirem, por outros mecanismos, as características mais adequadas para a sobrevivência e a reprodução. A seleção natural age principalmente na eliminação de deformidades, de doenças hereditárias, de defeitos, de indivíduos fracos ou mal adaptados. Se não fossem a mutação e a manutenção da diversidade gênica causada por outros mecanismos, o processo de seleção natural tenderia à extinção do organismo. Ela fixa os indivíduos da população que se adaptam às novas condições, expurga os outros, ou extingue a espécie.

A extinção de espécies ocorreu e ocorre na história da Terra e a seleção natural é o processo principal destas extinções. Sua ação sobre a evolução a nível de espécie (microevolução) é constante desde o aparecimento dos primeiros organismos. Do ponto de vista de macro-evolução (evolução acima do nível de espécie), ela age todas as vezes que o meio muda, seja do ponto de vista físico ou biológico. Teve um papel preponderante quando começou a fragmentação dos continentes no Triássico, e principalmente quando se iniciou a formação do Atlântico porque houve mudanças diferenciais e irreversíveis no clima dos continentes.

5.5. Outros mecanismos de especiação

Existem outros mecanismos de especiação e aumento de variabilidade biológica que têm papel importante na evolução. Eles foram descobertos nos últimos 20-40 anos e estão sendo estudados do ponto de vista bioquímico e molecular. Ainda não se conseguiu mostrar se ocorrem em todos os organismos.

Um destes mecanismos é a **transdução** que existe em bactérias. Um vírus ao infectar uma bactéria retira parte do ADN de seu único cromossoma e leva para outra bactéria, em uma nova infecção. Outro processo é a **transformação**, em que o ADN é liberado no meio em que vive a bactéria, seja por morte de uma célula ou por outro processo natural, e simplesmente penetra em outra célula através da parede e da membrana celular (veja célula procariótica, Fig. 4.6).

Estes dois processos envolvem a incorporação de un filamento de ADN estranho na molécula de uma célula hospedeira, de forma que possa ser propagado ás células-filhas, quando a célula-mãe se divide. A possibilidade de incorporação destes genes de fora é baixa, mas existe.

Nas bactérias, e também em fungos e algas, ocorre um outro mecanismo que é a **conjugação**. Nela dois organismos unicelulares ou duas células de filamentos diferentes, se unem por contato direto. Há trocas e transferências de ADN entre elas e depois as células se separam, cada uma com uma nova seqüência de nucleotídeos. Este mecanismo permite a difusão das mutações e o aumento da variabilidade genética na população.

Nos três mecanismos descritos acima a variabilidade genética é limitada pelo que veio do intercâmbio entre genes homólogos, e eles são processos lentos. Entretanto, do ponto de vista do tempo geológico, são extremamente eficientes tanto para difundir as mutações que ocorrem naturalmente como para manter a identidade básica da espécie.

O estudo detalhado das recombinações gênicas mostrou que devia haver um outro mecanismo que faz surgir variações mais rapidamente. Este mecanismo foi descoberto por Barbara McClintock na década de 40, mas só foi aceito pelos geneticistas há uns quinze anos atrás.

Ela e seus colaboradores mostraram inicialmente que a cor e a distribuição de pigmentos nas plantas e nas espigas de milho *(Zea mays)* podiam variar de uma forma diferente da que se esperaria pelas leis da hereditariedade clássica (leis de Mendel). Verificaram que isto se dava por meio de segmentos muito pequenos de ADN que continham só alguns genes. Estes segmentos são genes móveis que têm a propriedade de se destacar e mover entre os cromossomos e de se ligar em outro local do mesmo cromossoma, ou de outro . O movimento destes elementos transponíveis gera mutações ou rearranjos cromossômicos e portanto afeta a expressão dos genes e as gerações futuras. Estes genes móveis foram denominados **elementos genéticos transponíveis** (ou **transposons**).Eles têm grande importância na evolução de microorganismos para resistência aos antibióticos e mudanças do meio.

Transposições foram descritas a partir do final dos anos de 1970 em outras plantas, em animais (vermes e drosófila) e em bactérias. Esta descoberta deu a McClintock o prêmio Nobel na década de 80. Os detalhes deste mecanismo de evolução podem ser lidos em dois artigos muito bons de Cohen e Shapiro (1980) e Fedoroff (1984).

A importância da transposição está na possibilidade de acrescentar aos cromossomos da parte reprodutora um material de ADN que tem pouco ou nenhum ancestral em comum com a célula onde ele se incorpora. Este processo de mudança hereditária é muito mais rápido que os processos anteriormente descritos e causa não somente pequenas modificações nas espécies como grandes saltos evolutivos em muito pouco tempo. Se for geral para todos os seres vivos, deve ser o responsável pelos saltos "quânticos" da evolução. Pode ser que as explosões evolutivas do início do Cambriano e muitas outras menores, onde subitamente surge no registro fóssil um grande número de espécies, classes ou filos, sejam principalmente devidas aos transposons.

Entretanto, este processo e os outros descritos nesta parte ainda não foram generalizados para todos os seres vivos e, a conjugação, sem dúvida nenhuma, se limita aos reinos Monera, Fungi e Protista. Porém, durante a maior parte do Pré-cambriano, onde os Monera (bactérias e cianobactérias) eram os seres vivos por excelência, estes mecanismos tiveram um papel fundamental no aumento de variabilidade genética que permitiu a criação de organismos mais complexos a medida que o ambiente se modificava pela ação deles mesmos ou por fatores externos á biosfera. A velha teoria de que a evolução se dá lentamente e que está nos trabalhos de Darwin e na genética clássica, cai diante deste mecanismo. A macroevolução se dá lentamente até que condições que ainda não conhecemos desencadeiam saltos quânticos que resultam no aparecimentos simultâneo de numerosas espécies, ou categorias taxonômicas superiores.

Ainda há muito para ser estudado sobre as mudanças de rumo na evolução e em deriva genética. Os processos descritos nesta seção não explicam todos os casos. Provavelmente outros processos biológicos ainda estão para ser descobertos que causam, catalizam ou desencadeiam novos rumos evolutivos e que possibilitarão o melhor entendimento das formas pelas quais surgiram e surgem novos organismos na Terra.

REFERÊNCIAS DO CAPÍTULO

Alvarez, W. e Asaro, F. 1990. An extraterrestrial impact. Sci. Amer. 263(4):44-52.

Arnold, C.A. 1947. An Introduction to Paleobotany. MacGraw-Hill, New York, 433pp.

Ayala, F.J. 1978. The mechanisms of evolution. Sci. Amer. 239(3):48-61.

Basinger, J.F. e Dilcher, D.L. 1984. Ancient bisexual flowers. Science 224:511-513.

Brackman, A.C. 1980. A Delicate Arrangement: the strange case of Charles Darwin and Alfred Russel Wallace. Times Books, New York.

Brasier, M.D. 1980. Microfossils. George Allen & Unwin, London, 193 pp.

Brooks, L.L. 1984. Just Before the Origin: Alfred Russell Wallace's theory of evolution. Columbia University Press, New York.

Burns, G.W. e Bottino, P.J. 1991. Genética. 6ª edição. Guanabara Koogan, Rio de Janeiro, 381 pp.

Calder, N. 1980. The Comet Is Coming. The Viking Press, New York, 160 pp.

Cohen, S.N. e Shapiro, J.A.. 1980. Transposable genetic elements. Sci. Amer. 242 (2):40-49.

Courtillot, V.E. 1990. A volcanic eruption. Sci. Amer. 263(4): 53-60.

Cox, D.B. 1974. Vertebrate paleodistributional patterns and continental drift. J. Biogeogr. 1: 75-94.

Crawford, A.R. 1974. A greater Gondwanaland. Science 184:1179- 1181.

Dobzhansky, T., Ayala, F.J., Stebbins, G.L. e Valentine, J.W. 1977. Evolution. W.H. Freeman , San Francisco, USA, 572 pp.

Dotto, L. 1989. Planet Earth in Jeopardy: environmental consequences of nuclear war. John Wiley & Sons, New York, 134 pp.

Falconer, D.S. 1989. Introduction to Quantitative Genetics. 2ª edição. Longman, London, 340 pp.

Fedoroff, N.V. 1984. Transposable genetic elements in maize. Sci. Amer. 250 (6):64-74.

Ferreira, R. 1990. Bates, Darwin, Wallace e a Teoria da Evolução. Editora Universidade de Brasília, São Paulo, 100 pp.

Friis, A.M. 1990. *Silvianthemum suecicum* gen. et sp. nov., a new saxifragalean flower from the Late Cretaceous of Sweden. Biologiske Skrifter 36, Copenhagen, 17 pp + 7 pl.

Futuyma,D.J. 1986. Evolutionary Biology. Sinauer Associates, Sunderland, USA, 600 pp. Tradução portuguesa "Biologia Evolutiva". Sociedade Brasileira de Genética/ CNPQ,Ribeirão Preto (1992),631 pp.

Gonzales de Juana, C. Iturralde, J.M. e Picard, X. 1980.Geologia de Venezuela e de sus cuencas petrolíferas; 2 volumes. Ediciones Foninves, Caracas.

Gore, R. 1993. Dinosaurs. National Geographic 183(1):2-53.

Haq, B.V. e Boersma, A. 1984 Introduction to Marine Micropaleontology. Elsevier, New York, 500 pp.

Head, J.W. e Solomon, S.C. 1981 Tectonic evolution of the terrestrial planets. Science 213:62-76.

Hughes, N.F. 1976. Paleobiology of Angiosperm origins. Cambridge University Press, Cambridge, 231 pp.

Krassilov, V.A. 1977. The origin of Angiosperm.The Botanical Review 43 (1): 143-176.

Krebs, C.J. 1978. Ecology: the experimental analysis of distribution and abundance. Harper & Sons, New York, 678 pp.

Leonardi, G. (editor) 1987. Glossary and Manual of Tetrapod Footprint: Palaeoichnology. DNPM, Brasil, Brasília, 75 pp. + 20 pranchas.

MacArthur, R.H. 1972. Geographical Ecology: pattern in distribution of species. Harper & Sons, New York, 269 pp.

MacArthur, R.H. e Wilson, E.O. 1967. The Theory of Island Biogeography. Princeton Univ. Press, Princeton, 203 pp.

Muller, J. 1970. Palynological evidence on early differentiation of Angiosperm. Biol. Rev. 45:417-450.

Pielou, E.C. 1979. Biogeography. J.Willey & Sons, New York, 351 pp.

Pinto da Costa, S.O. (editor) 1987. Genética Molecular e de Microorganismos. Editora Manole, São Paulo, 559 pp.

Raven, P.H. e Axelrod, D.I. 1974. Angiosperm biogeography and past continental movements. Ann. of Missouri Bot. Garden 61 (3): 539-673.

Raven, P.H. e Axelrod, D.I. 1975. History of the flora and fauna of Latin America. Amer. Scientist 63(4): 420-429.

Ricardi, M.H. 1984. Compendio de Evolución Biológica y Geológica. Talleres Gráficos Universitarios, Universidad de Los Andes, Mérida, Venezuela, 423 pp.

Rocha-Campos, A.C. 1991. Antarctic research: the role of the Earth Sciences. Ciência e Cultura 43(2):178-182.

Schobbenhaus, C., Campos, D.A., Derze, G.R. e Asmus, H.E. (coordenadores) 1984. Geologia do Brasil. DNPM Brasil, Brasília, 501 pp.

Sclater, J.G. e Tapscott, C. 1979. The history of the Atlantic. Sci. Amer. 240(6):120-132.

Smith, A.G. e Briden, J.C. 1975. Mesozoic and Cenozoic Paleocontinental Maps. Earth Science Series. Cambridge University Press, London.

Sporne, K.R. 1971. The misterious origin of the flowering plants. Oxford Biology Reader 3, 16 pp.

Stebbins, G.L. 1974. Flowering Plants: evolution above the species level. Edward Arnold, London, 399 pp.

Stokes, W.L. 1982. Essentials of Earth History. Prentice-Hall, Englewood Cliffs, USA, 577 pp.

Takhtajan, A. 1969. Flowering Plants, Origin and Dispersal. Tradução inglesa da edição russa de 1961. Oliver & Boyd Ltd., Edinburg, 350 pp.

Thomas, B.A. e Spicer, R.A. 1987. The Evolution and Palaeobiology of Land Plants. Croom Helms, London, 309pp.

Traverse, A. 1988. Paleopalynology. Unwin Hyman, London, 600 pp.Tschudy, R.H. e Scott, R.A. 1969. Aspects of Palynology. Wiley- Interscience, J. Wiley, New York, 510 pp.

Valentine, J.W. 1978. The evolution of multicelular plants and animals. Sci. Amer. 239(3):105-117.

Vanzolini, P.E. 1992. Paleoclimas e especiação em animais da América do Sul tropical. Estudos Avançados USP, 6(15):41-65.

Viana, C.F. 1980. Cronoestratigrafia dos sedimentos da margem continental brasileira. Anais 31° Congresso Bras. Geol., 2:832-843.

Wettstein, R. 1944. Tratado de Botánica Sistemática. Editorial Labor, Tradução espanhola por P. Font Quer. Barcelona, 1039 pp.

Willock, C., Page, G.D. e editores Life-Time. 1988. O Grande Vale da África. Life-Time Books, Editora Cidade Cultural, Rio de Janeiro, 184 pp.

A ERA CENOZÓICA

CAPÍTULO 6

A Introdução

Era Cenozóica iniciou-se entre 64,4 e 65 milhões de anos (M.a.) e compreende dois períodos. O período Terciário é o mais antigo e durou cerca de 63 milhões de anos, o que representa a maior parte do Cenozóico. O Período Quaternário, muitíssimo mais curto, tem uma duração aproximada de 1,6 a 2 M.a. (dependendo do autor), e chega até o presente. Esta divisão do Cenozóico não é adotada por todos os geólogos. Na Europa continental costuma-se dividí-lo em dois períodos, o Paleógeno, que inclui as séries Paleoceno, Eoceno e Oligoceno, e que culmina com a criação das montanhas dos Alpes; o segundo período é o Neógeno que se inicia a 23 M.a. e que inclui o Mioceno, Plioceno e Pleistoceno. Neste livro será adotada a divisão da União Internacional de Ciências Geológicas (1989), com as seguintes Séries ou Períodos: Paleógeno, Neógeno e Quaternário. A palavra Terciário é usada aqui para se referir a todo o intervalo de tempo coberto pelos dois primeiros períodos.

A Era Cenozóica é conhecida como a **Idade dos Mamíferos** ou **das Angiospermas**, de acordo com uma ênfase em animais ou em plantas. Ambos os grupos passam a dominar a superfície da Terra. Todos os continentes modernos são identificáveis como entidades separadas desde o início da Era ainda que suas posições relativas e suas formas mudam até atingirem ás atuais. Neste capítulo será tratado somente o Terciário. O Quaternário será apresentado no capítulo 9 e no segundo volume deste livro.

2. O Terciário

Durante o Terciário houve a grande movimentação dos continentes pela criação de litosfera em vários pontos, e a formação dos arcos-de-ilha atuais. A formação e distribuição dos arcos-de-ilha estão bem explicadas pela teoria de expansão do fundo oceânico que está sendo tragado para dentro da litosfera, transformando-se em magma na astenosfera (capítulo 3). Os arcos-de-ilha são formações dinâmicas e transitórias que tendem, com o passar dos tempos, a desaparecer ou a se fundir com os continentes ou outras ilhas não vulcânicas. Os que existem hoje, como os do mar Caribe (Fig. 6.1) e do oeste do Pacífico, foram formados principalmente no Terciário. Eles estão em zonas de terremotos, de fontes termais, de intrusões ígneas e de vulcões ativos. Do ponto de vista biogeográfico e paleoecológico eles constituem rotas de migração muito importantes da biota.

As altas montanhas que existem hoje foram formadas principalmente durante o Terciário. Os Andes e as Montanhas Rochosas iniciaram o seu levantamento no Terciário, enquanto as Américas se moviam para oeste; sendo que nos Andes o soerguimento começou do sul para o norte e a parte setentrional (na Colômbia e Venezuela) só se iniciou no Plioceno. Na Eurásia foram aparecendo uma a uma as cadeias de montanhas à medida que os blocos continentais do sul colidiam com os do norte.

Os Alpes têm sido intensamente estudados desde o século 19 por geólogos de muitos países e têm sido o modelo do estudo do levantamento de montanhas. Hoje

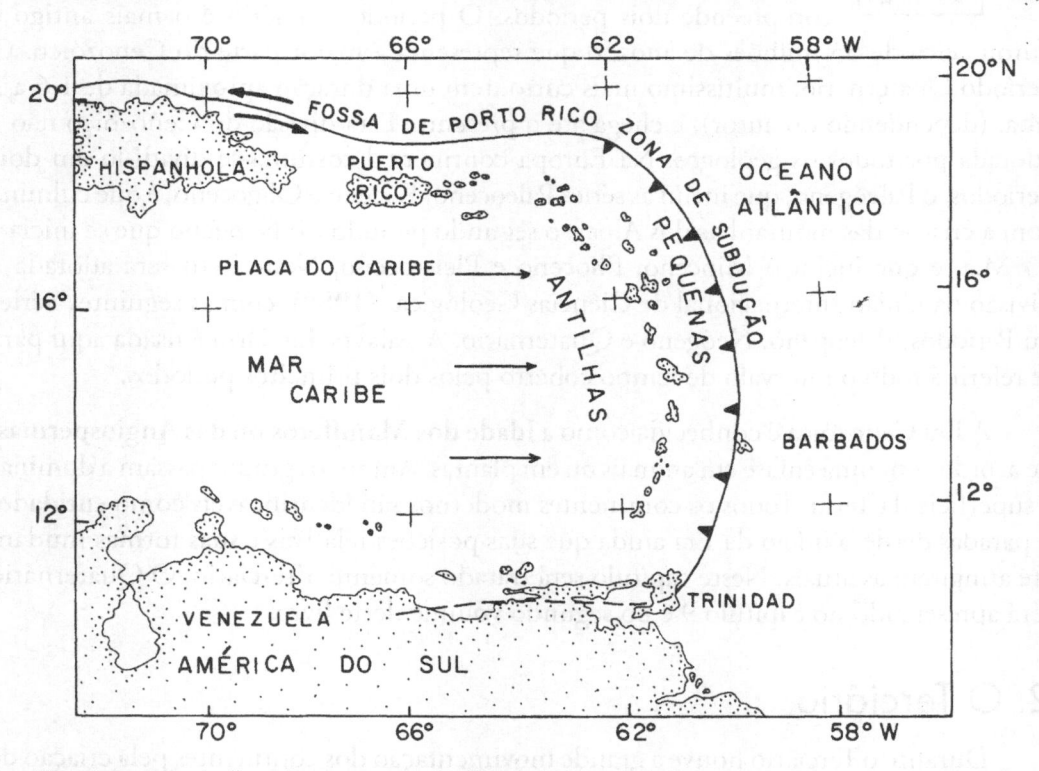

Fig. 6.1. Arco-de-ilhas das Pequenas Antilhas (Mar Caribe) em sua posição moderna. Ele está associado com a zona de subducção da placa do Caribe sob a placa do Atlântico. A maioria das ilhas surgiu no Terciário e poucas têm rochas mais antigas que o Eoceno. Adaptado de Stokes (1982).

sabe-se que eles resultaram da pressão exercida pela África em seu movimento para o norte, que começou a ca. de 53 M.a., no Eoceno médio. Os sedimentos mesozóicos do mar de Tethys (veja capítulo 5) ao norte da África foram empurrados cerca de 80-90 km para o norte, deformados e levantados. O movimento orogênico culminou há uns 30 M.a. e serve para a divisão entre Paleógeno e Neógeno. A mesma pressão originou depois, por um movimento de tesoura, os Pireneus, os Cárpatos, na Europa, e o Atlas, na África. Os Himalaias, na Ásia, tambem se originaram no Terciário, como se verá mais adiante.

A formação de todas estas montanhas modificou o relevo dos continentes, criou novas áreas de expansão para a biota e barreiras para migração. O clima destas áreas inicialmente baixas, foi se esfriando a medida que se elevavam, chegando, no Quaternário, a terem seus picos mais altos cobertos por neves eternas (glaciais). Todas estas modificações, juntamente com a deriva dos continentes, mudando suas posições latitudinais, tiveram uma influência muito forte na distribuição dos animais e plantas e na extinção de numerosos grupos.

Durante o Terciário os fragmentos de Laurásia e Gondwana seguem se separando. Esta separação resultou no isolamento de uns e na colisão de outros. A América do Norte colide várias vezes com a Ásia; a África com a Eurásia. Estes movimentos também resultaram em fechamento e abertura de novos oceanos, com mudanças drásticas nas correntes marinhas e na distribuição de fauna e flora dos mares. Portanto, dizer que o Terciário foi um tempo de clima estável, com esfriamento progressivo, não é certo. Os estudos geofísicos feitos nestas últimas décadas e as informações obtidas pelos fósseis, mostram que as mudanças climáticas foram grandes e diferentes em cada um dos continentes que resultaram da fragmentação de Pangea, como será visto a seguir.

2.1. O Período Paleógeno

A flora e fauna representadas por megafósseis que vinham do Mesozóico vão se empobrecendo à medida que transcorre o Paleógeno (Leopold, 1969, e outros). Porém, as angiospermas e os mamíferos, que surgem no Mesozóico vão diversificando-se e ocupando os nichos deixados pela grande extinção do final de Cretáceo. Os microfósseis (pólen, esporos, cistos de alga, etc., microscópicos) também mostram diferenciação e diversificação dos organismos dos quais provêm. As épocas (séries) do Paleógeno são descritas em seguida.

O **Paleoceno** iniciou-se há 65 M.a. e durou cerca de 12 M.a. No Paleoceno inferior África estava conectada com Eurásia e havia ampla oportunidade de intercâmbio de fauna e flora destes dois continentes. Apesar do Atlântico Norte já ter se iniciado e separar África da América do Norte, a Groenlândia ainda conectava América do Norte com Europa (Fig. 6.2). Desta maneira Raven e Axelrod sugeriram que uma parte da fauna gondwânica pudesse chegar à América do Norte via África, Europa e Groenlândia. Com esta hipótese alguns biogeógrafos explicam certas semelhanças na fauna de mamíferos marsupiais, entre as Américas do Sul e do Norte que tanto impressionaram a

G.G. Simpson há uns 40 anos atrás. Esta hipótese traz o problema de que ainda não foram encontrados mamíferos fósseis na África desde o Triássico até o Eoceno. Porém, uma evidência negativa não implica necessariamente na não existência destes mamíferos. A ausência de uma evidência não é a evidência de uma ausência. A África é um continente grande e não está explorada na maior parte de sua área. Desta forma pode ser que ainda possam ser achados.

Um exemplo para ilustrar o perigo de uma evidência negativa é dado por peixes. Em 1938 foi pescado nas águas em volta de Madagascar, um exemplar vivo de um peixe do grupo dos **Celacantos** (gênero *Latimeria*) que só se conhecia como fóssil mesozóico (Fig. 2.1). Mais tarde foram achados outros exemplares vivos e uma pesquisa recente

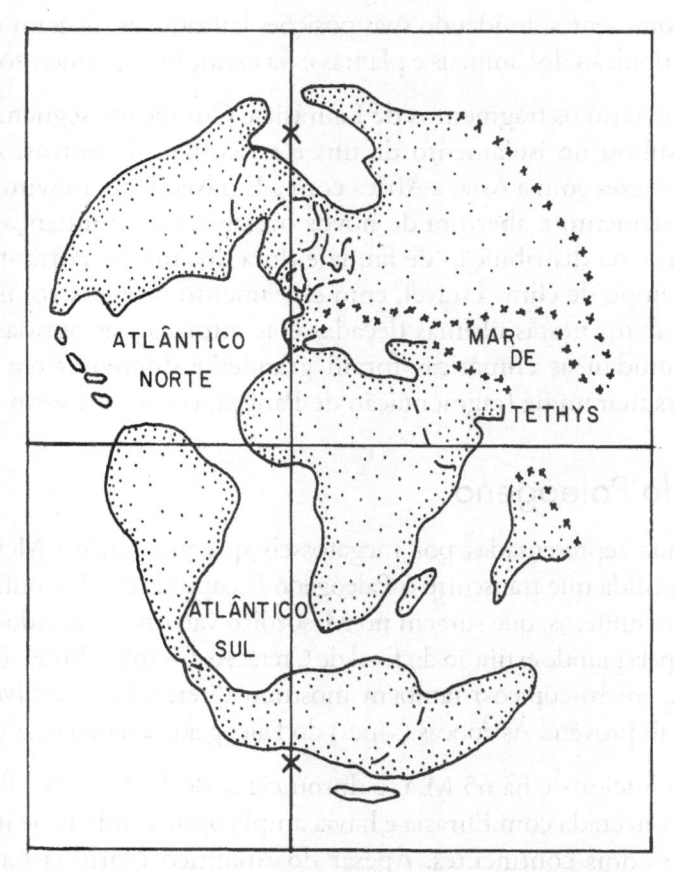

Fig. 6.2. Posição dos continentes no Paleoceno. A forma dos continentes é somente como referência. As duas linhas ortogonais representam o equador e o meridiano de Greenwich. O X marca os polos geográficos sul e norte. A posição e forma da Ásia é hipotética e novos estudos poderão modificá-la. Mapa base Smith e Briden (1975).

estudou os seus hábitos. Mas aí ficam as perguntas: como foi que este gênero chegou até o presente e por que não existe um único exemplar dele entre os milhares de peixes fósseis das coleções correspondentes ao Cenozóico.

O problema da semelhança entre as faunas de mamíferos cretáceos nas duas Américas ainda não está resolvido. A hipótese de passagem via África não é aceita por muitos pesquisadores que pensam que a fauna de mamíferos gondwânicos encontrada no oeste da América do Norte veio provavelmente em um fragmento de Gondwana que se destacou, viajou e se ligou ao oeste da América do Norte, como se verá mais adiante.

No Paleoceno médio, África se separa de Eurásia. Entretanto, várias vezes durante o Terciário estes dois continentes se unirão para novamente se separarem. Nesses contactos, intercambiaram suas biotas.

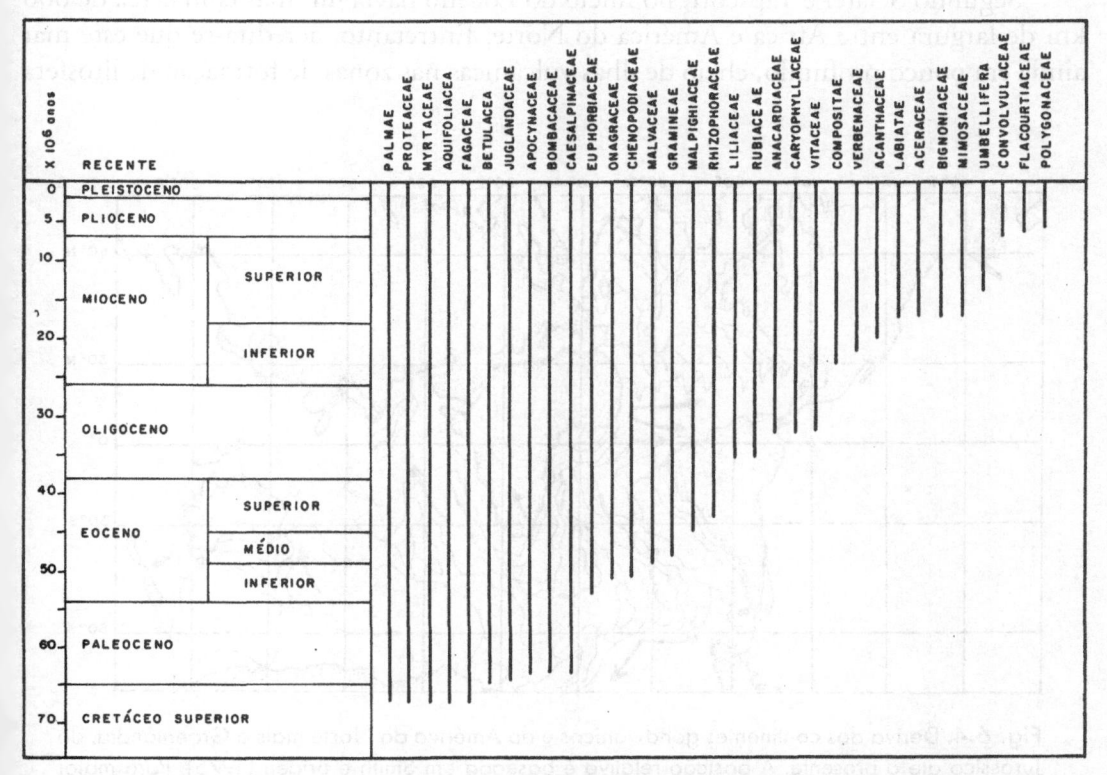

Fig. 6.3. Início de algumas famílias selecionadas de Angiospermas modernas. Pesquisas futuras poderão levar mais para baixo a idade na qual surge o primeiro gênero destas famílias. Adaptado de Salgado-Labouriau (1984).

O estudo de esporos e grãos de pólen desta época mostra o início de novas famílias de angiospermas (Fig. 6.3). As primeiras são Casuarinas e Apocináceas; em seguida originam-se os gêneros *Betula, Bombax, Crudia* (Caesalpiniaceae), entre outros. Por outro lado os grupos do Mesozóico, como os "Normapolles", estão em declínio e começam a surguir novas formas de pólen triporados; entre eles estão formas semelhantes à *Myrica* e outros. Traverse (1988, p.292) crê que estes grãos triporados foram produzidos por plantas do tipo amentífero, e seriam árvores e arbustos. Os conjuntos (assemblages) de pólen e esporos nesta época já se assemelham aos modernos das regiões tropicais, com abundante pólen de palmeiras e outras famílias de angiospermas tropicais.

No **Eoceno**, que se iniciou há cerca de 53 M.a. e durou uns 17 M.a., América do Norte começa a se separar definitivamente da Europa e o Atlântico Norte se estende até o Oceano Ártico (Fig. 6.10). Isto trouxe conseqüências grandes ao clima da região e do Atlântico. A penetração das águas muito frias do Oceano Ártico no Atlântico mudou a temperatura deste mar com conseqüência imediata sobre a distribuição e ecologia dos organismos marinhos.

Segundo Sclater e Tapscott, no início do Eoceno havia um mar com cerca de 600 km de largura entre África e América do Norte. Entretanto, acredita-se que este mar ainda era pouco profundo, cheio de ilhas vulcânicas nas zonas de formação de litosfera

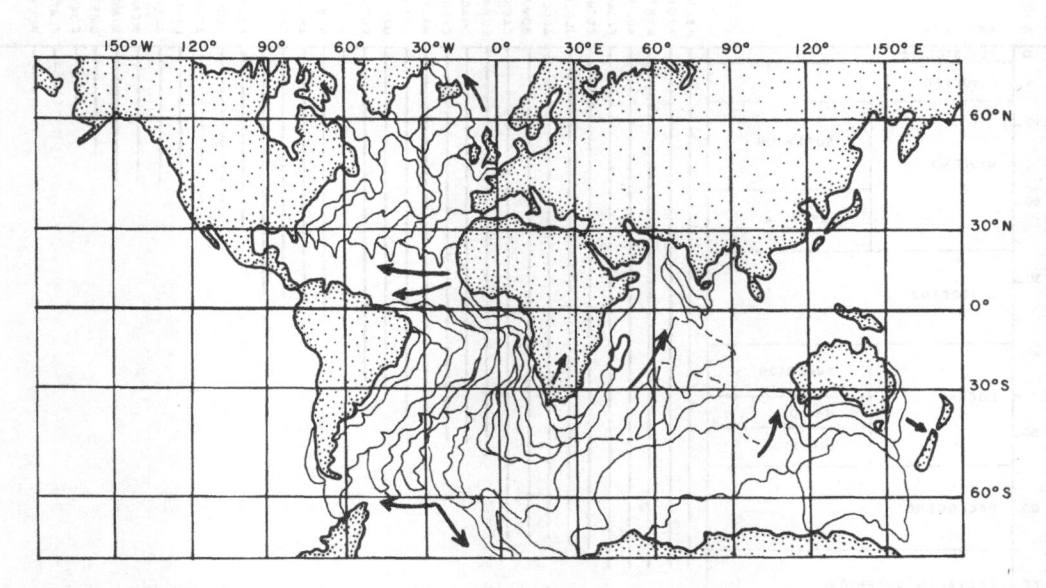

Fig. 6.4. Deriva dos continentes gondwânicos e da América do Norte mais a Groenlândia, do Jurássico até o presente. A posição relativa é baseada em Smith e Briden (1975). Para maior clareza foram omitidas algumas posições intermediárias e a Eurásia foi mantida fixa, na posição moderna. A forma dos continentes durante o deslocamento é somente como referência pois, certamente não tinham estas formas. As setas indicam o sentido do deslocamento.

da Dorsal Atlântica do meio do oceano (capítulo 3 e Fig. 3.8) Se assim era, havia ainda possibilidade de intercâmbio limitado de biota através de dispersão em escala-de-ilhas e outras formas de cruzamento de uma barreira de água salgada (Tab. 3.1) que, por intercâmbio de genes, mantinha uma certa homogeneidade de fauna e flora entre as terras dos dois lados do oceano.

Nesta época Índia, que se tinha destacado do seu encaixe entre África e Austrália, no final do Cretáceo, e que seguira sua viagem para o nordeste (Fig. 6.2 e 6.4), colidiu com a Ásia. Como esta colisão foi muito bem estudada e prossegue, ela serve para exemplificar o que passou com outros fragmentos de Pangea, e em outras épocas, quando duas crostas continentais colidiram (Fig. 6.5).

Baseados nos estudos de paleomagnetismo e de datação radiométrica do fundo oceânico, concluiu-se que se formou um sistema de fossas tectônicas (rift) entre África e Índia seguido de formação de litosfera. A recém formada crosta oceânica aumentou progressivamente a distância entre elas a partir do Cretáceo. Enquanto isto, formou-se uma zona de subducção entre a placa da Índia e a da Ásia de forma que a crosta oceânica da placa da Índia começou a submergir debaixo da placa asiática e foi sendo absorvida pouco a pouco na astenosfera (Capítulo 3). Desta forma Índia foi se deslocando na direção nordeste (Fig. 6.4) por 5000 km que cobriu em 20 a 30 M.a. Finalmente, no Eoceno toda a crosta oceânica entre os dois subcontinentes foi tragada e eles colidiram. A partir daí a zona de subducção continuou ativa, o que fez com que Índia penetrasse em direção ao norte por mais de 2000 km e que continue ainda hoje este movimento. Isto só é possível porque as crostas continentais são menos densas que as oceânicas. Os continentes (que são uns 20% menos densos que o manto) não se submergem nas zonas de subducção (capítulo 3, seção 3). Como a colisão prossegue, pergunta-se: que passou com a zona continental que foi deslocada pela colisão? Fotos de satélite mostram perfeitamente a sutura, isto é, a parte onde se uniram os dois subcontinentes. Estas fotos e os estudos geológicos de toda a região que compreende o norte da Índia, Paquistão, Afganistão, Planalto Tibetano, China, Mongólia e Russia oriental, é uma caótica reunião de formas e estruturas, quanto à topografia, ao clima e à diversidade geológica. Há desde desertos e altas montanhas com uma altitude média de 5000 m, como regiões férteis e planas. Toda esta diversidade se explica pela colisão e posterior pressão exercida pela Índia, que continua no presente. A borda norte da Índia se dobrou e deformou (Fig. 6.5) formando o Himaláia Sul que se soldou à borda também deformada da Ásia, a qual formou o Himalaia Norte, com uma zona de soldadura bem nítida.

A colisão provavelmente foi entre 60 e 40 M.a. A.P. (antes do presente, por radiometria) pois até esse tempo não ha mamíferos fósseis descritos para a Índia. Os primeiros mamíferos são achados a partir daí e pertencem a fauna eocênica da Mongólia, o que sugere que no Eoceno médio os subcontinentes já estavam unidos e os mamíferos puderam passar da Ásia à Índia. Para detalhes veja o artigo de Molnar e Tapponier (1977).

O que aconteceu com o clima da Índia durante este deslocamento ? No Cretáceo, Índia fazia parte de Gondwana e se encontrava um pouco abaixo da latitude de 30°S. Tinha um clima temperado frio. O seu movimento para o norte (Fig. 6.4) fez com que a temperatura fosse esquentando até tornar-se do tipo equatorial. Como o movimento continuou para o norte, a temperatura da parte norte do fragmento foi esfriando. Hoje a parte norte da Índia está na zona temperada, a parte sul na zona sub-tropical norte e o o Trópico de Câncer passa pelo meio. Uma outra modificação drástica no clima apareceu quando Índia se destacou de Gondwana e se tornou uma ilha. A parte sul que tinha um clima continental, e portanto de temperaturas extremas de verão e de inverno, passou a ter um clima litoral mais ameno, sujeito aos ventos marinhos e ás massas de água em toda a sua volta. Novos ambientes e novos nichos ecológicos foram criados em todo o seu perímetro com a formação de litoral. Ao chocar-se com o continente asiático uma nova mudança começou na parte norte que perdeu a influência das massas de água. Todas estas mudanças devem ter alterado o regime de chuvas (veja Capítulo 8, sobre o clima).

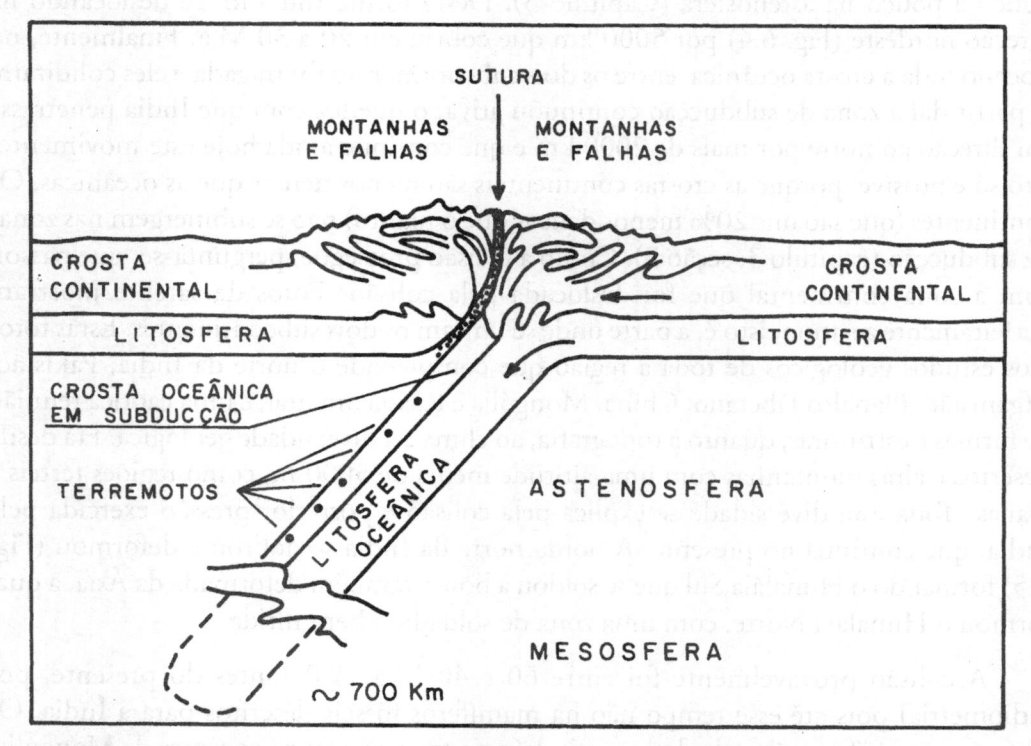

Fig. 6.5. Colisão entre dois continentes que ilustra como deve ter acontecido entre a placa da Índia e a da Ásia. Observe a formação de montanhas em ambas as bordas. Um processo semelhante deu origem aos Himalaias.

Os organismos que viviam nessa grande ilha ficaram isolados das outras populações gondwânicas de clima temperado. A maior parte não se adaptou e se extinguiu, não por competição, como ocorreu em outras regiões, mas por impossibilidade de viver neste clima que mudava continuamente nos 20-30 M.a. que durou o percurso pelo oceano até a colisão. A partir daí, os poucos organismos que sobreviveram e os que mutaram podiam teoricamente expandir a sua área de distribuição até a Ásia, ou competir com os invasores asiáticos. A invasão mais bem documentada entre os animais foi a dos mamíferos placentários (veja parte 5). Hoje a Índia tem os grandes carnívoros, como o tigre, e os grandes herbívoros, como o elefante, junto com numerosos outros placentários; nenhum marsupial consta do registro fóssil indiano, nem existe na sua fauna moderna. Quanto à flora gondwânica, a maior parte se extinguiu e foi substituida por elementos novos.

O levantamento do Himalaia, posterior à colisão, e que prossegue até hoje, criou uma barreira geográfica para a continuação de intercâmbio genético entre a biota que ficou na Índia e a do continente asiático, propiciando a sua diversificação. Por outro lado, à medida que as montanhas se levantavam iam sendo criados ambientes frios, de alta montanha, que permitiram a colonização por novos organismos que se especiavam (veja capítulo 5, parte 5). As mudanças drásticas nos parâmetros geográficos, climáticos e geográficos, climáticos e ecológicos, e a interação complexa de suas variáveis resultaram nos numerosos ecossistemas que existem hoje na Índia, constituem um problema paleoecológico muito interessante. O estudo dos megafósséis e microfósseis olhados deste ponto de vista dinâmico seguramente trará informações preciosas sobre as mudanças ambientais e dará modelos para a previsão do que poderá ocorrer aos ecossistemas devido ás modificações drásticas que estão ocorrendo hoje no ambiente por ação direta do homem.

Da mesma forma que a Índia, existe a hipótese que outro fragmento em Gondwana oriental (Pacífica, Fig. 5.1) se desprendeu e foi se ligar à Ásia, formando a costa da China. Isto explicaria muitos dos problemas de distribuição de fauna e flora fóssil gondwânicos no leste da China. Por exemplo, o gênero *Podocarpus*, (Fig. 6.7) amplamente distribuido no Mesozóico de Gondwana. Hoje o gênero ("sensu lato") é encontrado não somente nos continentes comprovadamente de Gondwana, mas também cresce no leste da China e no Japão.

É possível que outro fragmento, em Gondwana ocidental (Protocalifórnia, Fig. 5.1) foi se ligar à costa oeste da América do Norte. Isto explicaria a semelhança entre fósseis de peixes cretáceos de água doce na Bolívia e na costa oeste da América do Norte; também explicaria a presença de *Araucaria* na floresta petrificada (mesozóica) do Arizona e os mamíferos marsupiais do início do Terciário da região oeste dos Estados Unidos. Se Pacífica e Protocalifórnia existiram, teriam passado pelas mesmas situações da Índia no seu percurso para o norte. Sem dúvida, a costa leste da China e a sudoeste da América do Norte têm numerosos fósseis mesozóicos gondwânicos, como se viu no capítulo anterior e se verá na parte 5 deste capítulo. Hoje, como a Índia, estas regiões contêm a fauna e flora dos continentes a que se ligaram.

A produção orgânica nos deltas marinhos dessa época deve ter aumentado pois a reserva de petróleo do Eoceno inferior é muito grande. Na Venezuela, segundo Gonzales, Iturralde e Picard, o petróleo de Zulia que começa no Cretáceo e Paleoceno, está estreitamente ligado ao complexo flúvio-deltaico do Eoceno inferior e médio (Fig. 6.6). No pós-Eoceno as areias com produção de petróleo têm uma extensão superficial muito limitada, e depois não é mais encontrado. Os grandes depósitos de petróleo da costa oeste dos Estados Unidos são também desse tempo.

No Eoceno superior a situação dos continentes era a seguinte: América do Sul e África ja estavam separadas por um mar de cerca de 1400 km, segundo Scatler e Tapscott. Talvez havia algumas poucas ilhas entre elas. Alguns autores pensam que ainda existia um caminho livre entre América do Sul e Austrália (através da Antártida, Fig. 6.2) para a migração de organismos de clima temperado frio. Segundo Graham e Meyerhoff, nessa época Cuba e a península de Yucatán estavam conectadas por uma ponte contínua de terra. Esta afirmação se baseia no achado nas ilhas do Caribe de pólen fóssil que

Fig. 6.6. Plataformas para extração de petróleo no Lago de Maracaibo, Venezuela. Fotografia cedida pela Companhia de Petróleo Venezuelana LAGOVEN.

pertence a espécies temperadas do norte (veja adiante). A Índia estava bem conectada à Ásia. América do Norte que se separara da Europa seguia a sua deriva para o oeste (Fig. 6.4).

No Eoceno inferior as Euforbiáceas, Oenoteráceas (*Epilobium*), Chenopodiáceas, junto com outras, começam a aparecer (Fig. 6.3). No Eoceno médio as Malváceas, gramíneas e os gêneros *Caryocar, Alchornea, Caesalpinia, Nyssa,* e outros, surgem, segundo J. Muller. As gramíneas, que depois se expandiram por toda a terra, só são achadas regularmente a partir daí porém, ainda em pequeno número. Segundo A. Traverse, elas só aparecem na época seguinte (Oligoceno). No Pleistoceno elas irão se expandir por quase todos os continentes e ilhas e passam rapidamente a constituir os elementos importantes de muitíssimos ecossistemas. Elas são as dominantes do estrato inferior de tipos de vegetação como as savanas (e cerrados) e os páramos; dominam todas as outras famílias nos campos, pradarias e estepes modernas. Sobre o início das gramíneas veja Germeraad e colaboradores (1968).

Laurásia devia estar mais ao sul que no início do Paleoceno. Do Paleoceno Tardio ao Eoceno inferior da Inglaterra são encontrados macrofósseis (sementes e frutos) e pólen da flora tropical, o que indica um clima muito mais quente que o atual. Segundo Traverse e outros, a máxima tropicalidade foi atingida no limite entre o Eoceno inferior e médio, e nesse tempo o registro de pólen mostra gêneros da zona temperada ocorrendo no ártico canadense. Esta fase foi denominada "Máximo paleotropical". Porém, na minha opinião e dos palinólogos que trabalham nos trópicos, ela se refere unicamente aos continentes da zona temperada do atual hemisfério norte, e não tem caráter global. Nesta fase a flora européia era muito semelhante à moderna da região malaia. Entre as sementes encontradas, por exemplo no Eoceno inferior de "London Clay", encontra-se a palmeirinha *Nipa*, da qual ja se falou, e que é parte integrante nos manguezais da Ásia. London Clay, com um rico e bem preservado conjunto de sementes, frutos e pólen, tem sido estudado desde os anos de 1930; hoje o sítio se encontra sob a cidade de Londres e ilhas próximas.

Fig. 6.7. Árvore de *Podocarpus* nos Andes Venezuelanos. Esta árvore alta e isolada é foi testemunho da floresta que foi cortada e na qual ela fazia parte. Observe uma pessoa no pé da árvore. Foto de Valenti Rull (1985).

No Eoceno superior surgem outras famílias de plantas com flores, entre elas as Malpighiáceas, Rhizophoráceas (gênero *Rhizophora*). A ocorrência de pólen fóssil dos gêneros *Rhizophora* (mangue), *Nipa* (vinda desde o Cretáceo) e *Brownlowia* (Tiliácea vinda do Paleoceno), todos juntos nos estuários do Eoceno superior, há uns 40 M.a. atrás, indica o início do ecossistema de *Manguezal* (ou mangue). O gênero *Avicennia* (mangue branco), comum nos manguezais modernos, só começa a ser encontrado mais tarde, a partir do Mioceno inferior. Estes dados mostram que o ecossistema de mangue é muito antigo, com pelo menos 40 M.a., e que sobreviveu até o presente. Contudo agora está ameaçado de extinção pelo homem.

No Eoceno surge um novo grupo de mamíferos, os Cetáceos (baleias, delfins, etc.). Eles vão ocupar, segundo G.G. Simpson, o nicho ecológico deixado por répteis como os ictiossauros e plesiossauros, que se extinguiram um pouco antes ou no final do Cretáceo. Estes eram animais marinhos carnívoros que se alimentavam de peixes, calamares, ammonites e outros animais de porte médio a pequeno. Foram substituídos na cadeia alimentar por peixes carnívoros mas, a partir do Eoceno, os Cetáceos passaram a ocupar um nicho trófico (alimentar) semelhante a este, e o ocupam até hoje. Os fósseis de delfins do Eoceno superior têm a forma externa muito semelhante à dos ictiossauros, e muito diferente de seus ancentrais terrestres.

O **Oligoceno** se inicia há cerca de 36-40 M.a. e durou uns 14 M.a. Nessa época se fez a separação entre Antártida e Austrália. Segundo Raven e Axelrod, uma corrente marinha muito fria começou a correr entre as duas a partir daí, esfriando o clima na costa oeste da Austrália. O grupo Austrália, Tasmânia, Nova Guiné, Nova Caledônia e Nova Zelândia segue se deslocando para o norte, o que resultou no isolamento de suas biotas nas ilhas que se formaram (Fig. 6.4). O exemplo mais marcante desta separação é que nunca houve mamíferos placentários nestas ilhas. Esta parte dos mamíferos será vista com mais detalhe na seção 5, deste capítulo.

O resultado final da separação e deslocamento da Nova Zelândia e da Nova Caledônia foi que mantiveram parte da sua biota gondwânica, que hoje é constituída de muitos relictos. Esta preservação de biota deve ter sido devida a fatores ainda não muito conhecidos que possivelmente mantiveram aí um clima úmido até o presente. Como não existem fósseis de mamíferos marsupiais na Nova Zelândia, e o único mamífero placentário antes da chegada do homem é um morcego, é possível que ela tenha se separado de Gondwana antes da expansão dos mamíferos que teria sido entre o Jurássico superior e o Cretáceo inferior.

Na Austrália, segundo Raven e Axelrod, o clima se tornou cada vez mais árido enquanto prosseguia o Terciário e a fauna e flora gondwânica ou se extinguiu ou evoluiu numa direção diferente dos outros fragmentos de Gondwana. Ela conserva hoje uma fauna grande de marsupiais (cangurus, koalas, etc.) que se especiou a partir do estoque gondwânico. Até a entrada dos europeus, no século passado, só havia um mamífero placentário, o *Canis dingo*, que se acredita foi introduzido pelos indígenas há cerca de

6.000 anos atrás. A situação de ilha com uma grande barreira de água salgada em volta, impediu a entrada da biota de fora e permitiu a formação de novas famílias e órdens. Quanto mais antiga é uma barreira, maior é a especiação no nível de categorias cada vez mais elevadas. Assim a flora e a fauna da Austrália são constituidas principalmente por famílias e gêneros endêmicos. Entre as plantas estão os eucaliptos, bem conhecidos de todos. Como a Austrália ainda é uma ilha com uma extensão grande de mar em volta, ela, a Nova Guiné e a Tasmânia continuam isoladas até hoje e de fora só existem as plantas e animais introduzidos pelo homem.

Se examinarmos o que passou à Índia e ao grupo da Austrália e Nova Zelândia durante o Paleógeno vê-se que durante o tempo em que se moveram para o norte, como ilhas (Fig.6.4), houve mudanças de clima que resultaram em muitas extinções, mas o isolamento reprodutivo e as mutações permitiram novas especiações. Como Austrália e ilhas próximas continuaram como ilhas até o presente, os mecanismos de especiação proseguiram sem interferência externa. Suas biotas resultaram numa combinação de relictos gondwânicos e endemismos. Por outro lado, a colisão da Índia com Ásia tornou possível um intercâmbio de biota entre as duas que resultou na migração de elementos asiáticos para a Índia e a extinção quase total da biota gondwânica.

Estudos paleontológicos e de isótopos de oxigênio mostram um resfriamento no início do Oligoceno da América do Norte e da Europa. Há desacordo na interpretação dos dados obtidos nas diferentes especialidades quanto à intensidade e duração das oscilações frias talvez por faltar ainda muita informação. Porém, segundo Traverse, esta fase fria foi seguida de muita chuva no final do Oligoceno. A análise de pólen indica que a floresta decídua temperada se expandiu por grandes áreas e a floresta de conífera possivelmente se limitou ás montanhas. Ainda há muito que ser feito sobre isto, porque muito poucos sítios foram estudados.

Segundo Graham e Jarsen houve uma conexão de terra entre as ilhas caribenhas e a América do Norte. Baseando-se em análise de pólen de sedimentos da ilha de Porto Rico, eles mostraram que no Oligoceno as espécies tropicais se encontram associadas a três gêneros de clima temperado: *Fagus, Nyssa* e *Liquidambar* que somente ocorrem na ilha durante essa época. Estes pesquisadores sugerem que a presença destes três gêneros indicaria que as montanhas do Caribe (principalmente as de Porto Rico, República Dominicana e Cuba) foram mais elevadas que na atualidade. No presente a mais alta montanha é o Pico Duarte (3175 m), na República Dominicana.

Durante o Oligoceno as Angiospermas seguem a sua diversificação. Surge o pólen das famílias Liliáceas, Rubiáceas, Anacardiáceae, Vitaceae (*Vitis*), Caryophyllaceae e dos gêneros *Escalonia, Thypha, Fagus, Quercus, Ulmus*, entre outros (Fig. 6.3).

2.2. O Período Neógeno

Este intervalo inclui as épocas (series) Mioceno e Plioceno. No Neógeno a maior parte das famílias e dos gêneros de plantas são os mesmos dos atuais. Este fato permite um estudo mais preciso de Paleoecologia e de Paleoclimatologia baseado em microfósseis pois as reconstruções paleoclimáticas e paleoecológicas são feitas diretamente pela utilização dos requisitos ecológicos das catagorias taxonômicas modernas (princípio do atualismo, capítulo 1, parte 2.2.).

Durante este tempo prossegue o empobrecimento progressivo da megaflora anterior com a extinção de grupos inteiros que antes estavam muito bem documentados em megafósseis. Entretanto, as Angiospermas e os Mamíferos continuam diversificando-se e distribuindo-se pelos continentes, e ocupando os nichos vazios deixados pelos grupos anteriores.

O Neógeno da Europa e América do Norte se caracteriza por um aumento do provincianismo. Isto é, as floras se limitam a áreas cada vez menores e as diferenças entre as floras de áreas próximas tornam-se cada vez maiores.

O **Mioceno** se extende de cerca de 23 M.a. a cerca de 5M.a. atrás. A África se une definitivamente à Eurásia (Fig. 6.8). Desta união começam a se formar as grandes montanhas africanas (veja adiante) e, os desertos que mudam drasticamente o clima do norte da África. Esta união permitiu a migração por terra, sem interrupções, de plantas e animais nas duas direções, mas principalmente da Ásia tropical para a África. Entretanto, se por um lado há intercambio de biota, por outro as mudanças climáticas no norte da África, com o aumento de aridez, resultam em extinções muito grandes. Segundo os pesquisadores que estudam a zona temperada norte, o clima começa a esfriar aí, o que eles chamam "deterioração climática". Pode ser que do ponto de vista humano o clima deteriorava, porém para os animais e plantas de clima frio, o declínio da temperatura significa abertura de mais áreas para viverem.

No Mioceno médio, por volta de 15,2 M.a. atrás, começou o processo gradual de levantamento de terras entre a América do Norte e do Sul que culminou no final do Plioceno pela formação da América Central. Ilhas vulcânicas foram surgindo e aumentando em número na direção norte-sul. Nesta época, a ilha de Jamaica se levanta do mar (15 M.a.; veja Figs. 3.1 e 5.3). Desde então adquiriu cerca de 3000 espécies de Angiospermas. Esta informação mostra que é possível uma migração grande de ilha em ilha por mar, vento, "jangadas" e pássaros (Tab. 3.1) desde que seja dado um intervalo de tempo que pode ser de alguns séculos e que se formem arcos-de-ilhas que façam a ligação com o continente. No caso da Jamaica se formaram os arcos das Grandes e das Pequenas Antilhas, e as Bahamas, ligando América do Norte e América do Sul.

No Mioceno se formou petróleo em grande número de deltas e estuários, segundo C.A. Hopping. De acordo com estatísticas recentes 50% dos campos de petróleo do mundo provêm de rochas terciárias. Os poços do Oriente Médio, altamente produtivos, são do Oligoceno e Mioceno. Gás e petróleo são encontrados no Terciário do Golfo do México, Califórnia, Venezuela, Colômbia, Mar do Norte, Rússia, região malaia, e entre Austrália e Tasmânia. O petróleo da plataforma continental brasileira é um pouco mais

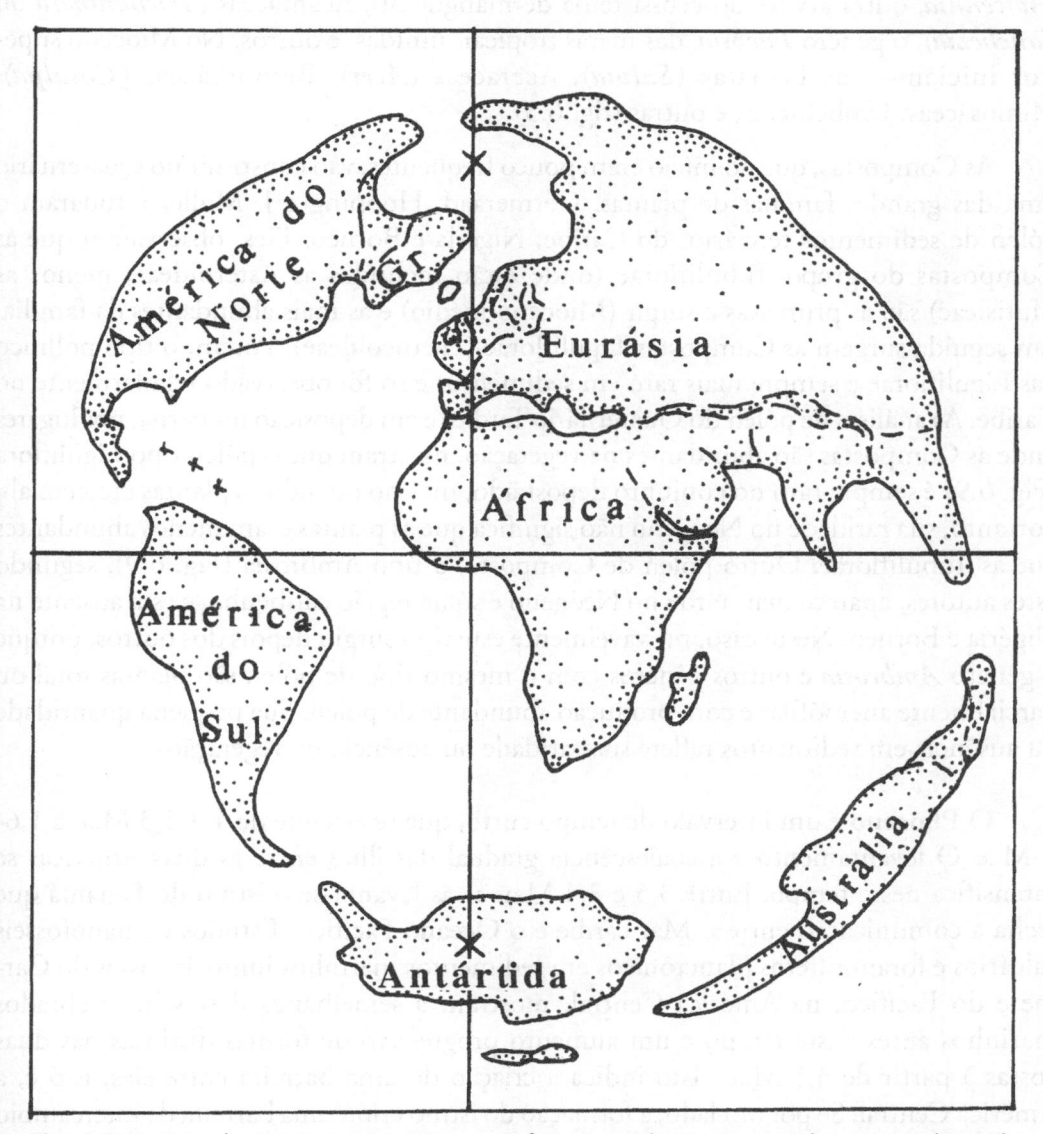

Fig. 6.8. Posição dos continentes no Mioceno inferior, em relação ao equador e o meridiano de Greenwich. A forma dos continentes é somente como referência, mas já se aproxima da moderna. O x marca os polos sul e norte.

antigo (Cretáceo). Infelizmente, ainda que o Cretáceo e o Terciário (até o Mioceno), onde estão os maiores depósitos de petróleo, estejam bem estudados e muito bem subdivididos do ponto de vista geológico e bioestratigráfico, praticamente não há trabalhos publicados sobre eles. As informações se encontram em relatórios, em manuscritos ou codificadas nas companhias petrolíferas.

No Mioceno inferior e médio começam as Compostas (Tubulifloras), Verbenáceas (*Avicennia*, outra árvore do ecossistema de manguezal), Acantaceas (*Trichanthera* ou *Sanchezia*), o gênero *Fuchsia*, das matas tropicais úmidas, e outros. No Mioceno superior iniciam-se as Labiatas (*Salvia*), Aceraceas (*Acer*), Bignoniáceas (*Catalpa*), Mimosáceas, Umbelíferas, e outras (fig. 6.3).

As Compostas, que no início eram pouco freqüentes, vão constituir no Quaternário uma das grandes famílias de plantas. Germeraad, Hopping e J. Muller estudaram o pólen de sedimentos terciários do Caribe, Nigéria e Borneo. Eles observaram que as Compostas do grupo Tubuliflorae (onde estão incluídas as Asteroideae, menos as Mutisieae) são as primeiras a surgir (Mioceno médio) e as mais abundantes da família. Em seguida surgem as Compostas-Liguliflorae (Lactucoideae). Porém, o tipo polínico das Liguliflorae é sempre mais raro em sedimentos e só foi observado regularmente no Caribe. As análises de pólen do Quaternário Tardio, e em deposição moderna, nos lugares onde as Compostas são abundantes na vegetação, mostram que o pólen tipo Liguliflora (Fig. 6.9) é sempre raro no conjunto depositado, mesmo quando as plantas crescem ali. Portanto, sua raridade no Neógeno não significa que as plantas eram menos abundantes que as Tubuliflorae. Outro pólen de Composta, o tipo Ambrosia (Fig. 6.9), segundo estes autores, aparece mais tarde no Neógeno e só na região caribenha, e está ausente na Nigéria e Borneo. Neste caso, provavelmente este tipo surgiu depois dos outros, porque o gênero *Ambrosia* e outros gêneros com o mesmo tipo de pólen são plantas total ou parcialmente anemófilas e com produção abundante de pólen. Sua pequena quantidade ou ausência em sedimentos reflete sua raridade ou ausência na vegetação.

O **Plioceno** é um intervalo de tempo curto, que se estende de 4,8-5,3 M.a. a 1,6-2 M.a. O levantamento e a coalescência gradual das ilhas entre as duas Américas se intensifica nesse tempo. Entre 3,5 e 2,4 M.a. atrás levanta-se o istmo do Panamá que fecha a comunicação entre o Mar caribe e o Oceano Pacífico. Estudos de nanofósseis calcários e foraminíferos planctônicos em sedimentos marinhos junto ás costas do Caribe e do Pacífico, na América Central, mostram a semelhança destes invertebrados marinhos antes deste tempo e um aumento progressivo de formas distintas nas duas costas à partir de 3,5 M.a. Isto indica a criação de uma barreira entre eles, isto é, a América Central. Se por um lado, a formação do istmo criou uma barreira de intercâmbio entre organismos marinhos, por outro facilitou o intercâmbio de organismos terrestres.

A flora e a fauna da América do Sul, que estavam isoladas de todo o resto do mundo desde o Cretáceo médio nas regiões equatoriais e desde o Cretáceo inferior nas regiões sul, começam a entrar em contacto há cerca de $2,5 \times 10^6$ anos A.P. com a biota terrestre da América do Norte pelo levantamento do istmo do Panamá. Este fato trouxe conseqüências enormes na distribuição, sobrevivência e extinção de espécies. As migrações de animais e plantas através do istmo de Panamá dão um modelo do que ocorreu no passado quando se formaram pontes estáveis de terra entre dois blocos continentais.

Através da América Central começou o intercâmbio, isto é , uma migração em massa entre as duas Américas, em ambas as direções. Isto significa, entre os animais, competição pela mesma comida e espaço para viver (território). O resultado foi que alguns grupos nativos mantiveram seu território e o invasor se extinguiu na região. Em outros casos o grupo invasor substituiu o nativo; em poucos casos passaram a conviver. Segundo G.G. Simpson, E.P. Odum e outros, geralmente quando dois organismos vicariantes (que competem para o mesmo nicho ecológico) se encontram, um é extinto. No seu modelo para explicar a composição da fauna no Quaternário, Simpsom escreve que os mamíferos carnívoros da América do Sul (e de Gondwana em geral) eram marsupiais e foram totalmente deslocados ou se extinguiram. Hoje são um pequeno grupo (veja seção 4). Os invasores placentários do norte tiveram mais sucesso. Segundo Simpson, os carnívoros placentários da América do Norte tiveram ampla oportunidade de envolver-se em episódios de fluxo migratório e em intermigração, primeiro com a Europa e depois com a Ásia. Eles foram expostos a uma série de choques competitivos e deviam ser "especialistas" em invasão e em defesa contra invasores competitivos. Por outro lado, os carnívoros sulamericanos (marsupiais) estiveram isolados por cerca de 65 M.a. do resto de todo o mundo (desde o Cretáceo superior); só tinham competição entre eles mesmos o que resultou em um equilíbrio dinâmico que devia ser muito pouco competitivo e que não deu oportunidade em sua evolução do aparecimento das defesas requeridas, quando houve a invasão do norte (Simpsom, 1950). Eu acho que mais que isto, o sistema reprodutivo dos marsupiais e o seu cérebro menos desenvolvido têm

Fig. 6.9. Tipos de pólen nas Compostas: à esquerda, tipo geral das Compostas-Tubuliflorae exemplificado por **Bidens andicola**; no centro, tipo geral das Compostas-Liguliflorae, exemplificado por **Hypochoeris setosa**; à direita, tipo Ambrósia, exemplificado por **Coespeletia spicata**

desvantagens em relação aos placentários (veja adiante). Outro exemplo da invasão vinda do norte é o da cobra cascavel (gênero **Crotalus**) que, segundo P. Vanzolini, provavelmente entrou na América do Sul no Plioceno.

O estudo das floras atuais das Américas Central e Sul mostraram o inverso do que ocorreu com os mamíferos. A flora exuberante da América do Sul, que se desenvolveu enquanto estava isolada, invadiu o norte e se estabeleceu no recém formado istmo e seguiu sua invasão para o norte, chegando até o México. Hoje os tipos de vegetação da América Central têm uma composição florística semelhante à do norte da América do Sul.

Os dados que temos para as plantas do final do Terciário da América do Sul se baseiam principalmente nos trabalhos de Van der Hammen e colaboradores e se referem à análise palinológica do norte do continente. Entre as famílias que começam no Plioceno estão, entre outras, as Convolvuláceas, Flacourtiáceas e Poligaláceas (Fig. 6.3). O pólen de **Rhizophora** que aparece em pequena quantidade no Eoceno e Oligoceno passa a ser o tipo dominante da microflora da costa caribenha em todo o Neógeno. Ele, e os outros tipos de mangue, mostram o desenvolvimento e expansão dos manguezais (veja Fig. 9.9).

2.3. A formação dos oceanos modernos

No presente o mar ocupa três quartos da superfície da Terra. A distribuição geográfica entre oceano e continente é diferente no norte e no sul. O hemisfério norte é constituido por 50% de água e o hemisfério sul por 90%. Acredita-se que a quantidade total de água é constante no planeta desde que se formaram os mares. Porém, a distribuição na superfície da Terra não foi a mesma ao longo de sua história devido ao movimento das massas continentais, como foi visto neste capítulo e nos anteriores. Provavelmente a área ocupada por terra aumentou durante o Paleozóico e o Mesozóico, por crescimento dos continentes. Isto deve ter sido outro fator que modificou a relação entre terra e água.

O hemisfério sul, no Paleozóico tinha a maior parte das terras continentais (Fig. 6.10). No início do Mesozóico a parte sul foi sendo ocupada por uma extenção cada vez maior de mares à medida que o fundo dos oceanos foi se estirando e empurrando os continentes de Gondwana para o norte, e as terras que iriam formar a Ásia se foram unindo. As conseqüências destas mudanças do ponto de vista paleoecológico e paleoclimáticos nos continentes já foram discutidas nos capítulos anteriores deste livro. Agora são examinadas ás dos grandes oceanos.

O grande **Mar de Tethys** (capítulo 5, parte 4.1) entre Laurásia e Gondwana (Figs. 5.5, 6.2 e 6.10), onde se acumularam enormes depósitos calcários durante o Mesozóico, é praticamente eliminado à medida que transcorre o Terciário. No Cretáceo ele ainda se comunicava com o Atlântico Norte pelo paleoestreito de Gibraltar. Depois, a maior parte do seu fundo é levantado pela pressão da placa africana sobre a Eurásia, principalmente a partir do Mioceno. O que resta dele hoje seria constituído pelo norte do Oceano Índico.

O **Oceano Índico Sul** começa a se formar com a saída da Índia e a criação de uma zona de formação de litosfera no final do Cretáceo. Iniciam-se as Dorsais do Índico sudoeste e do Atlântico-Índico (Fig. 3.8) que vão formando a placa Índica e estendendo a área oriental da placa africana (capítulo 3). Da mesma forma que o Atlântico, o fundo do Oceano Índico está bem estudado e datado por paleomagnetismo e radiometria. As etapas de sua formação são bem conhecidas (veja, por exemplo, Molnar e Tapponier, 1977).

O **Oceano Pacífico** deve ser um mar muito antigo. Ele representa o que sobrou do imenso oceano de Panthalassa que existia no Paleozóico quando todas as terras continentais estavam juntas formando o supercontinente Pangea (capítulo 4). Entretanto, a reciclagem das placas oceânicas não deixou fundos de mar mais antigos que 200 M.a. O que existia antes foi todo tragado nas zonas de subducção das placas do Pacífico, de Nazca, e outras (capítulo 3, parte 3). Com os métodos existentes hoje, não é possível a reconstrução da antiquíssima história do Paleo-Pacífico , pois não existem registros.

O **Oceano Glacial Ártico**, que também deve ser muito antigo, devia ocupar uma área grande no Paleozóico superior (Fig. 6.9), que foi sendo diminuida a partir daí. À medida que os continentes se moveram para o norte, e os fragmentos que iriam constituir a Ásia começaram a coalecer,este oceano foi sendo cercado por terras continentais que o restringiram a uma área cada vez menor (Fig. 6.2). No Mesozóico a comunicação grande e livre com o Pafífico começou a ser fechada com o avanço da América do Norte para oeste. No final do Eoceno só existem duas passagens para suas águas se conectarem com outros mares: o estreito de Bering e a sua recente ligação com o Atlântico Norte (Fig. 6.8 e 6.10). Esta situação continuará no Quaternário. O estudo geológico e paleoecológico de Beríngia (as terras a leste e oeste do estreito de Bering e a sua plataforma continental), que está sendo feito hoje por um grupo internacional de pesquisadores, trará muitas informações sobre o confinamento do Oceano Ártico. Atualmente sabe-se pouca coisa sobre a colisão dos fragmentos que vão constituir a Ásia (por isto estão representados com linha tracejada na fig. 6.10 para os períodos antes do Eoceno.

O estreito de Bering não é uma passagem oceânica contínua. À medida que a América do Norte derivou para o oeste, a distância entre ela e a Ásia foi diminuindo. Finalmente, no final do Terciário a plataforma continental do Alasca se uniu à da Sibéria. O mar ficou raso neste ponto e todas as vezes que o seu nível baixou, como ocorreu na mais recente glaciação quaternária (capítulo 9), o fundo oceânico do estreito ficou acima do nível do mar (Fig. 9.6). Isto provavelmente ocorreu nas grandes glaciações desde o Plioceno. Nestas ocasiões o estreito se transformou em uma ponte de terra que barrou a conexão entre os oceanos Artico e Pacífico. Esta passagem estreita e rasa quando está aberta, não é livre, pois o arco-de-ilhas das Aleutas modifica as correntes e dificulta a passagem da água (Fig. 6.10).

A conexão do Oceano Glacial Ártico com o Atlântico Norte só começou a existir quando a Groenlândia se separou da Europa, a partir do Eoceno (Fig.6.10). Ao abrir-se

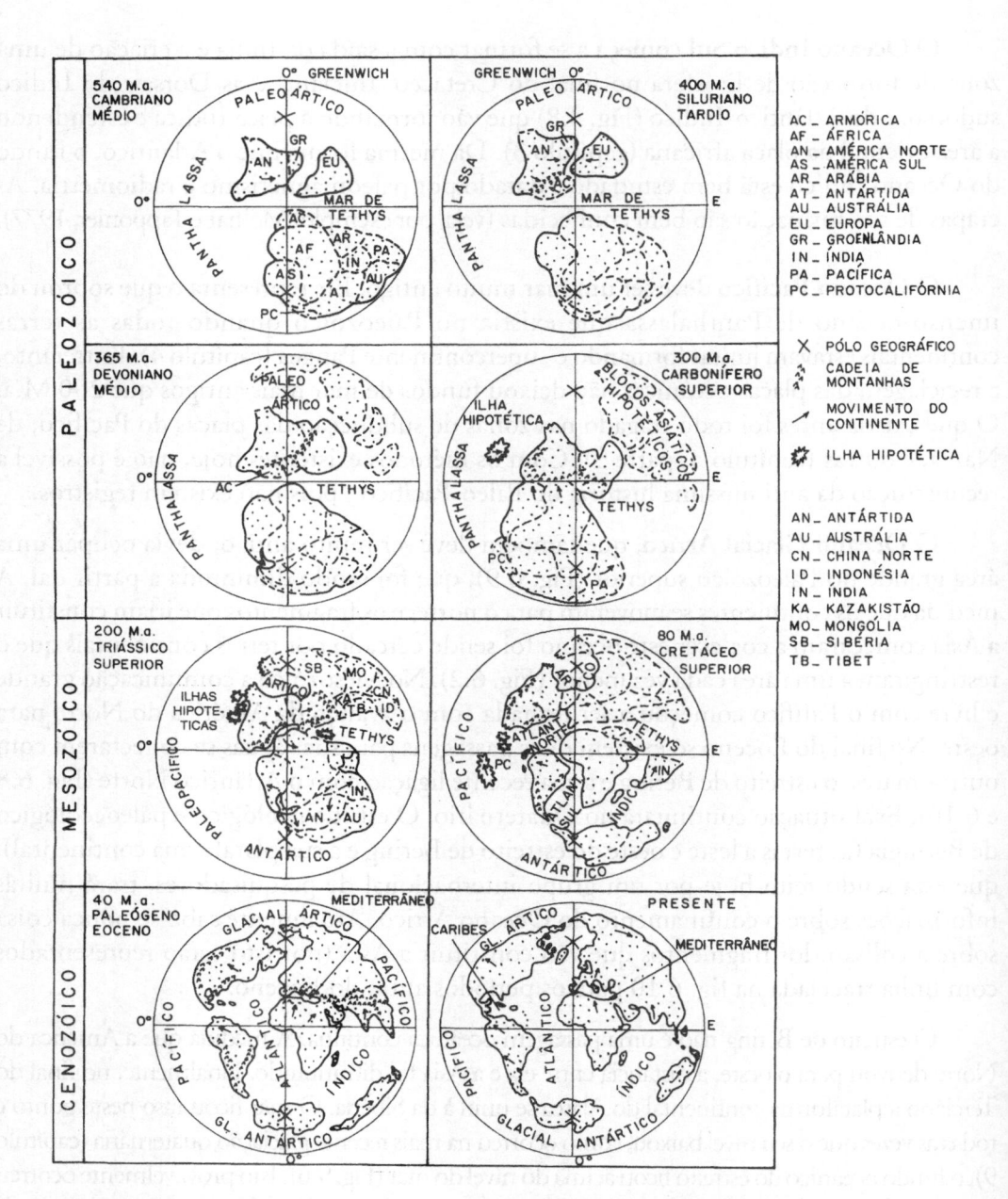

Fig. 6.10. Relação de distribuição terra-mar desde o Paleozóico até o presente em paleomapas de projeção Lambert área-igual; o X marca a posição do polo geográfico. Como não se sabe ainda sobre os blocos que formaram a Ásia, uma das possibilidades é apresentada em linhas tracejadas.

esta passagem as águas geladas árticas começaram a entrar no Atlântico Norte. As águas frias são mais densas que as quentes e, além disto, as águas polares têm maior salinidade. Quando se solidifica a água salgada dos polos, o sal é expelido e o gelo é constituido somente por água doce. Todos os icebergs que flutuam nos mares ártico e antártico são de água doce, e por isto foram muito utilizados antes da invenção da geladeira, para refrigeração na Europa. O sal eliminado fica em solução na água que não gelou, tornando-a extremamente salgada. Por isto, e por ser muito fria, a água do Oceano Ártico é muito densa.

Quando se formou uma fossa tectônica no Triássico entre a América do Norte e a África, as águas do Pacífico penetraram aí e o **Oceano Atlântico Norte** começou a se formar (Fig. 5.2). Antes, no final do Paleozóico, o **Mar Iapetus** (Fig. 6.10) que estava entre Europa e América do Norte (mais Groenlândia), se fechou deixando sedimentos marinhos em ambos os continentes. Seu fechamento foi como o de Tethys e o fundo oceânico foi levantado na formação das antigas cadeias montanhosas de Caledônia e Tacônia. É interessante observar que a zona de rift a qual iniciou o Atlântico Norte é paralela, mas não coincide com a antiga sutura entre América do Norte e Europa, quando da formação de Laurásia.

No Cretáceo o Atlântico Norte era um mar aberto, ligado à oeste com o Pacífico, a leste com o Mar de Tethys e ao sul com o Atlântico Sul (Fig. 6.10). Manteve-se assim até o Eoceno quando foi fechado a leste pelo desaparecimento do mar de Tethys e só voltou a se abrir aí quando se formou o estreito de Gibraltar moderno. A comunicação com o Pacífico foi sendo fechada à medida que se formava a América Central, durante o Terciário. Finalmente, ao se levantar o istmo do Panamá, a corrente de água que vinha do leste, tocada pelos ventos alísios não podia mais passar para o Pacífico. Ela foi desviada para o norte ao longo da costa da América Central e do Golfo do México (Fig. 6.11) e girou para o oeste. Antes de girar, as águas levadas pela corrente que vem do leste se acumulam contra a costa oriental do istmo. Isto faz com que o nível do mar seja mais alto do lado dos Caribes do que do lado do Pacífico. Por este motivo o canal de Panamá é feito com um sistema de eclusas que bombeiam a água para subir ou baixar o nível, conforme o navio vai para o Caribe ou o Pacífico. Formou-se então, a Corrente do Golfo que aquece desde então a costa leste dos Estados Unidos e as costas da Europa ocidental. A partir daí, o inverno tornou-se mais ameno nas costas banhadas por esta corrente quente. O que passou com a Corrente do Golfo é um exemplo na modificação do trajeto de uma corrente marinha causada pela deriva dos continentes, que tem como conseqüência uma modificação no clima. O mar do Caribe é outra conseqüência do fechamento pelo istmo. Neste mar os ventos alísios e a corrente do Golfo dominam.

Ao abrir-se a comunicação do Atlântico Norte com o Oceano Ártico, descrita acima, as águas muito frias e densas começaram a deslizar lentamente para o fundo do Atlântico Norte. A temperatura do oceano baixou e provavelmente causou uma mudança na distribuição do plâncton (e da fauna grande) que deve estar refletida no registro de microfósseis norte-atlânticos.

O **Oceano Atlântico Sul** é o mais jovem dos grandes oceanos. A fragmentação de Gondwana abre primeiro a entrada das águas do leste, no Cretáceo, com a saída da Índia e separação entre África e Antártida. Em seguida a África vai girando (Fig. 6.4) e se separando da América do Sul pela parte meridional. A formação de litosfera entre as duas vai formando a Dorsal Mesoatlântica e as placas oceânicas, que aumentam progressivamente a largura do Atlântico. Veja a parte 3 do capítulo 5, para maiores detalhes. Finalmente abre-se uma passagem estreita que conecta Atlântico e Pacífico, pela separação da Antártida. Esta passagem (Estreito de Drake) continua existindo até o presente. Porém, ela está muito ao sul, por volta da latitude de 60°S . Devido a sua posição geográfica está no caminho dos ventos oeste (capítulo 8) e é uma região de ventos e correntes marinhas muito fortes (Fig. 6.11) e de grandes tempestades. Ela e o Estreito de Magalhães são muito conhecidos na história da navegação devido à dificuldade para a passagem de navios a vela e do grande número de naufrágios.

A comunicação entre o Atlântico Sul e o oceano Índico foi se alargando durante o Terciário. Da mesma forma que o estreito de Drake e o estreito de Magalhães, é uma zona de ventos oeste e de tempestades. Porém, mais larga e mais ao norte, chegando até a latitude de 35°S.

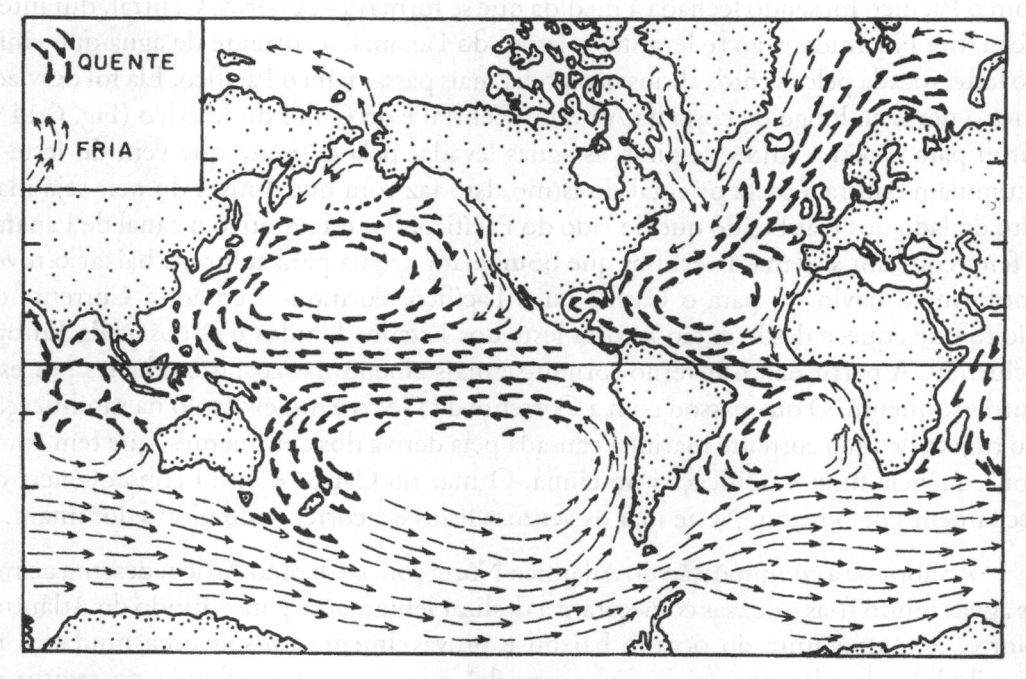

Fig. 6.11. Principais correntes marinhas de superfície no presente. Observe a mudança no sentido da corrente quando atinge as costas de um continente.

A separação da Antártida do resto de Gondwana resultou no seu isolamento como uma grande ilha que, por sua posição polar, é circundada por uma corrente marinha muito fria e contínua (Fig. 6.11), que torna o continente antártico mais frio ainda. Se não fossem os continentes, que barram as correntes e as desviam, todas elas viriam do leste, tocadas pelos ventos primários e dariam a volta ao mundo, como ocorre em volta da Antártida.

Parte da corrente antártica se desvia para o norte quando passa a oeste da grande península antártica; segue pela costa oeste da América do Sul, formando a corrente fria de Humboldt, que vai refrescar estas costas que, por sua posição latitudinal, seriam mais quentes.

As correntes profundas dos mares arrastam no seu trajeto a matéria orgânica depositada no fundo oceânico. Quando uma corrente sobe à superfície (zona de ressurgência ou afloramento) como nas costas do Peru e do Equador (Ecuador) traz em suspensão parte desta matéria orgânica. Estas águas, ricas em alimento provêm a um plâncton abundante que, por sua vez, serve de alimento a uma grande quantidade de peixes. Este efeito acontece em várias partes dos oceanos onde a água fria ressurge. Um outro exemplo de ressurgência se encontra em volta do Cabo Frio, no litoral brasileiro.

Durante o Terciário (e antes também) as margens continentais foram inundadas por mar em vários pontos e em diferentes tempos. Depósitos marinhos do Mioceno são encontrados, por exemplo, na foz do Amazonas e no centro-leste da Argentina. A análise das conseqüências desses eventos não está no âmbito deste livro. Porém os mesmos fatores que causaram as grandes mudanças paleoecológicas também regem as mudanças temporais. Um mar raso e extenso que é uma barreira temporal para o intercâmbio gênico entre populações de terra firme, é uma nova área de expansão da flora e fauna marinha e costeira, e muda o clima nos seus litorais. A eliminação deste mesmo mar causa deslocamento de vegetação, de fauna, e provoca extinções. O problema é específico em cada continente porque depende da história geológica de cada um. As conseqüências têm que ser analisadas em separado em cada um à base do estudo geológico da região.

Pesquisas geofísicas têm encontrado um abaixamento progressivo do nível médio do mar nesses últimos 80 M.a. Este abaixamento seria da ordem de uns 300 m. O mecanismo ainda não não está bem claro mas são apontadas algumas causas possíveis: 1. o acúmulo de gelo nas duas calotas polares foi retirando uma parte cada vez maior de água em circulação no planeta, que causaria este abaixamento progressivo. Contra este efeito está o argumento de que provavelmente sempre houve calotas polares; 2. os continentes foram crescendo pelo levantamento do fundo oceânico em vários pontos e por acréscimo nas bordas continentais, como foi visto neste capítulo e nos anteriores. Este aumento da área continental contribuiria para o seu levantamento em relação ao nível do mar. O grande problema no estudo das variações do nível do mar no passado é fazer a distinção entre levantamento ou abaixamento efetivo do litoral e subida e baixada efetiva do mar. 3. a formação de novos mares, como os dois Atlânticos, o Caribe, etc., abririam novas áreas para acumulação de água salgada, abaixando o nível geral. Todos estes fatores se baseiam na premissa de que a quantidade total de água no planeta se manteve constante durante toda a sua história, desde que se formou o mar. O papel de cada um destes argumentos, a sua importância e a relação entre eles, estão hoje em debate.

O abaixamento progressivo da temperatura global durante o Neógeno não é aceito por todos como se viu na parte 3. Entretanto no Plioceno aparece a evidência das primeiras glaciações de escala global as quais vão culminar no Quaternário (capítulo 9, secção 2). Há uma hipótese de que quando os polos foram ficando cada vez mais frios pelos mecanismos descritos acima, este esfriamento foi sendo transmitido aos mares de todo o mundo pelas correntes marinhas. Isto causaria uma diminuição global de temperatura e culminaria nas glaciações pliocênicas e pleistocênicas.

Este mecanismo não é suficiente para desencadear uma glaciação de caráter global, e provavelmente só serve para a manutenção de uma glaciação devido à comunicação entre todos os mares e ás correntes marinhas que podem homogenizar uma baixa de temperatura. Além disto, como se verá na parte que se refere ao Quaternário, as glaciações vieram e sairam numerosas vezes ao longo dos últimos 5 M.a.. Entretanto, neste intervalo de tempo a situação geográfica dos dois polos não mudou. Grandes idades de gelo ocorreram em outras Eras, como foi visto, e suas causas também são obscuras. Como poderia começar e acabar uma glaciação? As glaciações quaternárias e suas possíveis causas são tratadas no capítulo 9.

2.4. Conclusões sobre o Terciário

Quando a América do Sul se separou de todos os outros continentes no final do Cretáceo, ficou isolada até o final do Terciário. O mesmo se passou com outras partes de Gondwana: Austrália, Nova Zelândia, Nova Guiné e Nova Caledônia. Em todos estes casos houve ampla oportunidade de especiação a partir da biota que levaram consigo. Fauna e flora entraram em equilíbrio dinâmico com o ambiente, sem serem perturbados por invasores durante muito tempo. Por outro lado o Terciário foi o intervalo de tempo em que se deu o grande desenvolvimento das angiospermas e dos mamíferos, que teve como resultado nas terras isoladas, linhas evolutivas distintas do resto do mundo. O isolamento da Índia foi por tempo menor. A história da África é diferente porque este subcontinente, durante o Terciário, muitas vezes esteve conectado com a Eurásia pelo estreito de Gibraltar e a península Arábica. América do Norte ao final do Neógeno se aproximou da Ásia e as plataformas continetais dos dois se uniram no estreito de Bering. Esta região que inclui Sibéria, Alasca e oeste do Canadá é conhecida pelo nome de **Beringia**, porque desde então todas as vezes que o nível do mar baixou, formou-se uma ponte-de-terra entre os dois continentes que permitiu a passagem da fauna, e mais tarde, de homens.

No início do Cretáceo a flora era semelhante em regiões que hoje são muito distintas. No final do Cretáceo e durante o Terciário o **provincianismo** foi se acentuando. Muitas plantas se limitaram a áreas cada vez mais restritas e as floras se tornaram diferentes em regiões vizinhas.

Os trabalhos e revisões da década de 1970, e os anteriores, dão muita ênfase ao aumento do provincianismo (por exemplo, as revisões de Muller, 1970 e Leopold, 1969) porém não podiam explicar este fato porque os paleontólogos, fitogeógrafos e evolucionistas rechassavam a teoria de Deriva Continental e aceitavam a idéia de que os continentes sempre estiveram onde estão hoje. Entretanto, se as informações biogeográficas forem analisadas através da teoria de tectônica de placas, como fizemos até agora, o provincianismo se explica bem em suas linhas gerais. O seu aumento, principalmente durante o Terciário, é uma conseqüência do movimento das placas e deriva dos continentes.

O supercontinente Pangea se dividiu em oito grandes fragmentos: América do Sul, África, Austrália com Nova Guiné, Antártida, Índia, América do Norte; e Eurásia que durante o Terciário estava dividida em duas partes porque o Mar de Tethys (Fig. 6.2) estava conectado com o Oceano Ártico. A distribuição dos continentes em relação aos oceanos começou a mudar no Paleozóico. No início do Mesozóico a maior parte das terras continentais estava no hemisfério sul. No início do Terciário a maior parte desse hemisfério passa a ser constituida por mar e os continentes se acumulam principalmente do equador para o norte. Para chegar a esta posição cada fragmento ficou isolado durante certo tempo por uma barreira de água salgada até que no Neógeno eles começaram a se unir em grupos maiores. O isolamento e posterior coalescência dos continentes teve como conseqüência mudanças grandes nas correntes marinhas (parte 2.3) que modificaram o clima e a distribuição de fauna e flora marinhas em muitos continentes.

Simultaneamente, começou uma fase de formação de altas montanhas que constituiram novas barreiras. Outros tipos de barreira foram criados pela formação de grandes áreas desérticas nas regiões continentais próximas das latitudes de 30° norte e sul, como os desertos de Sahara, de Atacama, etc., devido à circulação global dos ventos e ás "sombras" de chuva (capítulo 8). Todas estas barreiras resultaram em fragmentação de áreas dentro dos continentes. Nestas áreas, parcial ou totalmente isoladas, as populações de organismos se especiaram pelos mecanismos evolutivos (capítulo 5, parte 5) e foram divergindo progressivamente da população original.

Além das barreiras, o clima mudou em muitas partes e houve extinções a vários níveis da biota. O provincianismo detectado nos fósseis do Terciário, apresentando diferenças latitudinais e topográficas, é o reflexo destas grandes mudanças ambientais em cada subcontinente.

Um exemplo das extinções de plantas superiores e do aumento progressivo de plantas modernas durante o Terciário é dado por E. Leopold à base de um estudo de megafósseis (sementes e frutos) em London Clay (Inglaterra). A flora fóssil de angiospermas do

Eoceno inferior tem mais de 50% de plantas que hoje estão extintas. Esta porcentagem foi aumentando à medida que transcorria o Terciário. No Eoceno superior este número baixou para 43% e no Oligoceno desceu a 15%; os outros 85% dos fósseis desse tempo são constituidos por plantas que existem até hoje.

Os estudo de megafósseis têm sugerido que o Terciário foi um intervalo calmo e de clima mais ou menos estável. Esta afirmação é encontrada em muitos trabalhos. Para explicar esta interpretação foi postulado que durante o Terciário a inclinação do eixo da Terra era nula, ou seja, que ela girava perpendicularmente ao plano de sua órbita. Esta posição tem como conseqüência que os dias e noites teriam a mesma duração de 12 horas e que em latitudes simétricas o clima seria uniforme porque o vento e a temperatura seriam constantes (capítulo 7, parte 2). Entretanto, o registro de megafósseis que serve de base a estas conclusões é incompleto. Além disto, o estudo de microfósseis (muito mais abundantes) em sedimentos continentais e marinhos, mostra oscilações fortes de temperatura durante o Terciário que sugerem a presença de períodos glaciais desde o final do Mioceno. E as evidências tectônicas mostram o deslocamento de continentes ao longo de gradientes latitudinais, que por si só causam mudanças climáticas. Estas glaciações teriam começado há uns 5 M.a. no hemisfério norte e há uns 13 M.a. no hemisfério sul (veja glaciações, capítulo 9). Os estudos paleoclimáticos e de análise de pólen e outros microfósseis estão ainda em andamento e a reconstrução do clima terá que ser reajustada por novas informações. Mas, em linhas gerais, pode-se dizer que não houve estabilidade climática.

A flora polínica do Terciário, tal como a conhecemos hoje, não descreve a vegetação total da Terra para aquele tempo. As análises de pólen e esporos do Terciário (assim como dos períodos mais antigos) provêm principalmente de sedimentos de estuários e deltas marinhos em águas pouco profundas. Além disto, a maioria dos dados que temos (por exemplo, Muller, 1970) são o subproduto de estudos bioestratigráficos em poços de perfuração de companias petrolíferas. Não são pesquisas com o objetivo de estudar a origem e sequência evolutivas das plantas, nem a reconstrução da vegetação e do clima. Por isto, o quadro apresentado por J. Muller que ilustra o início dos gêneros de plantas modernas nos últimos 70 M.a. (Fig. 6.3), poderá ser bastante modificado no futuro. Da mesma forma, a reconstrução paleoecológica não faz parte dos objetivos em um estudo bioestratigráfico. Quando muito, define o que denominam de paleoambiente, isto é, se o sedimento é marinho, deltaico, continental, etc. Por estas razões, e devido a que muitas espécies e categorias taxonômicas mais altas se extinguiram durante o Terciário, os dados que temos hoje não permitem, ainda uma reconstrução paleoecológica geral. Felizmente já estão surgindo estudos de sedimentos do Neógeno com o objetivo de reconstrução do clima e da vegetação nesse tempo. O estudo dos Andes Setentrionais é um destes exemplos.

Nos anos 50 foi retirado um longo core (testemunho de sondagem) dos sedimentos de um antigo lago na Sabana de Bogotá (Colômbia) que foi analisado por van der

Hammen e Gonzales. A parte basal da sondagem atingiu o Plioceno. Recentemente, um outro longo core na mesma região, analisado por H. Hooghiemstra, foi inicialmente datado na base em 3,5 M.a. (Fig. 9.1). As análises palinológicas destes longos cores e de outros curtos, contam a história desta região desde que ela ficava em terras de baixa altitude e foi sendo elevada pelo soerguimento dos Andes colombianos a partir do Plioceno, até atingir mais de 4000 m de altitude. Uma revisão desta história foi feita por van der Hammen (1974) e mais recentemente por Hooghiemstra (1984). A vegetação inicialmente de terras baixas, foi sendo substituída por vegetação montana com elementos vindos das zonas temperadas norte e sul e com especiações de elementos locais. Aos poucos foram surgindo as vegetações hoje características de grandes altitudes (acima de 2500 m), isto é, a selva nublada montana e os páramos (Fig. 8.3).

3. Nichos Ecológicos

Em alguns livros de paleontologia e de geologia histórica há uma certa confusão entre habitat e nicho, e a palavra "nicho" é usada no sentido de habitat. Por isto é prudente rever estes conceitos aqui, se bem que os livros de ecologia e biogeografia modernos têm isto bem explicado e detalhado (por exemplo, Odum, 1983; Ricklef, 1990; Whittaker, 1975; Pielou, 1979)

Existem três aspectos importantes na relação entre os organismos e o ambiente: a área, o habitat e o nicho. A **área de uma espécie** é o espaço geográfico ocupado pela espécie que pode ser marcado em um mapa.

Chama-se **habitat** de um organismo o espaço físico onde ele vive. Este espaço pode ser definido de duas maneiras, pela localização geográfica ou pelo tipo de vegetação. Por exemplo, o habitat de certas gramíneas, como *Aciachne,* é o cume das altas montanhas; o habitat do buriti são os vales pantanosos nos cerrados. Dentro deste conceito o habitat também pode ser definido por um tipo de vegetação. O hábitat de muitas orquídeas é a floresta úmida.

O conceito de **nicho**, em ecologia, inclui além do espaço físico (habitat) o papel funcional do organismo na comunidade. Teoricamente o nicho ecológico de um organismo é o espaço multidimensional que ele ocupa e do qual ele usa os recursos de cada dimensão (conceito de Hutchinson). Neste conceito o nicho inclui a totalidade de suas necessidades ambientais e sua relação com os outros organismos do ecossistema. Porém, a inclusão de muitas variáveis para definir um nicho torna difícil o problema pois estas relações podem ser muito complexas e, além das existentes, podem haver outras a serem descobertas. O seu estudo necessita uma estatística muito complexa e este aspecto foge aos propósitos deste livro. Aqui só usaremos o conceito mais antigo e mais comumente utilizado que é o papel da espécie no ecossistema pela caracterização de uma ou duas variáveis que permitam a comparação entre dois organismos com requisitos próximos. Porém é preciso ter em mente que existem muito mais variáveis e que isto é uma simplificação do problema.

Um exemplo do conceito usado neste livro é dado por MacArthur quando ele compara os nichos de 4 espécies de pássaros norte-americanos do gênero *Parulidae*. Todos vivem nos mesmos pinheirais de abetos (habitat) e todos eles se alimentam de insetos. Porém, cada espécie ocupa um nicho ecológico diferente porque forrageiam e nidificam em partes diferentes das árvores.

Dentro de um ambiente físico existem nuances ou gradientes de temperatura, de umidade, pH, solo, salinidade, etc., que podem constituir nichos. Ao longo da altura de uma árvore a temperatura muda, o lado do tronco que nunca recebe sol é um ambiente diferente do que recebe. Nas altas montanhas a temperatura abaixa à noite a zero graus ou menos e as plantas em roseta mantêm um isolamento térmico junto à bainha das folhas criando um microclima onde vive uma fauna de insetos. E assim por diante, há microclimas diferentes dentro de um ambiente, dentro de um tipo de vegetação, sobre uma plataforma continental e mesmo na superfície do corpo de um organismo. Todos estes microclimas são nichos em potencial. Nestes casos, o nicho ecológico representa uma condição especial dentro de um habitat, onde vive um organismo com exigências especiais.

Outra maneira de analisar o nicho ecológico é pelo papel do organismo na comunidade em relação a sua posição na cadeia alimentar (nicho trófico). Odum exemplifica este tipo de nicho com dois insetos dos gêneros *Notonecta* e *Corixa*. Ambos vivem no mesmo habitat de águas rasas do litoral com vegetação abundante; *Notonecta* é um predador ativo que se alimenta de seres vivos ao passo que *Corixa* se alimenta principalmente de plantas em decomposição. Eles ocupam nichos tróficos diferentes do mesmo habitat.

O nicho pode ser limitado pela competição entre organismos, dentro ou fora da espécie. Nesse sentido a sua posição relativa à cadeia alimentar e aos seus inimigos, é fundamental. Não existe equilíbrio entre espécies que ocupam o mesmo nicho e uma das espécies quase sempre expulsa a outra. Exemplos são encontrados no Cenozóico e no presente. Porém devem ter ocorrido com freqüência em situações semelhantes em outras Eras. Quando se formou o istmo do Panamá foi possível o deslocamento da fauna terrestre de norte a sul das Américas, pela ponte-de-terra. Um caso bem estudado foi o dos mamíferos carnívoros que atravessaram para o sul e deslocaram os animais que ocupavam o mesmo nicho trófico, o que resultou na extinção da maioria dos marsupiais da América do Sul (veja parte 5).

Duas espécies próximas geralmente só ocupam a mesma área (espécies simpátricas, Fig. 5.15) quando elas exploram o ambiente de maneira diferente. Em outras palavras, elas ocupam nichos ecológicos diferentes. Por exemplo, uma espécie de aves se alimenta de lagartas que vivem em plantas vivas e a espécie próxima se alimenta de lagartas que vivem em madeira podre . Uma espécie de plantas vive em campo aberto e a espécie próxima vive ao abrigo de pedras, neste campo.

Todas as vezes que no processo da evolução surge uma espécie cujas características lhe permitem ocupar um nicho vazio, ela sobrevive e se desenvolve. Todas as vezes que um nicho é eliminado, a espécie que o ocupava se extingue. Há uma teoria, segundo a qual, a grande diversidade dos organismos que teriam surgido de uma só vez no Cambriano médio (Fauna de Burgess, capítulo 4) foi devida à grande diversidade de nichos vazios que foram sendo ocupados, sem competição, pelas novas formas de organismos que surgiram. Esta tese é uma falácia, porque não explica nada. Nichos em potencial houve e há sempre. A questão é de como surgiram as formas para ocupar os nichos. A evolução de plantas e animais mostra que quando não surge uma espécie capaz de explorar ou ocupar um nicho, ele fica vazio. Sem dúvida havia diversidade de animais nos mares antes dos continentes serem conquistados pelos organismos superiores e nem por isto as terras continentais foram habitadas por centenas de milhões de anos. Porém, dado um certo tempo, pode surgir um organismo que ocupe um nicho vazio e também, de um momento para o outro, podem surgir outras formas que exploram novos nichos. Talvez exista uma tendência de seleção no processo evolutivo, que alguns autores chamam de estrategia evolutiva para a exploração de recursos pouco utilizados tais como, novos ambientes ou novas fontes de alimento.

Não é o nicho vazio que faz um novo organismo se estabelecer e sim a evolução que faz surgir um organismo com as características para ocupar um nicho vazio ou deslocar aquele que o ocupava. Portanto dizer que os nichos ecológicos são numerosos onde há alta diversidade de espécies não explica nada. Continua a questão: por que há diversidade de espécies ocupando tantos nichos em determinadas áreas ou em determinados tempos?

É comum na evolução dos seres vivos que, quando uma espécie se extingue, mais cedo ou mais tarde o nicho que ficou vazio, ou um semelhante, é ocupado por uma espécie nova. Esta nova espécie pode pertencer a uma categoria taxonômica mais alta (classe, ordem, família) e não necessariamente uma espécie próxima à que se extinguiu. Segundo G.G. Simpson, o nicho dos dinossauros marinhos do grupo dos ictiossauros e dos plesiossauros, que se extinguiram no fim do Cretáceo, foi ocupado pelos golfinhos e outros cetáceos. Porém, nem sempre isto acontece. Por exemplo, dentro do nicho trófico, os grandes carnívoros ocupam o escalão mais alto da cadeia alimentar. E onde estavam eles na fauna recente da Austrália? O nicho ficou vazio até a entrada do homem.

Devido a numerosos e diversificados processos, agindo juntos ou separados, os ambientes foram mudando através da história da Terra e os habitats e nichos em potencial foram sendo criados. O tempo geológico e a dinâmica da litosfera mostram isto. Por outro lado é importante lembrar que houve eliminação de habitats e nichos que levaram à extinção de espécies. Isto pode ser visto muito bem com as informações que temos até agora do Cretáceo e do Terciário: formação e desaparecimento de mares e de plataformas continentais, mudanças de latitude dos continentes, levantamentos de montanhas, desertificação, inundações, transgressões e regressões do mar, etc. Todos estes eventos causaram mudanças muito grandes, algumas rápidas, outras muito lentas, no ambiente físico e no clima, que refletiram diretamente nas comunidades de organismos.

4. A Expansão e Diversificação dos Mamíferos

Os mamíferos atuais podem ser divididos em três sub-classes: os Monotremas (Prototheria), os Marsupiais (Metatheria) e os Placentários (Eutheria). Entre os fósseis se encontram estas sub-classes e quatro extintas, Allotheria (Multituberculata), Triconodonta, Symmetrodonta e Pantotheria (Trituberculata), segundo Parker e Haswell.

Parece que os mamíferos se originaram no oeste de Gondwana (isto é, América do Sul), no Triássico, como pequenos animais de um tipo marsupioide. Provavelmente começaram a divergir no Cretáceo médio (há uns 100 M.a.). Há ainda poucos fósseis destes tempos para se ter certeza. A maioria dos fósseis mesozóicos são fragmentos de mandíbula e dentes isolados de animais pequenos, do tamanho de um rato ou de um camundongo. Até serem encontrados fósseis mais bem preservados e mais abundantes o quadro que se dá agora, e que poderá ser modificado no futuro, é que provavelmente uma forma marsupioide migrou para Laurásia, dando os placentários e outra forma marsupioide, semelhante à moderna, se desenvolveu na América do Sul e invadiu, a partir do Cretáceo, o resto de Gondwana e o oeste da América do Norte (onde são encontrados hoje os seus fósseis). Como nunca foram achados seus fósseis na India, na Africa e na Nova Zelândia, estas devem ter se destacado de Gondwana antes da dispersão destes animais. A rota de dispersão proposta acima foi visualizada por Spencer no início do século e modernamente desenvolvida por W.D.L. Ride e C.B. Cox, na década de 1970. Quanto aos fósseis do oeste da América do Norte, devem ter vindo de Gondwana, ou pelo hipotético continente de Pacífica ou, o que acho mais provável, pela hipotética Protocalifórnia (veja capítulo 5 e Fig. 5.1).

Os **Monotremas** são um pequeno grupo que se limita à Austrália; são os ornitorincos e equidnas que conhecemos. O estudo da sua anatomia e fisiologia mostra que são muito especializados e diferentes um do outro, e sugere que são muito antigos. Mas como sua história é pouco conhecida, não trataremos deles. Vamos tratar das outras duas sub-classes que vivem hoje.

Os **Marsupiais** diferenciam-se dos placentários por algumas características bem distintas. A primeira, e a mais importante por ser exclusiva, se refere ao aparelho urinário e reprodutor; e ligado a ele há a ausência de placenta e a presença de uma bolsa, o marsúpio, na fêmea. O embrião nos placentários é retido no útero materno e quando nasce ja está desenvolvido (veja a seguir). Nos marsupiais o embrião nasce ainda em estágio muito rudimentar e se instala no marsúpio onde fica e mama até atingir o desenvolvimento e crescimento que lhe permita suportar as condições fora da bolsa. Outra diferença se encontra no seu cérebro que é pequeno em relação ao crânio, não tem corpo caloso e a região olfativa é muito desenvolvida. Como dificilmente estas características se fossilizam, e em alguns marsupiais o marsúpio se atrofiou (cuícas e jupatis), a característica mais importante para a identificação do grupo entre os fósseis é a dentição.

Nos **Placentários** o embrião é retido por um tempo longo no útero materno onde se desenvolve e recebe alimento e oxigênio da mãe através da placenta, daí o seu nome. O filhote nasce já desenvolvido e apto para enfrentar as mudanças de temperatura e umidade do ambiente onde vivem. A regulação térmica do corpo é eficiente não só no adulto como no recém-nascido, o que permite uma vida ativa constante. O cérebro é maior e mais complexo do que nos marsupiais e tem o corpo caloso que liga os dois hemisférios cerebrais. A presença do corpo caloso nos placentários é muito importante na eficiência do funcionamento do cérebro. Ele faz a comunicação e a troca de informação entre os dois hemisférios e assim estabelece a identidade funcional do cérebro. Nos marsupiais o corpo caloso não existe e sua função é feita pela comissura posterior, funcionalmente deficiente. O cérebro do placentário, mais complexo que em todos os grupos anteriores, evoluiu na direção do desenvolvimento da inteligência. A complexidade do cérebro está ligada a uma vida alerta e ativa.

Além das diferenças acima mencionadas, a regulação térmica do marsupial é deficiente em comparação com a eficiente regulação dos mamíferos placentários, porém representa um passo na frente dos répteis modernos, que não a têm.

Os répteis têm dentes agudos, aproximadamente do mesmo tamanho e forma, que mudam constantemente. Nos mamíferos existem só duas dentições, dentes-de-leite e dentes permanentes. Seus dentes apresentam uma diferenciação em molares e premolares (para triturar) e caninos e incisivos (para cortar). Geralmente têm 44 dentes, raro mais e ás vezes menos, como no homem que tem 32 dentes. A dentição dos marsupiais tem no máximo 18 dentes incisivos (10 superiores e 8 inferiores) e os placentários têm no máximo 12. De todo o esqueleto, as partes que melhor se preservam em um mamífero, são os dentes e deles, os mais resistentes são os molares. Apesar das diferentes adaptações ao modo de alimentação, o molar dos marsupiais tem uma forma geral diferente da dos placentários. Devido ás características morfológicas e à grande resistência do material, é possível identificar o grupo a que pertencem os dentes fósseis encontrados espalhados em um sedimento ou rocha sedimentar.

Os marsupiais habitam hoje a Austrália (cerca de 170 espécies) e a América do Sul (cerca de 70 espécies); um gênero sulamericano (*Didelphis*) chega até a América do Norte. Esta distribuição disjunta, com um grande oceano entre os dois continentes, foi uma preocupação constante dos paleontólogos e biogeógrafos desde o século passado. A total descrença de G.G. Simpson na deriva continental fez com que colocasse a origem dos marsupiais na América do Norte de onde teriam se dispersado no Cretáceo via estreito de Bering para Eurásia e o resto do mundo. Eles chegariam à Austrália pulando de ilha em ilha pelo arquipélago malaio (Fig. 6.13). Hoje sabemos, pelo movimento das placas tectônicas, que isto não é possível. Nem o Alasca teria ainda tocado na Sibéria (estreito de Bering), nem a Austrália teria chegado perto da região malaia no Cretáceo. Além disso, já no tempo de Simpson se sabia que os ricos jazigos de fósseis da Mongólia (ao norte da China) contêm grande número de mandíbulas e dentes de pequenos Multituberculatas e placentários insetívoros, junto com esqueletos de dinossauros, e ausência total de marsupiais. Por outro lado, os do Mesozóico da América do Sul, como os abundantes jazigos da Patagônia, contêm dentes e pedaços de mandíbulas de pequenos marsupiais insetívoros desde o Triássico, junto com dinossauros.

O estudo de tectônica de placas mostra que a partir do Eoceno a Antártida foi se movendo para o sul e finalmente se localizou no polo austral, o que resultou na extinção total dos marsupiais, bem como da fauna de répteis e a flora gondwânica.

Na América do Norte eles começaram no Cretáceo e se extinguiram no Eoceno. O único marsupial que vive hoje é o "opossum" que pertence ao mesmo gênero do gambá (*Didelphis*) e que chegou ao norte a uns 4,5 M.a. atrás, depois de formado o istmo do Panamá. Ele é pois, de ocorrência recente. Com ele passaram para o norte alguns outros gêneros de Didelphidae que alcançaram diferentes partes da América Central, onde ainde vivem. O gênero *Didelphis* hoje ocorre desde a parte meridional da América do Sul (40°N) até os Grandes Lagos, na América do Norte, acima de 40°N (Fig. 6.12).

A Africa, como foi visto neste capítulo, não tem registro fóssil de mamíferos até o Eoceno. Durante o Paleogeno várias vezes encostou na Eurásia e a partir do Eoceno colidiu e continuou avançando para o norte (secção 2.1). Neste contacto os placentários do norte invadiram e se estabeleceram. Hoje a rica fauna de mamíferos africanos contem grandes animais (como o elefante, búfalo, leão, etc.), veados de muitos tipos e pequenos mamíferos, todos placentários.

Na América do Sul a fauna de marsupiais se desenvolveu e diversificou durante o Terciário. Ela tinha desde omnívoros até carnívoros totais e numerosos herbívoros que a partir do Plioceno se extinguiram quase totalmente. Os grandes carnívoros, como o tigre marsupial de dente-de-sabre (fam. Thylacosmilidae), desapareceram e foram substituidos por placentários como o tigre dente-de-sabre placentário (Smilodontidae) e por outros, depois do levantamento do istmo do Panamá. Esta parte foi discutida na secção que se refere ao Plioceno que apresenta a teoria de G.G. Simpson, para explicar a extinção de quase todos os marsupiais da América do Sul.

Hoje, na América do Sul só existem pequenos marsupiais de vida noturna e habito arborícola, como o gambá, a mucura, o sariguê, o micurê, o rabipelado e outros, todos do gênero *Didelphis*; e animais menores, como os jupatis (gênero *Metachirus*) e os pequeninos cuicas, com cerca de 15 cm de comprimento (*Chironectes minimus*) que habitam a água e vivem em buracos nas margens de rios. O gambá é o marsupial mais bem estudado, principalmente ao que se refere à fisiologia do cérebro (veja, por exemplo, Tyndale-Biscoe, 1973).

Na Austrália (e ilhas próximas: Nova Guiné, Nova Caledônia, Tasmânia, etc.) a sua separação de Gondwana e a sua permanência como ilha até o presente mantiveram a barreira oceânica em toda a sua volta. Desta forma, os marsupiais se diversificaram durante todo o Terciário em total isolamento do resto dos continentes e assim permanecem até hoje. A diferença entre eles e os sul-americanos é no nível de ordem taxonômica. Quanto maior o tempo de isolamento reprodutivo (capítulo 5, secção 5) mais elevada é a categoria taxonômica atingida pelo grupo. A barreira oceânica não

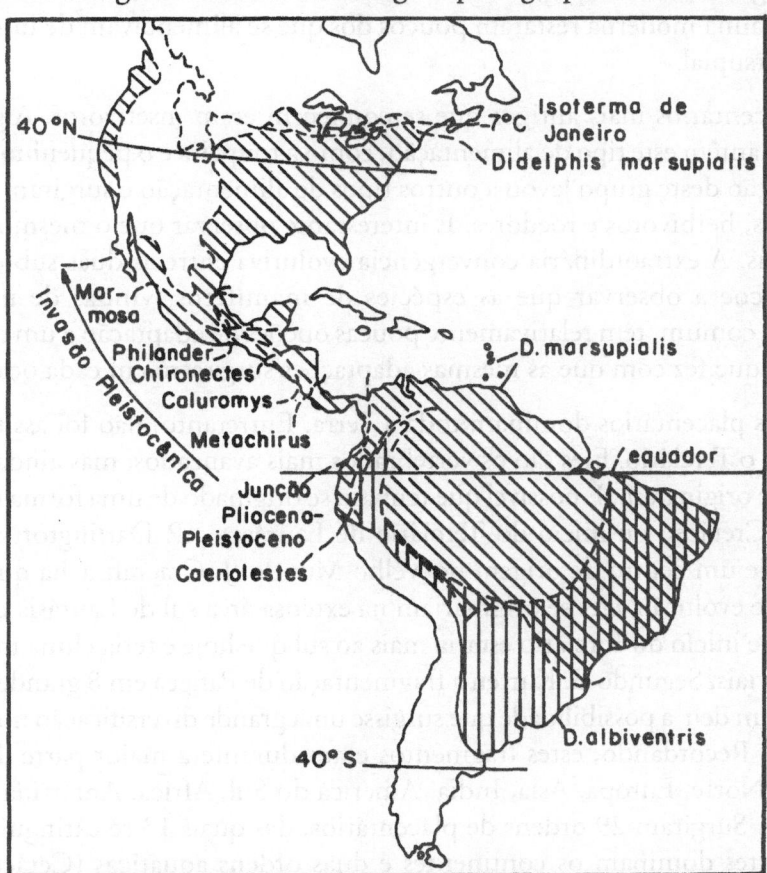

Fig. 6.12. Distribuição da família Didelphidae no presente. Todos os gêneros são originários da América do Sul e habitam matas e florestas. A espécie **Didelphis marsupialis** (gambá, mucura, opossum) ocorre nas tres Américas e é a mais freqüente. Adaptado de Hershkovitz e Hall (em Tindale-Biscoe, 1973).

permitiu a entrada de placentários (exceto um morcego) e uma fauna completa e muito interessante de marsupiais se desenvolveu.

Durante o Terciário os marsupiais tiveram a sua grande diversificação. Os pequenos animais, do tamanho de um rato, contemporâneos dos dinossauros, alimentavam-se de insetos, vermes, ovos, brotos de plantas, etc. A partir do Paleoceno começaram a surgir animais cada vez maiores, até os gigantes cangurus e "wombats" do Pleistoceno, hoje extintos, que tinham o tamanho de um rinoceronte. Por outro lado, o hábito alimentar foi mudando e as novas formas começaram a ocupar os nichos tróficos deixados vazios pelos dinossauros. Surgiram os poderosos carnívoros como o demônio-da-Tasmânia e o lobo-da-Tasmânia, o tigre de dente-de-sabre marsupial da América do Sul, os herbívoros como o canguru (nos campos) e o coala ("koala", nas árvores), os omnívoros como o gambá. Na fauna moderna restaram poucos dos que se alimentavam de insetos, como a toupeira marsupial.

Os placentários mais antigos que se conhecem eram insetívoros. Alguns poucos modernos mantêm este tipo de alimentação, como a toupeira e o pequenino musaranho. Mas a evolução deste grupo levou a outros tipos de alimentação e surgiram no Terciário os carnívoros, herbívoros e roedores. É interessante observar que o mesmo se deu com os marsupiais. A extraordinária convergência evolutiva entre as duas sub-classes levou Tyndale-Biscoe a observar que as espécies de mamíferos, vindas de um ancestral marsupioide comum, têm relativamente poucas opções de adaptação a um determinado ambiente, o que fez com que as mesmas adaptações surgissem em cada ocasião.

Hoje os placentários dominam toda a Terra. Entretanto, não foi assim durante o Mesozóico e o Terciário. Eles são os vertebrados mais avançados, mas ainda não se sabe bem como se originaram. É possível que tenham se originado de uma forma marsupioide do final de Cretáceo ou início do Terciário de Laurásia. J.P. Darlington os considera originários de um centro de origem no Velho Mundo. J. Cracraft acha que em vez de um centro de evolução, eles se originariam na extensa área sul de Laurásia que, no final do Cretáceo e início do Terciário estaria mais ao sul que hoje e teria clima mais quente e florestas pluviais. Segundo B. Kurtén a fragmentação de Pangea em 8 grandes segmentos que se isolaram deu a possibilidade que surgisse uma grande diversificação nos mamíferos placentários. Recordando, estes fragmentos eram durante a maior parte do Terciário: America do Norte, Europa, Asia, India, América do Sul, Africa, Antártida e Austrália-Nova Guiné. Surgiram 29 ordens de placentários, das quais 13 se extinguiram; 14 das órdens viventes dominam os continentes e duas ordens aquáticas (Cetácea, como as baleias e delfins; Pinnipedia, como as focas), vivem nos mares de todo o mundo. Entre eles está o homem e os maiores animais do mundo moderno.

Segundo A.S. Romer, o longo período de desenvolvimento intra-ulterino e o longo período de proteção e aprendizagem depois do nascimento, permitem ao placentário

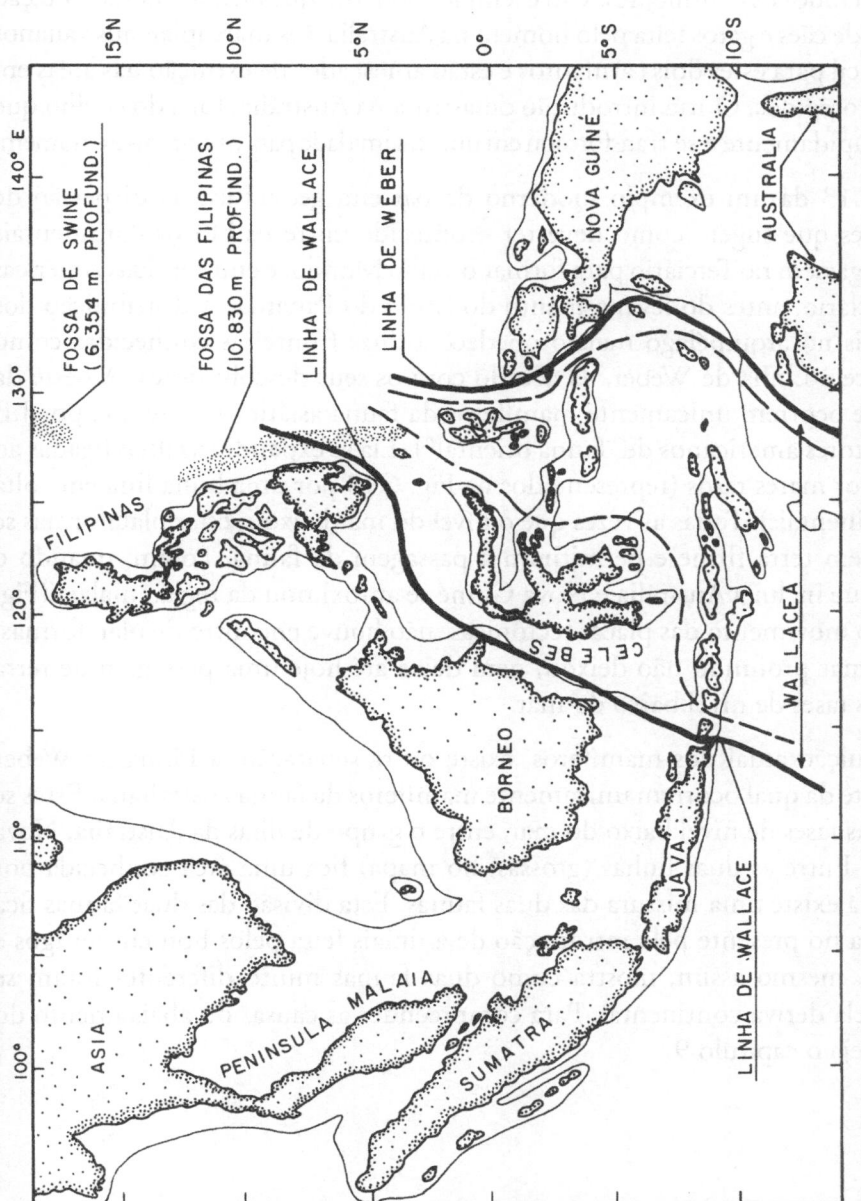

Fig. 6.13. Arquipélago Malaio com a curva batimétrica de 200 m. A oeste da "Linha de Wallace" ocorrem unicamente mamíferos da fauna asiática; daí até a linha tracejada há somente algumas espécies desta fauna. A leste da "Linha de Weber" ocorrem unicamente mamíferos da fauna australásia; daí até a linha tracejada ocorrem algumas espécies desta fauna. Entre as duas linhas cheias fica a área conhecida por "Wallacea" onde há uma mistura das duas faunas, junto com espécies provavelmente introduzidas pelo homem. Interpretação de Pielou (1979) baseada nos trabalhos de P.J. Darlington.

desenvolver seus complexos mecanismos corporais e cerebrais de forma que funcionam mais eficientemente como adultos do que as formas anteriores. Em outras palavras, têm mais sucesso na competição. Talvez seja esta a razão pela qual no presente eles suplantaram os marsupiais em todos os continentes. Um exemplo moderno que ilustra esta suplantação foi a introdução de cães e gatos feita pelo homem na Austrália. Os marsupiais australianos são uma presa fácil para estes dois carnívoros e estão ameaçados de extinção nas áreas em que não estão protegidos. Outra introdução desastrosa na Austrália, foi a do coelho que se multiplicou rapidamente e se transformou em uma calamidade para os animais e o homem.

A figura 6.13 dá um exemplo moderno de barreira geográfica na dispersão de animais terrestres que sugere como deve ter acontecido entre os blocos continentais antes que se agregassem no Terciário para formar o Velho Mundo, e entre as duas Américas no final do Terciário, antes do levantamento do istmo do Panamá. A distribuição dos mamíferos atuais no arquipélago malaio obedece a duas fronteiras conhecidas como Linha de Wallace e Linha de Weber, da acordo com os seus descobridores. A oeste da linha da Wallace ocorrem unicamente mamíferos da fauna asiática (designada por J.P. Darlington e autores americanos de "fauna oriental"). Ela se expandiu ás ilhas ligadas ao litoral asiático por mares rasos (representados na Fig. 6.13 por uma linha fina em volta das massas continentais). Todas as vezes que o nível do mar baixou, estas plataformas se transformaram em terra firme e permitiram a passagem da fauna. Porém, quando o grupo de ilhas que inclui a Austrália e Nova Guiné se aproximou da região malaia (Fig. 6.8 e 6.10), pelo movimento das placas tectônicas, não houve encontro de plataformas, e a barreira de mar profundo não deixou, nem deixa até hoje uma passagem de terra firme durante as fases de nível baixo do mar.

Na distribuição atual dos mamíferos, existe outra separação, a Linha de Weber (Fig. 6.13), a leste da qual ocorrem unicamente mamíferos da fauna australiana. Estes se transladavam nas fases de nível baixo do mar, entre o grupo de ilhas da Austrália, Nova Guiné e outras. Entre as duas linhas (grossas, no mapa) fica uma área conhecida por **Wallacea** onde já existe uma mistura das duas faunas. Esta divisão das duas faunas fica mais complicada no presente pela introdução de animais feita pelos homens antigos e modernos, mas, mesmo assim, mostra como duas faunas muito diferentes foram se aproximando pela deriva continental. Para compreender as causas do abaixamento do nível do mar , veja o capítulo 9.

REFERÊNCIAS DO CAPÍTULO

Cox, C.B. 1970. Migrating marsupials and drifting continents. Nature, 226:767-770.

Cox, C.B. 1974. Vertebrate paleodistributional patterns and continental drift. J. Biogeogr. 1: 75-94.

Germeraad, J.H., Hopping, C.A. e Muller, J. 1968. Palynology of Tertiary sediments from tropical areas. Rev. Palaeobot. Palynol., 6:189-348.

Gonzales de Juana, C., Iturralde, J.M. e Picard, X. 1980. Geología de Venezuela y de sus cuencas petrolíferas. 2 volumes. Ediciones Foninves, Caracas.

Graham, A. 1992. Utilization of the isthmian land bridge during the Cenozoic: paleobotanical evidence for timing, and the selective influence of altitudes and climate. Rev. Palaeobot. Palynol. 72:119-128.

Graham, A. e Jarsen, D.M. 1969. Studies in Neotropical Paleobotany. I. The Oligocene communities of Puerto Rico. Ann. Missouri Bot. Gard. 56:308-357.

Hooghiemstra, H. 1984. Vegetational and climatic history of the high plain of Bogotá, Colombia: a continuous record of the last 3.5 million years. Dissertationes Botanicae, vol. 19. J. Cramer, Vaduz, 368 pp.

Hopping, C.A. 1967. Palynology and the oil industry. Rev. Palaeobot. Palynol. 2:23-48.

Krebs, C.J. 1978. Ecology: the experimental analysis of distribution and abundance. Harper & Sons, New York, 678 pp.

Laporte, L.F. 1977. Paleoenvironments and Paleoecology. Amer. Scientist 65:720-728.

Leopold, E. 1969. Late Cenozoic palynology. Em: R.H. Tschudy & R.A. Scott (editores), "Aspects of Palynology". J. Wiley & Sons, p.377-438.

MacArthur, R.H. 1972. Geographical Ecology: patterns in the distribution of species. Harper & Row, New York, 269 pp.

Molnar, P. e Tapponier, P. 1977. The collision between India and Eurasia. Sci. Am. 236(4):30-41.

Muller, J. 1970. Palynological evidence on early differentiation of Angiosperms. Biological Reviews 45: 417-450.

Muller, J. 1981. Fossil pollen records on extant Angiosperms. The Botanical Review 47(1):1-142.

Odum, E.P. 1983. Ecologia. Tradução portuguesa Editora Guanabara, Rio de Janeiro, 434 pp.

Parker, T.J. e Haswell, W.A. 1949. A Text-book of Zoology. 2° volume, Phylum Chordata. 6ª edição. MacMillan & Co., London, 738 pp.

Pielou, E.C. 1979. Biogeography. J. Wiley & Sons, New York, 351 pp.

Raven, P.H. e Axelrod, D.I. 1974. Angiosperm biogeography and past continental moviments. Ann. Missouri Bot. Gard. 61(3):539-673.

Raven, P.H. e Axelrod, D.I. 1975. History of the flora and fauna of Latin America. Amer. Scientist 63(4):420-429.

Regali, M.S.P., Uesugui, N., Santos, A.S. 1974. Palinologia dos sedimentos meso-cenozóicos do Brasil. Boletim Técnico Petrobrás, Rio de Janeiro 17(3):177-191.

Ricklefs, R.E. 1990. Ecology. 3ª edição. W.H. Freeman & Co., New York, 896 pp.

Rocha-Miranda, C.E. e Lent, R. (editores) 1978. Opossum Neurobiology. Edição Academia Brasileira de Ciencias, Rio de Janeiro, 291 pp.

Romer, A.S. 1948. Man and Vertebrate. 3ª edição. University of Chicago Press, Chicago, 405 pp.

Rowe, M. 1990. Organization of the cerebral cortex in Monotrems and Marsupials. Em: Cerebral Cortex, vol. 8B "Comparative structure and evolution of cerebral cortex, p.263-333.

Salgado-Labouriau, M.L. 1984b. Reconstrucción del ambiente a través de los granos de polen. Investigación y Ciencia 96:6- 17.

Sclater, J.G. e Tapscott, C. 1979. The history of the Atlantic. Sci. Am. 240(6):120-132.

Simpson, G.G. 1950. History of the fauna of Latin America. Amer.   Scientist 38:361-389.

Simpson, G.G. 1985. Fosiles e Historia de la Vida. Biblioteca   Scientific American. Editorial Labor, Barcelona, 240 pp.

Smith, A.G. e Briden, J.C. 1975. Mesozoic and Cenozoic   Paleocontinental Maps. Cambridge University Press, Earth   Science Series, London.

Stokes, W.L. 1982. Essentials of Earth History, 4ª edição.   Prentice Hall Inç Englewood Cliff, USA, 577 pp.

Traverse, A. 1988. Paleopalynology. Unwin Hyman, London, 600 pp.

Tyndale-Biscoe, H. 1973. Life of Marsupials. Edward Arnold,   London, 254 pp.

van der Hammen, T. 1974. The Pleistocene changes of vegetation   and climate in tropical South America. J. Biogeogr. 1:3-26.

Vanzolini, P.E. 1992. Paleoclimas e especiação em animais da   América do Sul tropical. Estudos Avançados, USP, 6(15):41-65.

von Ihering, R. 1968. Dicionário dos Animais do Brasil. Editora   Universidade de Brasília, São Paulo, 790 pp.

Wettstein, R. 1944. Tratado de Botánica Sistemática. Editorial   Labor, tradução espanhola por P. Font Quer, Barcelona, 1039   pp.

Whittaker, R.H. 1975. Communities and Ecosystems. 2ª edição.   MacMillan, New York, xviii + 385 pp.

7

CAPÍTULO

O PLANETA TERRA

Introdução

Os capítulos anteriores descreveram a história ecológica da Terra nos períodos pré-quaternários. A parte que seguirá se refere ao Quaternário o qual reune muito mais informações paleoecológicas que todos os outros períodos anteriores juntos. Para entendê-lo é necessário ter algumas noções de astronomia e climatologia que serão dadas neste capítulo e no seguinte.

Os parâmetros orbitais, as propriedades físicas e químicas da atmosfera e a quantidade de energia que chega à superfície da Terra, são variáveis que modificam as condições ambientais através da história da Terra. Estas condições básicas foram sendo modificadas e alteradas à medida que a vida surguiu e foi evoluindo. Porém, as condições básicas têm que ser conhecidas para que se possa entender o que foi modificado. E é esta parte que será tratada neste capítulo.

2. Geometria Orbital

A Terra é o terceiro planeta do sistema solar, contando do Sol para fora, e situa-se a uma distância média de 149.600.000 km. O movimento de rotação da Terra sobre seu eixo é hoje de ca. 24 horas (média de 23 horas, 56 minutos e 4 segundos). Ela gira em volta do Sol em cerca de 365 dias (média de 365 dias, 6 h., 9 min., 10 seg.). A Terra não é uma esfera. Devido ao seu movimento de rotação, numa velocidade 1670 km/hora, a zona equatorial tende a ficar mais saliente devido à força centrífuga. O diâmetro no equador é de 12.756 km, o que é ca. 42 km maior que nos polos. A Terra é, portanto, um sólido oblato-esferoidal. Medidas recentes obtidas do espaço confirmam que o polo norte é mais achatado que o polo sul, o que fez com que se denominasse a forma da Terra como um geóide (Tabela 7.1).

Tab. 7.1 - Informações sobre o planeta Terra, baseado em Kerrod (1976).

Diâmetro equatorial	12.756 km
Diâmetro polar	12.714 km
Área da superfície	$5,1 \times 10^8$ km²
Densidade média	5,52 g/cm³ (água = 1)
Distância média do Sol	$149,6 \times 10^6$ km
distância no afélio	$152,1 \times 10^6$
distância no periélio	$147,1 \times 10^6$
Ano sideral	365 dias 6 horas 9 min. 10 seg.
Dia médio	23 horas 56 minutos 4 segundos
Velocidade média de rotação no equador	38.600 km/dia

A órbita de um planeta é o caminho percorrido por ele em volta do Sol. As órbitas são elipses mais ou menos alongadas, conforme o planeta. Para a órbita da Terra este alongamento desvia menos de 2% do círculo, ao passo que para Plutão e Mercúrio, por exemplo, o desvio é de mais de 20%. A órbita da Terra, portanto, é quase circular e ligeiramente excêntrica em relação ao Sol.

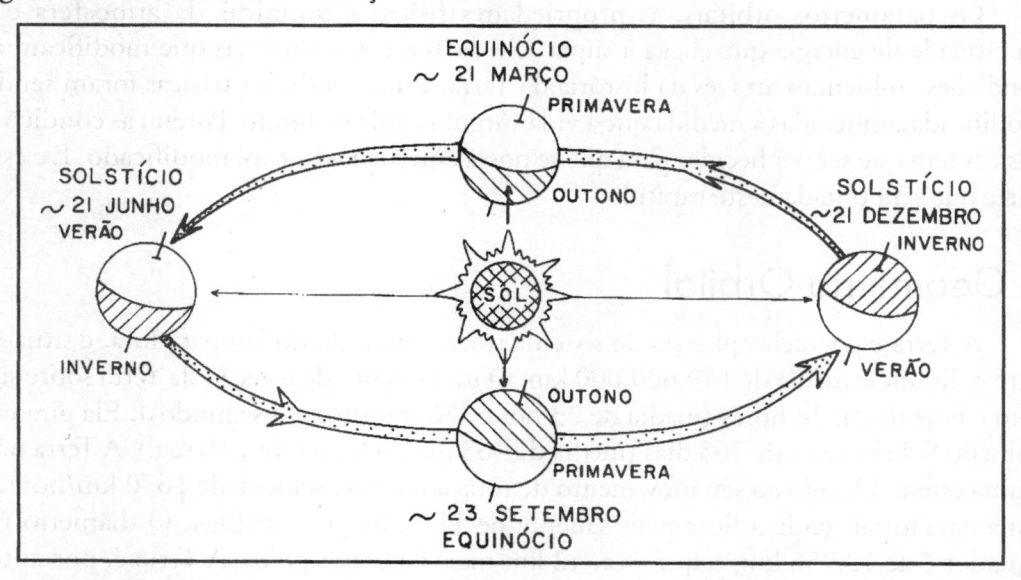

Fig. 7.1. A órbita da Terra e a mudança das estações climáticas. No seu movimento de translação ao redor do Sol, o planeta mantém sempre o mesmo ângulo de inclinação (hoje de 23,5°) o que faz com que a distribuição da energia recebida seja desigual nos dois hemisférios. Neste esquema o Sol e a Terra não estão em escala.

Os planetas giram inclinados em relação ao plano de sua órbita. O eixo de rotação (eixo polar) faz um ângulo de inclinação com o plano da órbita. No caso da Terra a inclinação chama-se **obliquidade** e é de cerca de 66,5°. Entretanto, o costume em astronomia é designar a inclinação pelo ângulo complementar, isto é, aquele que faz o eixo polar com o plano perpendicular à sua órbita. Usando este critério a inclinação da Terra é de cerca de 23,5° (Fig. 7.1). No caso de Júpiter, por exemplo, é de ca. 3°, Netuno de ca. 29° e de Urano ca. 98° (Fig. 7.1 e 7.2).

A inclinação do eixo polar é fixa enquanto o planeta percorre a sua órbita em volta do Sol e portanto, o eixo polar aponta todo o tempo para o mesmo ponto no espaço (Fig. 7.1). A inclinação faz com que ora um hemisfério, ora o outro receba mais energia solar, resultando no ciclo das estações. Se não houvesse inclinação, e a Terra girasse com o eixo perpendicular à órbita, os dias e as noites seriam iguais dentro de cada faixa latitudinal e o clima seria uniforme porque o vento e a temperatura seriam uniformes dentro das latitudes simétricas. Isto faria com que as plantas ficassem restritas a faixas latitudinais estreitas. Alguns paleontólogos sugerem que esta seria a situação da Terra na primeira

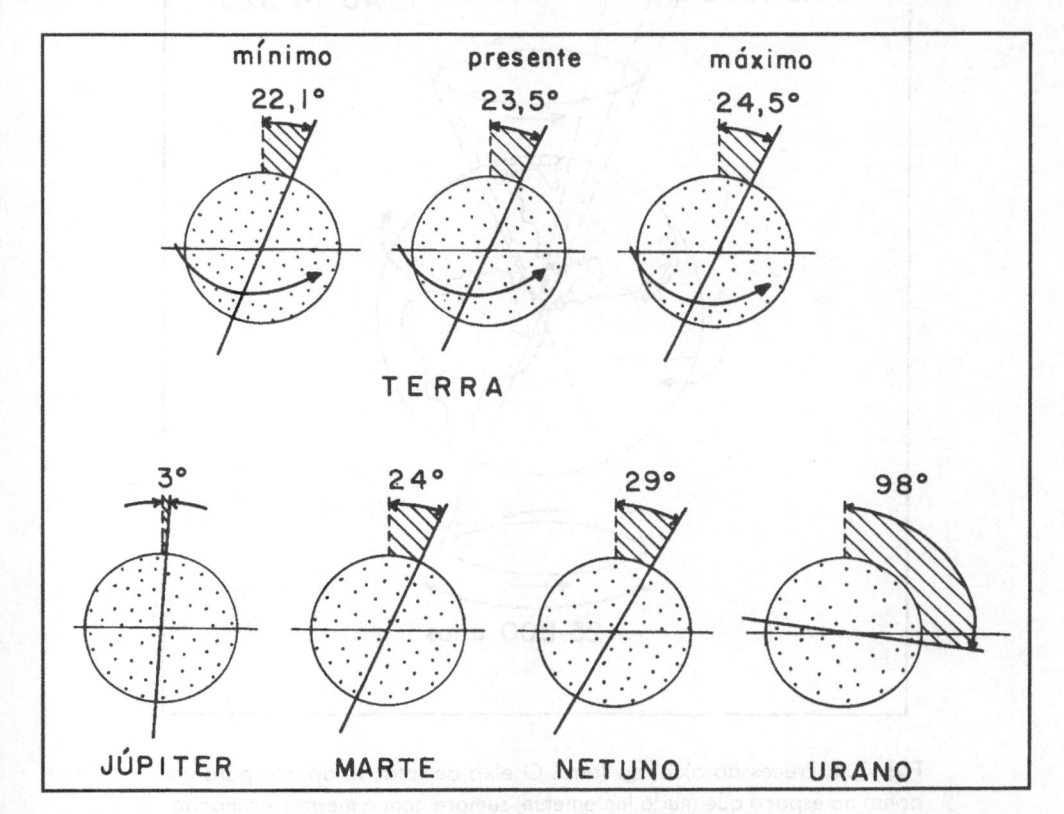

Fig. 7.2. Inclinação do eixo de rotação de alguns planetas em relação ao plano da órbita. Em cima: Terra, inclinação mínima e máxima, comparada com a atual; em baixo: alguns exemplos da inclinação do eixo de rotação dos planetas, no presente.

parte do Terciário (Paleógeno) pois não foram encontradas evidências de grandes oscilações climáticas anuais. Segundo Hoyle, se o ângulo de inclinação fosse maior que 33,5°, os invernos polares e os verões tropicais seriam muito mais fortes e haveria tempestades que chegariam a extremos que não conhecemos.

O eixo polar da Terra atualmente aponta para a estrela Alpha Ursae Minoris que por isto é chamada Estrela Polar (Polaris). Mas isto não foi sempre assim. Como um pião, a Terra descreve um cone ao girar sobre si mesma, só que o pião bamboleia no

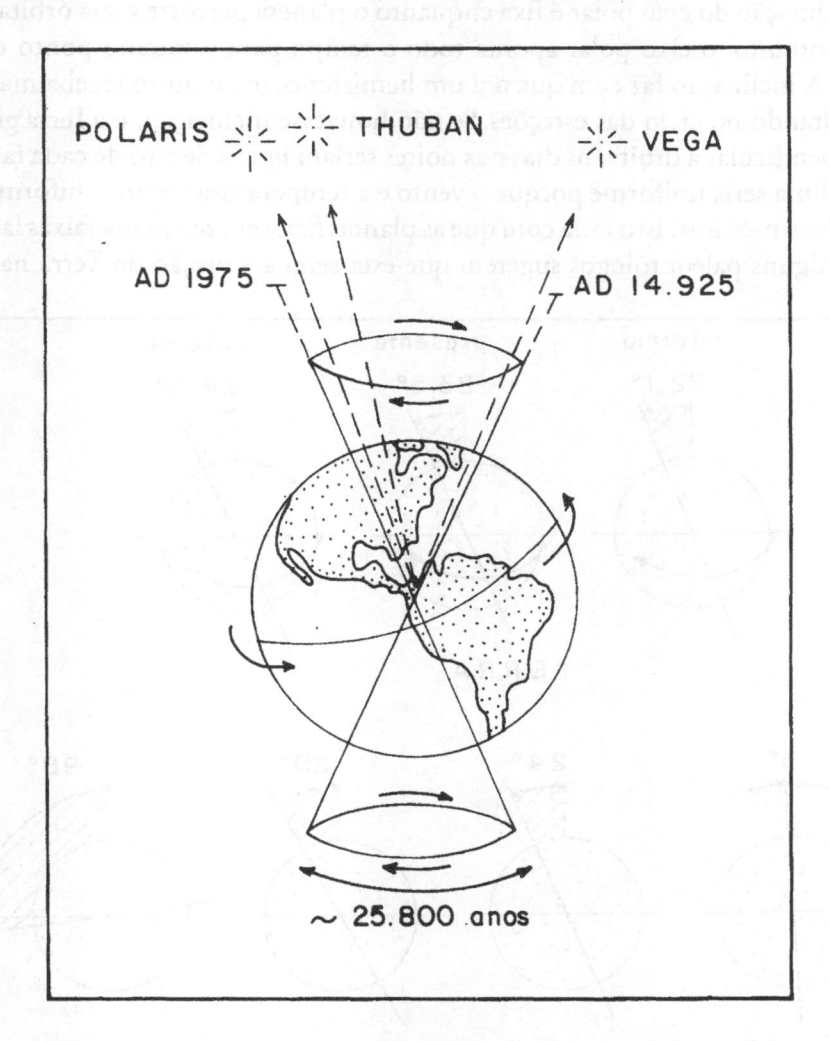

Fig. 7.3. Precessão axial da Terra. O eixo de rotação aponta para um ponto no espaço que muda lentamente, sempre com a mesma inclinação, e descreve um cone duplo (como um pião) á medida que gira. Em 1975 atingiu o extremo de precessão e chegará ao outro extremo a cerca de 14.925 da nossa era (AD). Dados segundo Kerrod (1976).

sentido do seu movimento, e a Terra no sentido inverso. A Terra vai mudando sua direção lentamente (mas sempre com um ângulo de inclinação de ca. 23,5°) descrevendo um cone duplo no espaço (Fig.7.3). Por volta do ano 14.000 depois de Cristo (A.D.. "annum dominum") Vega, que é a estrela Alpha Lyrae da constelação da Lira, será a nossa estrela polar. Em ca. 27.800 A.D. voltará a ser a Alpha Ursae Minoris. O período de precessão deste círculo é de ca. 25.800 anos.

Por volta do ano 2750-2830 antes de Cristo (A.C.) Thuban, a estrela Alpha Draconis da constelação do Dragão (Draco) foi a estrela polar e era adorada pelos egípcios. Na construção da grande pirâmide de Gizé, uma de suas passagens principais foi alinhada de forma que Thuban brilhasse através dela, pois, sendo a estrela polar daquela época, Thuban ficava imóvel no céu para qualquer observador no hemisfério norte.

O ângulo de inclinação do eixo que hoje é em média de 23,5°, vai mudando entre um máximo de 24,5° a um mínimo de 22,1° (Fig. 7.2) em freqüências de 41.000 e de 54.000 anos (Tab. 7.2). Esta variação cíclica, chamada precessão axial, faz com que a radiação solar recebida diminua ou aumente nos polos através do tempo.

Como foi comentado anteriomente, a órbita da Terra é quase circular, e varia de uma excentricidade de 0,00 (circular) à de 0,06. Esta variação é cíclica e, além dela, a própria elípse muda a posição de seu eixo maior com o tempo. Há quatro ciclos, três de freqüências menores, de 95.000, de 100.000 e de 125.000 anos e outro de freqüência maior, de 400.000 anos, que constituem a precessão da excentricidade. As variações da excentricidade da órbita mudam pouco (ca. 0,1%) a quantidade de radiação total recebida pela Terra. Entretanto, são importantes na modulação da amplitude dos ciclos de precessão. Quando a órbita é circular a posição em que ocorrem os equinócios e solstícios é irrelevante, mas quando é elíptica esta posição é importante e muda o total de energia solar (insolação) anual que a Terra recebe.

Tab. 7.2 - Ciclos orbitais da Terra, segundo Pisias e Imbrie (1987) e Berger et al. (1993).

Tipo de movimento	Duração aproximada (anos)	Variação
Oscilação do eixo	25.800	Polaris - Vega
Precessão axial (obliqüidade)	41.000 - 54.000	(22,1° - 24,5°)
Precessão orbital (excentricidade)	95.000 - 100.000 125.000 - 400.000	(0,00 - 0,06% do círculo)
Precessão do equinócio	19.000 - 23.000	

O equinócio é o momento em que o dia e a noite são iguais no mundo inteiro (Fig. 7.1). O equinócio ocorre quando a posição do Sol na esfera celeste está em um dos dois pontos onde a eclíptica intercepta o equador celeste. Eclíptica é o caminho aparente do Sol em volta da esfera celeste. Isto ocorre duas vezes por ano, entre 21 e 23 de março e entre 21e 23 de setembro. Em 1988 o equinócio de primavera do hemisfério sul ocorreu no dia 22 de setembro às 16 horas e 15 minutos; em 1993 foi no dia 22 de setembro às 21 h 23 m (informação em: "Efemérides Astronômicas" para 1993, Observatório Nacional, Rio de Janeiro, RJ)

Se as duas precessões (axial e da elípse) são tomadas juntas, a posição dos equinócios (de primavera e outono) e dos solstícios (de verão e inverno) mudam ao longo da órbita num ciclo total de cerca de 22.000 anos (freqüências de 19.000 e 23.000 anos, tab.7.2). Este ciclo é denominado precessão dos equinócios. Hoje o solstício de inverno do hemisfério norte ocorre perto do periélio, que é o ponto em que a Terra passa mais perto do Sol (Fig. 7.4). Há 11.000 anos atrás ele ocorreu do lado oposto da elípse (afélio). A situação oposta se dá com o hemisfério sul cujos invernos tendem hoje a ser mais frios que os do hemisfério norte. Atualmente a Terra está mais longe do sol durante o verão do hemisfério norte, e nesta estação recebe menos radiação solar do que o verão do hemisfério sul. Mas esta situação se inverterá daqui a ca. 11.000 anos devido à precessão dos equinócios (Fig. 7.4). Segundo Berger e colaboradores, se o equinócio de primavera (hemisfério norte) for arbitrariamente fixado no dia 21 de março, o outono há 103.000 anos atrás começaria a 13 de setembro e o de 114.000 anos atrás a 27 de setembro. Este exemplo deixa bem claro a importância da precessão dos equinócios quando se estima o clima no passado.

A precessão dos equinócios, portanto, modifica ciclicamente a quantidade de energia recebida pela Terra no inverno e no verão, diminuindo ou aumentando a temperatura da estação climática. A precessão é causada pelas influências gravitacionais da Lua e do Sol e também dos outros planetas, principalmente os dois gigantes, Júpiter e Saturno.

Para maiores detalhes sobre os movimentos orbitais da Terra, que são em maior número do que os apresentados aqui, devem ser consultados os livros de astronomia (por exemplo, Hoyle, 1975 e Reinhardt, 1975) e os artigos especializados (como Berger et al. 1993). As precessões apresentadas acima são as que se consideram mais importantes para o cálculo da energia que atinge a Terra. A duração de cada uma delas se encontra na tabela 7.2.

Hoje sabemos, pelo trabalho pioneiro de J. Croll em 1880 e, principalmente pela Teoria Orbital formulada quantitativamente pelo matemático M. Milankovitch, entre 1920 e 1941, que os ciclos de precessão afetam a distribuição da energia recebida na superfície da Terra. Esta teoria foi recentemente desenvolvida por A. Berger. Portanto, é possível estimar a situação no passado e, de certa maneira, prever o futuro.

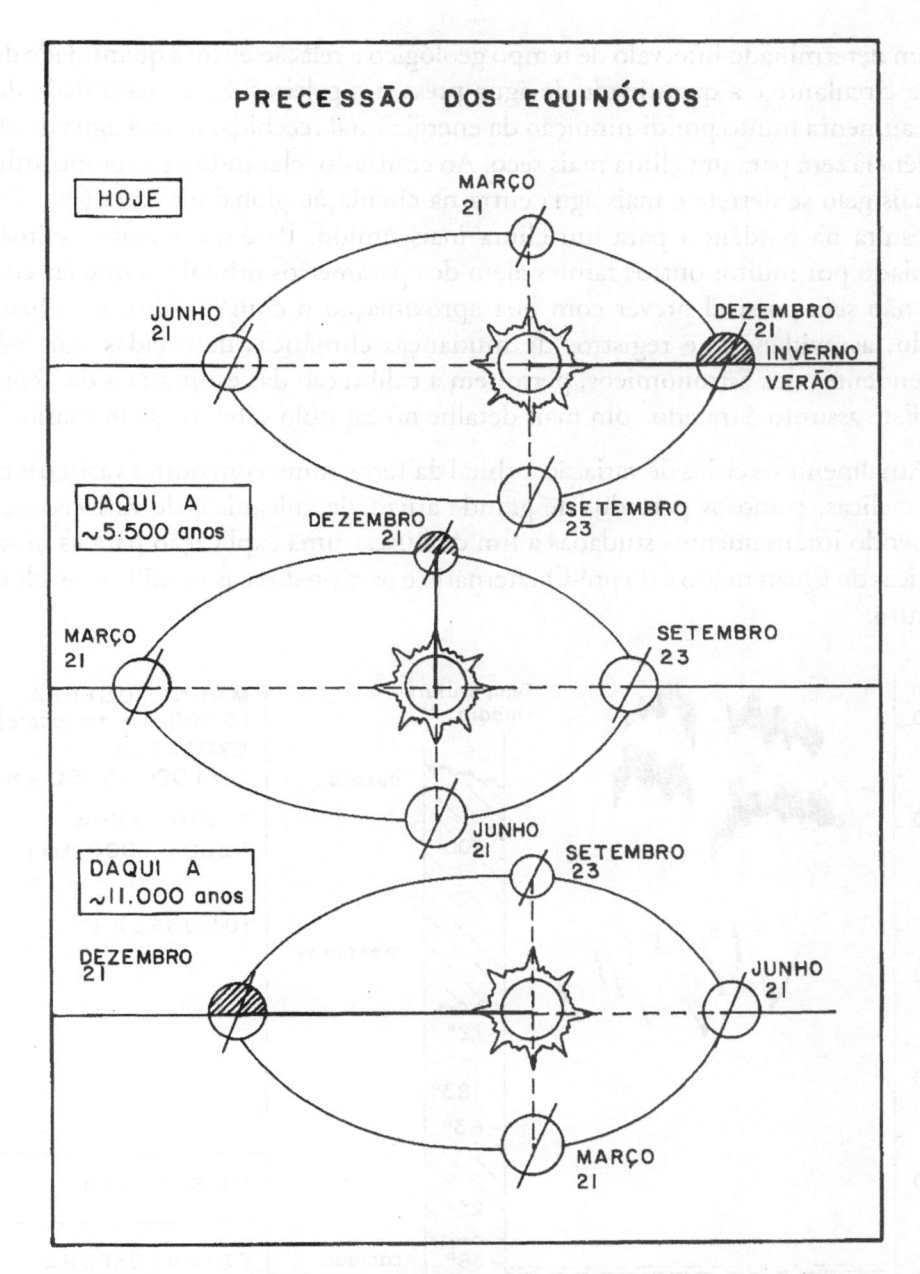

PRECESSÃO DOS EQUINÓCIOS

Fig. 7.4. Esquema da mudança lenta das quatro estações do ano em relação à posição da Terra em sua órbita em volta do Sol. Esta mudança é devida à precessão dos equinócios. A Terra e o Sol não estão em escala. Dados de Pissias e Imbrie (1987) e Hoyle (1975).

O cálculo da quantidade de energia recebida pela Terra permite estimar não somente a temperatura, como também outros fatores climáticos. Por exemplo, é possível calcular para um determinado intervalo de tempo geológico a relação entre a quantidade de água líquida circulante e a quantidade de água presa nas geleiras. Se a quantidade de água sólida aumenta muito por diminuição da energia total recebida, faltará água de chuva e a tendência será para um clima mais seco. Ao contrário, elevando-se a temperatura global, mais gelo se derrete e mais água entra na circulação global na Terra (Fig. 7.11), o que resulta na tendência para um clima mais úmido. Porém, o sistema climático é controlado por muitos outros fatores além dos parâmetros orbitais, o que faz com que ainda não seja possível prever com boa aproximação o clima no futuro. Quanto ao passado, as evidências e registros de mudanças climáticas detectadas por métodos independentes dos astronômicos, permitem a calibração das estimativas da Teoria Orbital. Este assunto é tratado com mais detalhe no capítulo sobre o Quaternário.

Atualmente os ciclos de variação orbital da Terra, junto com outras variações cíclicas e não cíclicas, como os períodos de grande atividade vulcânica, de variação de CO_2, estão sendo intensamente estudadas a fim de buscar uma explicação para as mudanças climáticas do Quaternário e do pré-Quaternário e para predizer as modificações climáticas no futuro.

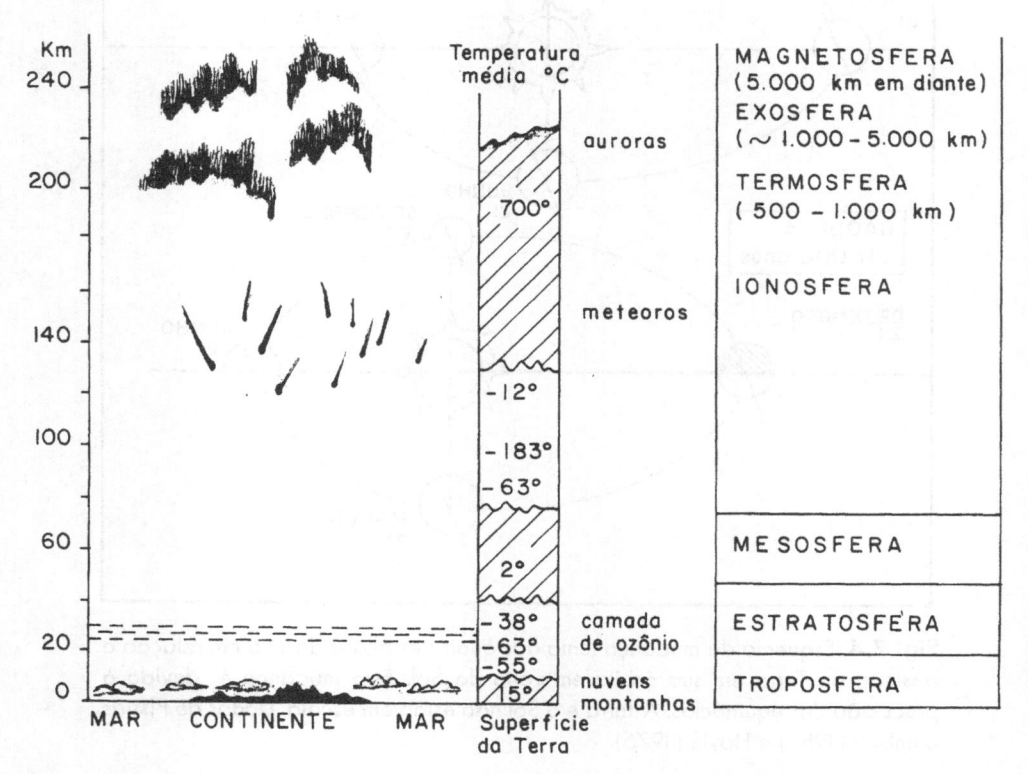

Fig. 7.5. A atmosfera pode ser dividida em 7 camadas (á direita da figura) que não têm limites altitudinais precisos e que passam de uma camada à outra gradualmente. As camadas superiores (termosfera, ionosfera e magnetosfera) não estão em escala.

3. A Atmosfera da Terra

Com o advento das naves espaciais, observou-se que a Terra vista do espaço é um globo azulado, brilhante, parcialmente coberto por redemoinhos de nuvens brancas. Os continentes aparecem como áreas marrons cercadas pelo azul intenso dos oceanos.

A camada de gases que envolve a Terra é chamada atmosfera. Esta camada realmente só tem algumas centenas de quilômetros de espessura. Segundo R. Kerrod, se compararmos a Terra com uma pêra a atmosfera não é mais espessa que a casca. Mas esta camada fina é essencial para a vida fornecendo o oxigênio para a respiração dos seres vivos. Além disto ela absorve as radiações solares prejudiciais à vida na Terra e age como uma camada isolante para amortecer as diferenças de temperatura do dia e da noite porque retém o calor armazenado durante o dia.

A Fig. 7.5 resume à direita as divisões clássicas das camadas da atmosfera e no centro, as divisões atuais que são baseadas na variação de temperatura e propriedades físicas, em relação à altitude. A temperatura muda com o aumento da altitude, mas não é como se pensava antes, cada vez mais fria. Ela desce e sobe várias vezes formando cinco camadas principais, sem transições bruscas e sem limites precisos, passando gradativamente de uma a outra. Na **Troposfera**, que varia entre 8 e 16 km de altura acima do nível médio do mar, tem lugar a meteorologia. Nela efetivamente a temperatura diminui com o aumento da altitude. Na parte baixa da troposfera se encontra a maior concentração de oxigênio (O_2) que, como se sabe, é essencial à maioria dos seres vivos.

Na **Estratosfera**, que chega até cerca de 50 km de altitude, fica a camada de ozônio a uma altura de ca. 25 a 30 km (Fig. 7.5). Essa camada absorve a maior parte dos raios ultravioleta vindos do Sol. Na parte inferior da estratosfera a temperatura é de ca. -55°C e sobe a ca. 0°C na camada de ozônio para cair em seguida. A temperatura continua variando na camada seguinte, **Mesosfera**, em relação à altitude até que, na **Ionosfera**, atinge a 700°C. A ionosfera tem este nome porque os gases rarefeitos que a compõem estão ionizados, carregados de eletricidade. É ai onde acontece a aurora que pode ser vista nos pólos boreal e austral. A ionosfera chega a uma altura de aproximadamente 500 km e em algumas de suas camadas se dá a comunicação por rádio. Em seguida vem a **Termosfera**, depois a **Exosfera** e por fim a **Magnetosfera**, que emerge no espaço (Fig. 7.5).

Devido aos estudos feitos com sondas e foguetes, iniciados nos anos 1950 e depois, com as naves espaciais e satélites, a atmosfera está muito bem estudada. A descrição dada acima está muito simplificada pois sabe-se que ela encerra muitas camadas com temperaturas e propriedades diferentes. Entretanto, para um conhecimento geral de climatologia, que é o objetivo deste capítulo, a troposfera e a estratosfera são as mais importantes dessas camadas.

3.1. Composição dos gases da atmosfera

Os três constituintes mais abundantes da atmosfera são o nitrogênio (N_2), o oxigênio (O_2, O_3) e o argônio (Ar) que, respectivamente representam cerca de 78%, 21% e 1% do ar seco e limpo (Tab. 7.3).

O nitrogênio, do ponto de vista geoquímico, é um gás praticamente inerte e vem sendo acumulado na atmosfera durante todo o tempo geológico. Para os seres vivos é extremamente importante porque é parte essencial das moléculas de proteina. Há muito tempo que se sabe que as bactérias fixam o nitrogênio do ar no solo mas, foi muito recentemente que se descobriu que os relâmpagos e outras descargas elétricas da atmosfera fixam o nitrogênio no solo de onde é incorporado aos organismos.

A atmosfera é o grande reservatóro de oxigênio livre. Daí ele sai para a oxidação de minerais e para as respiração dos organismos aeróbios. Parte do oxigênio da biosfera, dos oceanos e das rochas sedimentares, é reciclado novamente para a atmosfera pela fotossíntesse das plantas. Este gás portanto, ao contrário do nitrogênio, está sendo reciclado continuamente.

Tab. 7.3 - Constituintes do ar seco e limpo. Segundo Smithsonian Meteorological Tables, 1966, em Rosenberg (1974).

Constituinte	Volume (%)
Nitrogênio	78,08
Oxigênio	20,95
Argônio	0,93
Dióxido de carbono*	ca. 0,032
Neônio	$1,8 \times 10^{-3}$
Hélio	$5,24 \times 10^{-4}$
Criptônio	$1,0 \times 10^{-4}$
Hidrogênio	$5,0 \times 10^{-5}$
Xenônio	$8,0 \times 10^{-6}$
Ozônio*	ca. $1,0 \times 10^{-6}$
Radônio*	ca. $6,0 \times 10^{-18}$
Vapor de água*	ca. 0 a 3%

* - variável
Observação - Além dos constituintes acima encontram-se em quantidades variáveis: poeiras, pólen, rejeitos industriais e metano.

A maior parte do argônio da atmosfera é o isótopo Ar-40 produzido pelo decaimento do potássio-40 das erupções vulcânicas e que provem da crosta e do manto terrestre. O argônio é um gás nobre, inerte e, uma vez que ele entra na atmosfera, praticamente não sai mais.

A composição do ar seco e limpo (Tab. 7.3) é constante em todo o mundo. Porém, há outros constituintes, como o vapor de água, o pólen e os poluentes que são variáveis de um lugar para o outro.

3.2 O balanço energético na Terra

Chama-se **insolação** a energia solar recebida em uma superfície horizontal, seja qual for o intervalo de tempo. Supondo uma atmosfera terrestre perfeitamente transparente e uma emissão solar constante, a energia disponível na parte superior da atmosfera, em qualquer latitude da Terra, depende da constante solar (1,98 +/- 0,05 cal/cm² por minuto) e dos parâmetros rotacionais e orbitais da Terra (parte 2, deste capítulo). Portanto, a quantidade de energia solar não é constante ao longo dos séculos e dos milênios (veja capítulo 9).

A maior parte da energia solar chega à Terra na forma de radiação de comprimento de onda-curta. Cerca de 9% é na forma de ultravioleta (comprimento de onda menor que $0.4\,\mu m$), 45% é luz visível ($\lambda = 0.4$-$0.74\,\mu m$) e 46% é na forma de infravermelho (λ maior que $0.74\,\mu m$) (Fig. 7.6). A atmosfera deixa passar 51% da energia recebida (Fig. 7.7) a qual é absorvida pelos continentes e mares. O resto da radiação de ondas-curtas é absovido pelo vapor de água, poeira e ozônio da atmosfera (ca. 16%) e pelas nuvens; ou então, é refletida de volta para o espaço em comprimentos de onda curtos (ca. 30%). A radiação absorvida é convertida em energia de ondas-longas que aquece a Terra e eventualmente escapa para o espaço (Fig. 7.7). Porém, parte do infravermelho irradiado pela superfície dos continentes e mares, assim como a parte irradiada pelo vapor de água e o CO_2 do ar pode ficar retido na atmosfera em maior ou menor quantidade, pelo efeito estufa, que eleva a temperatura do planeta.

O **efeito-estufa** foi primeiro observado em estufas de vidro para cultivo de plantas ou, como chamam hoje, casas-de-vegetação. Os raios do Sol penetram pelos vidros das paredes e do teto e começam a degradar para comprimentos de onda mais longos. Quando atingem a faixa do infravermelho (Fig. 7.6) ficam presos dentro da estufa porque o vidro é praticamente opaco a ele e a temperatura dentro da estufa começa a subir.

Os estudos climáticos mostraram que as nuvens do céu agem como o vidro da estufa e fazem com que a temperatura na parte baixa da atmosfera aumente. A situação contrária faz com que o calor escape para o espaço, o que causa um abaixamento da temperatura. É por isto que no inverno as noites estreladas são mais frias.

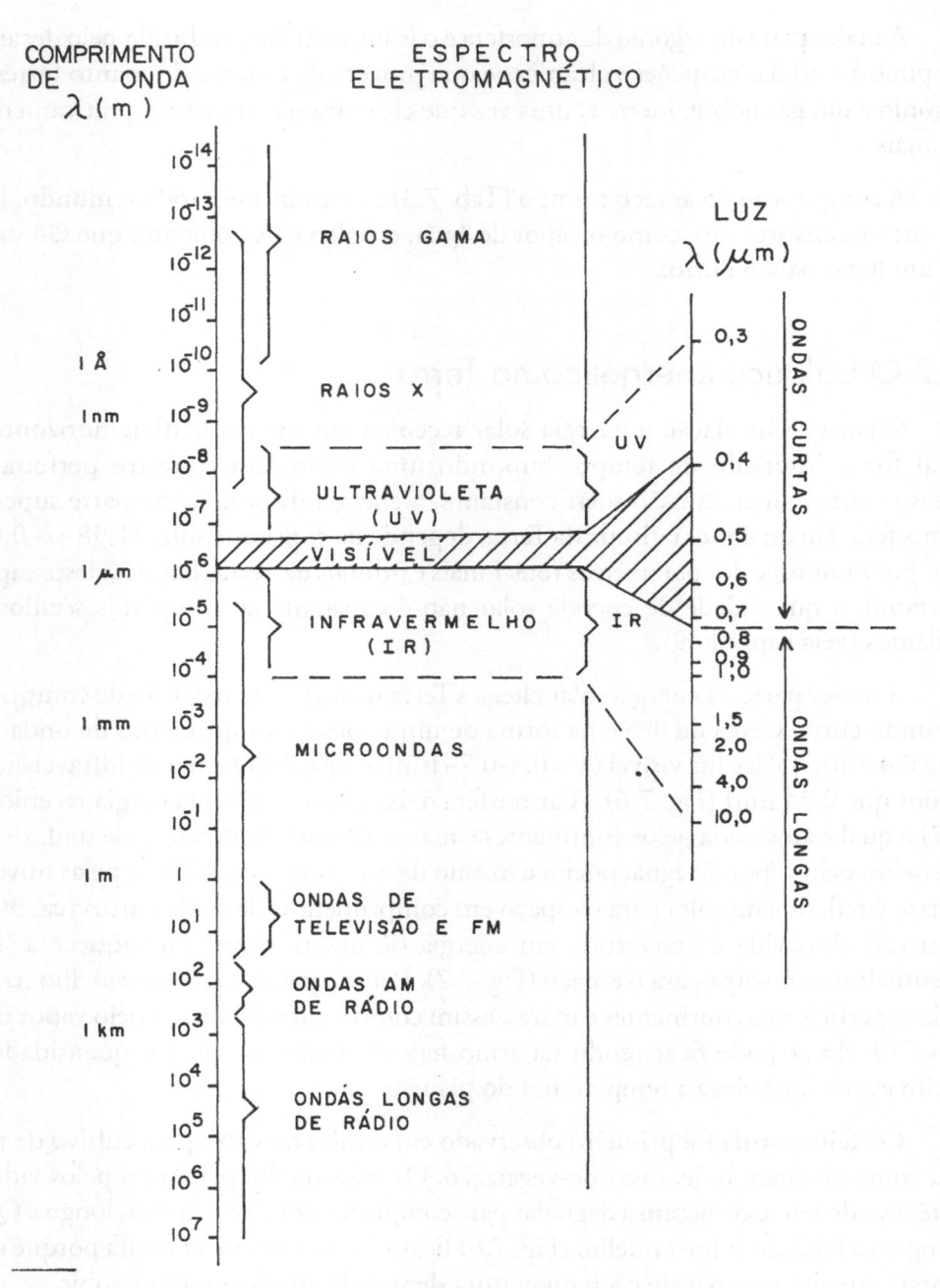

Fig. 7.6. Esquema das radiações eletromagnéticas que chegam ou saem da Terra. Os comprimentos de onda das faixas do espectro podem se superpor, dependendo da origem (atômica ou nuclear). À direita, detalhe do espectro da luz visível e das radiações ultravioleta (UV) e infravermelho (IR).

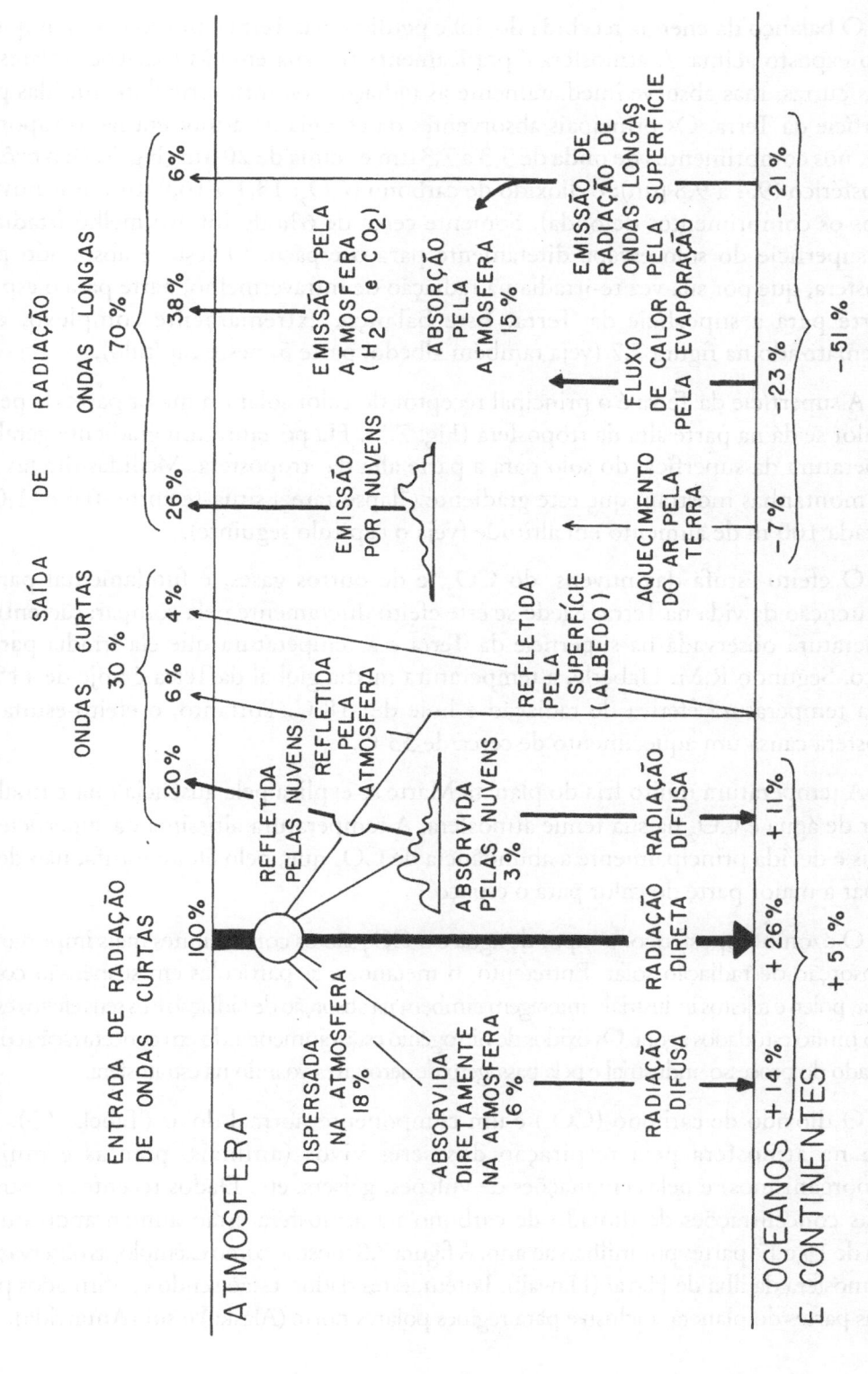

Fig. 7.7. Balanço energético da radiação global na Terra. A quantidade total de energia que entra é igual à que sai. Baseado em Lockwood (1976) e Ingersoll (1983).

O balanço da energia recebida do Sol e perdida pela Terra é muito mais complexo que o exposto acima. A atmosfera é praticamente transparente às radiações solares de ondas curtas, mas absorve imediatamente as radiações de infravermelho emitidas pela superfície da Terra. Os principais absorventes da energia na atmosfera são o vapor de água , nos comprimentos de onda de 5,3 a 7,3 μm e acima de 20 μm (Fig. 7.7); o ozônio troposférico (9,4 a 9,8 μm); o dióxido de carbono (CO_2; 13,1 a 16,9 μm), e as nuvens (todos os comprimentos de onda). Somente cerca de 6% do infravermelho irradiado pela superfície do solo escapa diretamente para o espaço. O resto é absorvido pela atmosfera, que por sua vez re-irradia na radiação de infravermelho, parte para o espaço e parte para a superfície da Terra. Este balanço, extremamente complexo, está esquematizado na figura 7.7 (veja também albedo, parte 5, neste capítulo).

A superfície da Terra é o principal receptor do calor solar e a maior parte da perda do calor se dá na parte alta da troposfera (Fig. 7.5). Há portanto um gradiente geral de temperatura da superfície do solo para a parte alta da troposfera. Medidas diretas em altas montanhas mostram que este gradiente ("lapse-rate") situa-se entre -0,6 e -1,0°C por cada 100 m de aumento em altitude (veja o capítulo seguinte).

O efeito-estufa das nuvens, do CO_2, e de outros gases, é fundamental para a manutenção da vida na Terra. Mede-se este efeito diretamente pela comparação entre a temperatura observada na superfície da Terra e a temperatura que ela irradia para o espaço. Segundo R.M. Haberle, a temperatura média global da Terra é hoje de +15°C mas a temperatura efetiva de radiação é hoje de -18°C. Portanto, o efeito-estufa da atmosfera causa um aquecimento de cerca de 33°C.

A temperatura muito fria do planeta Marte se explica pela ausência quase total de vapor de água e CO_2 na sua tenue atmosfera. A temperatura altíssima da superfície de Vênus é devida principalmente à abundância de CO_2 que, pelo efeito estufa, não deixa escapar a maior parte do calor para o espaço.

O ozônio troposférico, o vapor de água e o CO_2 são os constituintes mais importantes na absorção de radiação solar. Entretanto, o metano, e as partículas em suspensão como poeira, pólen e rejeitos industriais, interagem também na absorção de radiação e os seus efeitos estão sendo muito estudados agora. Os óxidos de nitrogênio estão aumentando em concentração como resultado do processo industrial e pela passagem de aeronaves voando na estratosfera.

O dióxido de carbono (CO_2) é um componente normal do ar (Tabela 7.3). Ele entra na atmosfera pela respiração dos seres vivos (animais, plantas e muitos microorganismos) e pelas emanações de vulcões, gêiseres, etc. Dados recentes mostram que as concentrações de dióxido de carbono na atmosfera estão aumentando numa razão de 15 e 17 partes por milhão ao ano. A figura 7.8 mostra, como exemplo, as observações na atmosfera da ilha de Havaí (Hawaii). Porém, estes dados estão sendo confirmados para outras partes do planeta, inclusive para regiões polares norte (Alaska) e sul (Antártida).

Quando o CO_2 aumenta, a absorção de infravermelho aumenta e a temperatura do ar sobe fazendo com que mais vapor de água seja retido. O resultado é um aumento de nuvens que também absorvem infravermelho e por efeito estufa aumentam mais a temperatura do ar. Juntando a isto o efeito de outras substâncias e partículas em suspensão, resulta numa "bola-de-neve" que incrementará mais a temperatura média global. Os resultados se farão sentir principalmente na temperatura de verão e no equilíbrio entre água líquida e água em forma de gelo.

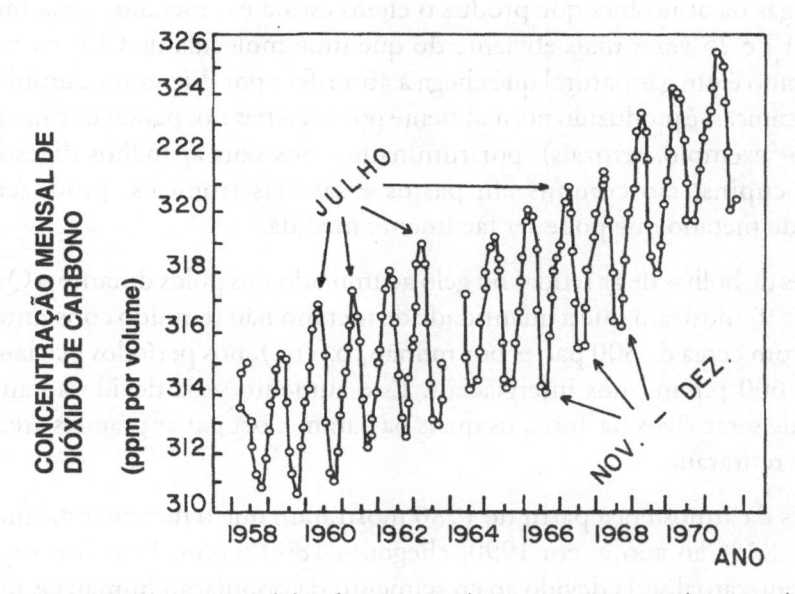

Fig. 7.8. Primeiras medidas do aumento da concentração média mensal de dióxido de carbono registradas na atmosfera em Mauna Loa, Havaí, durante 14 anos, segundo L. Machta (em Rosenberg, 1974 e Ingersoll, 1983).

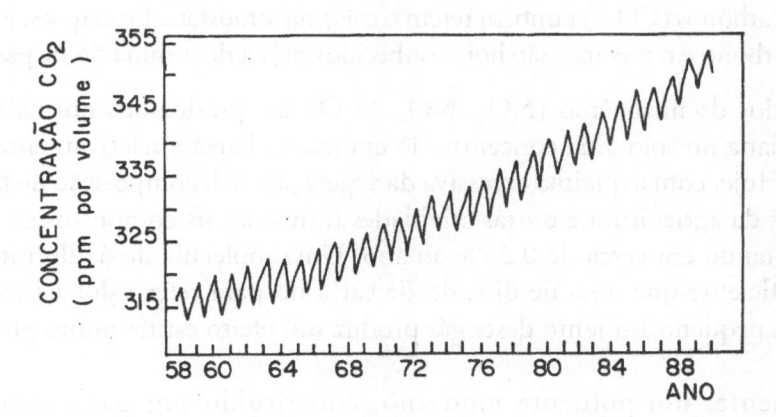

Fig. 7.9. Aumento médio anual de dióxido de carbono nos últimos 32 anos em Mauna Loa, Havaí (Simon e DeFries, 1992).

Na figura 7.8 pode-se observar que a quantidade da dióxido de carbono não é constante ao longo dos meses do ano. Na ilha de Havaí ela atinge o máximo por volta de Julho (verão no hemisfério norte) e chega ao mínimo em Novembro-Dezembro (inverno no hemisfério norte). Esta periodicidade é o reflexo direto do metabolismo de CO_2 dos seres vivos, o qual é mais acelerado nos meses quentes. A quantidade de CO_2 na atmosfera está aumentando de forma contínua. Este aumento foi registrado desde 1958 em Mauna Loa (Figs. 7.8 e 7.9) e está sendo monitorado agora em outros locais.

Outro gás da atmosfera que produz o efeito estufa é o metano. Uma molécula de metano (CH_4) é 25 vezes mais eficiente do que uma molécula de CO_2 na retenção de calor. O metano é um gás natural que chega à atmosfera por diferentes caminhos: sai nas erupções vulcânicas, é produzido normalmente por bactérias nos pântanos e nas plantações de brejo (por exemplo, arrozais), por ruminantes nos seus aparelhos digestivos e por insetos. Os cupins, tão comuns em pastos e savanas tropicais, produzem grande quantidade de metano que pode ser facilmente medida.

Análises de bolhas de ar retidas no gelo acumulado nos polos durante o Quaternário (capítulos 8 e 9) mostram que a quantidade de metano não tem sido constante na Terra. Foi menor, com cerca de 300 partes por milhão (p.p.m.), nos períodos glaciais e chegou até cerca de 600 p.p.m., nos interglaciais. Este aumento seria devido ao aumento da quantidade de seres vivos na Terra, os quais passaram a ocupar as grandes áreas de onde as geleiras se retiraram.

Análises da atmosfera a partir de 1980 mostraram que o metano está aumentando em cerca de 1,1% ao ano e, em 1990, chegou a 1800 p.p.m. Este fato sugere que o grande aumento atual seria devido ao crescimento da população humana e ao aumento de sua atividade agropecuária, queima de biomassa, vazamentos nas tubulações de gás, etc.

Foi somente no início da década de 80 que se descobriu que os óxidos de nitrogênio e os clorofluorcarbonos (CFCs) também retêm o calor na atmosfera. Estes gases, junto com o dióxido de carbono e o metano, são hoje conhecidos pela a denominação de **gases-estufa**.

Os óxidos de nitrogênio (NO_2, NO_3, N_2O) são produzidos normalmente pela ação microbiana no solo. Sua concentração era muito baixa e relativamente constante no passado. Hoje, com a queima excessiva da vegetação, a decomposição de fertilizantes e de resíduos da agricultura e outras atividades humanas, os compostos de nitrogênio estão aumentando em cerca de 0,25% ao ano. Uma molécula de óxido nitroso é 250 vezes mais eficiente que uma de dióxido de carbono para reter calor na troposfera e, portanto um pequeno aumento deste gás produz um efeito estufa muito grande.

Finalmente, um poluente moderno, constituido por gases denominados clorofluorcarbonos (CFCs) é o mais poderoso retentor do calor e um destruidor do ozônio estratosférico. Uma molécula de CFC-12 (há vários tipos que são numerados na industria) tem a capacidade de reter 20.000 vezes mais calor que uma de CO_2; uma molécula de CFC-11 retem 17.500 vezes mais. Felizmente a concentração dos CFCs na atmosfera ainda é baixa, porém está aumentando a uma velocidade de cerca de 5% ao ano. Como eles têm uma longa vida e alta capacidade de reter energia sobre a forma de calor, são poluentes muito perigosos. E a isto se soma a sua capacidade de destruição da camada de ozônio, como se verá a seguir.

Se a temperatura da Terra subir, as conseqüências serão muito grandes na distribuição dos seres vivos, na agricultura e no levantamento do nível do mar. Mudanças e oscilações climáticas naturais no passado levaram centenas ou milhares de anos para atingirem a um máximo, como se viu nos capítulos anteriores e se verá em detalhe no Quaternário, onde há mais informações. O aumento da temperatura que se antevê para as próximas décadas devido ao impacto de atividades humanas sem controle, é demasiado rápido para que possa haver adaptações dos ecossistemas. O livro de Simon e DeFries (1990) examinam as conseqüências das mudanças ambientais induzidas nos sistemas naturais da atmosfera, dos continentes e das água, e descreve um futuro pessimista se providências enérgicas não forem tomadas desde já.

3.3 O poder de filtração da atmosfera

Entre os comprimentos de onda emitidos pela radiação solar se encontram os muito curtos (de 0,3 a 0,4 µm, Fig. 7.6) que são denominados ultravioleta. A maior parte da radiação ultravioleta (UV) é filtrada pela atmosfera, principalmente pelo oxigênio e o ozônio. Chama-se "oxigênio" quando a molécula é formada por dois átomos de oxigênio (O_2) e ozônio quando é formada por três átomos (O_3).

Na atmosfera, as moléculas de ozônio se concentram na parte baixa da estratosfera, a uma altitude de cerca de 25-30 km formando uma camada que envolve toda a Terra (Fig. 7.5). Esta distribuição do ozônio é extremamente eficiente como filtro de UV e muito pouca quantidade desta radiação atinge a superfície da Terra.

Há muito tempo que se sabe que a radiação ultravioleta é bactericida e um dos métodos de tornar ascética uma câmara ou uma sala é manter acesa uma lâmpada de ultravioleta por um certo tempo. A radiação UV é prejudicial para qualquer ser vivo e dependendo da intensidade e do tempo de exposição, começa por queimar a parte externa do corpo e termina matando o organismo.

A capacidade do oxigênio e do ozônio de absorverem as radiações UV e o fato do ozônio se dispor numa camada contínua envolvendo todo o planeta são extremamente importantes para existência da vida na Terra. O ozônio filtra a maior parte do ultravioleta nas altitudes entre 25-30 km e o oxigênio filtra o resto. Porém, a maior concentração de O_2 é junto ao nível do mar, nas altitudes mais baixas da troposfera. A medida que aumenta a altitude, menor é a quantidade de oxigênio no ar. Por isto, nas altas montanhas as pessoas se queimam mais rapidamente e as formas de vida têm adaptações para filtrar este excesso de ultravioleta.

A partir de cerca de 3.000 m de altitude os seres humanos começam a ter dificuldade de respiração. Os povos que vivem nas altas montanhas, principalmente nos Andes e Himalaias, onde existem aldeias até cerca de 5.000 m, têm o tórax proporcionalmente muito mais amplo que todos os outros povos. Esta adaptação permite uma captação maior de oxigênio a cada inspiração do ar rarefeito. As plantas e animais das grandes altitudes (como a llama, vicunha,etc.) têm o seu metabolismo adaptado á baixa concentração de oxigênio.

Como se verá a seguir, o oxigênio começou a se acumular na atmosfera quando surgiram os primeiros organismos fotossintetizantes que utilizaram a clorofila. Moléculas de O_2 que atingiram a parte baixa da estratosfera eram partidas em átomos de oxigênio $(O + O)$ por ação dos raios cósmicos. Estes átomos se combinaram com moléculas de O_2 formando O_3 (o ozônio). Este processo continua até hoje e continuamente moléculas de ozônio são formadas e destruidas na estratosfera numa dinâmica que mantêm relativamente constante a concentração de ozônio entre 20 e 35km de altitude. Acima de 35 km os gases estão muito rarefeitos e as moléculas de oxigênio têm pouca probabilidade de se encontrarem para formar O_3.

Uma pequena parte do ozônio fica na troposfera e, como já foi visto anteriomente, constitui um dos gases que produzem o efeito estufa. Mas a maior parte permanece na parte baixa da estratosfera formando uma camada contínua em torno da Terra.

Em 1985, J. Farman e colegas mostraram pela primeira vez que, entre 1977 e 1984, a concentração de ozônio na estratosfera da Antártida havia diminuido mais de 40% em relação á da década de 1960. Um buraco se formara na camada de ozônio. Observações posteriores e cálculos de dados obtidos pela NASA desde 1978 (e que ainda não tinham sido processados), confirmaram a descoberta. Nos anos seguintes o pequeno buraco começou a aumentar e hoje outros locais com buracos já estão sendo detectados. Nestes o ozônio está diminuindo, como foi amplamente noticiado, inclu-sive nos meios comuns de comunicação.

Verificou-se, em base a estudos posteriores, que o ozônio nestes últimos anos está sendo destruido em uma velocidade cada vez maior do que a velocidade de sua formação, e que isto é devido principalmente ao aumento de cloro e bromo originários de poluentes industriais. Estes poluentes são os clorofluorcarbonos (CFCs), os quais já foram referidos em relação ao efeito-estufa na troposfera.

Os CFCs foram inventados nos anos de 1930 para serem usados como gases de refrigeração. Eram baratos, estáveis e aparentemente seguros, de forma que cada vez mais foram utilizados industrialmente, não só em refrigeradores industriais e domésticos, como em solventes e outros produtos.

As moléculas de CFCs, que são estáveis junto á superfície da Terra, desintegram-se pela ação dos raios cósmicos na estratosfera, liberando o cloro. Em 1974 descobriu-se que os átomos de cloro liberados são catalisadores de uma reação que separa os átomos de O_3. Observações e medições posteriores mostraram que cada molécula liberada de cloro pode destruir até 100.000 moléculas de ozônio antes de ser removida da atmosfera por outros processos químicos. Além disto, verificou-se que a circulação das correntes de ar na troposfera mistura os diferentes CFCs. Estes gases, produzidos principalmente nos países altamente industrializados da Europa e América do Norte, são distribuidos por toda a atmosfera da Terra, inclusive na Antártida que está muito longe das regiões produtoras. Em 1970 havia 1,2 partes por bilhão na estratosfera da Terra, que em 1985, já tinham subido para 3 partes/bilhão. O perigo é tão grande que em 1987 foi feito um acordo internacional conhecido como o **Protocolo de Montreal** para tentar diminuir a produção e o escape de CFCs para a atmosfera. Mas os termos deste protocolo são muito suaves e na reunião de 1992 (Eco92) no Rio de Janeiro, mostrou-se que os buracos de ozônio continuam aumentando e um acordo internacional mais enérgico torna-se imprescindível.

Praticamente todos os seres vivos que habitam a superfície dos continentes e os que vivem nos primeiros metros de profundidade de mares e lagos estão ameaçados, e entre eles o homem. Restariam somente os organismos de águas profundas ou dentro do solo. Como a maioria destes vivem de matéria orgânica em decomposição que vem dos outros que serão destruidos, a grande maioria da vida que conhecemos será eliminada da face da Terra se não houver filtração de UV. Outras formas da vida poderão surgir, como já aconteceu na história da Terra quando o ambiente mudou drasticamente, mas nós não estaremos aí para presenciá-las.

4. A Atmosfera primitiva

A Terra foi formada há cerca de 4,6 bilhões ($4,6 \times 10^9$) de anos. A atmosfera inicial era constituída de remanescentes da nebulosa original da qual se condensou o sistema solar. Essa atmosfera devia envolver todo o sistema solar. Há evidências de que nela predominavam o hidrogênio e o hélio e havia muito pouca quantidade de dióxido de carbono (CO_2), metano (CH_4), amônia (NH_3) e gases nobres.

Acredita-se que esta atmosfera inicial foi arrastada para fora da Terra á medida que ela se condensava porque a proporção que existe hoje de gases nobres (Tabela 7.3) é muito menor do que a que existe no Sol e nos grandes planetas (Júpiter e Saturno). Não se sabe ainda como esta atmosfera inicial foi eliminada. Talvez foi por ser muito leve e se perdeu no espaço. Talvez foi arrastada para fora pelos **ventos solares** (pressão de radiação solar) como ocorre com os cometas que, ao se aproximarem do Sol, formam caudas dirigidas para fora e constituídas por parte de sua matéria que é empurrada para o espaço pelos ventos solares. Talvez a velocidade das moléculas fosse maior que a velocidade de escape enquanto a Terra era muito mais quente.

Há muitas teorias de como se formou a segunda atmosfera. Porém há um consenso quase total de que essa atmosfera foi produzida em conseqüência do esfriamento e consolidação do planeta. A Terra deve ter funcionado como um sistema fechado e os componentes dessa nova atmosfera deveriam ter saído dela mesmo.

Em metalurgia existe o verbo **degasear** (**to degas, degassed**, em inglês; e **dégazer**, em francês) que descreve a eliminação, por vácuo ou por esfriamento, de gases de um material que se solidifica. Usa-se, então, o termo **degaséamento** para descrever a formação da atmosfera dos planetas enquanto se esfriam e a expulsão de gases de uma lava vulcânica, que se solidifica.

Quando a Terra iniciou sua consolidação a temperatura deve ter aumentado tremendamente e o degaseamento deve ter começado a acelerar enquanto a temperatura aumentava. Quando a superfície passou de magma a sólida, o planeta começou a esfriar. O degaseamento diminuiu, mas não parou e este processo continua até hoje através das erupções vulcânicas.

A análise dos gases desprendidos pelos vulcões atuais ainda não pode ser feita com precisão porque os métodos atuais não eliminam totalmente a contaminação da amostra por componentes gasosos da atmosfera. Porém, já se sabe que o gás mais abundante em todos eles é o vapor de água. Por exemplo, nos vulcões do Havaí 79,31% dos gases de erupção são constituído por vapor de água. Os outros gases importantes das erupções são: SO_2, CO_2, CO, H_2S, NO_3 e CH_4, os quais variam suas proporções conforme o vulcão. Acredita-se que o SO_2 e o NO_3 sejam contaminantes do oxigênio e que não existiam na atmosfera primitiva da Terra. Entretanto, os outros gases deviam ser componentes da atmosfera primitiva durante o Arqueano por emissão dos vulcões e degaseamento da Terra enquanto esfriava. Cálculos teóricos chegam às mesmas conclusões.

Esta segunda atmosfera era muito diversa da que existe atualmente. Tinha uma composição diferente e a mistura dos gases formava uma atmosfera redutora, ao contrário da atual, que é oxidante. O oxigênio, se é que existia em estado livre, era em uma quantidade mínima (traços) resultante da fotólise do vapor da água pela energia solar (Fig. 7.10A).

Em um determinado ponto do Arqueano, o qual durou mais de 2,5 bilhões (2,5 x 10^9) de anos, o esfriamento gradual da Terra chegou a uma temperatura que permitia a água em forma líquida. O vapor de água atmosférico começou em parte a se condensar e a se acumular nas depressões da crosta sólida. Iniciou-se a formação de lagos e mares e criou-se o ciclo hidrológico que continua até hoje (Fig. 7.11).

A evaporação da água dos oceanos e a precipitação como chuva foi pouco a pouco removendo o CO_2 da atmosfera. A água que caía dissolvia as rochas, o CO_2 reagia com o cálcio para formar íons bicarbonato que eram levados para o fundo dos mares como

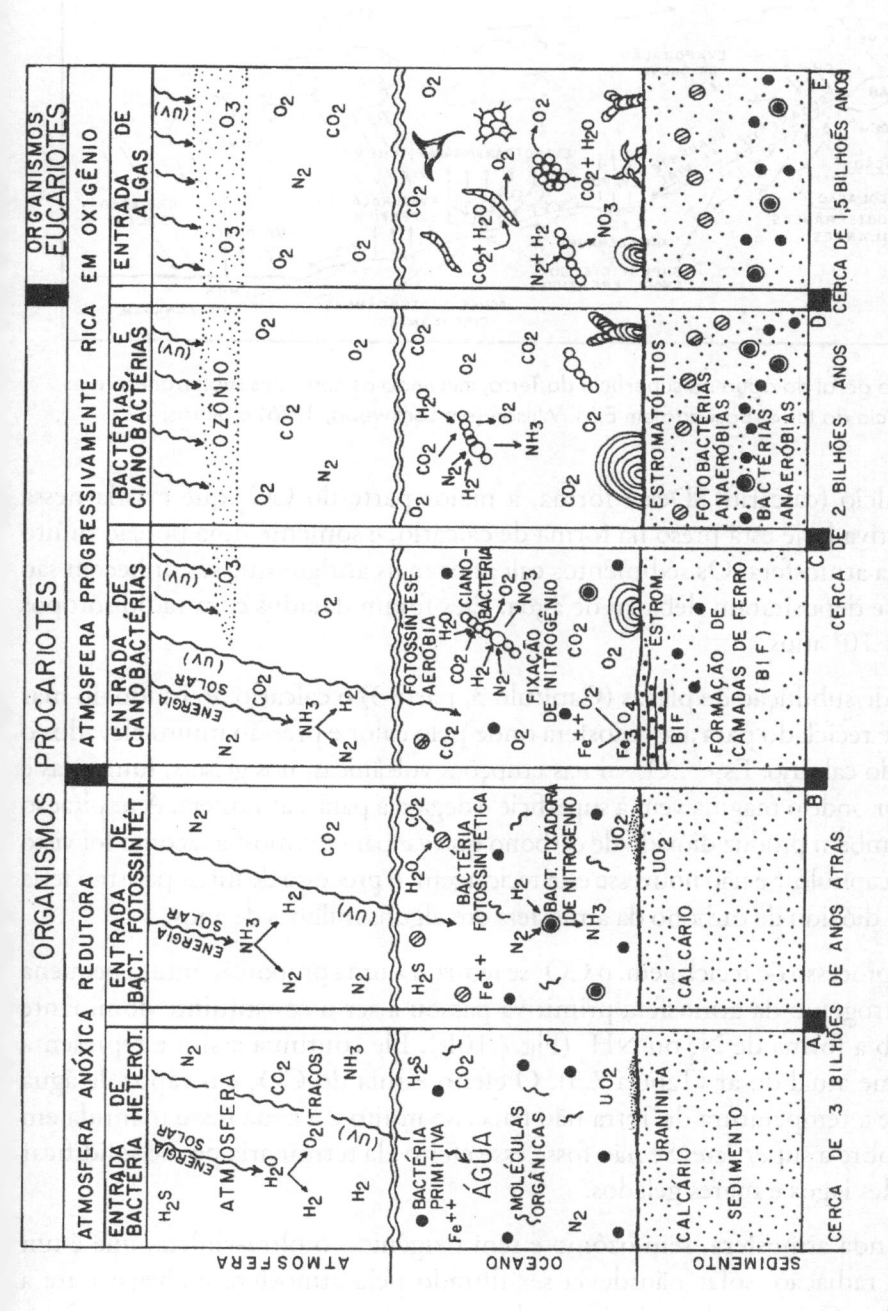

Fig. 7.10 Esquema da evolução do ambiente na atmosfera, no mar e nos sedimentos marinhos entre 3 bilhões e 1,5 bilhões de anos atrás. **A** - Arqueano, desenvolvimento das primeiras bactérias anaeróbias no mar; **B** - surgimento das bactérias fotossintéticas e das fixadoras de nitrogênio, que trouxeram uma mudança química no ar e no mar; **C** - desenvolvimento das cianobactérias no mar e início da acumulação de oxigênio que resultou na formação de espessas camadas de óxido de ferro (BIF); **D** - acumulação de oxigênio em quantidades apreciáveis no oceano e na atmosfera que deslocou as bactérias anaeróbias para o ambiente anóxico dos sedimentos marinhos; **E** - desenvolvimento de outros organismos marinhos; a camada de ozônio da atmosfera está completa. Esquema baseado em Schopf (1978).

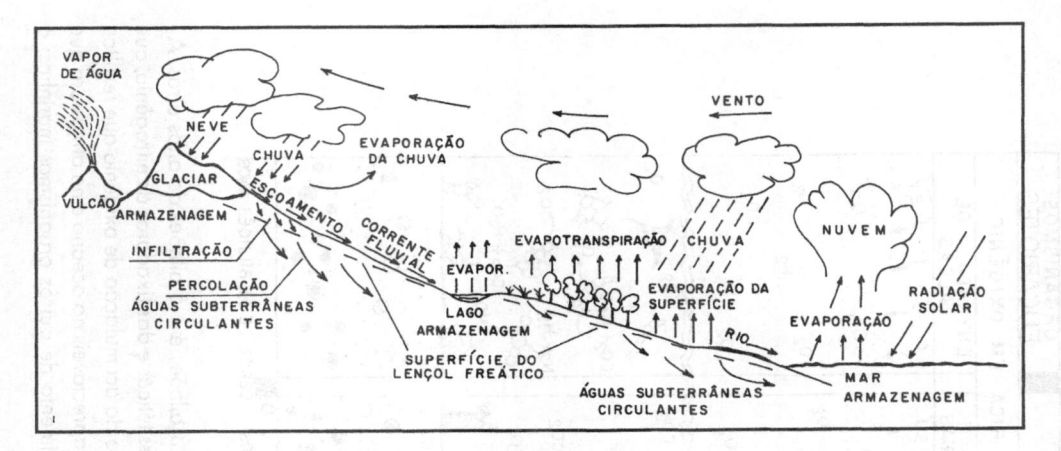

Fig. 7.11. Ciclo geral da água na superfície da Terra, incluindo as correntes subterrâneas e as sobre a superfície da terra. Baseado em E.M. Wilson (em Lockwood, 1976) e outros.

carbonato de cálcio (calcário). Desta forma, a maior parte do CO_2 que existia nessa atmosfera primitiva hoje está preso na forma de calcário, e somente uma porção muito pequena ficou na atmosfera. Os sedimentos calcários mais antigos que se conhecem são do Arqueano e se depositaram debaixo de água. Eles foram datados com radioisótopos entre 3,2 e 3,8 x 10^9 anos.

Nas zonas de subdução de placas (Capítulo 3, parte 3) o calcário do fundo do mar é continuamente reciclado para a astenosfera onde pelo calor e pressão muito elevados o CO_2 é liberado do calcário. Esse CO_2 sai nas erupções vulcânicas, nos gêisers, fumarolas e outros lugares por onde o magma vem à superfície e degaseia para a atmosfera. A respiração dos seres vivos também produz dióxido de carbono que vai para a atmosfera, como foi visto na parte 3, deste capítulo. Se não houvesse esta reciclagem, o processo de intemperismo teria removido todo o dióxido de carbono da atmosfera em alguns milhões de anos.

Durante o processo de reciclagem, o CO_2 se reduziu a uma proporção muito pequena (0,03%), e o nitrogênio da atmosfera primitiva passou a ser o constituinte dominante da atmosfera sob a forma de N_2 ou NH_3 (Fig.7.10B). Ele continua assim e representa 78,1% do volume atual do ar (Tabela 7.3). O efeito estufa do CO_2 e o vapor de água fizeram com que a temperatura da Terra não baixasse muito e a água fosse mantida em estado líquido sobre a superfície. Se não fosse esse efeito ela terminaria por se solidificar formando grandes lagos e mares gelados.

Nessa segunda atmosfera, sem ozônio e sem oxigênio, o ultra-violeta, que é um componente da radiação, solar não devia ser filtrado pela atmosfera e chegava até a superfície da Terra. Os mares daquele tempo devem ter sido muito ricos em gases dessa atmosfera primitiva, mas a vida que então se iniciava só devia ser possível bem abaixo da superfície da água onde o ultra-violeta, que é letal às nossas formas de vida, não penetrava.

Acredita-se que bactérias e outras formas de vida anaeróbicas e fixadoras do nitrogênio deviam estar começando nos mares.

Há evidências de que os organismos fotossintetizadores surgiram há pelo menos 3,5 bilhões de anos atrás. Eram cianobactérias (também chamadas cianofíceas) do tipo que forma estromatólitos (Capítulo 4). Os estromatólitos mais antigos datam de $3,5 \times 10^9$ anos e tornaram-se mais frequentes a partir de dois bilhões de anos atrás. Sem dúvida eles eram abundantes em rochas calcárias até o final do Pré-cambriano. Pela utilização da energia solar estes organismos, da mesma forma que os atuais, fabricavam seu alimento a partir da água e do CO_2 e eliminavam o oxigênio. Acredita-se que a atmosfera no início não continha uma quantidade apreciável de oxigênio porque o que era produzido seria usado nos processos de oxidação (Fig. 7.10B). Começaram a se formar óxidos a partir de elementos ávidos de oxigênio como, por exemplo, os óxidos de urânio e ferro. As maiores jazidas de óxido de ferro que existem hoje são de rochas do Proterozóico e esta Era é conhecida com o nome de **Idade do Ferro**.

Por este raciocínio supõe-se que até o término do Pré-cambriano toda a vida se encontrava submersa por ser impossível sua existência na superfície devido aos raios ultra-violeta. Aqui há uma contradição com o princípio do atualismo. Os estromatólitos se formam ainda hoje nos mares rasos, principalmente na zona intermaré (entre a maré alta e a baixa). As cianobactérias daquele tempo seriam diferentes e cresceriam em águas muito mais profundas?

Á medida que a produção de oxigênio aumentava e os elementos redutores eram saturados, começou a se acumular oxigênio livre na atmosfera. Alguns pesquisadores supõem que no início do Cambriano, a uns 575 milhões de anos, começou a acumulação de oxigênio. Outros, como Schopf e Lovelock, acham (e eu sou da mesma opinião) que já havia suficiente oxigênio na atmosfera no último bilhão e meio de anos, no Proterozóico superior (Fig.7.10E) devido á grande abundância de estromatólitos e o início das algas unicelulares e multicelulares (Fig. 4.5). Este aumento de oxigênio permitiu o aparecimento de organismos aeróbios e a proliferação da vida nos mares. Da mesma forma, permitiu o desenvolvimento da camada de ozônio na estratosfera, a qual é um filtro muito eficiente para a radiação ultravioleta (parte 3.3, deste capítulo)

A grande mudança ambiental, de uma atmosfera redutora a outra oxidante, obrigou os organismos anaeróbios a se refugiarem em ambientes pobres ou desprovidos de oxigênio, que para eles é letal. Provavelmente houve um grande número de extinções. Mas, como as bactérias raramente deixam registros fósseis e as diferenças entre suas espécies e gêneros estão muito mais no tipo de metabolismo do que na morfologia, não se pode avaliar a extensão de seu extermínio. Pela comparação com os ambientes em que vivem hoje, pode-se supor que passaram a viver nas águas profundas de lagos e mares e dentro de sedimentos não consolidados (Fig. 7.10D-E).

Entretanto, somente muito mais tarde, no Siluriano médio, uns 140 milhões de anos depois, aparecem no registro fóssil as primeiras formas de vida terrestres. A explicação que se dá é que não se havia formado ainda a camada de ozônio (O_3) nem havia suficiente O_2 na atmosfera para filtrar eficientemente o ultra-violeta. Porém, como foi visto anteriomente, este argumento só serve para o Proterozóico inferior e médio. Outros fatores devem ter também influenciado, e estes são tratados no capítulo 4, quando se discutem as hipóteses que procuram explicar a conquista dos continentes pelos seres vivos.

O início da vida na Terra e sua evolução criaram novos tipos de metabolismo que tiveram um papel fundamental na modificação da atmosfera primitiva até chegar á composição de gases que ela tem hoje. Se a vida não tivesse existido a atmosfera estaria em equilíbrio dinâmico com as rochas da superfície e seria semelhante à do Arqueano. O papel da vida na mudança drástica de uma atmosfera redutora a uma rica em oxigênio foi muito bem explorada na **Teoria de Gaia** de J.E. Lovelock. Segundo ele, é possível conhecer se um planeta de qualquer sistema solar tem vida pela análise de sua atmosfera. A presença de vida deslocaria o equilíbrio e a composição de gases seria diferente da esperada pela análise das rochas da superfície.

5. Albedo

Como foi dito antes, a atmosfera é praticamente transparente às radiações do sol em comprimento de ondas-curtas. Estas radiações atravessam a atmosfera e incidem sobre a superfície da Terra. Parte da radiação é absorvida pelo solo e pela água e parte é refletida (Fig. 7.12). É necessário distinguir bem entre radiação refletida e radiação re-irradiada. Quando a radiação é refletida diretamente não há mudança do comprimento de onda. Assim, uma radiação solar de ondas-curtas é refletida como radiação de ondas-curtas. Se a radiação é absorvida pela superfície da Terra e depois é re-irradiada (Fig. 7.7) ela variará de acordo com as leis de degradação do comprimento de onda e sempre re-irradiará num comprimento de onda maior que o recebido.

Albedo é uma medida do poder refletor de uma superfície, consistindo na fração de radiação incidente que é refletida pela superfície. O albedo de um corpo negro é zero, ele não reflete e sim absorve toda radiação que recebe. Na Terra o albedo é a relação entre a quantidade de radiação recebida em ondas-curtas e a refletida em ondas-curtas pela superfície e é expresso em porcentagem. Alguns exemplos são dados na Tabela 7.4. O maior albedo é o de uma superfície coberta por neve branca e limpa. Os menores são os dos solos negros. A figura 7.13 exemplifica as diferenças de albedo da superfície de uma área nos trópicos brasileiros onde os campos cultivados e o desmatamento ficam perfeitamente assinalados. A área dos continentes que fica na zona equatorial tem um albedo médio de ca. 35-40%. O albedo da Terra, de uma forma geral, aumenta com a latitude e chega a cerca de 60% na latitude de 70° nos dois hemisférios, devido às nuvens

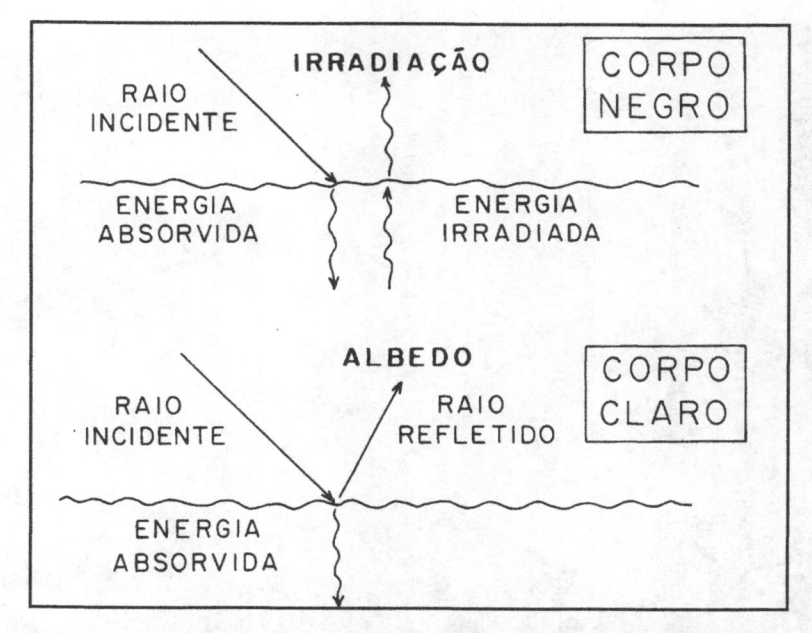

Fig. 7.12. Esquema do comportamento do raio de luz ao incidir sobre a superfície de um corpo negro e de um corpo claro. O raio irradiado tem um comprimento de onda maior que o raio incidente ao passo que o raio refletido tem o mesmo comprimento de onda do raio incidente.

e aos gelo. Nas zonas temperadas ele é muito menor no verão que no inverno. Segundo J.G. Lockwood, na Ásia a variação é muito grande pois vai de 20% no verão a 70% no inverno. Valores semelhantes ocorrem nas regiões que ficam cobertas de neve no inverno.

Tab. 7.4. Valor, em porcentagem, do albedo de algumas superfícies, (corpo negro = zero). Adaptado de Lockwood (1976).

Neve densa, limpa e seca	86-95
Areia brilhante e fina	37
Gelo do mar, cor leitosa	36
Floresta decídua	17
Floresta de pinheiros (na copa)	14
Pradaria	12-13
Pântano	10-14
Solo negro e seco	14
Solo negro e molhado	8

Fig. 7.13. Fotografia aérea na qual é possível estimar os diferentes albedos da superfície. As áreas brancas têm alta porcentagem de reflectância (albedo alto) e os diferentes tons de cinza mostram variações do albedo de acordo com a superfície tal como, rocha, campo, mata, corpo de água, etc. Fotografia aérea da região de Morrinhos, GO, Brasil. Imagem da USAF de 17 Junho 1965, cedida por P.R. Menezes. Escala original 1:60.000. Observe as áreas com curvas de nível que mostram terrenos preparados para cultivo.

Os resultados das medições de albedo nos diferentes tipos de superfície atuais indicam que durante as glaciações do Quaternário o albedo da Terra deve ter aumentado muito devido ás grandes extensões de gelo. Este fato contribuiu significativamente para a manutenção de uma temperatura global mais baixa que a atual.

REFERÊNCIAS DO CAPÍTULO

Berger, A., Loutre, M.F. e Tricot, C. 1993. Insolation and Earth's orbital periods. Journal Geophysical Research 98 (D6):10341-10362.

Bradley, R.S. 1985. Quaternary Paleoclimatology. Allen & Unwin, London, 472 pp.

Chartrand III, M. R. 1982. Skyguide: a field guide for amateur astronomers. Golden Press, N. York, 280 pp.

Cloud, P. 1983. The Biosphere. Sci. Amer. 249 (3):132-144.

Fairbridge, R. W. 1970. World paleoclimatology of the Quaternary. Revue de Geographie Physique et de Geologie Dinamique 12(2):97- 104.

Griffiths, J. F. 1976. Applied Climatology, 2nd ed. Oxford Univ. Press,London, 136 pp.

Haberle, R. M. 1986. The Climate of Mars. Sci. Amer. 254 (5): 42-50.

Heath, D. e Williams, D.R. 1981. Man at High Altitude. 2ª edição, Edinburgh.

Hoyle, F. 1975. Astronomy and Cosmology. W. H. Freeman, San Francisco, 729 pp.

Imbrie, J, e Imbrie, J.Z. 1980. Modeling the climatic response to orbital variations. Science 207:943-953.

Ingersoll, A.P. 1983. The atmosphere. Sci. Amer. 249 (3):114-130.

Kerrod, R. 1976. The Universe. Warwick Press, Milan, 160 pp.

Lockwood, J. G. 1976. World Climatology: an environmental approach. E. Arnold, London, 330 pp.

Loutre, M.F. e Berger, A. 1993. More about Insolation. Manuscrito inédito, PEP Workshop, setembro-outubro, Panamá.

Lovelock, J. 1988. The Ages of Gaia. W.W. Norton & Co., London, 252 pp. Tradução portuguesa "As idades de Gaia" (s/d), Publicações Europa-América, Mira-Sintra, Portugal.

Mourão, R.R.F. 1987. Dicionário Enciclopédico de Astronomia e Astronáutica. Editora Nova Fronteira, Rio de Janeiro.

Pisias, K. G. e Imbrie, J. 1987. Orbital geometry, CO_2 and Pleistocene climate. Oceanus 29 (4):43-49.

Reinhardt, R. 1975. Elementos de Astronomia e Mecânica Celeste. Edgar Blucher, São Paulo, 166pp.

Rosenberg, N.J. 1974. Microclimate: the biological environment. Wiley-Interscience, New York, 315 pp.

Sagan, C. (editor) 1977. El Sistema Solar. Seleciones de Scientific American. H. Blume Ediciones, Madrid, 182 pp.

Schopf, I. W. 1978. The evolution of the earliest cells. Sci. Amer. 239 (3):85-102.

Simon, C. e DeFries, R.S. 1992. Uma Terra, Um Futuro. National Academy of Science, USA. Makron Books, Rio de Janeiro, 189 pp.

Smith, D.G. (editor) 1984. The Cambridge Encyclopedia of Earth Science. Cambridge University Press, Cambridge, 496 pp.

Tipler, P.A. 1982. Física. Volume 2b. Editora Guanabara Dois, p.850-877.

Tourinho, P.A.M. 1960. Tratado de Astronomia. Gráfica Mundial, Curitiba, 2 vol, 904 pp.

Ward, M.P. 1984. Effects of the high mountain environment on Man. A study of an isolated community in the Bhutan Himal. In W. Lauer (editor) "Natural Envoronment and Man in Tropical Mountain Ecosystems". Erdwissenschaftliche Forschung, v.18:161-171, Mainz.

Weiner, J. 1988. O Planeta Terra. Martins Fontes, São Paulo, 361 pp.

O CLIMA DA TERRA

CAPÍTULO 8

Introdução

ste capítulo se refere ao clima da Terra de um modo geral, destacando alguns conceitos fundamentais seguidos de exemplos. Ele é um complemento do capítulo anterior. Não há nenhuma intenção de cobrir todos os aspectos da climatologia mas sim de introduzir o leitor a alguns conceitos básicos e problemas gerais.

O objetivo deste resumo é que ele sirva para o acompanhamento das interpretações de mudanças climáticas nos diferentes períodos geológicos, principalmente no Quaternário, para o qual já há muita informação paleoclimática proveniente de dados independentes. Por outro lado é importante ao paleoecólogo conhecer os padrões da circulação atmosférica para entender melhor a dispersão de grãos de pólen e esporos que, entre os microfósseis, são os que dão mais informações paleoclimáticas. Mais que isto, espera-se que esta parte seja um estímulo para um estudo mais profundo de climatologia. Para um conhecimento detalhado do assunto é necessário consultar os livros modernos desta especialidade.

De 1900 a 1940 a climatologia era principalmente uma ciência descritiva que apresentava o clima por valores médios de certos parâmetros, principalmente temperatura e precipitação. O estudo do clima nestas últimas décadas sofreu mudanças radicais devido ao entrosamento com outras ciências, como a astronomia e a geofísica e pelo desenvolvimento de novos métodos de observação, como as sondas e satélites artificiais. A climatologia tornou-se hoje uma ciência complexa e em pleno desenvolvimento.

Não existe um lugar na Terra que tenha o clima igual ao outro. Entretanto, é possível identificar padrões gerais de clima pelo uso dos principais elementos climáticos e dos princípios básicos da climatologia. Existem muitas classificações de clima, cada uma delas criada com um propósito específico de aplicação. Uma das classificações mais antigas e muito usada foi proposta por W. Köppen, no início da década de 1930. Nela se considera a relação entre vegetação e clima, e usam-se as médias de temperatura e precipitação. A classificação de C.W. Thornthwaite, muito usada nos Estados Unidos, baseia-se em relações entre "eficiência de temperatura" e "eficiencia de precipitação", ambas definidas por ele. Uma terceira classificação, mais recente, foi proposta por L.R. Holdridge para a zona tropical e é baseada no conceito ecológico de zonas de vida ("life-zones") definidas por ele. Existem outras, cada uma criada com um fim determinado, seja para uma determinada região ou para uma aplicação bem definida. Segundo J.F. Griffiths e outros climatólogos atuais, uma classificação global do clima, que possa abranger todas as regiões da Terra, deve ser baseada nos parâmetros climáticos fundamentais de balanço energético e de balanço de água.

As classificações do clima referidas acima são muito detalhadas para os propósitos deste capítulo. Aqui será usada uma classificação simples, baseada nas grandes zonas climáticas da Terra (Fig. 8.1) e marcada pela quantidade de radiação que entra. Não serão consideradas as suas subdivisões, as quais podem ser obtidas em livros especializados.

2. Os Elementos do Clima

Os principais elementos do clima são a radiação, a circulação atmosférica e a umidade. Mas existem outros elementos como a chuva, a nebulosidade, a evaporação e a pressão que estão interligados com os primeiros e que desempenham papéis importantes no clima e não podem ser deixados de lado.

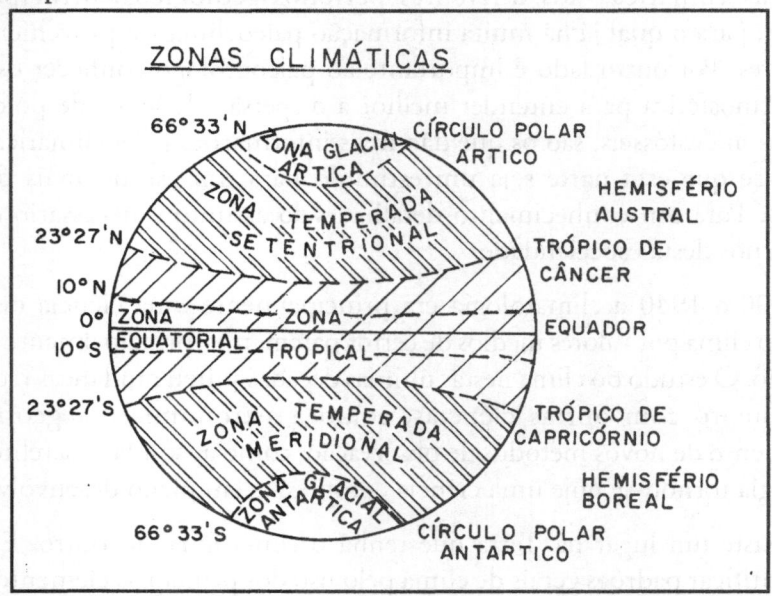

Fig. 8.1. Zonas climáticas da Terra baseadas na trajetória aparente do Sol projetada sobre a superfície do planeta.

A interação de todos estes elementos torna complexo o conhecimento do clima e faz com que a meteorologia tenha dificuldades de previsão para períodos maiores que alguns dias. Apesar disto, o progresso de técnicas modernas, tanto nos instrumentos de medição, como nas imagens de satélite, e o desenvolvimento matemático dos últimos anos pela **Teoria de Caos**, fazem com que hoje já se possa ter noções básicas e conceitos muito melhores que há vinte anos atrás. Ainda há muito de imprevisível e poucos modelos que realmente funcionam porque um pequeno efeito em um determinado momento pode perturbar o sistema e desencadear conseqüências enormes e imprevisíveis. Sobre este assunto, o livro de Gleick (1988) dá uma boa idéia da teoria de Caos, e o de Stewart (1989) examina o comportamento de sistemas caóticos que constitui um novo capítulo da Matemática.

Dentro de toda esta incerteza, alguns conceitos estão bem estabelecidos e eles serão analisados aqui. A ênfase será dada à distribuição de temperatura, de precipitação e à circulação atmosférica junto à superfície da litosfera. Quanto ao balanço energético do planeta e o ciclo da água na superfície da Terra, já foram tratados no capítulo anterior.

Existem métodos físicos e biológicos que permitem estimar a paleotemperatura no ar e no mar. Portanto, é necessário ao paleoecólogo ter uma noção exata das variáveis e características da temperatura atual para avaliar suas mudanças no passado.

Quanto à circulação atmosférica, é necessário uma noção dos diferentes tipos de vento, não só para entender o clima, mas também porque eles são um dos vetores de dispersão de partículas na atmosfera (pólen, esporos, materiais inorgânicos e outros) que eventualmente serão depositados nas bacias de sedimentação de onde serão usados na reconstrução do clima no passado.

2.1. Luz e temperatura

Luz e temperatura são principalmente uma manifestação da radiação solar e do balanço energético da Terra (Fig. 7.7). Algumas pessoas confundem luz e calor. Porém, luz se refere á luz visível aos nossos olhos, ou seja, à banda de comprimento de onda de radiação entre 0,4 e 0,7 µm. Para maiores detalhes veja o capítulo 7, parte 3. O calor está ligado á noção de temperatura e inclui, além destes, os comprimentos de onda acima de 0,7 µm.

A temperatura depende das características físicas da superfície onde a radiação incide ou de onde é irradiada. Se todos os fatores de radiação solar e terrestre são conhecidos e se as características físicas da superfície também o são, é possível calcular matematicamente a temperatura. Porém, do ponto de vista prático, é mais fácil medi-la diretamente. Isto se faz por meio de termômetros, de termopares e de termistores.

Quando em climatologia aplicada se fala em temperatura em geral, seja ela uma média diurna, mensal, etc., ou se refere à temperatura mínima ou máxima de uma região, está implícito que se refere à temperatura do ar, medida a 1,5 m da superfície do terreno, feita à sombra (sem que o termômetro seja atingido pelos raios solares) e com o ar circulando livremente em volta do aparelho medidor. Outras temperaturas, como a do solo, do mar, das diferentes camadas da atmosfera, têm que ser especificadas e as condições em que foram tomadas devem ser padronizadas para que haja comparatividade.

A temperatura sobre a superfície da Terra tem hoje uma faixa ampla que pode ir no máximo a cerca de 58°C (no deserto tropical) e pode baixar até -87°C na Antártida. A faixa de variação é, portanto, da ordem de 145°C. A temperatura global média da superfície da Terra é hoje de cerca de 15°C mas há muitas evidências de que ela foi diferente no passado e inclusive de que houve grandes mudanças de temperatura. As marcas deixadas na superfécie dos continentes por grandes extensões de geleiras em alguns períodos geológicos, por exemplo, indicam temperaturas mais baixas que as atuais. A modificação na distribuição geográfica da biota no passado também é outra indicação de mudança. Uma das finalidades do estudo paleoecológico é a constatação das oscilações e mudanças da paleotemperatura e a estimativa de sua intensidade e duração.

Chama-se **oscilação climática** às pequenas variações na média (até um ou dois graus) que persistem por algumas dezenas ou centenas de anos. Durante o Holoceno houve muitas destas oscilações que constituiram fases frias ou quentes. A **Pequena Idade do Gelo**, entre ca.1550 e 1850 A.D. e a **Fase Quente Medieval** que a precedeu, são exemplos recentes de oscilação. Uma **mudança climática** é uma modificação forte e duradoura que envolve o clima, como foram os períodos glaciais e interglaciais.

2.1.1. Distribuição de temperatura e luz na Terra.

A energia solar que atinge a Terra é a fonte principal de luz e calor da superfície do planeta. Porém, nem o calor nem a luz são distribuidos uniformemente em toda a superfície do globo por uma questão da geometria do sistema solar.

Devido à inclinação do eixo de rotação da Terra e à precessão dos equinócios, a distribuição de energia incidente é diferente nos dois hemisférios, no ciclo de um ano. O resultado são as quatro estações climáticas, com um inverno frio e um verão quente (Fig. 7.1) que ocorrem em épocas opostas nos dois hemisférios. A zona temperada (Fig. 8.1) recebe menos energia e menos horas de luz no inverno e, a zona acima do círculo polar (ártico e antártico) não recebe quase nenhuma energia. Entretanto, na zona equatorial, a Terra recebe praticamente a mesma radiação durante todo o ano e não existe a marcação das quatro estações. Sobre o equador a diferença entre o dia mais longo e o dia mais curto é de poucos minutos. Por exemplo, em Belém do Pará é de 5 minutos. Com o aumento da latitude as diferenças na duração de horas de luz e de obscuridade vão se acentuando, conforme a estação do ano. Desta forma, à medida que aumenta a latitude as diferenças entre o dia e a noite aumentam até que nos polos há seis meses de luz contínua e seis meses de noite.

Nas zonas temperadas e frias os longos dias de verão são compensados pelos dias curtos de inverno. Desta forma, todas as zonas da Terra recebem meio ano de luz em cada ano. A distribuição do período de luz é que é diferente, conforme a latitude. Mas o fato de que todas as regiões da Terra recebem um número igual de horas de luz, não significa que recebem a mesma intensidade de luz, nem a mesma quantidade de calor.

Se imaginarmos um feixe de luz de 5 cm de diâmetro que incide perpendicularmente sobre uma esfera (Fig. 8.2), este raio se distribuirá numa área "A", de 5 cm de diâmetro no equador. Como se pode observar na Fig. 8.2, o ângulo a θ b é igual ao ângulo c θ d porque têm dois lados perpendiculares. Portanto, a área "B" será: $B = A/\cos\theta$. e o raio se espalhará por uma área "B" de diâmetro maior que 5 cm, acima (ou abaixo) do equador. Como a intensidade de luz e de calor é definida por unidade de área, ela será menor à medida que se afasta da zona equatorial. O mesmo ocorre com a Terra e o cosseno de θ- determina a sua latitude, que é comumente representada por φ (phi). Portanto, quanto maior a latitude, menos energia incide por unidade de área.

Usando novamente o exemplo do feixe de 5 cm de diâmetro, nas zonas polares uma parte da área iluminada cai fora da esfera. As zonas Ártica e Antártica, não somente recebem menos intensidade por área, como parte da radiação se perde no espaço. O calor e a intensidade de luz recebidas por ano são portanto, uma função da latitude.

A figura 8.1 representa as zonas climáticas da Terra no presente. Estas zonas foram há muito tempo determinadas pela posição do planeta em relação ao sol. Os círculos polares (ártico e antártico) são os paralelos latitudinais que limitam as zonas polares nas quais o sol permanece no céu durante 24 horas, sem nascer ou se por, em uma parte do ano. Os trópicos são os paralelos latitudinais que limitam a zona na qual o sol passa pelo zênite nos solstícios (veja capítulo 7) e que representam aproximadamente os limites da trajetória aparente do sol, mais ao norte (trópico de Câncer) e mais ao sul (trópico de Capricórnio) do equador terrestre. Nos solstícios de verão o sol incide perpendicularmente sobre o trópico.

A inclinação do eixo da Terra e a precessão dos equinócios determinam qual é o pólo que está voltado para o sol no inverno. Este terá um inverno mais ameno que o pólo oposto (Fig. 7.1). Também determinam que hemisfério e que estação do ano passam pelo periélio, quando a Terra fica mais próxima do sol. Tanto estes como outros movimentos orbitais do planeta, têm variações cíclicas de amplitude e período, que interagem e causam perturbações mútuas em seus movimentos (capítulo 7).

A distribuição do calor e da intensidade de luz vai variando através do tempo. A Teoria Orbital iniciada por Milankovitch, desconhecida até bem pouco tempo por muitos paleoclimatólogos, permite não somente calcular estas variações que refletem diretamente no clima, como estimar a época em que ocorreram (capítulo 9, seção 3.1.6). Ao reconstruir o clima no passado geológico é preciso levar em conta estas variáveis porque a quantidade e a distribuição de energia recebida pela Terra muda.

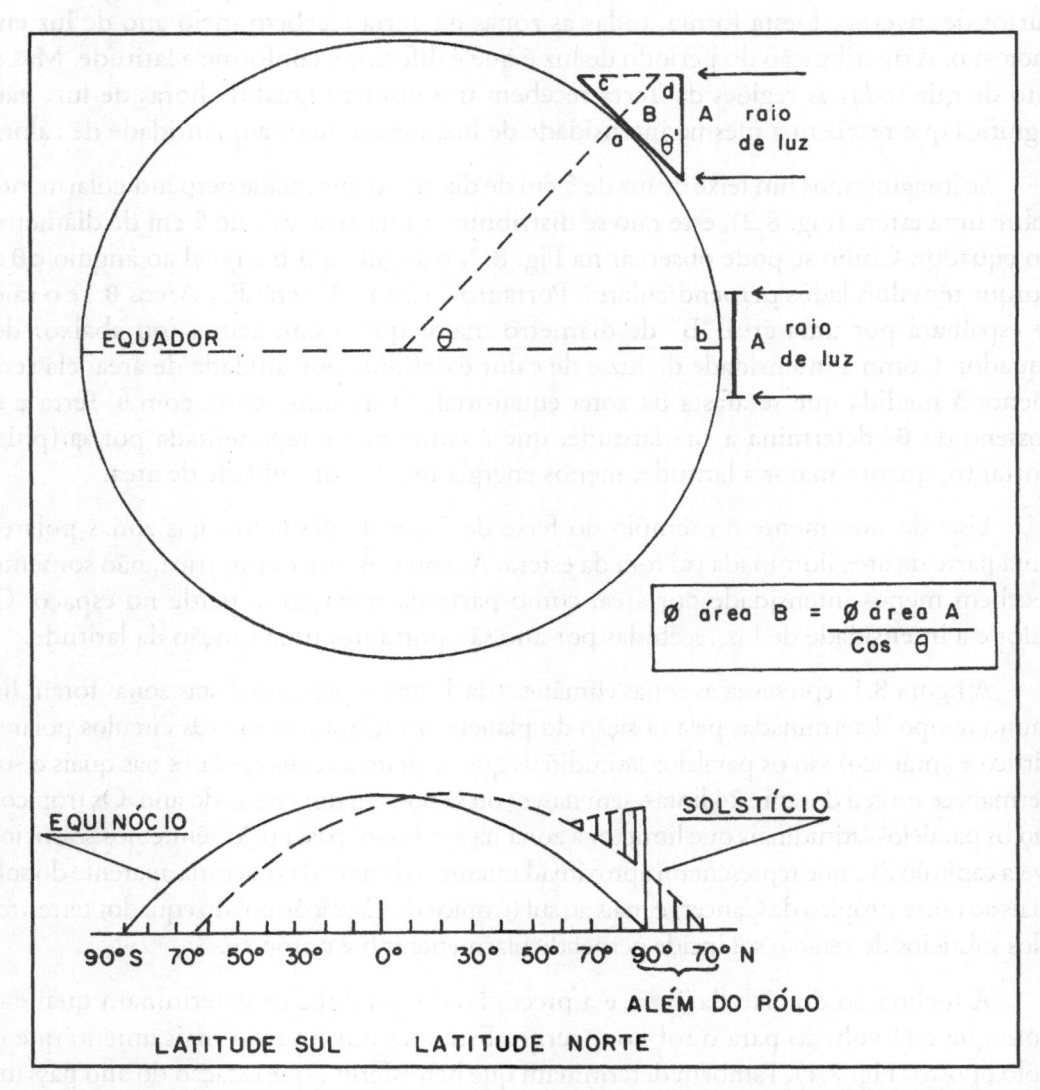

Fig. 8.2. Distribuição de energia na Terra. Em cima, quando dois feixes paralelos de luz e com o mesmo diâmetro incidem sobre as áreas A e B de uma esfera, o diâmetro da área B é maior que o da área A. Donde, a incidência de energia por unidade de área (intensidade) é menor em B. Em baixo, esquema da intensidade de luz que entra na parte baixa da atmosfera da Terra, em latitudes diferentes, conforme a posição do planeta em sua órbita. A linha sólida representa a situação no equinócio e a linha tracejada, no solstício de verão do hemisfério norte; as áreas sombreadas são iguais. Adaptado de MacArthur (1972).

2.1.2 - Temperatura em relação à altitude.

Como foi visto na secção anterior, a distribuição da temperatura muda com a latitude. Porém há um outro fator que muda a temperatura, e este é a altitude.

Nas montanhas observa-se que, a medida que se sobe, a temperatura e a pressão vão diminuindo em relação às terras baixas. Devido a este efeito as altas montanhas são subdivididas em faixas climáticas denominadas em espanhol (por convenção internacional): "**tierra caliente, tierra templada, tierra fria** e **tierra helada**. A faixa de terra gelada corresponde à altitude em que se encontram as neves eternas, ou glaciares (Fig. 8.3).

O esfriamento progressivo nas montanhas, bem como na parte inferior da atmosfera (Troposfera), é devido ao efeito **adiabático**. Diz-se que há uma transformação adiabática em um sistema quando esta transformação se dá sem troca com o exterior, sem troca com outros sistemas. Em outras palavras: nenhuma fonte de energia externa ao sistema está envolvida.

Se uma massa de ar "A" se esquenta junto à superfície da Terra durante o dia, esta massa de ar tende a subir. Os solos são condutores de calor melhores que a atmosfera mas são opacos à radiação. O ar é um mau condutor $(0,003 \text{ cal/cm}^2.\text{min}^\circ\text{C})$ mas é transparente à maioria das radiações. O ar quente sobe. Como a pressão atmosférica é menor em cima, o ar se expande à medida que sobe e por efeito adiabático perde calor,

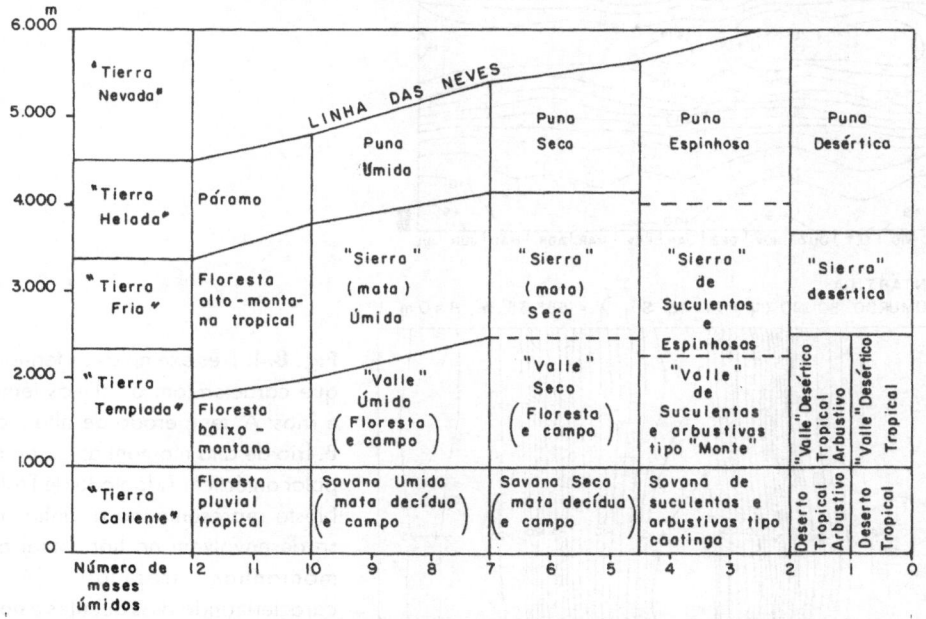

Fig. 8.3. Ordenamento ecológico das faixas climático-altitudinais nos Andes tropicais, baseado em Troll e Lauer (1978) e Lauer (1979). Observe que a posição altitudinal das vegetações de alta montanha (acima de ca. 1800 m) é uma função do número de meses úmidos no ano.

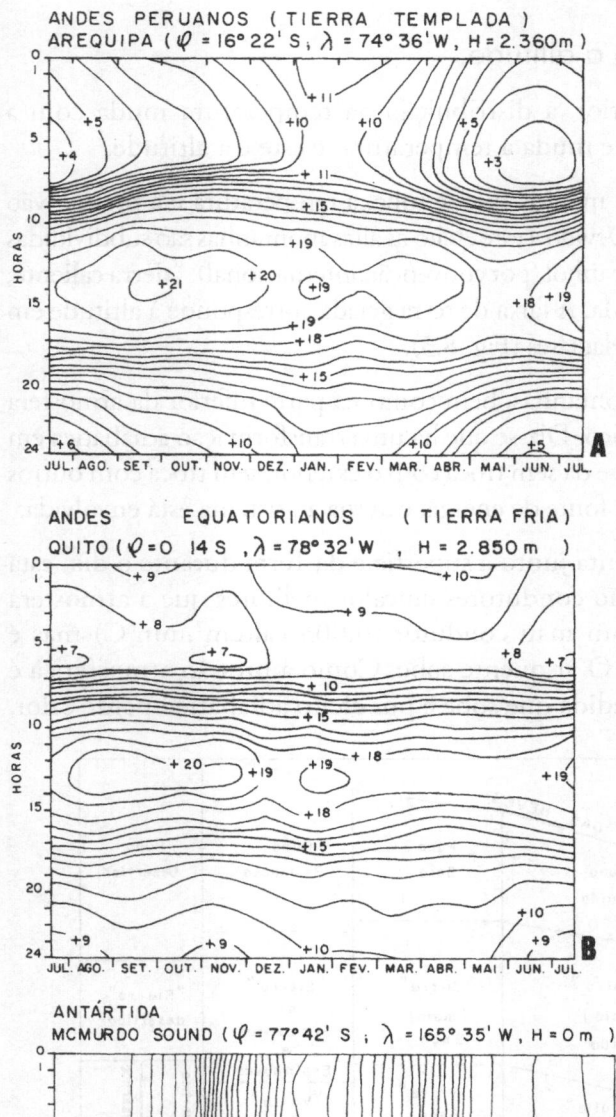

Fig. 8.4. Três exemplos de termoisopletes que caracterizam os climas temperados e frios: A. temperado de alta montanha; B. frio de alta montanha; C. frio da zona polar antártica. Adaptado de Troll (1972). Nesta representação as linhas isopletes se desenvolvem na horizontal nas altas montanhas tropicais (A e B) caracterizando dias quentes e noites frias o ano todo; elas se desenvolvem na vertical (C) na zona antártica (nos climas temperados) onde meses mais ou menos frios caracterizam as estações do ano.

porque usa a energia do seu calor para se expandir. O resultado é que a temperatura do ar vai diminuindo com o aumento da altitude. Esta diminuição é constante, para uma umidade relativa dada (Tab. 8.1). Ela varia entre 0,5° e 1° C a menos para cada 100 m de aumento da altitude. Os detalhes deste gradiente serão analisados mais adiante, quando se tratar da circulação dos ventos nas montanhas (secção 2.2.1).

Como se viu anteriormente, a temperatura diminui em direção aos polos (aumento de latitude) e o mesmo ocorre com o aumento da altitude. Entretanto, isto não quer dizer que o esfriamento por altitude origine um clima semelhante ao esfriamento por latitude. A famosa frase "a altitude compensa a latitude" é falsa, ainda que tenha sido usada freqüentemente.

Nas décadas de 1960 e 1970, o geógrafo C. Troll demonstrou que os climas temperado e frio das altas montanhas não correspondem aos climas temperado e frio das latitudes altas. Basicamente esta afirmação se baseia no fato de que não existem as quatro estações climáticas (primavera, verão, outono e inverno) na zona equatorial, mas elas vão se acentuando a medida que se avança para os polos.

C. Troll criou uma representação gráfica com base na temperatura que mostra claramente a diferença entre um clima de zona temperada (latitudinal) e um de terra temperada (montana). Esta representação, que ele denominou **termoisoplete**, é exemplificada na Fig. 8.4.; A e B representam clima frio e temperado de alta montanha e C representa o clima frio da Antártida, com inverno e verão bem marcados. Como se vê os climas de "tierras frias e templadas" se desenvolvem em curvas horizontais e os de zonas latitudinais frias se desenvolvem em curvas verticais.

Nas altas montanhas tropicais, como os Andes Setentrionais, o Kilimanjaro, o Kênia e as montanhas da Nova Guiné, a diferença de duração entre o dia e a noite é muito pequena e a radiação solar recebida é praticamente a mesma durante todo o ano. Assim, num ciclo de 24 horas a parte do dia iluminada pelo sol é relativamente quente e a noite é fria, com uma diferença diária muito grande. Acima de 3.000 m de altitude, nos Andes da Venezuela, a diferença fica entre 6° e 11° C dependendo da altitude. Nos anos 50, quando O. Hedberg estudou a palinologia das montanhas do Leste da África, ele definiu o seu clima como aquele em que é verão todos os dias e inverno todas as noites.

Estes fatos mostram que o levantamento de grandes montanhas tropicais no Terciário criou novos ambientes climáticos para expansão da flora e da fauna, principalmente no caso dos mamíferos e angiospermas que começavam sua grande diversificação. O resultado foi o aparecimento de novas espécies e a migração de outras espécies que ocuparam estes ambientes recem criados e formaram novos ecosssistemas montanos.

O **gradiente adiabático** ("lapse rate" adiabático) é o número de graus que a temperatura abaixa em função da altitude. Ele é derivado pela lei dos gases e pode ser medido diretamente (Tab. 8.1). O estabelecimento do gradiente adiabático (ou altitudinal) para uma montanha permite estimar a temperatura das faixas altitudinais desta montanha no passado e verificar a intensidade das mudanças climáticas que ocorreram. Alguns autores acreditam que durante as idades glaciais o gradiente altitudinal das montanhas tropicais era mais acentuado, porque a diferença entre a temperatura no pé da montanha e nas geleiras nos picos seria maior que na atualidade. Porém, é preciso lembrar que o gradiente altitudinal de temperatura obedece às leis da física e só pode mudar se a umidade relativa mudar. Somente no caso em que o clima foi mais seco que no presente o gradiente altitudinal seria maior pois o ar ao subir esfriaria mais depressa. Porem, se a precipitação e a umidade tinham os mesmos valores do presente, este gradiente tinha que ser o mesmo do atual.

2.2 - Ventos.

Os ventos representam a circulação do ar causada por diferença de pressão e temperatura atmosféricas. São fundamentais para o entendimento do clima e do transporte e dispersão de esporos e grãos de pólen sobre a superfície da Terra. Eles redistribuem muito mais energia pela superfície do planeta que as correntes marinhas, os mares e a convecção do manto terrestre. Por isto são analisados com mais detalhe aqui.

A circulação global dos ventos é um fenômeno cuja manifestação é de natureza astronômica e geológica e é uma função da geometria do sistema solar e da configuração

Tab. 8.1 - Temperatura média anual ao longo do teleférico de Mérida, Venezuela, segundo Salgado-Labouriau (1979).

Estação do teleférico	Altitude m.s.n.m.*(m)	dif.h*	Temperatura media anual (°C)	dif.t* (°C)	dif.t/dif.h gradiente altitudinal (°C/100m)
Mérida	1.497		18.9		
		943		5.9	0.62
La Montana	2.440		13.0		
		1.006		6.4	0.63
La Aguada	3.446		6.6		
		619		4.2	0.67
Loma Redonda	4.065		2.4		
		700		3.0	0.43
Pico Espejo	4.765		-0.6		

soma da dif.h=3.268   soma da dif.t=19.5;

$$\frac{(\text{soma dif.t} \times 100)}{(\text{soma dif. h})} = \frac{(19.5 \times 100)}{(3268)} = 0,59$$

gradiente altitudinal médio= 0.59°C/100m

* - Abreviaturas:
m.s.n.m. = metros sobre nível médio do mar
dif.h = diferença de altitude entre duas estações
dif.t = diferença de temperatura entre duas estações

terra/mar. A circulação secundária dos ventos é um fenômeno local devido principalmente à topografia da região. Vamos analisar primeiro dois exemplos de circulação secundária que ajudarão na compreensão da circulação global.

2.2.1 - Circulação atmosférica secundária.

Há quatro circunstâncias diferentes que forçam a subida de uma massa de ar: 1. causas orográficas - a presença de terras altas força pelo menos parcialmente a subida do ar; 2. causas convectivas - um aquecimento diferencial sobre a superfície (terra ou mar) que cria áreas quentes que esquentam uma massa de ar e esta então sobe; 3. causas convergentes - quando duas massas de ar se encontram em ângulo obtuso, o que resulta na elevação de uma massa de ar; isto se dá geralmente nos trópicos; 4. causas ciclônicas - uma frente (interface de duas massas de ar) que tem duas massas de ar com características físicas diferentes, se encontram em ângulo agudo; isto se dá geralmente nas zonas temperadas. As duas primeiras condições serão analisadas com mais detalhe porque ajudam a entender melhor o paleoclima durante o Quaternário. O estudo profundo do movimento das massas de ar não tem lugar aqui e deve ser visto num livro de climatologia geral.

Os ventos locais que constituem a circulação secundária, sopram sobre a superfície do planeta. Os tipos mais importantes são as brisas (marinha e terrestre), os ventos de montanha e os redemoinhos.

Na região litorânea a **Brisa Marinha** ocorre durante o dia, quando o continente está mais quente que o mar. A massa de ar quente sobre a terra sobe e uma massa de ar

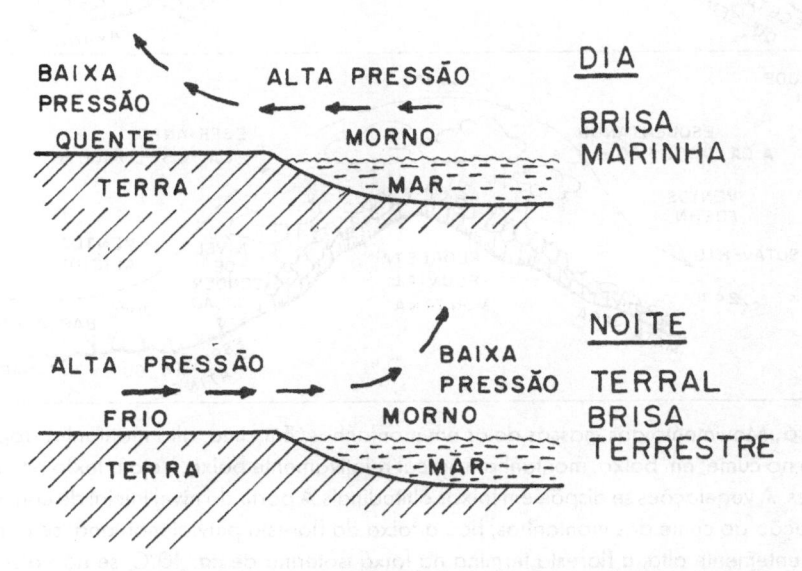

Fig. 8.5. Ventos do litoral marinho. Em cima, formação da brisa marinha; em baixo, formação do terral.

menos quente vem do mar e ocupa o lugar onde estava a massa de ar que subiu (Fig. 8.5). As brisas marinhas são geralmente suaves. À noite a situação se inverte porque o solo perde rapidamente o calor para a atmosfera, enquanto que as massas de água retêm o calor durante mais horas. Dá-se a "viração" e forma-se então o **Terral** (brisa terrestre ou continental) que é uma brisa suave (Fig. 8.5) que sopra da terra para o mar em substituição às massas de ar morno que sobem a partir da superfície da água.

O momento em que se dá a "viração" de terral para brisa marinha é diferente de acordo com o tipo de litoral. Se a costa for florestada a diferença de temperatura que acarreta a viração pode levar horas, depois que o sol nasce, para atingir o ponto de formação de brisa. Às vezes só vai ocorrer por volta do meio-dia. Como a brisa é função da radiação, ela pode não ocorrer nos dias nublados.

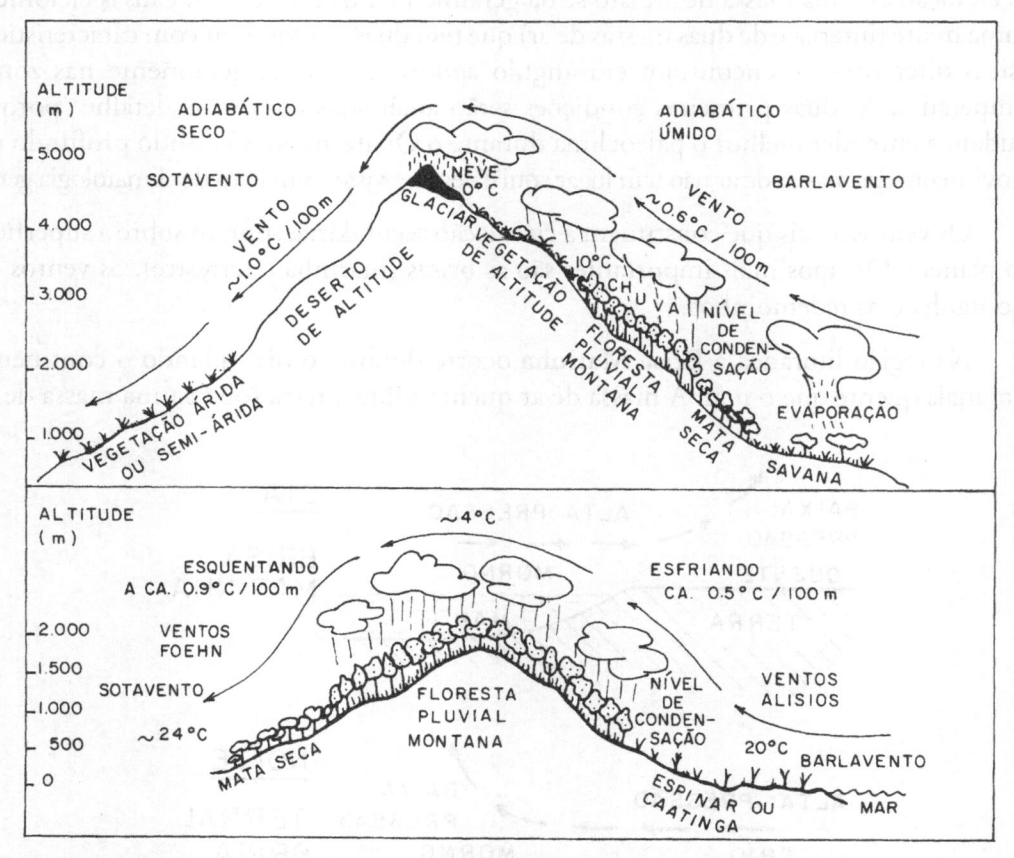

Fig. 8.6. Movimento das massas de ar em montanhas. Em cima, alta montanha tropical com geleira no cume; em baixo, montanha tropical relativamente baixa. Veja o texto para maiores detalhes. A vegetações se dispõe em faixas altitudinais. Á partir do nível inicial de condensação, em direção ao cume das montanhas, fica a faixa da floresta pluvial montana; se a montanha é suficientemente alta, a floresta termina na faixa isoterma de ca. 10°C; se não alcança esta elevação, a floresta continua na outra vertente; o lado da montanha a sotavento do vento dominante é mais seco e mais quente.

A alternância entre brisa marinha e terral ocorre em todos os litorais e é responsável pela distribuição de temperatura entre as massas de água e de terra que ocasiona a redução da diferença entre máxima e mínima de temperatura no litoral. Como resultado, o clima dos litorais é mais ameno do que o do interior dos continentes. Este fato tem uma importância muito grande no passado geológico quando alguns litorais desapareceram por colisão de massas continentais ou se formaram por fragmentação de uma massa continental.

Outro tipo de vento local ocorre quando as massas de ar sobem ao encontrarem uma montanha. Uma parcela de ar quente ao pé da montanha começa a subir, expande-se na atmosfera mais rarefeita empurrando as outras massas de ar que estão fazendo o mesmo (Fig. 8.6). Para se expandir tem que usar energia, mas a energia não pode vir de fora porque todas as parcelas de ar a sua volta também estão se expandindo. A energia tem que vir dela mesma e, pelo efeito adiabático, aumenta de volume, perde calor e se esfria.

Se o ar estiver seco há uma transformação adiabática seca que diminui a temperatura de cerca de 0,9-1.0° C por cada 100 m de elevação. Se o ar estiver carregado de umidade, enquanto se expande, a umidade se condensa. Isto significa que o ar ganha um pouco de calor de condensação e se esfria mais lentamente, por volta de 0,5-0,6°C/100 m (Fig. 8.6). É por isto que nas montanhas junto de desertos o gradiente adiabático é muito mais forte que nas que estão em zonas úmidas. Não se pode esquecer que a água para evaporar necessita calor e para condensar, perde calor.

Um exemplo do gradiente adiabático altitudinal em montanha de região equatorial se encontra na tabela 8.1. As medidas efetuadas pelas estações meteorológicas ao longo do teleférico de Mérida na década de 70 mostram um esfriamento médio de 0,59°C/100 m. Este é o valor esperado para uma região de clima úmido, fato que é confirmado pelos dados de precipitação de chuva e de umidade relativa do ar nestas montanhas (Tab. 8.2).

Quando o vento sobe por uma montanha e desce do outro lado (Fig. 8.6) ele pode criar ambientes a barlavento diferentes de sotavento. A quantidade de umidade retida por uma massa de ar é função da temperatura. Quando o ar que sobe já se esfriou o suficiente para que esteja na temperatura de condensação do vapor de água (ponto de condensação), não pode mais reter a umidade, e chove. Isto começa a ocorrer nos trópicos por volta de 1.000 m de elevação. Na Cordilheira da Costa, a precipitação da água começa a 800 m de altitude, do lado do mar, no Havaí a cerca de 1.000 m. É a partir dessa altitude que surgem as florestas pluviais montanas. A localização destas florestas está ligada à altitude na qual o ar que ascende não pode mais reter umidade.

A massa de ar continua subindo e perdendo umidade. No momento em que perde toda a umidade passa de adiabático úmido para adiabático seco, o que resulta em ganho de velocidade (Fig. 8.6). Esta é uma lei empírica que pode ser derivada pela primeira lei da termodinâmica, pela lei dos gases e pela velocidade da mudança de pressão com a elevação (veja a dedução, por exemplo, em MacArthur, 1972). A derivada mostra que o esfriamento é constante. A partir desta lei Hopkin demonstrou que existe um equivalente de esfriamento com o aumento de altitude ou de latitude. A medição direta em uma montanha tropical a 10° de latitude norte pode ser observada nas tabelas 8.1 e 8.2.

Uma vez chegada ao topo da montanha a massa de ar começa a descer pelo outro lado e a se esquentar. A medida que esquenta ela retira a umidade que existe no seu caminho. Desta forma, a encosta de uma montanha a sotavento é sempre mais seca que a encosta a barlavento (Fig. 8.6).

A distribuição das chuvas e a quantidade de umidade relativa de ar em uma montanha dependem do movimento das massas de ar. Portanto a posição geográfica da montanha ou de uma cadeia de montanhas em relação ao vento e à altura a qual a montanha atinge, vão determinar o padrão de distribuição da vegetação natural em faixas altitudinais bem demarcadas, como resposta à distribuição vertical de temperatura e umidade. Outros fatores, edáficos e biológicos, modificam um pouco a distribuição dos ecossistemas montanos, mas não revertem a resposta.

Do ponto de vista paleoecológico, o levantamento de grandes cadeias de montanhas, como ocorreu no Terciário, modificou o clima da região levantada e das vizinhanças, criando novos ambientes nos continentes.

2.2.2 - O vento em relação á altura da vegetação

Os ventos superficiais atingem uma altura de uns 20 m sobre a superfície do solo. Quando encontram um obstáculo pequeno o contornam criando uma turbulência a sotavento (Fig. 8.7). Se o vento sopra sobre uma planície, com vegetação herbácea, não encontra obstáculos grandes e corre livremente. Mas uma mata ou floresta é um obstáculo semelhante a uma pequena colina. A massa de ar é forçada a se elevar ao encontrar a

Tab. 8.2 - Precipitação de chuva e umidade relativa do ar em um transect ao longo da Serra Nevada de Mérida, segundo Salgado-Labouriau (1979).

Estação do teleférico	Precipitação total anual (mm)	Umidade relativa média anual (%)
Mérida	2.044	81
La Montana	2.339	86
La Aguada	1.811	85
Loma Redonda	1.498	84
Pico Espejo	1.135	92

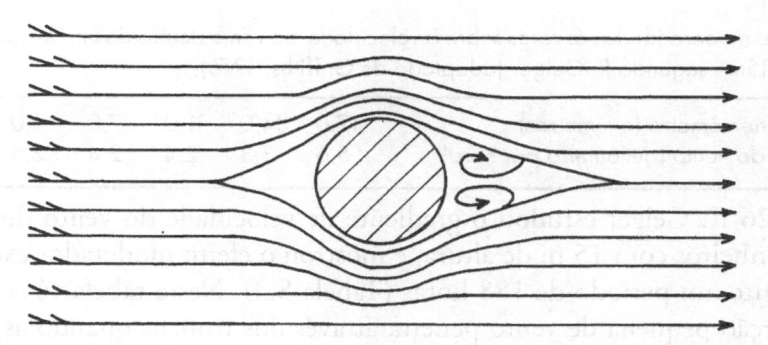

Fig. 8.7. Trajetória de uma corrente de ar em volta de um obstáculo esférico; na saída (sotavento) formam-se turbulências, mas a corrente se refaz mais adiante.

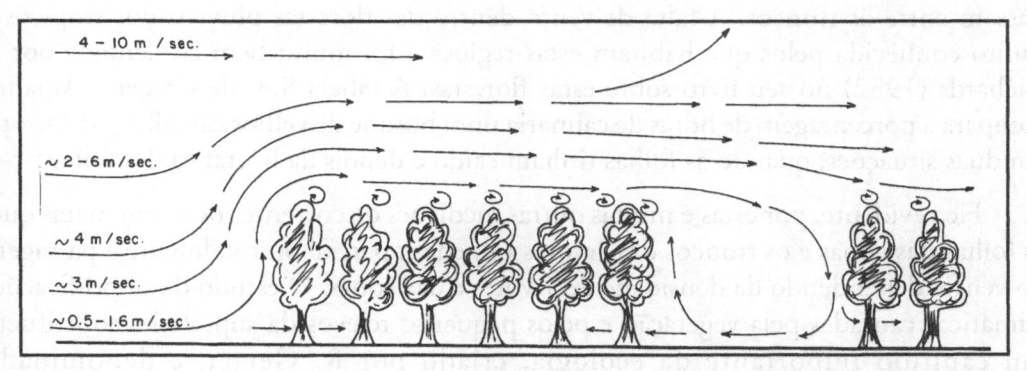

Fig. 8.8. Esquema simplificado do movimento do vento ao chegar a uma mata e depois, a uma clareira. Somente uma pequena porção do vento penetra entre as primeiras árvores; a maior parte das massas de ar se eleva e passa por cima das copas das árvores; baixa ao encontrar uma clareira e penetra no lado oposto ao que chegou. As velocidades das massas de ar em diferentes alturas representam uma das situações mais comumente encontradas. Baseado em Tauber (1967) e Griffiths (1976).

barreira de árvores e a seguir por cima das copas (Fig. 8.8). O vento passa por cima e, ao terminarem as árvores, começa a baixar em direção à superfície. Porém, só atinge o solo a uma distância além da base das últimas árvores (Fig.8.8). Por este motivo a plantação de uma ou duas filas de árvore é um bom quebra-vento pois a área junto às árvores, a sotavento, fica protegida do vento.

A velocidade da camada de ar junto à vegetação campestre é muito menor que nas camadas de ar logo acima (Fig. 8.8). Da mesma forma que a vegetação campestre, as copas das árvores agem como um obstáculo às correntes de ar. O atrito causa uma desaceleração do vento e uma certa turbulência junto às copas (Fig. 8.8).

Tab. 8.3 - Efeito moderador das árvores sobre a velecidade do vento dentro de um bosque de pinheiros com altura até 15m, segundo R. Geiger (adaptado de Griffiths, 1976).

Altura do anemômetro (em metros)	17,0	14,0	11,0	7,0	4,0	1,0
velocidade do vento (quilômetro por hora)	5,6	3,3	2,4	2,4	2,4	2,1

Em 1926 R. Geiger estudou o gradiente de velocidade do vento dentro de um bosque de pinheiros com 15 m de altura, e mostrou o efeito moderador exercido pelas árvores durante um período de 188 horas (Tabela 8.3). Nesta tabela vê-se claramente que uma porção pequena de vento penetra através dos troncos quando as árvores são mais espaçadas, como as florestas de coníferas das zonas temperadas e nas matas decíduas das zonas tropicais. Dentro das florestas úmidas e densas a situação é outra.O ar permanece parado a maior parte do tempo e somente quando há tempestades as rajadas de vento passam entre os troncos. A falta de vento dentro das florestas pluviais dos trópicos é muito conhecida pelos que habitam estas regiões e foi muito bem comentada por P. Richards (1952) no seu livro sobre estas florestas. A tabela 8.4, de Geiger e Amann, compara a porcentagem de horas de calmaria num bosque de velhos carvalhos da Europa em duas situações, quando as folhas tinham caído e depois da brotação das folhas.

Fica evidente, por estas e muitas outras medições de correntes de ar em matas que, as folhas das copas e os troncos das árvores impedem parcial ou totalmente a passagem do vento, dependendo da densidade de árvores e das copas. O estudo das modificações climáticas causadas pela vegetação e pelos pequenos relevos da superfície, constituem um capítulo importante da ecologia, criado por R. Geiger, e denominado **Microclimatologia**.

2.2.3 - Circulação atmosférica global

A Terra recebe o calor do sol principalmente na forma de radiação de ondas curtas e irradia uma quantidade igual na forma de radiação de ondas longas, como foi visto no capítulo anterior. O balanço energético que iguala o calor perdido com o calor recebido, como está esquematizado na figura 7.7, é o balanço energético global. Ele se refere ao planeta como um todo, em uma média de muitos anos. Não explica portanto, o balanço energético da uma área qualquer, por um ciclo de um ano.

Tab. 8.4 - Porcentagem de horas de calmaria (velocidade do vento menor que 2,4 km/h) em uma floresta de carvalhos. Modificado de Griffiths (1976).

Posição do anemômetro	acima das copas	na copa		no tronco
Altura do anemômetro (em metros)	27	24	20	4
% de horas de calmaria				
antes da brotação das folhas	0	8	35	67
depois da brotação das folhas	10	33	86	98

Dentro de um ciclo anual, a zona equatorial absorve mais calor do que perde enquanto que as zonas polares irradiam mais do que recebem. Entretanto, nem as regiões polares ficam mais frias, nem as equatoriais mais quentes, devido a um fluxo de calor que se propaga das regiões mais quentes para as mais frias, e vice-versa, das regiões geladas corre o ar frio para o equador. O intercâmbio de temperatura é feito pelo movimento das correntes atmosféricas e das correntes marinhas que formam, respectivamente, a circulação geral da atmosfera e a dos oceanos. Elas mantêm as temperaturas que são registradas na superfície do planeta.

A circulação geral da atmosfera, conhecida como **Circulação atmosférica global**, é um dos fatores importantes na distribuição das zonas climáticas da Terra. Ela envolve todo o planeta e é função da geometria orbital, da posição dos continentes e da relação Terra/oceano. Para entendê-la é necessário lembrar que a Terra está girando em torno do seu eixo e em volta do Sol. Nós não percebemos este movimento porque o que sentimos são as irregularidades de um movimento e não um movimento uniforme. F. Hoyle exemplifica a nossa sensação de velocidade comparando a sensação que sentimos quando estamos em um carro grande e com um bom amortecedor, movendo-se a 100 km/hora numa excelente estrada que nos dá uma sensação de velocidade menor que um carro pequeno, numa estrada ruim (Hoyle, 1975). A Terra, com cerca de 12.756 km de diâmetro no equador gira sobre si mesma em aproximadamente 24 horas (Tabela 7.1). Esta rotação não é sentida por nós, mas afeta fundamentalmente a circulação atmosférica.

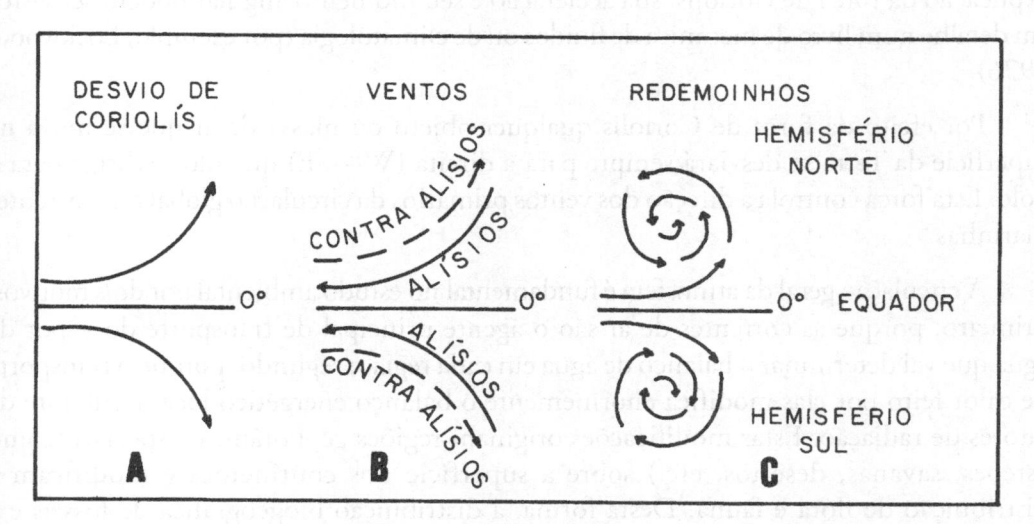

Fig. 8.9. Alguns efeitos devidos à aceleração de Coriolis. **A**: desvio na direção das massas de ar que se originam na zona equatorial; **B**: movimento das massas de ar superficial que vêm da zona sub-tropical para o equador; **C**: sentido direcional dos redemoinhos em cada um dos hemisférios da Terra.

Quando o solo quente equatorial transfere o seu calor para o ar sobre ele, a atmosfera se torna quente, menos densa e começa a subir. Ao ascenderem, as massas de ar seguem se expandindo por encontrar pressões menores. Estas massas de ar que sobem em altitude se dirigem a um ou outro dos polos terrestres.

A superfície da Terra roda no sentido Oeste-Leste (W—>E), por isto se vê o sol mover no sentido E—>W. No equador a superfície gira mais rápida porque está mais longe do eixo de rotação, tendo a velocidade média de 38.600 km/dia. Se um objeto sobre a superfície do equador está se movendo a esta velocidade, ele não tem nenhum movimento relativo em relação à Terra. O mesmo ocorre com uma massa de ar. Mas, se a massa de ar se move em direção ao polo norte, pela lei de conservação de momento, ela manterá o seu momento inicial no sentido W—>E e encontrará uma superfície que se move mais lentamente que ela. A resultante dessas duas forças faz com que esta massa de ar se desvie para a "direita" (Fig. 8.9A). Se invertermos o argumento para o polo sul, a massa de ar também se desviará para a direita (Fig.8.9A). O termo "direita" é usado em climatologia porque os povos de cultura européia representam o Leste á direita nos seus mapas. Segundo T. Heyerdahl, entre os polinésios o Leste é representado em cima (onde está o nosso Norte).

O desvio para a direita pode ser observado também nos redemoinhos. Na figura 8.9C vê-se que eles giram no sentido dos ponteiros do relógio (sentido horário) no hemisfério sul e no sentido inverso do relógio (sentido anti-horário), no hemisfério norte. O desvio é devido à força de Coriolis que é causada pela rotação da Terra. A explicação da força de Coriolis, sua aceleração e seu momento angular podem ser vistos em detalhe num livro de mecânica de fluidos ou de climatologia (por exemplo, Lockwood, 1976).

Por efeito da força de Coriolis qualquer objeto ou massa de ar que se mova na superfície da Terra se desviará sempre para a direita (W—>E) quando se dirige para o polo. Esta força controla a direção dos ventos primários da circulação global e as correntes marinhas.

A circulação geral da atmosfera é fundamental no estudo ambiental por dois motivos. Primeiro, porque as correntes de ar são o agente principal de transporte do vapor de água que vai determinar o balanço de água em cada região; segundo, porque o transporte de calor feito por elas modifica enormemente o balanço energético local resultante de fatores de radiação. Estas modificações originam regiões geobotânicas especiais (como estepes, savanas, desertos, etc.) sobre a superfície dos continentes e modificam a distribuição de flora e fauna. Desta forma, a distribuição biogeográfica de fósseis e a detecção no passado de feições geomorfológicas que indicam antigos desertos, geleiras, e outras modificações do relevos causados pelo clima global, podem indicar a posição latitudinal das massas continentais.

2.2.4 - Ventos primários

Os ventos primários são formados pela circulação global da atmosfera e os mais freqüentes são os descritos a seguir.

Da mesma forma como foi descrito para os ventos secundários, quando o ar é aquecido no equador ele ascende. Em seguida desvia para a direita e é substituído por outra massa de ar mais frio. As massas de ar frio, portanto, circulam no sentido oposto, desviando-se para a esquerda à medida que vão para o equador, e correm junto à superfície (Fig. 8.9B). Elas originam ventos regulares, superficiais, que sopram constantemente desde as altas pressões subtropicais em direção às baixas pressões equatoriais e são denominados **Ventos Alísios**.

Os alísios são encontrados na maior parte dos trópicos e se desenvolvem melhor nos litorais orientais dos continentes, junto ao oceano. Eles não atingem o centro das grandes áreas continentais. Sua direção geral é de ENE (leste-nordeste) no hemisfério norte e de ESE no hemisfério sul. São ventos moderados e extremamente constantes, tanto em orientação como em velocidade. Têm uma velocidade de cerca de 15 a 25 km/hora. Só são interrompidos quando há uma turbulência muito forte. O clima ameno dos litorais leste nos trópicos é, em grande parte, devido aos alísios.

Quando os continentes se fragmentaram na zona tropical, os alísios mudaram a circulação dos ventos dessas regiões e tornaram o clima mais suave. Este foi, por exemplo, o que aconteceu quando se formou o Oceano Atlântico. Regiões que antes pertenciam ao centro de um supercontinente, passaram a constituir os litorais ocidentais (Américas) e orientais (África e Europa) deste oceano.

Um efeito interessante dos ventos alísios é que ao passar sobre o mar, eles empurram as águas para a frente, no sentido de seu movimento. No mar do Caribe (Caraíbas) os alísios vindos do ENE, acumulam as águas do mar contra o istmo do Panamá. É por isto que o mar aí é mais alto que do lado do Oceano Pacífico. A água acumulada pela corrente marinha que se formou é desviada pelo contorno da costa da América Central e segue para o norte pela força de Coriolis, chega à zona sub-tropical onde os alísios novamente empurram a corrente marinha no sentido E—>W (Fig. 6.11). Forma-se, então, a grande Corrente do Golfo. O mesmo efeito é observado no oceano Pacífico. Os alísios vindos da costa da Peru, empurram uma corrente marinha (Fig. 6.11) que vai acumular água no oeste do Pacífico. O nível do mar junto às costas da Nova Guiné e das Filipinas é alguns decímetros mais alto que nas costas do Peru. As correntes marinhas são formadas pelos ventos superficiais primários e obedecem aos ventos primários que passam junto à superfície do mar.

Com o mecanismo descrito acima, ao longo de toda a zona tropical o ar atmosférico vai circulando, pela força de Coriolis e por efeito adiabático e se dirige para o equador.

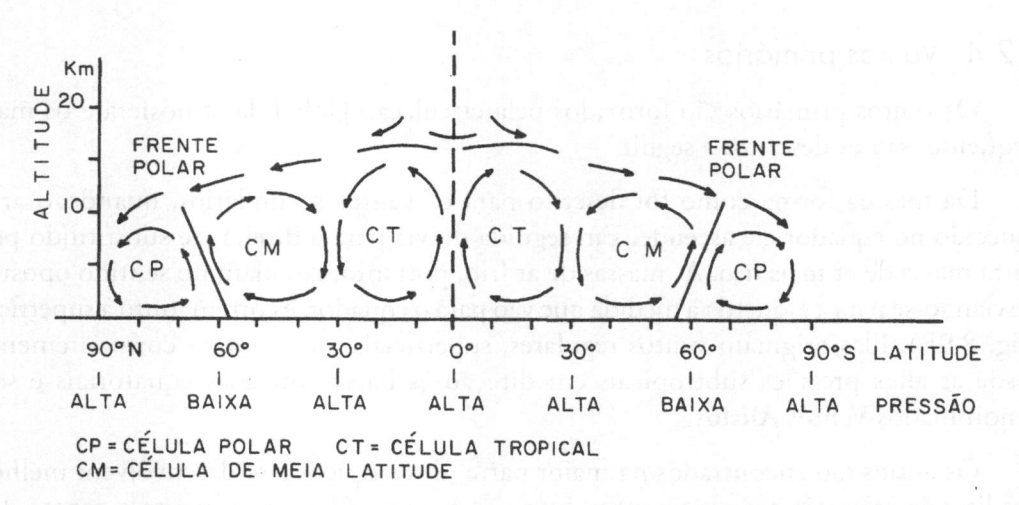

Fig. 8.10. Circulação vertical das massas de ar na troposfera. Observe que a camada de ar é mais espessa na zona equatorial e que as 3 células de circulação são simétricas nos dois hemisférios.

Aí as correntes aéreas já estão suficientemente quentes e começam a subir até atingirem a um pouco mais de 10 mil metros de altitude. Por volta desta elevação as massas de ar começam a orientar-se direção aos polos (Fig. 8.10) até cerca de 30° de latitude norte ou sul. Neste ponto iniciam sua descida para a superfície da Terra, onde recomeçam o ciclo.

A circulação que sobe da superfície da Terra na zona equatorial e desce nas zonas subtropicais forma uma **célula** de circulação contínua denominada **célula tropical** ou célula de Hadley (Fig. 8.10). A célula tropical é importante na distribuição da umidade e da temperatura na zona tropical e subtropical, causando as chuvas fortes e os desertos.

Uma segunda célula se forma, pelo mesmo mecanismo, entre 30° e 60°, que gira em sentido contrário. É a **célula de meia latitude**. Uma terceira célula se forma entre 60° e o polo que é denominada **célula polar** (Fig. 8.10). Como se verá na parte que se refere à precipitação de água (parte 2.3), as células de circulação vertical são importantes na determinação da posição geográfica de regiões úmidas, semi-áridas e áridas.

Os **Ventos de Oeste** ("westerlies") são outro tipo de corrente primária de superfície que sopra nas latitudes temperadas, entre ca. 35° e as proximidades do círculo polar, em ambos os hemisférios. Estes ventos são parte da célula de meia-latitude (Fig. 8.10). Devido à rotação da Terra, eles vêm do oeste, daí o seu nome. São ventos fortes que estão sujeitos a muitas interrupções por tempestades, turbulências e ventos intermitentes de SW, W e NW. Entretanto a sua direção predominante é W—>E.

A zona dos ventos de Oeste é onde se dão os ciclones e anticiclones extratropicais e os furacões de grandes proporções. No hemisfério sul eles empurram as correntes marinhas de meia latitude as quais dão a volta em torno do planeta (Fig. 6.11) sempre em direção a leste. Em navegação a zona que fica entre 40° e 50°S é conhecida como "os trovejantes quarentas" ("the roaring fourties") devido à freqüência e violência dos ventos Oeste.

Um modo prático de se visualizar as direções que seguem os ventos superficiais da circulação primária é pela observação dos mapas de correntes oceânicas como o da figura 6.11, pois as correntes superficiais de água são tocadas pelos ventos.

No Atlântico Norte os ventos oeste são mais fortes no inverno. No sul do Atlântico e do Pacífico, como existe menos terra que mar, eles encontram poucos obstáculos. Entre 40° e 50° de latitude sul os ventos oeste sopram praticamente o ano todo. A zona do Cabo na África do Sul e os estreitos de Magalhães e de Drake estão constantemente sobre o efeito de tempestades e que ocasionaram muitos naufrágios no tempo dos navios a vela.

R.H. MacArthur conta que em 1854 o navio veleiro clipper **Champion of the Sea**, tocado por um forte vento oeste, fez 465 milhas náuticas (nós) em 24 horas quando estava indo em direção à Austrália, pelo oeste. Sua velocidade média foi de 19,4 nós-hora. Os navios modernos comuns, com motor, fazem 12-15 nós-hora e somente os navios de guerra mais modernos e com máquinas potentes, fazem 25-30 nós-hora. A velocidade daquele clipper durante 24 horas foi excepcional para um veleiro e foi causada pelos ventos oeste. (Nota: uma milha náutica, ou um nó-hora, é igual a 1.852 m).

Existem outros ventos primários como os ventos polares de leste, originários da terceira célula de circulação que se forma nas zonas ártica e antártica (Fig. 8.10), e as frentes que não serão tratados aqui.

A figura 8.10 mostra a circulação vertical do ar até pouco mais de 10 km de altura no equador, onde termina a troposfera e mostra que a espessura desta camada é maior no zona equatorial e vai diminuindo rumo aos polos. O estudo da circulação atmosférica é complexo e está fora dos objetivos deste livro. Ele constitui um ramo fundamental da climatologia.

É importante lembrar aqui que a força e a direção com que sopram os ventos dependem da inclinação do eixo da Terra, da força de Coriolis, e da distribuição das massas continentais, de suas formas, seus relevos, e sua relação com as massas de água. As informações que existem sobre a circulação da atmosfera no presente servem de modelo para a reconstrução no passado, quando a posição dos continentes e dos mares era diferente. Porém, devido ao grande número de variáveis físicas, químicas e biológicas, e das interações entre elas, a reconstrução do clima global no passado deve ser feita pela colaboração entre climatólogos e paleoecólogos.

2.3.Evaporação e precipitação de água

A água é essencial para os seres vivos e é também o agente mais forte de erosão da superfície do planeta. O padrão de distribuição das chuvas, o armazenamento de água em mares, lagos e glaciares, são fundamentais na determinação do clima de uma região e na distribuição geográfica dos seres vivos.

Nesta parte vão ser analisados dois aspectos do ciclo da água, a evaporação e a precipitação. Outros aspectos como a armazenagem, o papel erosivo, a umidade relativa na atmosfera e no solo, são tratados em outras partes.

Em meteorologia, **evaporação** é a mudança do estado físico da água de líquido ou sólido (gelo) para vapor de água. Esta mudança ocorre continuamente na superfície da Terra principalmente onde existem superfícies de água livre, de neve e de campos de gelo (Fig. 7.11). Através da evaporação a água entra na atmosfera na forma de vapor (incluindo nuvem e névoa).

Existe outra forma pela qual a água líquida passa à atmosfera como vapor de água. Este processo é a transpiração da vegetação. **Transpiração** é o processo pelo qual a água líquida contida no solo e extraída pelas raizes das plantas, sobe através da mesma e é expelida na atmosfera como vapor de água. Esta definição não inclui os animais (e o homem), os quais transpiram por um processo semelhante ao das plantas. Isto porque a transpiração animal é mínima quando comparada com a de uma vegetação. À partir do Devoniano superior, quando realmente houve a expansão das plantas sobre a superfície dos continentes, a transpiração passou a ser uma variável importante do clima.

Hoje em dia os dois processos, evaporação e transpiração, são estudados juntos sob a designação de **evapotranspiração**. A importância da combinação dos dois processos foi mostrada pela primeira vez por C.W. Thornthwaite por volta de 1948. Ele demonstrou que não se pode afirmar se um clima é seco ou úmido quando não se verifica se a precipitação é maior ou menor que a necessária para a evaporação e a transpiração juntas.

Modernamente os dois parâmetros são considerados juntos nos estudos climatológicos, agronômicos e de fisiologia ecológica de plantas. Os trabalhos a partir da década de 1950 mostraram que os valores de evapotranspiração dependem do tipo de vegetação onde transpiração e evaporação estão ocorrendo e que a transpiração é máxima durante as horas de luz e reduz-se ao mínimo ou cessa durante a noite (Fig. 8.11), enquanto que a relação entre transpiração e evaporação atinge o seu máximo nas primeiras horas de luz do dia.

A literatura sobre este assunto é muito vasta, tanto nas medidas diretas no campo, como na parte teórica. Porém, seus resultados não têm sido ainda muito utilizados no estudo do paleoclima, talvez porque a transpiração total da vegetação é difícil de se avaliar quantitativamente no passado. Os bons estudos sobre a vegetação atual podem servir de modelo para as vegetações antigas, mas não são estritamente equivalentes. Entretanto, a evaporação de uma superfície livre de água ou gelo no passado pode ser calculada. Agora começa-se a estimar este valor durante as grandes idades do gelo no Quaternário.

O balanço hídrico de qualquer região representa a interação da evapotranspiração com a precipitação e o armazenamento na superfície (lago, mar, gelo). A evapotranspiração é um processo lento e contínuo de perda de água pela superfície. Em contraste, a precipitação é intermitente e representa um ganho de água pelo solo, mares e outros reservatórios de água.

O ar úmido junto à superfície da Terra converge para os centros de baixa pressão, sobe e começa a esfriar adiabaticamente. Um exemplo deste mecanismo é a formação de brisa marinha e de terral nos litorais e a subida das massas de ar pelas encostas das montanhas, que foram tratadas na parte 2.2.1. Portanto, para haver precipitação em quantidade significativa é necessário ter uma fonte de ar úmido e uma causa de convergência e ascenção deste ar. Esta precipitação de água se dá nas formas de chuva, de neve e de granizo.

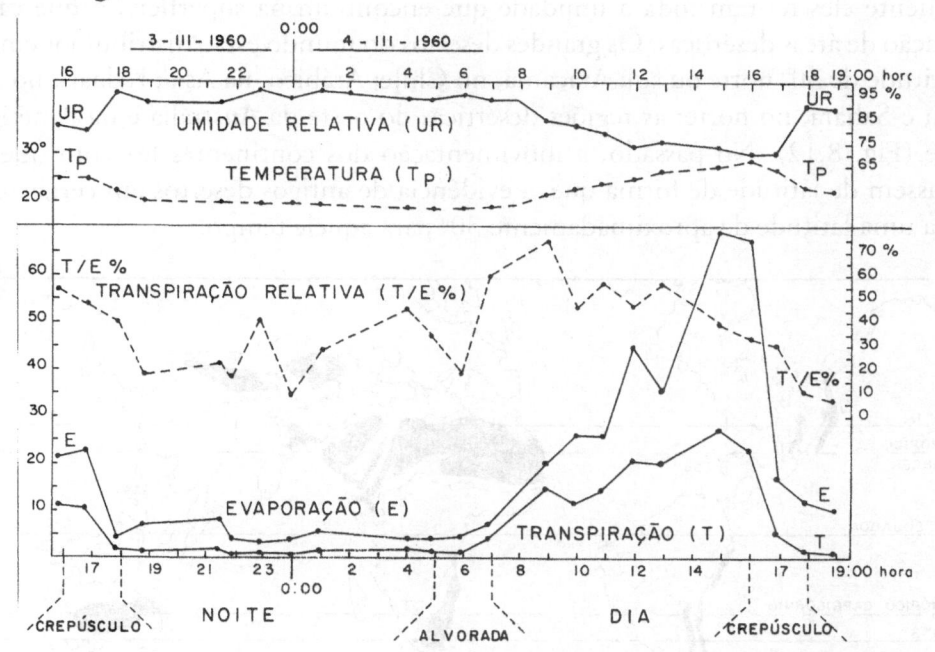

Fig. 8.11. Balanço hídrico de uma plantação de guapuruvu (*Schizolobium parahyba*) na estação das chuvas. Em baixo, evaporação e transpiração durante um ciclo de 24 horas. Em cima, temperatura e umidade do ar medidas simultaneamente. Redesenhado de Labouriau et al. (1961). Observe que a evaporação e a transpiração diminuem drasticamente á noite, enquanto que a umidade relativa do ar sobe.

2.3.1. Padrão global de chuvas

O padão global de chuvas obedece á circulação atmosférica. Na parte deste capítulo que se refere aos ventos foram dados exemplos nos quais foi mostrado como se dá a precipitação de chuvas e como ela está relacionada com o movimento das massas de ar e com o relevo dos continentes (Fig. 8.6). Este mesmo mecanismo faz com que a circulação vertical das massas de ar (Fig. 8.10) determine o padrão global de distribuição de chuvas e de regiões áridas e semi-áridas (chuvas ausentes ou escassas).

Quando os ventos frios superficiais, vindos das zonas subtropicais, se dirigem para as latitudes baixas, eles vão absorvendo calor e umidade colhidos da superfície do mar e vão se aquecendo á medida que se aproximam do equador. Na região equatorial eles já estão suficientemente quentes e úmidos, e se elevam. Por efeito adiabático perdem esta umidade, o que causa as chuvas torrenciais da zona equatorial. A corrente de ar continua elevando-se e perdendo umidade nas duas células tropicais (Fig. 8.10). Quando chegam perto de 30° de latitude norte ou sul, os ventos estão frios e secos e começam a descer, a esquentar e a reter a umidade que encontram. Se descem sobre a superfície de um continente eles retiram toda a umidade que encontram na superfície, o que causa a formação de áreas desérticas. Os grandes desertos do mundo estão distribuídos em volta da latitude de 30° norte ou sul: Atacama, no Chile; Arábico, na Ásia; Kalaari, no sul da África e Sahara, no norte; as regiões desérticas do oeste da Austrália e da América do Norte (Fig. 8.12). No passado, a movimentação dos continentes fez com que estes mudassem de latitude de forma que, a evidência de antigos desertos em certas regiões indica uma latitude de aproximadamente 30° para aquele tempo.

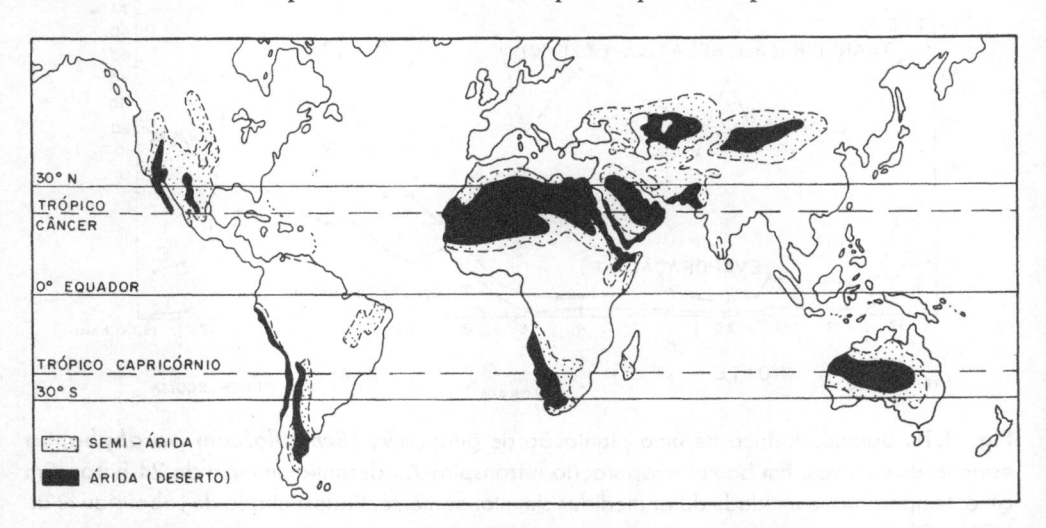

Fig. 8.12. Distribuição geográfica das áreas semi-áridas e áridas (desertos) nos continentes. Observe que a grande maioria dos desertos está situada entre o trópico e o paralelo 30° norte e sul.

O mesmo mecanismo que causa as chuvas tropicais atua sobre o padrão global das precipitações de água na Terra. Estas chuvas originadas pelos ventos da circulação atmosférica global podem ser divididas em padrões correspondentes às zonas climáticas da Terra.

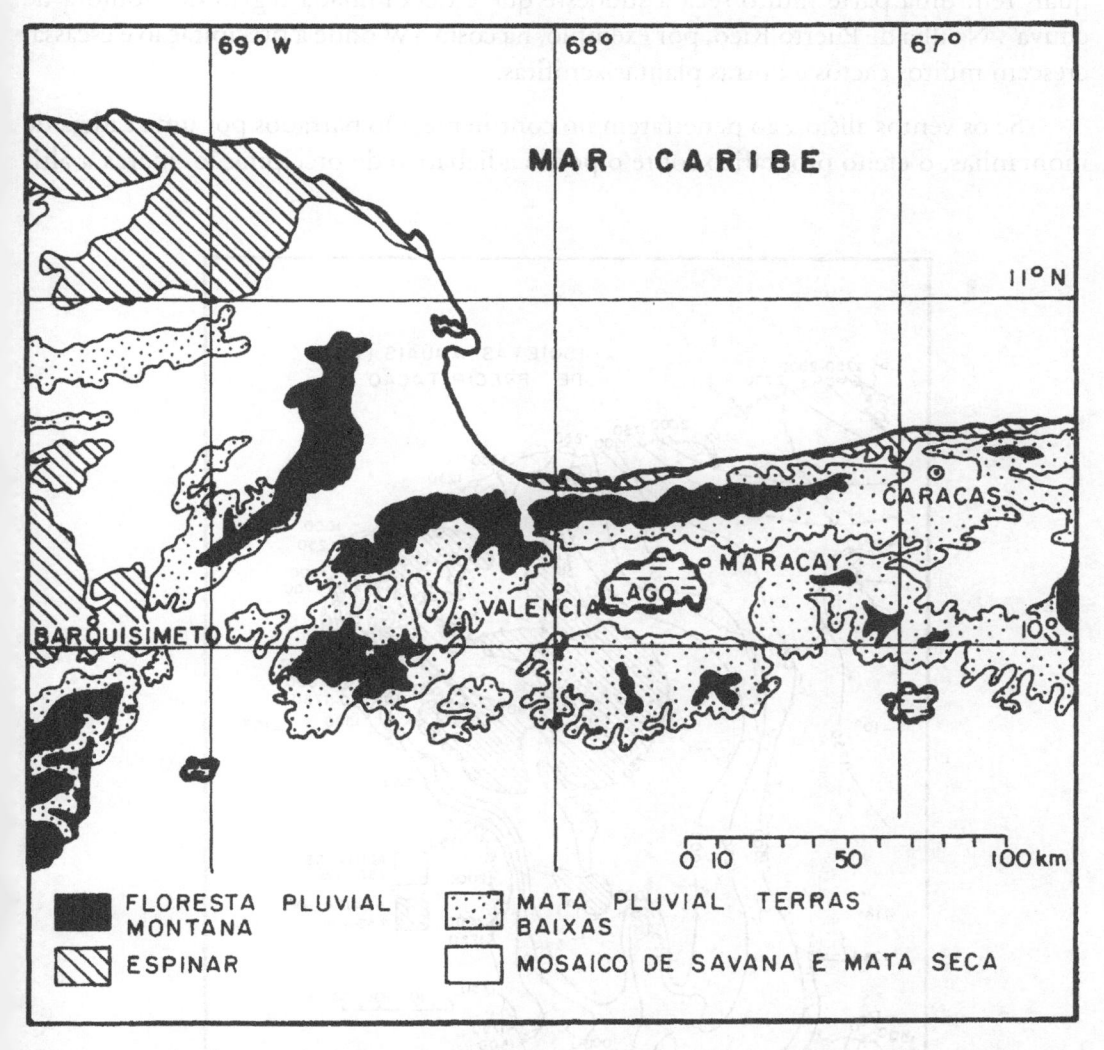

Fig. 8.13. A distribuição dos vários tipos de vegetação no norte da Venezuela reflete o padrão das chuvas na região. As íngremes montanhas da "Cordillera de la Costa" estão assinaladas pela área ocupada pela Selva Pluvial Montana, onde os alíseos perdem a umidade e causam chuvas abundantes. Nas terras baixas os alíseos quentes retêm a umidade ocasionando pouca ou nenhuma chuva e determinam a duração do período de seca; esta condiciona a distribuição e extensão de savana, mata seca e espinar (vegetação semi-árida). Adaptado de Salgado-Labouriau, 1982.

O padrão tropical de chuvas está relacionado com os ventos alísios. Estes ventos vêm do mar e quando chegam à terra firme as massas de ar sobem, esfriam adiabaticamente e perdem umidade. O resultado são as pancadas fortes de chuva à barlavento das zonas tropicais. Os ventos prosseguem pela superfície dos continentes mas já estão secos e quentes e retêm a umidade. Desta forma, a região à sotavento fica seca ou mesmo semi-árida (Figs. 8.13 e 8.14). Este efeito está bem marcado na maioria das ilhas tropicais as quais têm uma parte muito seca a sudoeste que é denominada região de "sombra de chuva". Na ilha de Puerto Rico, por exemplo, na costa SW onde a precipitação é escassa, crescem muitos cactos e outras plantas xerófitas.

Se os ventos alísios, ao penetrarem no continente, são barrados por uma cadeia de montanhas, o efeito orográfico sobre o ponto adiabático de precipitação, marca a alti-

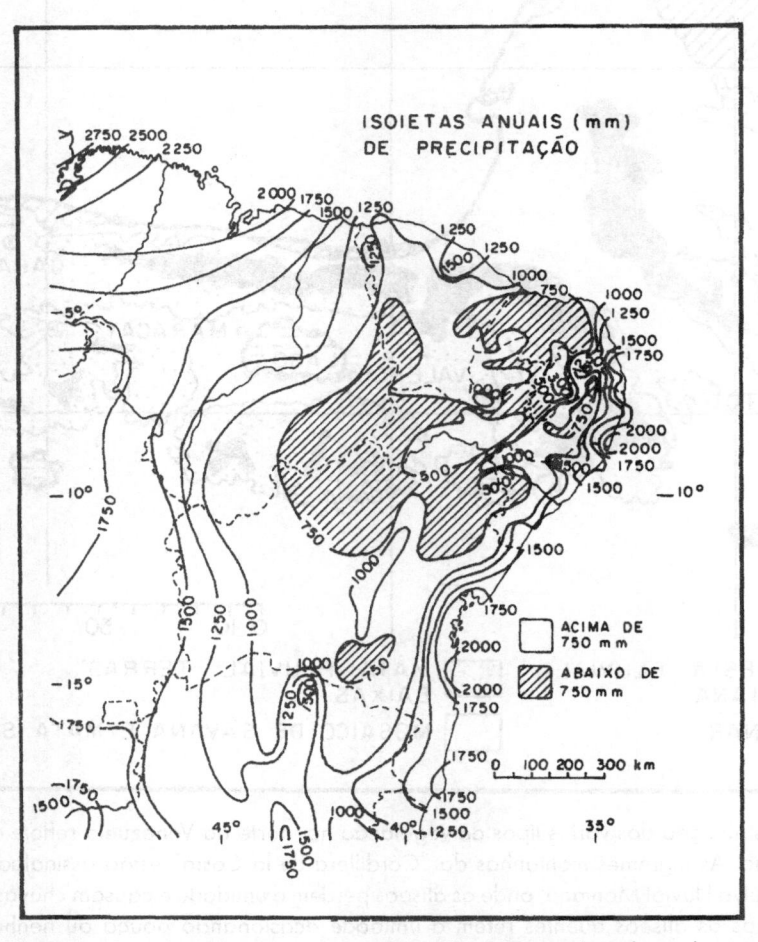

Fig. 8.14. Padrão de precipitação no nordeste do Brasil, onde as chuvas são escassas. Redesenhado de Nimer (1989).

Tab. 8.5 - Duração das chuvas no trópico comparada com a da zona temperada. MacArthur (1967).

Duração da chuva em número de horas	Número de chuvas durante um ano	
	Trento, Nova Jersey Estados Unidos	Barro Colorado Canal do Panamá
maior ou igual a 1	186	415
> ou = 5	73	26
> ou = 10	38	2
> ou = 15	21	1
> ou = 20	11	1
> ou = 25	5	1
> ou = 30	2	0
Duração média em horas	6,2	1,9

tude em que começarão as precipitações (Fig. 8.6). Estas, por sua vez, marcam o início da floresta tropical úmida, e a sua extensão em elevação. Por exemplo, na "Cordillera de la Costa", na Venezuela, a precipitação começa a cerca de 800 m s.n.m. nas encostas norte, que estão em frente ao mar do Caribe. A vegetação da costa, quase sem chuvas, é constituída de uma vegetação rala, com pequenas arvoretas espinhosas e esparsas entremeadas com cactos colunares ou redondos, que é chamada vegetação do **espinar**. O espinar (semelhante em estrutura à caatinga do Brasil) vai desde a borda do mar até os contrafortes da cordilheira (Fig. 8.13). A partir de 800 m de elevação, onde começa a precipitação e a neblina por efeito orográfico, as encostas são cobertas por uma floresta densa, úmida, com grande quantidade de epífitas, denominada "selva nublada montana". A selva se prolonga até a outra vertente na altitude de cerca de 1.000 m onde cessa a precipitação e os ventos já estão aquecidos o suficiente para reter a umidade (Fig. 8.6).

Na região a oeste da Cordillera de la Costa (Fig. 8.12) os alísios passam pelo litoral, não encontram montanhas e seguem por sobre o continente até às encostas dos Andes venezuelanos onde vão precipitar a sua umidade. O mesmo ocorre no norderte do Brasil (Fig. 8.14).

O padrão de chuvas por efeito orográfico faz com que nas montanhas tropicais exista uma faixa altitudinal de precipitação que varia pouco de uma região para a outra. Nos Andes venezuelanos ela se situa a barlavento entre 2600 e 3000 m s.n.m. Dentro desta faixa se localiza a **Selva Nublada Andina**. O mesmo padrão é observado na Serra do Mar ao longo da costa brasileira e em toda a zona tropical onde existam montanhas altas (por exemplo, nas montanhas do Quênia (Kenia), Nova Giné, Havaí e outras).

A floresta pluvial montana está intrinsecamente ligada a este padrão de chuvas. Entretanto, a sua posição altitudinal deve ter mudado durante as glaciações do Pleistoceno, quando o nível do mar baixou mais de 120 m e a praia estava mais recuada. Da mesma forma, a elevação de montanhas e a sua erosão ao longo da história do planeta criou, modificou e eliminou muitas vezes a posição das faixas altitudinais de vegetação nas regiões onde existiram montanhas.

Nas zonas temperadas o padrão global de chuvas está ligado com os ventos oeste ("westerlies"). As corrente de ar vêm predominantemente do oeste para a zona tropical. Elas levam as chuvas ao interior dos continentes durante quase todo o ano. Como a zona dos ventos oeste é muito instável, é frequente a formação de grandes chuvas e furações entre as latitudes de 40° e 70° norte e sul. Nesta zona a precipitação pode também estar ligada ao movimento dos ciclones (depresssões) e anticiclones (dorsais).

Uma característica interessante no padrão das chuvas está relacionada com o número e a duração das mesmas em relação às zonas climáticas. Em 1967, MacArthur mostrou que as chuvas na ilha de Barro Colorado, no Canal de Panamá (a ca. 9°N) são mais numerosas que as de Trenton (Nova Jersey, a ca. 40°N) mas, têm uma duração menor (Tab. 8.5). Em Barro Colorado, de um total de 456 chuvas em um ano, 415 duraram menos de 5 horas.

Existem outros padrões globais de precipitação além dos expostos, que não serão tratados aqui. Há uma grande anomalia no padrão global de chuvas denominada **El Niño**, que quando este fenômeno está funcionando, tem efeitos dramáticos na distribuição de chuvas. O "Efeito El Niño" (ENSO, em meteorologia) é provocado pelo aquecimento ocasional das águas da costa do Peru, quando uma corrente quente vinda do oeste do Oceano Pacífico faz retroceder a corrente de Humboldt que traz águas frias do sul. Este aquecimento modifica a distribuição de fauna e flora marinhas no leste do Pacífico resultando na drástica diminuição da pesca comercial. Além disto influencia no clima continental da América do Sul, da Austrália e da África, causando inundações na costa do Peru e secas no nordeste do Brasil, na África tropical e em outros continentes. Durante um El Niño muito forte em 1972 e 1973 a seca matou 100 mil a 200 mil pessoas e cerca de 4 milhões de reses na faixa seca da África que vai do Sahel à Etiópia. Este efeito e suas conseqüências estão sendo muito estudados hoje (veja, por exemplo, Diaz e Markgraf, 1993 e Martin e colaboradores, 1988).

Os exemplos acimas têm o propósito de alertar quanto aos padrões globais, principalmente na zona tropical, e mostrar que a distribuição dos tipos de vegetação está firmemente ligada aos padrões climáticos.

REFERÊNCIAS DO CAPÍTULO

Bradley, R.S., Yuretich, R.F., Salgado-Labouriau, M.L. e Weingarten,B. 1985. Late-Quaternary paleoenvironmental reconstruction using lake sediments from the Venezuelan Andes: preliminary results. Zeitsch. fur Gletscherkunde Glacialgeol. 21:97-106.

Cox, C.B., Healey, I.N. e Moore, P.D. 1973. Biogeography: an ecological and evolutionary approach. Blackwell Scientific Publ., Oxford, 184 pp.

Diaz, H.F. e Markgraf, V.(editores) 1993. El Niño - historical and paleoclimatic aspects of the southern oscillation. Cambridge University Press, Cambridge.

Geiger, R. 1973. The Climate Near the Ground. Harvard University Press, Cambridge, Massachusetts, USA, 611 pp. Tradução portuguesa "Manual de Microclimatologia - o clima da camada de ar junto ao solo", Edição Fundação Calouste Gulbenkian, Lisboa, 1980.

Gleick, J. 1988. Chaos: making a new science. Penguin Books, New York, 352 pp.

Griffiths, J. F. 1976. Applied Climatology, 2nd ed. Oxford University Press, 136 pp.

Hedberg, O. 1954. A pollen-analytical reconnaissance in tropical East Africa. Oikos 5:137-166.

Heyerdahl, T. 1976. Fatu-Hiva: back to nature. Penguin Books, New York, 303 pp.

Labouriau, L.G., Oliveira, J.G. e Salgado Labouriau, M.L. 1961. Transpiração de **Schizolobium parahyba** (Vell.) Toledo I. Comportamento na estação chuvosa, nas condições de Caeté, Minas Gerais, Brasil. An. Acad. Brasil. Cienc. 33 (2): 237- 258.

Lamb, H.H. 1985. Climate, History and Modern World. Methuen, London, 387 pp.

Lamb, H.H. 1986. Waiting for the rain: a theory that links drought in West Africa to temperatures in the Atlantics. The Sciences, May/June, p.30-35.

Lauer, W. 1979. La posición de los páramos en la estructura del paisaje de los Andes Tropicales. Em: M.L. Salgado-Labouriau (editor) "El Medio Ambiente Páramo". Ediciones CEA/IVIÇ Caracas, p.29-45.

Lockwood, J. G. 1976. World Climatology: an environmental approach. E. Arnold, London, 330 pp.

MacArthur, R.H. 1972. Geographical Ecology: patterns of the distribution of species. Harper & Row Publ., New York, 269 pp.

Martin, L. Flexor, J.-M. e Valentin, J.-L. 1988. Influence du phénoméne océanique pacifique "El Ni~no" sur l'"upwelling" et le climat de la région du Cabo Frio sur la côte brésilienne de lÉtat de Rio de Janeiro. C.R. Acad. Sci. Paris 307(11):1101- 1105.

Miller, A.A. 1975. Climatología. Ediciones Omega, Barcelona, 379 pp.

Nimer, E. 1989. Climatologia do Brasil. Publicações IBGE, Rio de Janeiro, 421 pp.

Richards, P.W. 1952. The Tropical Rain Forest: an ecological study. Cambridge University Press, Cambridge, 450 pp.

Rosenberg, N.J. 1974. Microclimate: the biological environment. John Wiley & Sons, New York, 315 pp.

Salgado-Labouriau, M.L. 1979a. Modern pollen deposition in the Venezuelan Andes. Grana 18:53-68.

Salgado-Labouriau, M.L. 1982. Climatic change at the Pleistocene-Holocene boundary. Em: G.T. Prance (editor): "Biological Diversification in Tropics". Columbia University Press, New York, p.74-77.

Stewart, I. 1989. Does God Play Dice? The mathematics of chaos. B. Blackwell, Oxford, 317 pp.

Tauber, H. 1967. Differential pollen, dispersion and filtration. Em: E.J. Cushing e H.E. Wright (editores) "Quaternary Paleoecology", Yale University Press, New Haven, USA, p.131- 141.

Troll, C. 1972. The Cordilleras of the tropical Americas: aspects of climatiç phytogeographical and agrarian Ecology. Proceedings of the UNESCO-México Symposium. Colloquium Geographicum, vol. 9: 15-56.

Troll, C. e Lauer, W. 1978. The asymmetrical structure of the Earth's climate and landscape, and geological relations between the southern hemisphere's temperate zone and the tropical high mountains. Erdwisssenschaft Forschung 11: 1-9.

Walter, H. 1973. Vegetation of the Earth: in relation to climate and the eco-physiological conditions. Springer-Verlag, New York, 237 pp.

O PERÍODO QUATERNÁRIO

CAPÍTULO 9

A Introdução

Era Paleozóica se caracterizou pela presença de um só continente, Pangea, no qual era possível a migração e o intercâmbio gênico entre espécies. Na plataforma continental em volta deste supercontinente e no imenso oceano (Fig. 6.9) desenvolveu-se uma abundante biota de microorganismos e invertebrados. A Era Mesozóica se caracterizou pela fragmentação de Pangea em subcontinentes e pela criação de novas plataformas continentais possibilitando a expansão da fauna e flora marinhas. O Terciário se caracterizou pelo movimento independente de cada fragmento e por mudanças climáticas drásticas em alguns deles resultantes de deriva para latitudes muito diferentes e/ou elevação de montanhas. No Terciário superior (Neógeno) começam a formar-se os continentes atuais.

Ao iniciar-se o período Quaternário os continentes ja ocupam a posição moderna e já têm a forma atual. O Quaternário se divide em duas épocas de duração muito desigual: o **Pleistoceno**, com cerca de 1,6 milhões de anos (M.a.) e o **Holoceno**, que inclui somente os últimos dez mil anos. A palavra "Recente" é usada por alguns geólogos para designar o Holoceno e por outros, para todo o Quaternário. Como o termo fica um pouco vago, ele deve ser evitado. Os últimos 15 mil anos que incluem todo o Holoceno e o final do Pleistoceno constituem o intervalo de tempo com o maior número de informações paleoecológicas e por isto é o mais bem conhecido. É um intervalo pequeno do ponto de vista geológico, porém extremamente importante por incluir a história da nossa civilização e as grandes intervenções do homem sobre os ecossistemas naturais e sobre o equilíbrio dinâmico destes sistemas.

Desde o início do Quaternário, há uns 1.6 - 2 M.a. (datação com potássio-argônio e paleomagnetismo) toda a flora moderna já existia. Os megafósseis de plantas, os grãos de pólen, os esporos de pteridófitas, os foraminíferos e as diatomáceas achados em sedimentos quaternários são os mesmos dos atuais e podem ser relacionados com gêneros modernos. Em casos especiais, identificam-se com as espécies modernas. Desta forma, é possível reconstruir os ecossistemas, estudar a sucesão da vegetação de uma região e observar o seu comportamento frente às mudanças e oscilações climáticas.

O estudo dos grãos de pólen contidos em sedimentos quaternários tem dado muitas informações sobre a migração de plantas, a composição da vegetação e as flutuações climáticas durante o Quaternário. Se ao pólen se juntarem os esporos de pteridófitas e os cistos algais resistentes a ácidos, que se encontram preservados nestes mesmos sedimentos, o quadro fica bem mais completo. Os grãos de pólen e os esporos são produzidos em grande quantidade pelas plantas e as suas paredes externas são tão resistentes à decomposição que podem ficar preservados por milhões de anos. Os especialistas identificam de que plantas eles provêm e portanto, podem reconstruir os tipos de vegetação do passado de uma determinada região.

Como as plantas são muito sensíveis aos fatores ambientais, tais como as condições de temperatura e umidade do ambiente, a análise de pólen e esporos (**análise palinológica**) é talvez a melhor maneira de se saber como foi o clima no passado. Pelo uso desta técnica analítica é possível detectar também as perturbações dos ecossistemas naturais causadas pelo homem ao desenvolver a agricultura e a pecuária.

As análises palinológicas do Quaternário cobrem uma grande variedade de ambientes. Além dos sedimentos marinhos e estuarinos, como nos períodos anteriores, existem informações sobre turfeiras, pântanos e lagos antigos no interior dos continentes e nas altas montanhas. A abundância e a variedade de dados permitem uma reconstrução mais precisa dos ecossistemas e do clima durante este período, do que de qualquer outro período.

Com os animais superiores não se passou o mesmo que com as plantas. Durante o Quaternário desenvolveram-se novos grupos, porém muitos deles não chegaram até o presente. Uma boa parte dos grandes mamíferos terrestres extinguiu-se. Algumas espécies de tigre dente-de-sabre, de mamute, de mastodonte, de preguiça gigante e outros, ainda existiam há uns dez mil anos atrás. O número de extinções é considerável e tem sido objeto de muita especulação. Veja, por exemplo, as numerosas teorias expostas por diferentes autores ao longo dos 38 capítulos do livro editado por Martin e Klein (1984) "Quaternary Extinctions: a prehistoric revolution" (Extinções Quaternárias: uma revolução pré-histórica).

A época Pleistocênica, que compreende a grande parte do Quaternário, foi proposta por Lyell en 1839 com base na estratigrafia de moluscos. No início do Pleistoceno da Grã Bretanha 70% desta fauna pertencia a espécies modernas. Esta estratigrafia baseada em moluscos não pode ser aplicada a todos os continentes e então procurou-se definir o início do Pleistoceno por microfósseis, pelas glaciações ou por datação com radioisótopos.

Mas nenhum destes métodos é universal e geralmente se aplicam exclusivamente a certas regiões. Por exemplo, o início do Pleistoceno está marcado nos sedimentos da Venezuela pelo aparecimento de pólen de **Alnus**, mas este gênero existe no Terciário da Europa e América do Norte e não serve para marcar o início do período em todo o mundo. As datações radiométricas com isótopos de longa-vida (capítulo 2) não têm a precisão necessária para serem usadas no Quaternário pois o erro de medida , nos melhores casos, é da ordem de um milhão de anos. Atualmente estão sendo desenvolvidos alguns métodos com outros pares de isótopos que parecem promissores. O método radiocarbônico, que é amplamente utilizado na parte superior do Quaternário, só chega no máximo a uns 70.000 anos atrás (veja capítulo 2). Com isto as correlações entre locais distantes e a determinação do limite Plioceno-Pleistoceno continuam sendo problemáticas por falta de um critério de aplicação global para reconhecê-los.

O Quaternário foi um período de grandes pulsações climáticas, com longos intervalos de tempo com temperaturas muito baixas (as glaciações) intercalados com tempos mais quentes, como o atual. As glaciações do Quaternário representam a característica mais importante do período e por isto têm chamado a atenção dos cientistas. Ainda que tenham havido grandes glaciações no passado (Proterozóico e Permocarbonífero), o Quaternário é conhecido como "A Grande Idade do Gelo". Os estudos dos seus ciclos glaciais e das conseqüências deles sobre o Sistema Terrestre são os modelos para entender as glaciações do passado mais remoto.

Está demonstrado por isótopos de oxigênio, pólen, foraminíferos e outros fósseis, que a temperatura do mar começou a diminuir ao final do Plioceno. Parece que um grande esfriamento no final do Plioceno resultou no avanço dos glaciares (geleiras) em direção às baixas latitudes, em ambos os hemisférios do planeta. Como resultado, teve início a primeira grande glaciação e teria começado o Pleistoceno.

Entretanto, estudos relativamente recentes com sedimentos marinhos e continentais mostram que houve glaciações menores desde 5 M.a. atrás no hemisfério norte e desde 15 M.a. atrás no hemisfério sul. Por isto, como foi discutido na parte que se refere ao Terciário (capítulo 6), alguns paleontólogos e palinólogos acham que o início do esfriamento global teria começado antes, no Mioceno. Não há ainda dados suficientes para mostrar se foram glaciações de caráter global e se foram grandes. Estas descobertas, de certa maneira, abriram novamente o problema de definição do limite Plioceno-Pleistoceno que possivelmente só se resolverá com datações absolutas que utilizem métodos melhores do que os que temos hoje. Enquanto isto, o início do Pleistoceno fica marcado pela primeira grande glaciação de caráter global há cerca de 1,6 M.a.. Alguns autores propõem que o Plioceno seja eliminado, e todas as suas glaciações sejam incluídas no Quaternário, que começaria há 5,3 M.a.

Neste livro será adotado o ponto de vista da Comissão de Estratigrafia para o Quaternário (IGSQ) da União Internacional de Ciências Geológicas (IUGS, 1989) que dá o início do Quaternário a 1,6 M.a. e o divide em Pleistoceno (inferior, médio e superior, sem data) e Holoceno. Este último se inicia há 10.000 anos radiocarbônicos A.P. (antes do presente), isto é, determinados por radiocarbono. A datação precisa do início do Quaternário (1,6 ? 2 A.P.?)dependerá da criação de métodos mais precisos para a cronologia deste intervalo de tempo.

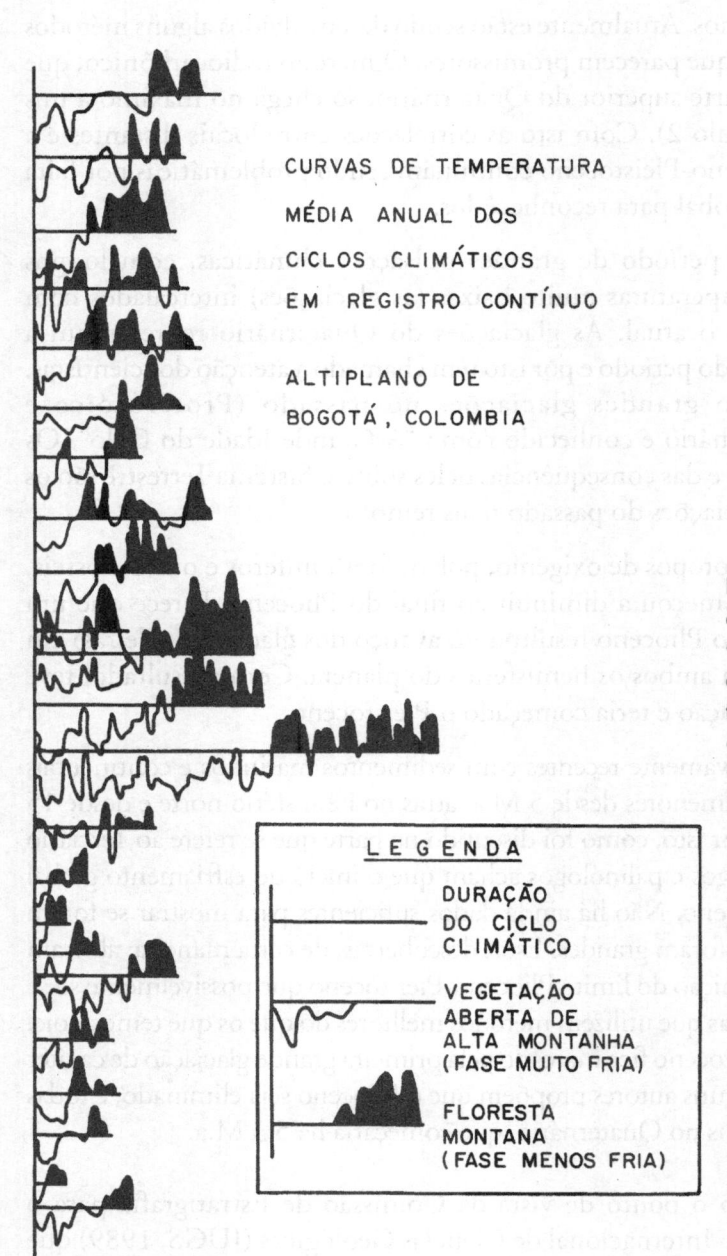

CURVAS DE TEMPERATURA
MÉDIA ANUAL DOS
CICLOS CLIMÁTICOS
EM REGISTRO CONTÍNUO

ALTIPLANO DE
BOGOTÁ, COLOMBIA

LEGENDA

DURAÇÃO
DO CICLO
CLIMÁTICO

VEGETAÇÃO
ABERTA DE
ALTA MONTANHA
(FASE MUITO FRIA)

FLORESTA
MONTANA
(FASE MENOS FRIA)

Fig. 9.1. Sucessão de 25 ciclos climáticos do Quaternário nos Andes Colombianos, detectados por análise palinológica em um testemunho de sondagem de 357 m comprimento em Funza, Colômbia. O comprimento das linhas horizontais é proporcional ao tempo de duração do ciclo; cada curva representa a temperatura média e começa com uma fase fria onde a faixa altitudinal de floresta é mais baixa que a atual; a parte sombreada das curvas representa a floresta em posição mais elevada e corresponde a uma fase relativamente mais quente. Adaptado de Hooghiemstra (1984). A determinação da idade de cada ciclo ainda é problemática, mas provavelmente devem ser todos do Quaternário.

2. As Glaciações do Quaternário

Durante o Quaternário as glaciações, com cerca de 100 mil anos de duração, se alternaram com fases de temperatura mais quente e de menor duração (cerca de 20 mil anos), os interglaciais. O estudo de sedimentos do fundo dos oceanos e de isótopos de oxigênio, feitos nestas últimas décadas, mostraram a existência de pelo menos 16 ciclos nos quais a temperatura da superfície do mar baixou em relação à atual, o que sugere a existência de, no mínimo, 16 glaciações de tamanho variável. Análises palinológicas em sedimentos continentais mostram resultados semelhantes (Fig. 9.1). Destas, somente 4 a 5 foram identificadas geologicamente nos continentes. É possível que as glaciações mais fortes e/ou de maior duração tenham destruido as evidências das outras.

As cinco glaciações marcadas por evidência geomorfológica já são conhecidas há muito tempo e têm nomes diferentes de acordo com a região onde foram descritas. A seqüência mais conhecida é a dos Alpes e vale do rio Reno (Rhein). A tabela 9.1 exemplifica estas sequências e a correlação entre elas. A mais antiga, Danúbio (Donau), não foi encontrada em muitas regiões. A mais recente (Würm-Wisconsiana) começou há cerca de 100.000 anos e terminou a uns 12.000 anos atrás. Seus efeitos sobre a superfície dos continentes e sobre o nível do mar estão claramente marcados e têm sido

Tab. 9.1 - As principais glaciações do Quaternário. A nomenclatura é diferente para cada região e está aqui exemplificada por cinco das mais conhecidas, com os seus nomes originais. Em letras maiúsculas estão os intervalos glaciais e em minúsculas, os interglaciais.

Alpes e Reno	Ilhas Britânicas	Norte da Europa	América doNorte	Posição no Pleistoceno
WÜRM	NEWER DRIFT	WEICHSEL	WISCONSIN	Superior
Riss-Würm	Ipswichian	Eemian	Sangamon	Superior
RISS	GRIPPING	SAALE	ILLINOIAN	Superior
Mindel-Riss	Hoxnian	Holstein	Yarmouth	Médio
MINDEL	LOWESTOFT	ELSTER	KANSAN	Médio
Günz-Mindel	Cromerian	Cromerian	Aftonian	Médio
GÜNZ			NEBRASKAN	Inferior
Donau-Günz				Inferior
DONAU*				Inferior

* - é também chamada "Glaciação Danúbio" e não foi encontrada em outras regiões.

estudados em detalhe. A fase em que estamos agora, e que começou com o retrocesso do gelo glacial em todo o planeta, constitue um interglacial que já dura uns 12 mil anos. Se o ciclo continua, deve tender no futuro a outra idade do gelo. O exame em detalhe destas glaciações e das outras detectadas por outros métodos, será feito na segunda parte deste livro. Aqui só se tratará de suas causas e conseqüências.

3. Causas das Glaciações

Os mecanismos que causaram as grandes mudanças climáticas do Quaternário não são totalmente conhecidos. Porém, já se conhecem muitas das possíveis causas e existem várias teorias que procuram explicar como se inicia um período glacial e como termina. A questão é complexa e provavelmente não tem uma solução simples. Nenhuma teoria proposta até hoje explica plenamente as grandes mudanças climáticas ou decide se cada uma das Idades do Gelo tem causas diferentes ou não. Os mecanismos mais conhecidos e aceitos são discutidos a seguir.

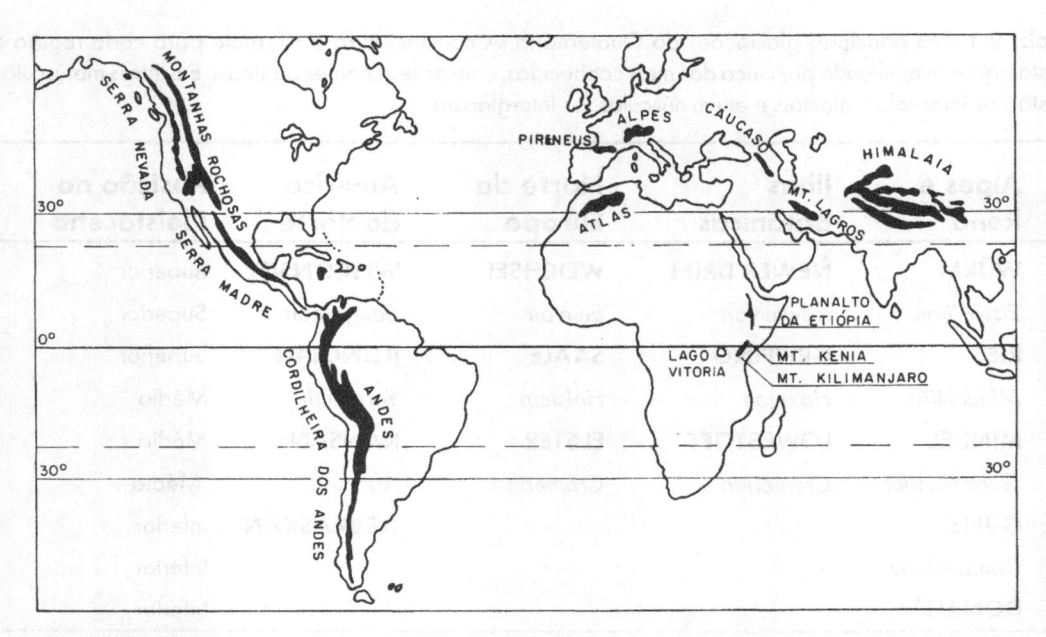

Fig. 9.2. Localização atual das altas montanhas que iniciaram o seu levantamento no Terciário e continuam a se erguer até hoje.

3.1. Fatores que podem iniciar ou terminar uma glaciação

3.1.1. Mudanças do relevo topográfico

As grandes Idades do Gelo muito antigas (Proterozóico e Permo-Carbonífero) foram acompanhadas por formação intensa de montanhas e elevação geral dos continentes. Há um consenso entre geólogos de que, durante todo o resto do tempo, que tem uma duração muitíssimo maior, os continentes eram baixos e havia pouca formação de montanhas.

O levantamento de grandes cadeias de montanhas no final do Terciário (Andes, Himaláia, Alpes, etc.) iniciaria a glaciação por mudança no padrão dos ventos e das regiões anticiclônicas. Mais gelo se formaria nos polos o que resultaria numa baixa do nível dos oceanos porque parte da água de circulação da Terra (Fig. 7.11) estaria retida sob a forma de gelo. Isto representa um aumento das áreas continentais, o que tem o mesmo efeito climático que se a terra tivesse se elevado. Como resultado a espessura geral dos continentes aumentaria por este efeito e se somaria ao de elevação direta causada pelo surgimento das cadeias de montanhas (Fig. 9.2).

Este mecanismo poderia explicar uma Idade do Gelo, mas não o ciclo glaciação-interglaciação dentro desta Idade do Gelo. Não foram constatadas mudanças topográficas que coincidam com a intercalação repetida de glaciação-interglaciação ou de seca-umidade. Por isto, os defensores desta idéia a combinam com outros efeitos, extrínsecos ou intrínsecos da Terra que serão analisados a seguir.

3.1.2. Mudanças de radiação por efeito de meteoros

Foi demonstrado por fotos de satélite e por amostras retiradas diretamente da parte superior da atmosfera, que existe uma camada de pó muito fino em volta da Terra. São partículas minúsculas de meteoros que entraram na atmosfera e se pulverizaram (Fig. 7.5), ou são poeira vinda da Lua quando aí cai um meteoro.

Se no passado houve fases em que uma grande quantidade de meteoros ou cometas cairam na Terra e na Lua, esta camada poderia ter sido espessa e causaria, ao início, uma alta de temperatura por efeito estufa (capítulo 7). A seguir, se a capa de pó fosse tão espessa que a energia solar não pudesse penetrar na atmosfera, a temperatura baixaria definitivamente e começaria uma glaciação. Entretanto, se a energia solar não penetrasse, não haveria luz e cessaria toda a fotossíntese na Terra, e o resultado é a morte das plantas fotossintéticas. Em seguida iriam morrendo os seres vivos dentro da cadeia alimentar. Primeiro os herbívoros, depois os carnívoros e finalmente os organismos que se alimentam de carne e matéria orgânica decomposta. Não foram observadas extinções em massa no início de cada glaciação quaternária, o que mostra que esta situação possivelmente não se apresentou. Este efeito pode ter ocorrido não no início de cada glaciação mas nos intervalos geológicos nos quais houve extinção em massa, como ocorreu no final das Eras Paleozóica e Mesozóica.

Pensa-se hoje que um aumento de pó na atmosfera pode ter contribuido para diminuir a intensidade de energia recebida pela Terra, enfatizando efeitos resultantes de outras causas. Não seria uma causa primária.

3.1.3. Mudanças de radiação por efeito de vulcanismo

Com o mesmo argumento anterior procura-se a causa do início de uma glaciação no vulcanismo intenso. Durante o Pleistoceno, segundo esta teoria, houve fases de grande atividade vulcânica e fases de relativa tranqüilidade. As primeiras resultariam na formação de grande quantidade de cinza vulcânica que seria lançada na estratosfera e aí formaria uma camada espessa.

Realmente, sabemos pelo estudo das grandes erupções vulcânicas que ocorreram nos últimos cem anos, como a do Krakatoa (1883), Katmae (1912), vulcões andinos (1921) e outros, que os vulcões podem lançar grande quantidade de cinzas que ficam na atmosfera por muito tempo. O vulcão Krakatoa que destruiu a maior parte da ilha onde se localizava, contaminou a atmosfera com suas cinzas por dois anos. O estudo de erupções menores como a dos vulcões do Havaí, Santa Helena (Saint Helen), etc. tem dado também muitas informações a respeito.

Cientistas observaram que entre 1945 e o início de 1970, as temperaturas médias anuais sobre os continentes do hemisfério norte baixaram cerca de 0.5°F (0.3°C). Uma das explicações que foram propostas foi o aumento de poeira atmosférica originária de erupções vulcânicas e de contaminações industrial e urbana.

O pó reflete a luz solar que faz com que seja transferido menos calor para a atmosfera e menos energia solar seja recebida na superfície da Terra. O esfriamento parece ser mais pronunciado nas latitudes médias e altas do que nos trópicos. Segundo Lamb, esta interpretação parece ser consistente com o fato de que os raios solares entram na atmosfera em um ângulo que aumenta em direção aos polos (Fig. 8.2) e portanto têm que atravessar uma camada de pó mais espessa. Este efeito, junto com a diminuição de energia que penetra na Terra por filtração em uma atmosfera mais opaca, abaixaria a temperatura e desencadearia uma glaciação.

Da mesma forma que a poeira dos meteoros, uma atividade vulcânica grande não pode ser a única explicação para o início de uma glaciação a não ser que sua intensidade tivesse sido descomunal. Não há registro de uma atividade vulcânica colossal no Quaternário.

3.1.4. Mudanças na inclinação do eixo de rotação

Atualmente a inclinação do eixo de rotação da Terra em relação ao plano da órbita é de 23,5°, em média, e varia ao longo dos séculos entre 22,1° e 24,5° (Fig. 7.2). Acredita-se que foi assim durante todo o Quaternário. Se não houvesse nenhuma inclinação (ângulo zero) o planeta giraria em um plano perpendicular à orbita. Neste caso os dias e as noites teriam a mesma duração (12 horas) e o clima seria uniforme. Como foi comentado no capítulo 7, quanto maior for o ângulo de inclinação, maior será a diferença entre inverno e verão. O resultado seriam invernos muito mais frios, com tempestades de maior freqüência e intensidade, pelo contraste com um verão mais quente.

Alguns autores acreditam que durante o Terciário o ângulo de inclinação era nulo e conseqüentemente ambos os polos recebiam igual quantidade de energia solar por todo o ano e não haveria estações climáticas. No final do Terciário o ângulo teria aumentado, resultando nas quatro estações do ano (capítulo 7). Esta hipótese não é aceita pela maioria dos que estudam o paleoclima.

Milankovitch calculou que a inclinação do eixo da Terra muda de mínima a máxima a cada 41.000 anos aproximadamente. Esta e outras variações cíclicas orbitais do planeta resultariam em mudanças na quantidade de energia solar recebida pela Terra. Seriam estas as razões pelas quais existiram glaciações (veja adiante).

Tab. 9.2- Ciclo das manchas solares observadas nos últimos 50 anos. Neste intervalo de tempo elas apareceram em grande número em intervalos de aproximadamente 11 anos (média de 11,2 anos).

Anos de MÍNIMA (praticamente nenhuma)	Anos de MÁXIMA (mais de 100)
1943	1947
1954	1958
1964-1965*	1969
1976	1979-1980*
1986-1987*	1990-1991*
1998**	2002**

* - final de um ano, princípio de outro.
** -cálculo extrapolado. Nos anos anteriores as manchas foram observadas diretamente.

3.1.5. O ciclo solar

O sol é um reator termonuclear cuja energia emitida não é constante, mas obedece a um ciclo que hoje é de ca. 11,12 anos (Tab. 9.2). Durante os períodos de maior atividade são observadas numerosas manchas na superfície e proeminências e labaredas na coroa. Estes fenômenos causam na Terra lindas auroras boreais e austrais e fortes campos magnéticos que interferem com as comunicações de rádio.

De todos os efeitos devidos à maior atividade solar, o que é mais fácil de ser observado é a quantidade de manchas solares. Elas são negras, de forma e tamanho irregular e, durante as fases de máxima atividade podem chegar a mais de cem na superfície do sol. Surgem e crescem em horas ou dias. Elas foram observadas há muito tempo por antigos astrônomos chineses e descritas por Galileu no século 17.

A ocorrência de manchas no sol não é constante. Depois de Galileu houve astrônomos famosos que não as encontraram, o que indica que houve fases de relativa inatividade solar . Elas voltaram novamente a aparecer neste século.

Atualmente as manchas solares têm um ciclo médio de 11,12 anos (Tab. 9.2). Stacey e Fairbridge (Fairbridge, 1983) são de opinião de que todos os períodos planetários (Tab. 7.2) parecem estar ligados ao ciclo de 11,12 anos das manchas solares e que estes ciclos explicariam as mudanças climáticas no passado (veja a seguir, teoria de Milankovitch).

O aumento da atividade solar, além das manchas, se manifesta pelo surgimento de gigantescas proeminências na coroa solar e por labaredas na superfície (Fig. 9.3). Todos estes fenômenos são o resultado de mudanças na energia solar que se acredita seja devida a movimentos de convecção na região imediatamente abaixo da superfície do sol. Nestas

Fig. 9.3. A superfície do Sol está em constante turbulência com fortes correntes de gás e erupções que jogam para a atmosfera solar jatos de gases luminosos (proeminências) que se elevam quilômetros para fora da superfície; algumas manchas solares estão representadas na superfície.

fases há emissão maior de energia pelo grande reator termonuclear que é o sol e maior emissão de jatos de partículas que se denomina **vento solar**. Se os ventos solares são muito fortes produzem, ao chocar-se com a Terra, tempestades magnéticas. Não se sabe porque estes fenômenos hoje se produzem a cada 11 anos e nem porque eles não existiram entre os séculos 17 e 20. Porém, isto faz com que a energia que atinge a superfície do nosso planeta varie em função da atividade solar.

Estamos em uma fase de interglaciação, portanto de máxima temperatura. Suponhamos que o sol entre em uma fase de inatividade de grande duração. O resultado, segundo esta teoria, seria a diminuição da temperatura global da Terra, que poderia desencadear uma glaciação ou uma pequena oscilação climática fria. É preciso distinguir entre uma **mudança** climática, que é sempre forte, e uma **oscilação** climática, mais suave.

3.1.6 - Teoria de Milankovitch

Em 1941 M.M. Milankovitch apresentou sua teoria para explicar as mudanças climáticas que resultam em uma glaciação. Baseou-se nos estudos anteriores dos astrônomos e principalmente na teoria de Lagrange sobre as variações cíclicas dos movimentos orbitais da Terra. Pelo cálculo destes ciclos do planeta ele mostrou que a energia global recebida (Fig. 7.7) e a sua distribuição na superfície da Terra são funções dos parâmetros de movimento orbital do planeta.

Mais recentemente, os ciclos orbitais responsáveis pela **insolação** (energia solar recebida em uma superfície horizontal, em qualquer intervalo de tempo) foram recalculados utilizando soluções astronômicas mais precisas, em 1972 por A.D. Vernekar e em 1978 por A. Berger. Para maiores detalhes sobre a insolação recebida pela Terra consulte Berger e colaboradores (1993).

As glaciações seriam o resultado principalmente de tres parâmetros orbitais que modificariam a quantidade de energia recebida (as explicações mais detalhadas sobre estes e outros parâmetros se encontram no capítulo 7) e forçariam uma mudança no sistema climático:

a) Obliqüidade da eclíptica - afeta o contraste sazonal e o gradiente latitudinal de insolação. Como foi visto anteriomente, a inclinação do eixo de rotação da Terra em relação à eclíptica varia entre 22,1° e 24,5°, em dois ciclos, de 41.000 e de 54.000 anos. O resultado desta precessão é que os polos terrestres recebem insolação maior ou menor segundo o ângulo de inclinação, o qual também modifica o gradiente latitudinal de temperatura.

b) Precessão dos equinócios - altera a distância entre a Terra e o Sol em um tempo fixo dado, por ano. Como foi visto no capítulo 7, há dois equinócios por ano (quando o dia e a noite têm aproximadamente a mesma duração), o de primavera e o de outono. Se forem tomadas juntas, a precessão axial e a precessão orbital, a posição dos equinócios vai mudando dentro do ano em um ciclo de proximadamente 22.000 anos (Fig. 7.4). Esta mudança afeta não somente o equinócio, como o solstício em relação á distância do sol. Nos intervalos de tempo em que o solstício de inverno ocorre mais longe do sol (afélio) a Terra recebe menos energia e os invernos são mais rigorosos.

c) A excentricidade da órbita terrestre - Atualmente a órbita varia entre 0,00 (circular) e 0.06 (elíptica), em um ciclo menor de cerca de 100.000 anos e maior de 400.000 anos (Tab.7.2). Quando a órbita é elíptica a Terra recebe mais 3,5% de energia solar no periélio e menos 3.5% no afélio. A excentricidade é o único parâmetro que pode mudar a quantidade total de energia solar recebida pela Terra, em cada ano. Além disto, ela determina a amplitude do ciclo de precessão.

Como cada um destes três parâmetros orbitais tem ciclo diferente e a duração de seus ciclos não são comensuráveis (Tab. 7.2), a interação entre eles pode reforçar ou suavizar um efeito e o resultado é que maior ou menor energia solar é recebida pela Terra. Milankovitch calculou as relações entre estes três parâmetros e as conseqüências que acarretam, e fez a hipótese de que quando a redução de energia chegasse ao mínimo a Terra entraria em uma Idade do Gelo. Em oposição, um interglacial teria lugar quando a soma das três variáveis resultasse em um máximo de energia recebida. Por exemplo, na fig. 9.1 observa-se, por meio de análise palinológica, a seqüência de 23 ciclos climáticos nos Andes colombianos. Cada ciclo tem duração e freqüência diferente que possivelmente começam no Plioceno (cerca de 3,37 M.a. atrás). Atualmente estão sendo calculadas com mais precisão as relações entre estes três parâmetros no passado geológico e sendo comparadas com as interpretações paleoclimáticas baseadas nas mudanças da relação $^{16}O/^{18}O$ em sedimentos marinhos, e dos conjuntos de microfósseis em sedimentos continentais.

A teoria de Milankovitch é atualmente admitida pela maioria dos pesquisadores. Entretanto, a opinião geralmente aceita é de que estes três fatores não são os únicos e o desencadeamento de um período glacial teria como causa a soma algébrica destes e outros efeitos modificando o balanço energético global da Terra. Stanley e Fairbridge incluem entre eles outros ciclos do sistema solar, principalmente dos grandes planetas exteriores, Júpiter, Saturno e Urano. Como todas as forças que envolvem os movimentos do sistema solar estão interrelacionadas, os parâmetros orbitais da Terra estão intrinsecamente ligados aos dos outros planetas e ao ciclo de atividade solar. Quando dois ou mais ciclos entram em fase, a soma dos efeitos sobre a quantidade de energia solar que chega à superfície da Terra se traduz em uma mudança do clima global. Quanto mais ciclos entram em fase, maior é o efeito. Por outro lado um ciclo pode diminuir em certas fases os efeitos dos outros, amortecendo a resposta.

Alguns autores acrescentam aos parâmetros orbitais o ciclo do sol, e neste caso as manchas solares que mostram as grandes fases de atividade são consideradas como muito importantes. Outros autores juntam aos parâmetros astronômicos, fatores intrínsecos á Terra como o aumento de vulcanismo, aumento de opacidade da atmosfera, o ciclo de equilíbrio dos oceanos, etc.

Nenhuma das teorias expostas acima explica de maneira satisfatória todas as glaciações e os períodos relativamente cálidos do passado geológico, nem prevê as futuras glaciações com precisão. Porém, já mostram algumas causas da variação do balanço energético que influem diretamente nas variação da temperatura da Terra.

Há algumas dezenas de anos atrás os geólogos acreditavam que a glaciação mais recente (Würm) foi a última e que estamos agora em uma fase cálida como a que se acredita existia no Mesozóico e no Paleógeno. A criação do termo "Holoceno" tinha o sentido de uma nova fase, livre de glaciações. Porém os numerosos estudos de paleoecologia do Quaternário Tardio mostram que o Holoceno nada mais é que um novo interglacial e que a glaciação poderá voltar. O problema reside em quando isto acontecerá.

Sem dúvida a teoria da Milankovitch no seu conceito moderno (incluindo outras variáveis calculáveis) pode predizer com uma certa probabilidade de êxito quando isto se dará. Certamente não será para estes próximos cinco mil anos. As causas de uma glaciação ou interglaciação são hoje um problema aberto à pesquisa, se bem que já se conheça alguma coisa. Há perguntas cujas respostas precisas ainda não sabemos. Todas as glaciações, inclusive as mais antigas, tiveram as mesmas causas ? O abaixamento da temperatura é a causa ou o efeito de uma Idade do Gelo ? As geleiras da mesma idade acumulam-se na mesma velocidade ? Quanto a esta última pergunta, atualmente muitas geleiras de um mesmo glaciar ou de glaciares diferentes já estão sendo monitoradas com aparelhos modernos de registro contínuo e os resultados estão sendo comparados com os de outras regiões. Para isto foi preciso desenvolver aparelhos computadorizados especiais, que possam trabalhar à baixa temperatura.

3.2. Fatores de manutenção de uma Idade do Gelo

A glaciação mais recente durou aproximadamente cem mil anos e terminou há cerca de 12.000 anos atrás. Não é ainda possível datá-la precisamente porque datas mais antigas que 70.000-75.000 anos já estão fora da técnica de carbono 14 e os outros métodos radiométricos não têm resolução para tão poucos anos (veja capítulo 2). Sendo tão recente a glaciação Würm (Wisconsin), as causas de seu desencadeamento deveriam ser possíveis de se detectar e deveriam estar presentes durante todo o tempo em que atuou. Entretanto, os mecanismos descritos na seção anterior não satisfazem a estas condições e portanto acredita-se que deve haver outros fatores além dos que desencadeiam uma glaciação os quais manteriam uma glaciação. Eles seriam os responsáveis pela manutenção de uma determinada situação (temperatura baixa ou temperatura alta) por um período de tempo longo. Os fatores mais prováveis são descritos a seguir.

3.2.1. Albedo

Os partidários do início de uma glaciação por diminuição de energia solar sobre a superfície da Terra, associam esta com o albedo (veja capítulo 7) das geleiras e lençóis de gelo. Uma vez que menos energia chega à Terra, a temperatura decresce, mais gelo se forma nos polos, nas altas montanhas e nos mares. Portanto há um aumento substancial da superfície coberta por gelo, cujo albedo é muito alto (Tab. 7.4). Esta enorme superfície refletiria mais energia em direção ao espaço, enquanto que menos energia solar seria absorvida pela superfície do planeta. A temperatura global se manteria baixa mesmo depois que cessasse o efeito do desencadeamento da glaciação e os glaciares não se derreteriam por muito tempo.

3.2.2 - Evaporação

Foi demonstrado por métodos diretos e indiretos que o nível do mar baixou mais de 100 metros na última glaciação. Se cai o nível do mar a relação de área oceano/continente muda, os continentes aumentam em superfície e os mares se reduzem. A superfície de evaporação livre nos mares diminui. Como parte do mar se congela, além disto, haverá menos superfície de evaporação total de água no globo. A soma destes efeitos resulta em uma diminuição de nuvens e de chuva. Se esta situação se prolonga pode haver uma diminuição significativa do efeito estufa (capítulo 7) e o planeta perderia mais energia para o espaço, o que faria baixar a temperatura global.

O efeito-estufa é uma faca de dois gumes. Se é por pouco tempo ou parcial, ele aumenta a temperatura do ar e da superfície da Terra por não deixar escapar as emissões de energia de comprimentos de onda longos. Se é prolongado, diminui a entrada de energia e abaixa a temperatura. Da mesma forma, a diminuição de precipitação de chuva e neve pode agir de duas maneiras. Uma, pela falta de nuvens, que resulta na perda de energia para o espaço; outra, pela falta de precipitação de neve que é responsável pelo crescimento das geleiras, e resulta no estancamento dos glaciais. As geleiras retrocedem, diminui a superfície com albedo alto, cessa a formação de icebergs, menos água fria é dispersada pelos mares, aumenta a temperatura dos mares, resultando no aumento da temperatura global. Estes efeitos têm um equilíbrio muito delicado que pode tender para um ou outro lado, com uma pequena modificação. Talvez este mecanismo responda pelos períodos estadiais e interestadiais, que são oscilações de temperatura dentro de uma Idade do Gelo.

3.2.3 - Correntes marinhas e ventos

Uma vez que a temperatura global começa a declinar no início de uma glaciação, os polos recebem menos energia solar, pela teoria de Milankovitch, e dimuiui a temperatura nas regiões polares. Aumenta o volume de água gelada e ela começa a fluir lentamente para o fundo dos mares e a subir à superfície nas zonas da afloramento (capítulo 6, parte 2.3). Este declínio de temperatura é dispersado para todos os oceanos pelas correntes narinhas.

As grandes massas de água salgada não respondem às mudanças de temperatura tão rapidamente quanto a atmosfera e a superfície de terra firme. Portanto, deve existir uma defasagem entre o início de uma glaciação nos continentes e nos oceanos. Assim, a datação do abaixamento de temperatura na superfície dos mares, detectada por fósseis de foraminíferos, provavelmente está um pouco retardada em relação à datação de eventos correlatos obtida em sedimentos continentais.

Outra causa de esfriamento da superfície do mar são os icebergs. Eles se destacam das regiões dentro do círculo polar de ambos os hemisférios e flutuam em direção às zonas de baixa latitude e vão derretendo lentamente. O seu efeito poderá ser melhor conhecido em um futuro próximo, já que atualmente estão sendo monitorados por satélite.

Da mesma forma que as correntes marinhas de profundidade e de superfície, os ventos frios que se originam nas regiões polares levam esta queda de temperatura às zonas temperadas e daí às zonas tropicais. É difícil estimar o efeito dos ventos frios porque possivelmente o padrão de circulação atmosférica era diferente do atual.

4. A Extensão e Duração das Glaciações Quaternárias

A evidência de extensas glaciações no passado foi observada primeiro nos Alpes por J. Venetz em 1821. Entretanto, não foi aceita no princípio porque os blocos erráticos e as acumulações caóticas de rochas freqüentemente encontrados na Europa Setentrional eram interpretados como depósitos resultantes de avanços do mar e de icebergs que flutuariam nele. Para mentes religiosas estas supostas inundações eram a prova segura do dilúvio de Noé na Bíblia judaica e cristã. Mais tarde, L. Agassiz, um discípulo de Venetz, dedicou-se a este problema e mostrou que estas evidências e muitas outras, ao contrário do que se pensava, indicavam a existência de antigas geleiras muito mais extensas que as atuais, e ele propôs a **Teoria das Glaciações.** A grande quantidade de provas que acumulou terminou por convencer os cientistas de sua época. Uma vez que estes ficaram persuadidos desta idéia, as provas se multiplicaram e a teoria das glaciações ficou bem estabelecida para a Europa.

Hoje sabemos que uma parte dos glaciais da Europa, durante a última glaciação (Würm) irradiou-se a partir das montanhas Escandinavas, entrou pelo mar do Norte, cobriu quase todas as Ilhas Britânicas e o norte da Europa continental em uma extensão de uns 4,3 milhões de km^2. Outros glaciares originaram-se na Rússia e cobriram uma boa parte do norte de Ásia até o nordeste da Sibéria, em uma extensão semelhante à do glaciar Escandinavo. Finalmente estes dois grandes glaciares coaleceram nos arredores do que hoje é Moscou. Outra parte dos antigos glaciares da Europa irradiou dos Alpes, Cárpatos, Pireneus, Cáucaso, e outras cadeias menores, em direção às terras baixas, mas não chegou a se conectar com os glaciares do norte (Fig. 9.4).

As altas montanhas da Ásia foram cobertas por glaciares muito mais extensos que os dos Alpes. Nos Himalaias eles baixaram até 900 m de altitude sobre o nível do mar.

Agassiz, a partir de 1846, encontrou evidências de que as glaciações do final do Pleistoceno na América do Norte foram muito mais extensas que as da Eurásia e cobriram praticamente todo o Canadá e grande parte do norte dos Estados Unidos (Fig. 9.5). Sua frente, na costa do Atlântico, chegou até onde se encontra hoje a cidade de Nova York. Calcula-se que mais de 11 milhões de km² foram cobertos por gelo glacial.

O hemisfério sul também esteve sob a influência das glaciações quaternárias. Mas, devido á forma dos continentes, que têm a sua maior largura na zona tropical, os glaciais não cobriram áreas tão grandes quanto no hemisfério norte. A exceção, é claro, é a

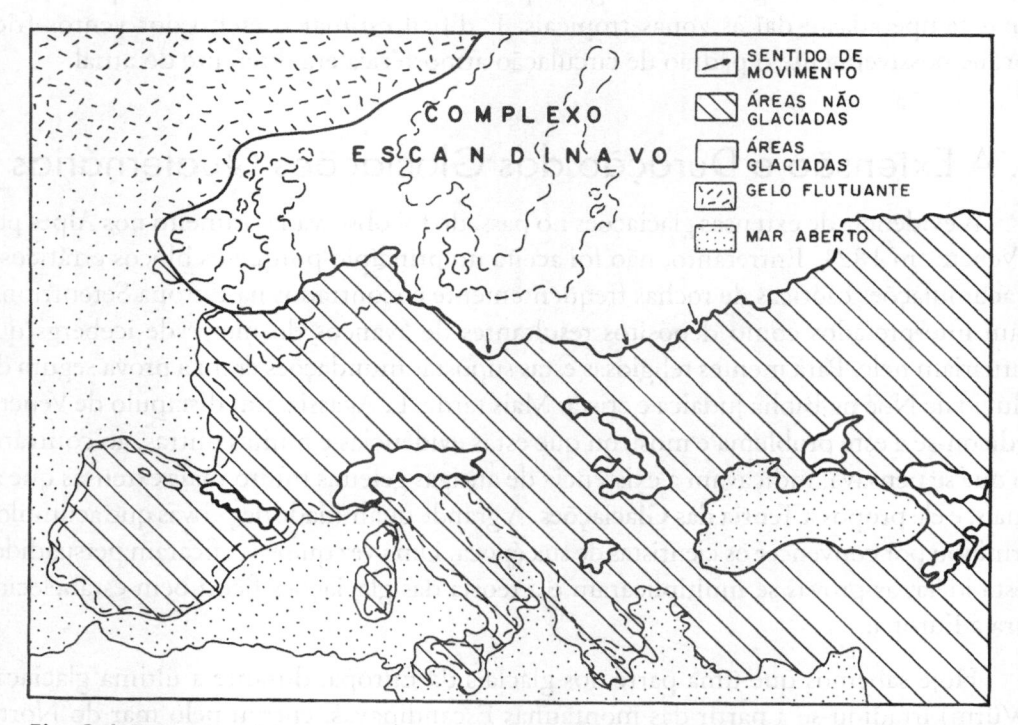

Fig. 9.4. Extensão máxima a que chegaram os complexos glaciais europeus durante a última glaciação. Observe que além do enorme complexo escandinavo, haviam outros isolados nas cadeias de montanha dos Pireneus, Alpes, Cárpatos, Cáucaso e outros menores. A borda dos continentes foi estendida pela queda do nível do mar que resultou na ligação de ilhas ao continente. Base: Bloom, (1978) e Nilsson (1983).

Antártida que não saiu da Idade do Gelo desde o Terciário, quando estacionou no polo Sul. Entretanto, os estudos mais recentes do continente antártico mostram que sua calota de gelo foi muito mais espessa no passado recente.

No máximo da última glaciação o gelo glacial de algumas localidades da Nova Zelândia desceu abaixo do nível atual do mar. Na Tasmânia houve grandes glaciações. As altas montanhas tropicais da Nova Guiné, Havaí, Andes setentrionais e nordeste da África, tiveram glaciais que se estenderam muito mais abaixo da linha de neve atual e chegaram às faixas altitudinais onde hoje crescem as florestas pluviais montanas.

Na parte sul dos Andes os glaciais se estenderam do lado oeste até o nível do Oceano Pacífico e ao leste até os Pampas. Nos Andes centrais também foram encontradas evidências de expansão dos glaciais. Porém, são os Andes setentrionais (Equador, Colômbia e Venezuela) que estão mais bem estudados quanto à glaciação mais recente (Wisconsin) e quanto ao período pós-glacial. Destas cordilheiras há abundante informação de geomorfologia, geologia glacial, paleoclima, composição e migração vertical da

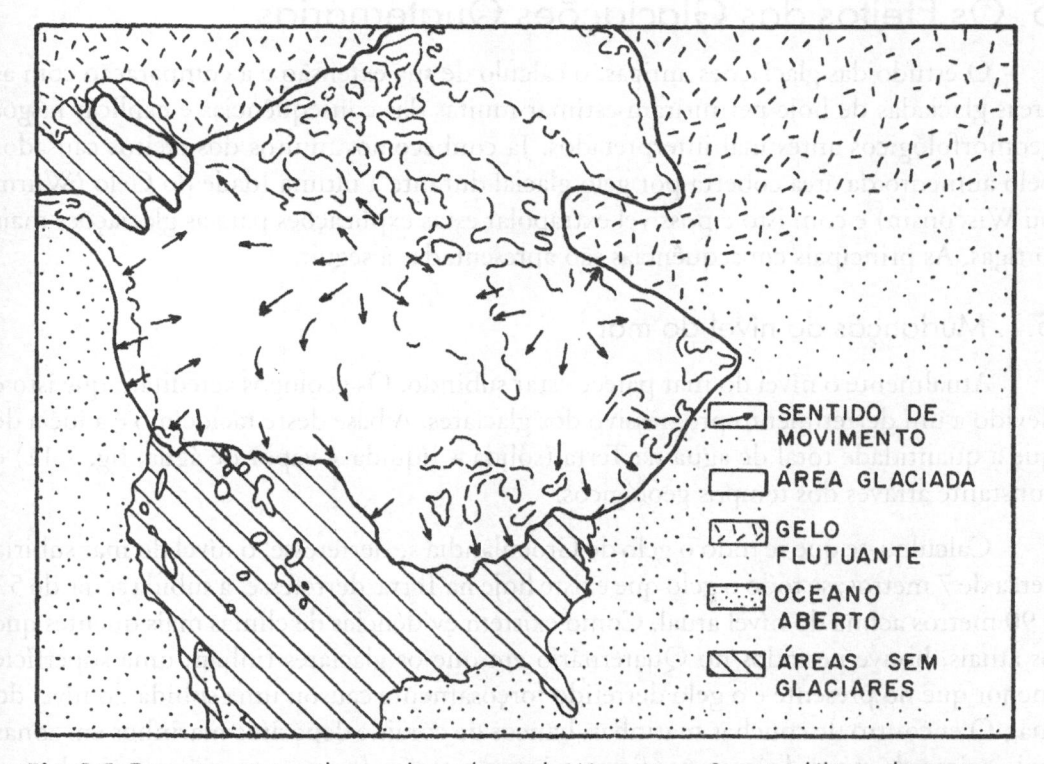

Fig. 9.5. Extensão máxima do complexo glaciar do Wisconsiano Superior (última glaciação na América do Norte), de acordo com o departamento de "Energy, Mines and Resources" do Canadá.

paleovegetação (veja, por exemplo, van der Hammen, 1974; Salgado-Labouriau, 1979; Hooghiemstra, 1984; Schubert e Clapperton, 1990).

Ja está bem estabelecida a existência de extensas geleiras antigas nos Andes. Entretanto, os famosos glaciais descritos por Agassiz para o Brasil, que teriam coberto a bacia amazônica e cujo peso fez com que ela se afundasse, e os que teriam existido em volta da cidade do Rio de Janeiro, foram totalmente desmentidos por estudos posteriores.

Quanto ao efeito dos períodos glaciais sobre as terras baixas tropicais (abaixo de 1500 m de altitude), ainda não há suficiente informação para uma análise global. Estudos paleoecológicos das terras quentes tropicais estão em andamento e dentro em pouco trarão muita informação sobre o que aconteceu aí enquanto as zonas temperadas e as altas montanhas tropicais estavam sob o frio intenso de uma glaciação. Veja parte 6, pluviais e interpluviais, neste capítulo.

Calcula-se que durante a última glaciação o gelo glacial cobriu uma superfície de uns 39 milhões de km^2, o que corresponde a 27% da superfice total da terra.

5. Os Efeitos das Glaciações Quaternárias

O estudo das glaciações antigas, o cálculo de sua extensão e a comparação com as áreas glaciadas de hoje permitiram estimar muitas das conseqüências e explicar rasgos geomorfológicos antes mal interpretados. Já conhecemos muitos dos efeitos causados pelo aumento da área coberta por gelo glacial durante a última Idade do Gelo (Würm ou Wisconsin) e com isto é possível extrapolar estas explicações para as glaciações mais antigas. As principais consequências são apresentadas a seguir.

5.1. Mudanças do nível do mar

Atualmente o nível do mar parece estar subindo. Os geólogos acreditam que isto é devido a um derretimento progressivo dos glaciares. A base deste raciocínio é a idéia de que a quantidade total de água na Terra (sólida + líquida + vapor de água, fig. 7.11) é constante através dos tempos geológicos.

Calculou-se que se todo o gelo de Groenlândia se derretesse, o nível do mar subiria cerca de 7 metros; se todo o gelo que existe hoje na Terra derretesse, a subida seria de 57 a 90 metros acima do nível atual. Como existem evidências de climas mais quentes que os atuais, houve períodos no Quaternário em que os glaciares tinham uma superfície menor que no presente e o gelo derretido forçosamente causou uma subida do nível do mar. O encontro de conchas marinhas, bancos de corais e depósitos marinhos em zonas hoje acima do nível do mar, confirma a interpretação de que este esteve mais alto no passado. Se isto tornar a acontecer e o mar subir uns 50 m, todas as cidades litorâneas ficarão submersas.

As flutuações do nível do mar são difíceis de serem estimadas porque não é possível analisar o efeito dos glaciares separadamente dos movimentos verticais dos continentes. O peso de uma grande geleira sobre o continente faz com que ele abaixe nessa área ao passo que, quando uma geleira é eliminada o continente volta a subir. Além disto, tem-se que descontar o movimento tectônico em algumas regiões, como por exemplo nos Andes e na "Cordillera de la Costa" onde as montanhas continuam se elevando. Outra variável a acrescentar no estudo das flutuações do nível do mar no passado é o reajuste em relação às bacias oceânicas e a deposição de sedimentos nestas bacias. Quanto mais

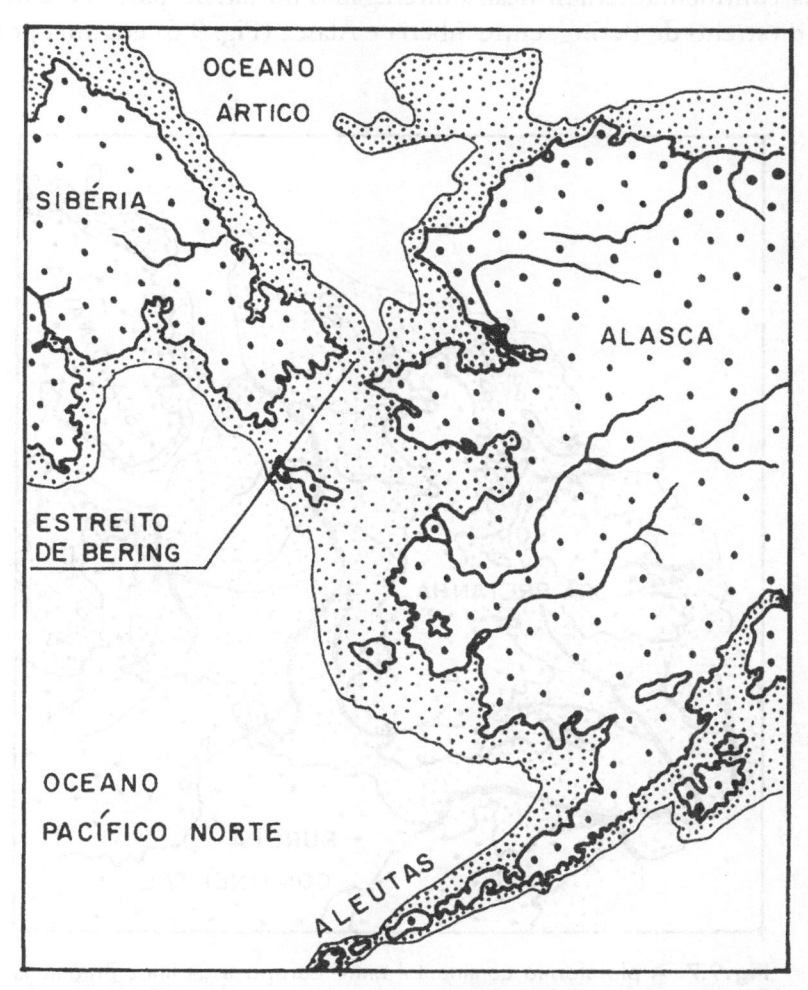

Fig. 9.6. A plataforma continental entre Sibéria e Alasca que esteve acima do nível do mar há cerca de 30.000 anos, no máximo da glaciação (contorno batimétrico de 50 m), segundo Stokes (1982). A ponte-de-terra que se formou barrou a saída das águas geladas do Oceano Ártico para o Pacífico e formou uma passagem larga de terra firme entre os dois continentes

antiga é uma glaciação, os cálculos vão se tornando mais difíceis por falta de informação e as estimativas têm que ser muito cuidadosas.

Foi demonstrado por métodos diferentes e por observação direta dos cordões litorâneos submersos, que o nível do mar baixou entre 70 e 180 m durante a última glaciação. A estimativa é de que cerca de 58 km³ de água oceânica foi removida e congelada nesse tempo. Isto significa que a maior parte de cada plataforma continental (parte 8, deste capítulo) estaria acima do nível do mar e era terra firme. As ilhas que hoje estão na plataforma continental teriam ficado interligadas ou fariam parte do continente. Por exemplo, o estreito de Bering, entre Sibéria e Alasca (Fig. 9.6) era uma ponte-de-terra

Fig.9.7. A plataforma continental entre Europa e as Ilhas Britânicas (contorno batimétrico de 180 m), segundo Stokes (1982). Esta plataforma fez parte do continente desde o início da última glaciação até ca. 7.000 anos atrás. Nela se encontram vales submarinos que eram a continuação dos rios atuais quando esta área esteve acima do nível do mar. Os rios Tâmisa (Thames) e Reno (Rhein) eram tributários de um grande rio que desaguava no Mar do Norte enquanto que outros rios desaguavam ao sul.

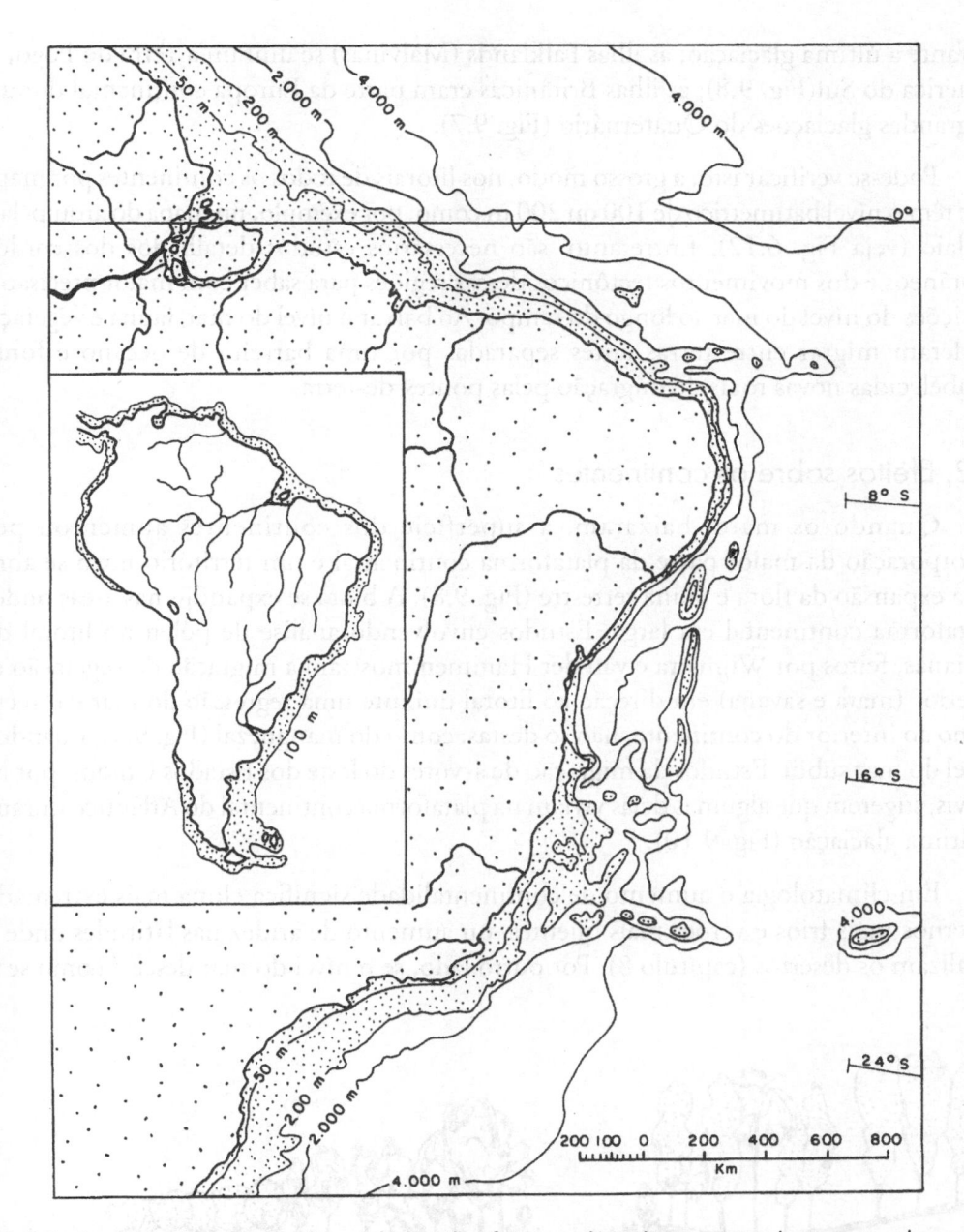

Fig. 9.8. Curvas batimétricas no litoral do Brasil. A faixa sombreada corresponde aproximadamente á plataforma continental que fazia parte do continente no máximo da última glaciação. Encaixe: a faixa de 100 m de profundidade na América do Sul que deve ter estado acima do nível do mar; as partes mais largas ficam na foz do rio Amazonas e no cone sul do continente; as costas do Peru e do norte do Chile quase não têm plataforma, mas há uma fossa profunda que marca a zona de subducção da placa de Nazca sob o continente sulamericano.

durante a última glaciação; as ilhas Falklands (Malvinas) se uniram à Terra do Fogo, na América do Sul(Fig. 9.8); as ilhas Britânicas eram parte da Europa continental durante as grandes glaciações do Quaternário (Fig. 9.7).

Pode-se verificar isto, a grosso modo, nos litorais de todos os continentes por mapas que têm o nível batimétrico de 100 ou 200 m como, por exemplo, no mapa do arquipélago malaio (veja Fig. 6.12). Entretanto, são necessários estudos detalhados dos cordões litorâneos e dos movimentos tectônicos dessas regiões para saber com maior precisão as posições do nível do mar ao longo do tempo. Ao baixar o nível do mar, fauna e vegetação puderam migrar entre terras antes separadas por uma barreira de oceano e foram estabelecidas novas rotas de migração pelas pontes-de-terra.

5.2. Efeitos sobre os continentes

Quando os mares baixaram, a superfície dos continentes aumentou pela incorporação da maior parte da plataforma continental e um território novo se abriu para expansão da flora e fauna terrestre (Fig. 9.8). A biota se expandiu nas áreas onde a plataforma continental era larga. Estudos envolvendo análise de pólen no litoral das Güianas, feitos por Wijmstra e van der Hammen mostram a migração da vegetação do interior (mata e savana) em direção ao litoral durante uma regressão do mar e o recuo rumo ao interior do continente, não só destas, como do manguezal (Fig. 9.9), quando o nível do mar subiu. Estudos da migração de árvores do leste dos Estados Unidos, por M. Davis, sugerem que algumas delas viviam na plataforma continental do Atlântico durante a última glaciação (Fig. 9.10).

Em climatologia o aumento de continentalidade significa clima mais extremado, invernos mais frios e verões mais quentes, ou aumento de aridez nas latitudes onde se localizam os desertos (capítulo 8). Por outro lado, se o nível do mar desce é como se os

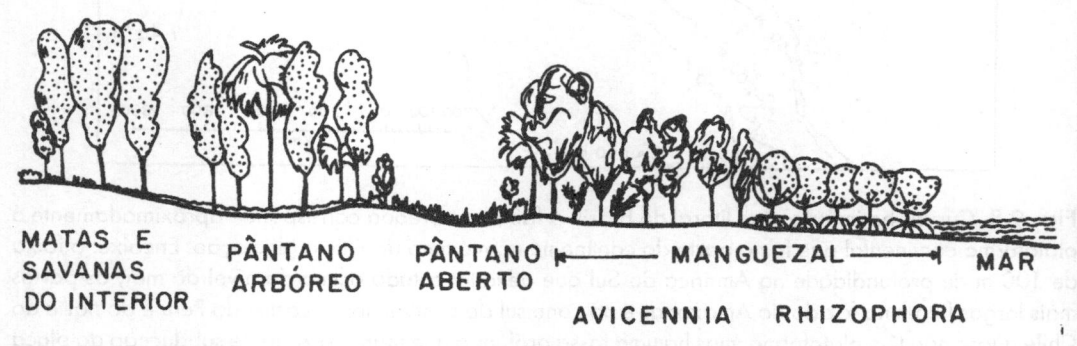

Fig. 9.9. Esquema da distribuição atual dos tipos de vegetação costeira nas Güianas, segundo Wijmstra e van der Hammen (1960) e van der Hammen (1974). Esta seqüência de vegetações avançou ou recuou nesta órdem, seguindo o deslocamento do nível do mar durante o Quaternário Tardio.

continentes tivessem se elevado e as montanhas ficassem mais altas, formam-se mais geleiras e as que existem se expandem a níveis mais baixos. O gradiente altitudinal de temperatura muda e a localização dos ecossistemas montanos se modifica (Fig. 8.3).

5.3. Efeitos sobre a distribuição da biota terrestre

A migração da biota seguindo o retrocesso e o avanço de um complexo glaciar já está bem estabelecida para muitas regiões. Atualmente trabalha-se intensamente nos detalhes destas migrações. Um exemplo ilustrativo se encontra na Europa onde os depósitos glaciais contêm fósseis de rinoceronte lanoso, mamutes, renas, raposas árticas, "lemming" (um roedor ártico) e alces, que hoje vivem mais ao norte, junto às geleiras do círculo polar ártico. Em contraposição, os depósitos interglaciais destas mesmas regiões contêm fósseis de leões, rinocerontes, hipopótamos e hienas, hoje confinados à África. O mesmo ocorreu em todos os continentes durante as grandes glaciações e parcialmente, nas pequenas.

O efeito mais drástico nos continentes durante uma glaciação é a redução de área onde a maioria dos seres vivos pode habitar. A observação das figuras 9.4 e 9.5 mostra como a área foi reduzida. Numerosos animais e plantas tinham que viver em latitudes mais baixas e muitos eram forçados a compartilhar o mesmo ambiente com os elementos locais das áreas sub-tropicais e tropicais. A migração, o reajuste e a eliminação de animais e plantas em determinadas regiões, são hoje objeto de estudo. Já se sabe muita coisa como, por exemplo , que a composição de vários tipos de floresta era diferente em cada interglacial. Por exemplo, a floresta decídua mista da Grã Bretanha teve composição diferente em cada um dos quatro interglaciais, segundo Godwin, West e outros. (Fig. 9.11)

A fig. 9.10 mostra 6 exemplos de migração de árvores na América do Norte. Cada espécie iniciou sua migração pós-glacial a partir de uma área diferente, o que mostra que suas áreas de refúgio não foram as mesmas durante a última glaciação. O sentido do movimento e a velocidade com que cada espécie migrou é diferente e independe das outras espécies arbóreas. Portanto, a composição das florestas (decídua e de coníferas) variou nos últimos 12 mil anos à medida que cada espécie chegava e se estabelecia numa região. M. Davis estudou a migração de outras espécies arbóreas além das apresentadas aqui que confirmam a independência de movimento de cada espécie. Situações semelhantes às descritas acima foram encontradas para outros tipos de vegetação do hemisfério norte, o que faz supor que o mesmo deve ter acontecido no hemisfério sul e nas zonas tropicais.

Para as altas montanhas tropicais, Salgado-Labouriau (1991) mostrou que, depois da última glaciação (Wisconsin-Mérida), a vegetação de grandes altitudes (páramo) só há 3.000 anos atrás atingiu a diversidade de espécies que tem hoje e levou cerca de 6.000 anos para que todos os elementos paramenhos chegassem a 4.000 m de elevação.

5.4. Efeitos no mar

O abaixamento do mar resulta na diminuição da superfície oceânica. A isto se acrescenta o fato que os mares ártico e antártico ficam congelados numa extensão muito maior que a atual, diminuindo mais a superfície de água livre. Há portanto, uma diminuição grande do ambiente aquático e o confinamento de fauna e flora marinhas. Os intervalos interglaciais, por outro lado, são fases de expansão da biota.

Como os mares polares estão em comunicação com os outros oceanos, durante uma glaciação as correntes marinhas muito frias vindas dos polos penetram no fundo dos grandes oceanos (Pacífico, Atlântico e Índico) causando um resfriamento. Este ponto

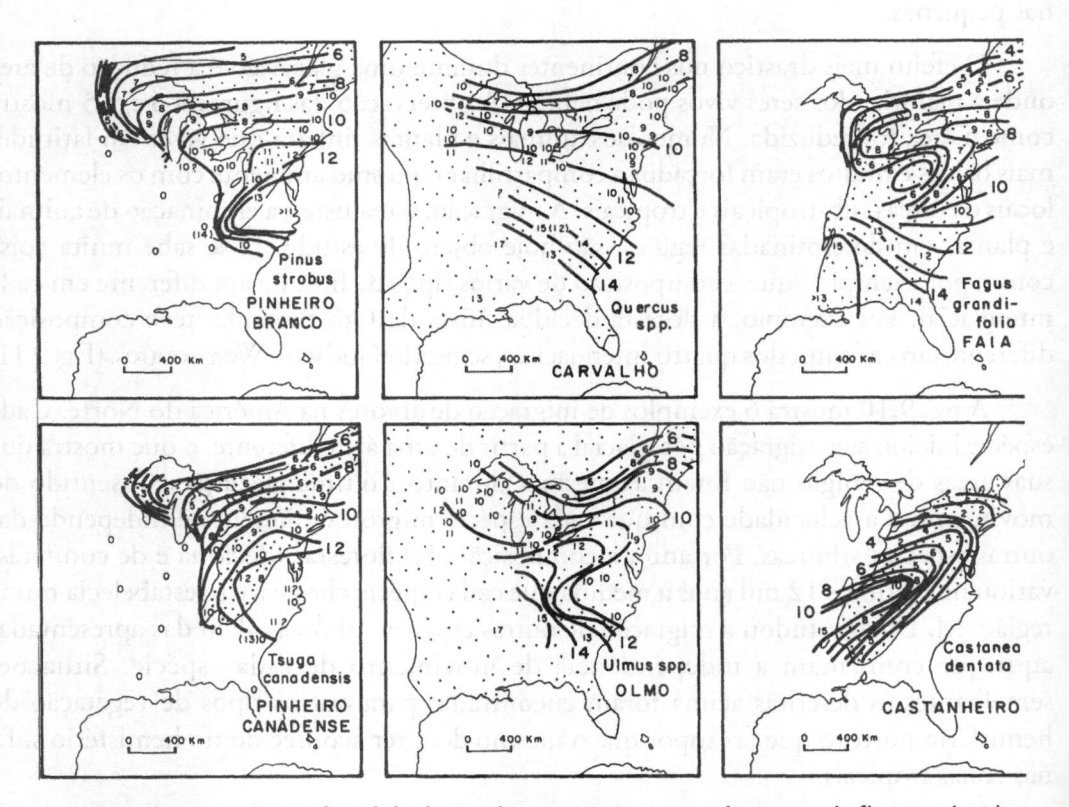

Fig. 9.10. Migração pós-glacial de dois pinheiros e quatro tipos de árvore da floresta decídua em direção ao norte da América do Norte, segundo Davis (1983). As curvas ligam os locais de mesma idade onde o pólen destes gêneros arbóreos iniciou sua deposição, marcando a chegada da planta aí. Observe que as duas coníferas cresciam nas planices costeiras no final da glaciação Wisconsin e as outras árvores vinham de pontos diferentes ao sudoeste.

é discutido no capítulo 6 (seção 2.3). Além disto, foi estimado que os icebergs durante a glaciação chegaram até as latitudes de 30° norte e sul. Estes gelos flutuantes devem ter esfriado mais a superfície do mar. Estudos com isótopos de oxigênio e fósseis de foraminíferos sugerem que nos mares tropicais a temperatura superficial da água baixou entre 3 e 5°C.

5.5. Outros efeitos

Existem muitas outras evidências em geomorfologia e paleoecologia das mudanças resultantes dos contrastes entre fases de glaciação e de interglaciação que escapam dos objetivos deste capítulo. Muitas delas serão discutidas no segundo volume deste livro.

O estudo de um intervalo glacial nas áreas continentais que estiveram debaixo de um lençol de gelo é baseado principalmente em evidências geológicas, enquanto que nos intervalos interglaciais é baseado principalmente em evidências palinológicas. As plantas se adaptam às mudanças climáticas pela modificação de sua área de distribuição. Elas invadem rapidamente os territórios que sofreram degelo, estabelecem-se aí, e deixam depositado o seu pólen e seus esporos como um testemunho de sua presença. Quando os glaciares avançam a vegetação retrocede em direção ao equador. Nas zonas onde os glaciares nunca chegaram, as mudanças sobre os ecossistemas parecem ter sido fortes e a antiga idéia da estabilidade climática dos trópicos caiu por terra. Entretanto, a maior parte dos estudos paleoecológicos foi feita nas áreas sujeitas à expansão e retração dos glaciares e existe pouca informação para as regiões baixas, nos trópicos. Estes dados começam a se acumular nos últimos 15 anos.

6. Pluviais e Interpluviais

Quando os geólogos do século passado encontraram grandes blocos de rochas erráticas no nordeste da Europa e nos vales alpinos, e começaram a descobrir fósseis de grandes animais extintos, a idéia de um grande dilúvio começou a se formar. O relato do dilúvio de Noé, na Bíblia, serviu de apoio a esta interpretação. Os blocos erráticos teriam sido transportados por grandes inundações e os animais teriam morrido afogados durante este dilúvio. A Grande Idade do Gelo, para os geólogos do início do século 19, foi um tempo de chuvas torrenciais, inudações enormes e elevação do nível do mar. Em resumo, uma fase pluvial.

A descoberta no meio do século 19 de estriações nos blocos erráticos fez associá-los às glaciações pois as rochas deviam ter sido transportadas pelas geleiras. A teoria foi reajustada para: glaciações nas montanhas, inundações nas terras baixas e elevação do nível do mar, tudo ao mesmo tempo. O achado de conchas marinhas em sedimentos atualmente acima do nível do mar deu apoio a esta interpretação. Apesar da conexão entre estes três efeitos representar um erro de lógica (onde conseguir tanta água?) isto não afetou a ninguem até muito recentemente. O Quaternário era para os geólogos um período pluvial.

As expedições científicas do final do século 19 e início do século 20, realizadas por ingleses, franceses e alemães, trouxeram relatos detalhados do interior da África e Ásia tropical. Neles mostrou-se a existência de leitos secos de rios que cortavam canhões ("canyons", cânions) e gargantas em zonas hoje áridas; leitos secos cheios de pedras que evidentemente foram transportadas por correntes de água rápida e impetuosa; lagos secos aonde chegavam rios secos. Todos estes fatos evidenciavam que no passado os desertos do Saara (Sahara), da Líbia, da Península Arábica e outras áreas desertificadas subtropicais, tiveram períodos de grande pluviosidade. Como não havia métodos para a datação absoluta, as correlações entre os eventos das zonas temperadas e tropicais foram errôneas. Ficou estabelecida a idéia equivocada de que uma fase glacial da Europa correspondia a uma fase pluvial nas zonas mais quentes. Por extensão, as fases interglaciais, também chamadas "normais",nas grandes latitudes, foram correlacionadas a interpluviais, com clima de seco a árido nas terras baixas temperadas e tropicais.

Em 1940 E. Nilsson publicou estudos de antigos lagos com nível alto de água na África Oriental que seriam claras evidências do pluvial que teria ocorrido durante as épocas glaciais. R.E. Moreau, ao publicar em 1969 sua Teoria de Refúgio para os trópicos africanos, correlacionou as fases pluviais com as épocas glaciais da Europa. Muitos livros de geologia, ecologia e biogeografia até a década de 1980 repetiam isto.

Entretanto, as evidências que contradizem esta correlação foram sendo acumuladas. Hoje, graças à datação com isótopos, e a informações obtidas por métodos independentes, demonstrou-se o contrário. Os intervalos glaciais correspondem nas terras baixas e nos trópicos a fases secas ou áridas; os interglaciais, a fases mais úmidas. Uma das razões é que, durante uma glaciação, maior quantidade de água fica presa na forma de gelo e sai da circulação global de água da Terra (veja fig. 7.11). As outras razões foram discutidas quando foram descritos os efeitos de uma glaciação (parte 5 deste capítulo).

Hoje sabemos que houve um aumento das áreas áridas e semi-áridas durante as Idades do Gelo. Porém, ainda não temos suficiente informação para dizer se as glaciações duraram mais tempo que as fases interglaciais. Nem temos ainda dados sobre quais foram as áreas nos trópicos e subtrópicos, que se tornaram mais secas. Não sabemos ainda se as Idades do Gelo representam as condições normais do clima neste período e as fases interglaciais foram muito curtas. Faltam datações absolutas para apoiar ou rechaçar esta hipótese. As informações de caráter quantitativo começam a aparecer agora, mas a questão ainda está em aberto.

7. Teoria de Refúgio

Desde a década de 70 têm-se discutido muito sobre a possibilidade da existência de áreas de refúgio para animais e plantas durante fases climáticas desfavoráveis a sua vida. Esta idéia começou na Europa quando ficou bem claro que uma grande extensão territorial foi coberta por gelo glacial no Quaternário Tardio (Fig. 9.4). Certas espécies teriam sobrevivido à Idade do Gelo em áreas especiais nas quais, por razões topográficas, o solo ficou livre de gelo (nunataks e refúgios). Nelas teria havido um microclima que permitiria a existência destes indivíduos. Nos refúgios a pequena população ficaria isolada reprodutivamente do resto da espécie e começaria a se diferenciar (veja processos da evolução, capítulo 5, parte 5). Quando se iniciou a deglaciação esta subpopulação teria se expandido pelo novo território, mas já seria diferente da população original e das populações de outros refúgios.

A observação de nunataks atuais e encostas e barrancos íngremes, onde não há acumulação de gelo, mostra que muitos são desprovidos de vegetação e animais, outros só têm espécies mais resistentes, que agüentam o clima extremamente frio e ventoso. Estas áreas estão praticamente descartadas como refúgios na Europa, mas a plataforma continental que emergiu durante as glaciações e as áreas ao sul da linha de gelo glacial podem ter sido refúgios, e alguns já foram detectados.

A idéia de refúgio foi extendida aos trópicos onde se postulou que em um passado recente houve fases muito secas nas áreas hoje ocupadas pela floresta pluvial. A floresta se reduziria e fragmentaria em áreas pequenas (refúgios) onde haveria condições de umidade alta para sua manutenção. Aí, árvores e animais viveriam até voltar um período úmido. Os mecanismos de isolamento reprodutivo e de mutação agiriam sobre estas pequenas populações criando subespécies e variedades como se postulou para as glaciações da Europa. Quando voltou a fase úmida os refúgios se expandiriam coalecendo em uma extensa floresta pluvial onde coexistiriam populações diferentes da original. Essas poderiam se hibridar ou não com indivíduos de outros refúgios, dependendo do grau de diferenciação e da distância entre eles. Este processo daria como resultado a grande diversidade da flora e fauna tropical.

A hipótese de refúgio nos trópicos foi primeiro aventada por R.E. Moreau para a África oriental, usando pluviais e interpluviais (veja secção 6), e depois, para a Amazônia por J. Haffer, usando distribuição de aves, e por P.E. Vanzolini, usando distribuição de répteis (revisão em Vanzolini, 1992). Mais tarde outros taxônomos postularam refúgios para borboletas, macacos, árvores, etc. As propostas de possíveis áreas de refúgio na Amazônia estão reunidas nas 714 páginas de um livro editado por Prance (1982) junto com alguns poucos artigos que as refutam.

A primeira dificuldade da teoria de refúgios nos trópicos surge quando se analisam os artigos de vários autores e se verifica que as áreas propostas não coincidem geograficamente, e que "a grande seca" que causaria a retração da floresta amazônica tem uma escala de tempo muito imprecisa (Holoceno ? Pleistoceno ?). A teoria foi postulada na base de alguns grupos de animais e plantas, cujas áreas de distribuição dentro da floresta atual são disjuntas ou parcialmente coincidentes. O tempo estimado para o isolamento reprodutivo é baseado em velocidade (suposta) de especiação do grupo. Este tipo de cálculo é impreciso e não leva em consideração as numerosas mudanças (mais de 16, veja, por exemplo, a fig. 9.1) que ocasionaram os grandes ciclos climáticos pleistocênicos e, provavelmente, pliocênicos. As propostas para o Holoceno nem podem ser levadas em conta porque as oscilações climáticas globais foram fracas para reduzir uma floresta do porte da amazônica a pequenos refúgios, cercados de vegetação semi-árida ou de savana.

O que foi dito acima não exclui a possibilidade de que a zona equatorial tenha tido fases com clima mais seco que o atual. Estas fases secas devem estar relacionadas de alguma maneira com as glaciações das zonas temperadas e frias, e das altas montanhas tropicais. Ao norte da região amazônica foi estabelecida e datada uma fase semi-árida entre cerca de 11.000 anos A.P. e mais de 13.000 A.P. quando o Lago de Valência (10° 16'N) secou (Salgado-Labouriau, 1980; Bradbury et al. 1982). Hoje este lago ocupa uma área de cerca de 350 km² (Fig. 8.13) e chega a 40 m de profundidade. Porém, a situação geográfica é outra e a vegetação em torno do lago não é uma floresta pluvial. A fase semi-árida do Lago de Valencia sugere que podem ter existido outras regiões que foram semi-áridas no final do Pleistoceno. A presença de dunas na região sudoeste da Amazônia também sugere a existência de fases mais secas, porêm não foi ainda possível datar estas dunas para conhecer quando se formaram.

Estudos de flutuações do nível de água no passado em lagos tropicais da África e das Américas mostram que existiram oscilações que sugerem fases mais secas e mais úmidas que o presente, onde a água subiu bem acima do nível atual.

Outra dificuldade da teoria de refúgio nos trópicos se apresenta no processo de retração e a expansão da floresta pluvial. As florestas da zona temperada (onde a diversidade biológica é muito menor) constituem um problema menos complexo e servem de modelo inicial. As florestas decíduas do norte da Europa continental e da Grã-Bretanha se desenvolveram nos interglaciais; durante os glaciais ficaram em refúgios na plataforma emersa e na parte sul do continente. Quando a temperatura começou a se elevar, as árvores florestais e os animais que nela viviam (por exemplo, besouros que hoje são muito estudados) foram migrando para o norte e ocupando o território antes coberto por gelo glacial. Porém, a composição e a freqüência relativa dos gêneros arbóreos foi diferente em cada interglacial (Fig. 9.11). Em uma floresta tropical deve-se esperar pelo menos esta diferença em cada nova expansão.

A análise de pólen arbóreo depositado em sedimentos do final do Pleistoceno na América do Norte dá outras informações. Cada tipo de árvore teve uma área específica

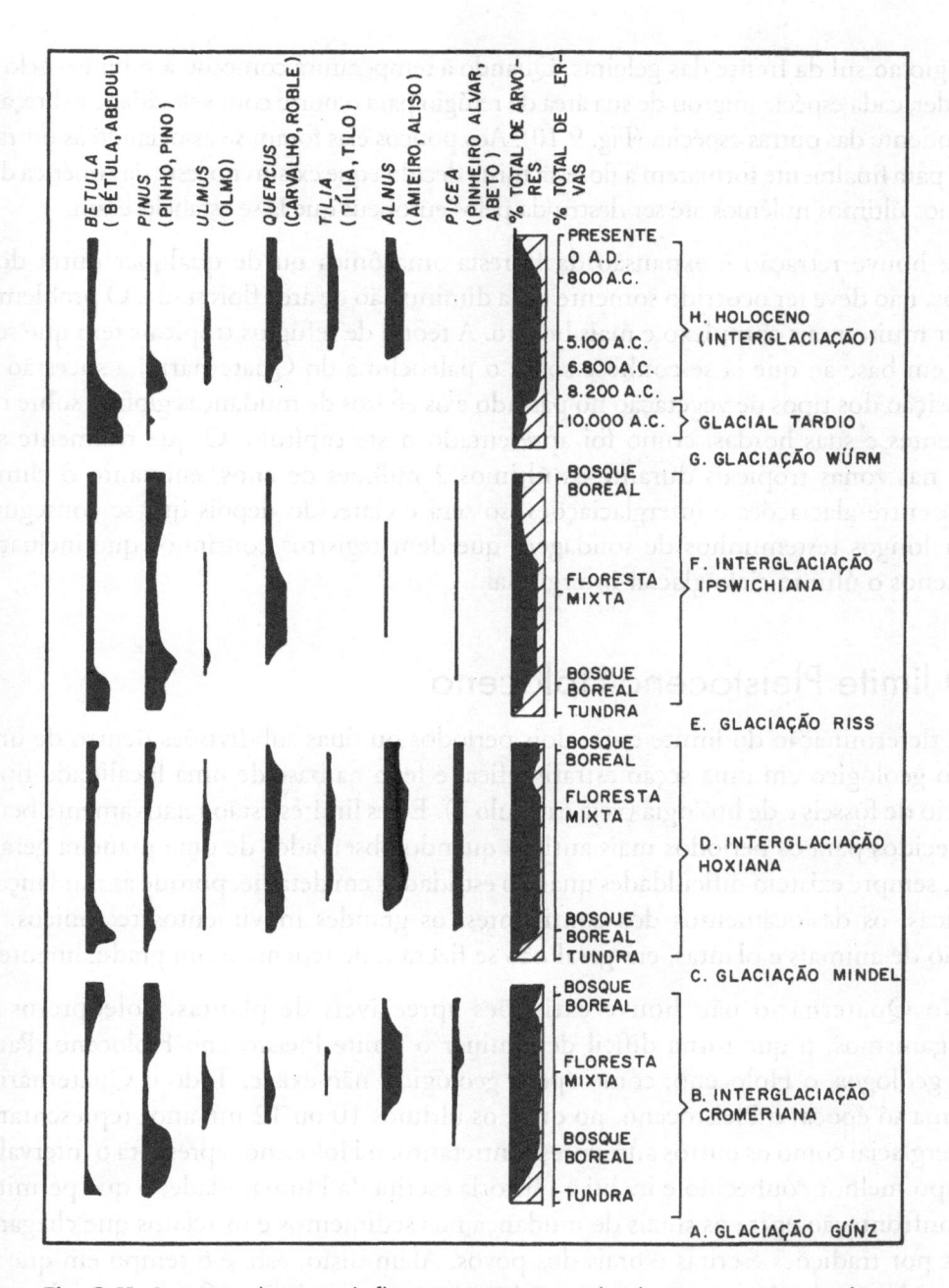

Fig. 9.11. Sucessão dos tipos de floresta na Grã-Bretanha durante quatro interglaciais, detectada por análise de pólen. Observe que a floresta mista (decídua) tinha diferente composição e frequência de elementos em cada interglacial. Portanto, cada fase pode ser caracterizada e identificada pelo conjunto (assemblage) de pólen de seus sedimentos. Dados retirados dos trabalhos de Godwin, West e colaboradores (Universidade de Cambridge), adaptado de Salgado-Labouriau (1984b).

de refúgio ao sul da frente das geleiras. Quando a temperatura começou a subir e o gelo a retroceder, cada espécie migrou de sua área de refúgio para o norte com velocidade e direção independente das outras espécies (Fig. 9.10). Aos poucos elas foram se associando às outras árvores para finalmente formarem a floresta mista decídua que existiu no leste da América do Norte nos últimos milênios até ser destruída pelos europeus que lá se estabeleceram.

Se houve retração e expansão da floresta amazônica ou de qualquer outra dos trópicos, não deve ter ocorrido somente uma diminuição de área florestada. O problema deve ser muito mais complexo e mais bonito. A teoria de refúgios tropicais tem que ser revista em base ao que já se conhece sobre o paleoclima do Quaternário, a sucessão e composição dos tipos de vegetação no passado e os efeitos de mudanças globais sobre os continentes e suas bordas, como foi apresentado neste capítulo. O que realmente se passou nas zonas tropicais durante os últimos 2 milhões de anos, enquanto o clima pulsava entre glaciações e interglaciações, só será esclarecido depois que se conseguir estudar longos testemunhos de sondagem que dêm registros contínuos que incluam pelo menos o último ciclo glacial-interglacial.

8. O limite Pleistoceno-Holoceno

A determinação do limite entre dois períodos ou duas subdivisões dentro de um período geológico em uma seção estratigráfica, é feita na base de uma localidade-tipo por meio de fósseis e de litologia (veja capítulo 2). Estes limites estão relativamente bem estabelecidos para os períodos mais antigos quando observados de uma maneira geral. Porém, sempre existem dificuldades quando estudados em detalhe, porque as mudanças climáticas, os deslocamentos dos continentes, os grandes movimentos tectônicos, a extinção de animais e plantas, em geral não se fizeram de repente e sim gradualmente.

No Quaternário não houve extinções apreciáveis de plantas, coleópteros e microrganismos, o que torna difícil determinar o limite Pleistoceno-Holoceno. Para alguns geólogos, o Holoceno, como época geológica, não existe. Todo o Quaternário seria uma só época, o Pleistoceno, no qual, os últimos 10 ou 12 mil anos representam um interglacial como os outros anteriores. Entretanto, o Holoceno representa o intervalo de tempo melhor conhecido e inclui a História escrita da Humanidade, o que permite uma confrontação entre os sinais de mudança nos sedimentos e os relatos que chegam até nós por tradições escritas e orais dos povos. Além disto, este é o tempo em que o homem, depois de uma evolução lenta adquiriu os meios de interferir e perturbar os ecossistemas naturais em escala significativa. Isto faz com que seja necessário, tirando qualquer outra razão, separar este intervalo de tempo do resto do Pleistoceno. Porém, o acúmulo de dados e os interesses das diferentes especialidades que estudam o final de Quaternário, fazem com que a determinação do limite Pleistoceno-Holoceno seja controvertida.

O início do Holoceno está marcado, segundo os diferentes autores, por critérios diferentes. Por exemplo, o final da glaciação mais recente (válido para as regiões afetadas), o início da transgressão marinha depois da glaciação (válido para estudos oceanográficos), a última mudança climática forte, etc.

Para tentar por fim á controvérsia, R.W. Fairbridge propôs no Congresso da INQUA ("International Union for Quaternary Research"; União Internacional para o Estudo do Quaternário) de 1969, em Paris, que se devia procurar uma localidade-tipo a qual tivesse uma idade radiocarbônica de 10.000 ± 250 anos e que servisse de secção de referência para o limite (Fairbridge, 1983). Este critério implica em que se fixe este limite por idade.

A União Internacional de Ciências Geológicas (IUGS) criou uma comissão para escolher esta localidade-tipo. Esta comissão decidiu que uma localidade nos arredores de Goteborg, na Suécia, preenchia as condições propostas para a secção-tipo, e o limite ficou estabelecido em 10.000 ± 250 anos radiocarbônicos.

A fixação do limite por datação radiocarbônica dá a possibilidade de correlação entre regiões distantes e permite deduções de conceitos gerais sobre o Quaternário Tardio. Os critérios anteriormente aceitos, como os citados acima, são de caráter regional e falham, por uma ou outra razão, quando são aplicados a toda a superfície do planeta.

A fixação do limite por idade não é aceita por alguns pesquisadores. Watson e Wright, em 1980, propõem um limite móvel no tempo. Eles se baseiam no princípio de que a resposta de um ecossistema à mudança climática global é diácrona. Isto é, os ecossistemas respondem em tempos diferentes de acordo com sua posição geográfica, o que resulta em idades distintas para a deposição do mesmo tipo de sedimento (diacronismo), segundo a localidade. Por exemplo, um aumento global de temperatura no planeta resulta no degelo progressivo dos glaciares. Enquanto a frente da geleira degela, ela retrocede para as partes mais altas da montanha, inclusive até desaparece. As morenas e lagoas formadas durante este retrocesso, que pode levar centenas de anos, serão mais recentes à medida que a geleira recua. Entretanto, estas morenas e lagoas de idades distintas, resultam do mesmo fenômeno e são diácronas. Watson e Wright (1980) propõem um limite diácrono entre Pleistoceno e Holoceno que seja baseado nas mudanças locais de estratigrafia as quais possam refletir o final do intervalo frio mais recente. Segundo eles isto permitiria dar uma visão verdadeira do final da última glaciação e mostraria que a resposta à modificação climática muda em função da área geográfica.

Ao escolher o efeito produzido por uma mudança climática como limite Pleistoceno-Holoceno, é introduzido um fator subjetivo. O ponto de inflexão de glaciação-interglaciação, de frio-quente, de seco-úmido, em uma seção estratigráfica, dependerá do método usado e, mais que isto, da interpretação do pesquisador. Uma mudança climática é sempre **antes** do efeito que ele produzirá no ecossistema e na superfície da Terra. O solo, os mares, os animais e as plantas responderão em tempos diferentes.

Deste modo, a marca da mudança detectada por diferentes métodos dará idade diferente nos mesmos sedimentos. As mudanças geoquímicas e de sedimentação não são síncronas com a mudança no conjunto de fósseis. A presença ou ausência de cada espécie dependerá da velocidade individual de adaptação e/ou migração do animal ou planta, que resultará em um atraso diferente na resposta de cada organismo.

Prefiro que o limite Pleistoceno-Holoceno seja fixado arbitrariamente no tempo (10.000 ± 250 anos radiocarbônicos) e neste livro o início do Holoceno é considerado nessa idade. Isto permite observar o deslocamento geográfico da resposta a uma mudança climática do final do Pleistoceno e, permite estudar o efeito da latitude, altitude e topografia sobre a resposta de uma área determinada. Também permite o estudo da resposta individual de cada espécie e a maneira como se formaram os tipos de vegetações atuais.

Os métodos de datação absoluta melhoram cada ano e não há dúvida de que serão cada vez mais precisos. Porém, a interpretação de um pesquisador marcando o limite, sempre dependerá de fatores subjetivos ou que sejam encontrados marcos estratigráficos comuns às grandes áreas. Ao fixar o limite por idade, a definição do limite Pleistoceno-Holoceno será objetiva e independente dos eventos marcantes do final do Pleistoceno e do início do Holoceno, detectados em diferentes localidades com métodos independentes.

9. A borda dos continentes

Desde o início do Período Quaternário os continentes têm as formas gerais que apresentam hoje. Entretanto, as bordas continentais sofreram o impacto das glaciações e mudaram de forma mais ou menos profunda, dependendo da região e da extensão da glaciação. Para entender estas modificações é necessário analisar as bordas continentais.

Todos os continentes e ilhas têm a sua volta uma faixa de águas rasas, com 60 a 180 m de profundidade, a **Plataforma Continental** (Fig. 9.8). Estes mares rasos, quando extensos, são denominados **Mares Epicontinentais**, e exemplos deles são o Mar da Mancha (Fig. 9.7), o Báltico, a Baía de Hudson, e muitos outros.

A partir da profundidade de 180-200 m, em direção ao mar aberto, o fundo oceânico desce abruptamente, em um ângulo geralmente forte até as profundidade de 2.000 m ou mais (Fig. 9.12). Esta rampa muito inclinada é denominada **Talude Continental**. Finalmente, o ângulo de inclinação diminui drasticamente a 1° ou menos e em muitos oceanos forma-se um piemonte, como nas montanhas continentais, denominado **sopé continental** ou elevação continental ("continental rise"). Em seguida começa a **Região Abissal** (encaixe da fig. 9.12). Até a década de 1960 pensava-se que o fundo oceânico era constituido de suaves elevações e planicies monótonas. Devido a novos métodos de sondagem submarina, principalmente ao SONAR, e pela verificação direta do fundo oceânico por submersíveis que resistem a grandes pressões e o invento de iluminação

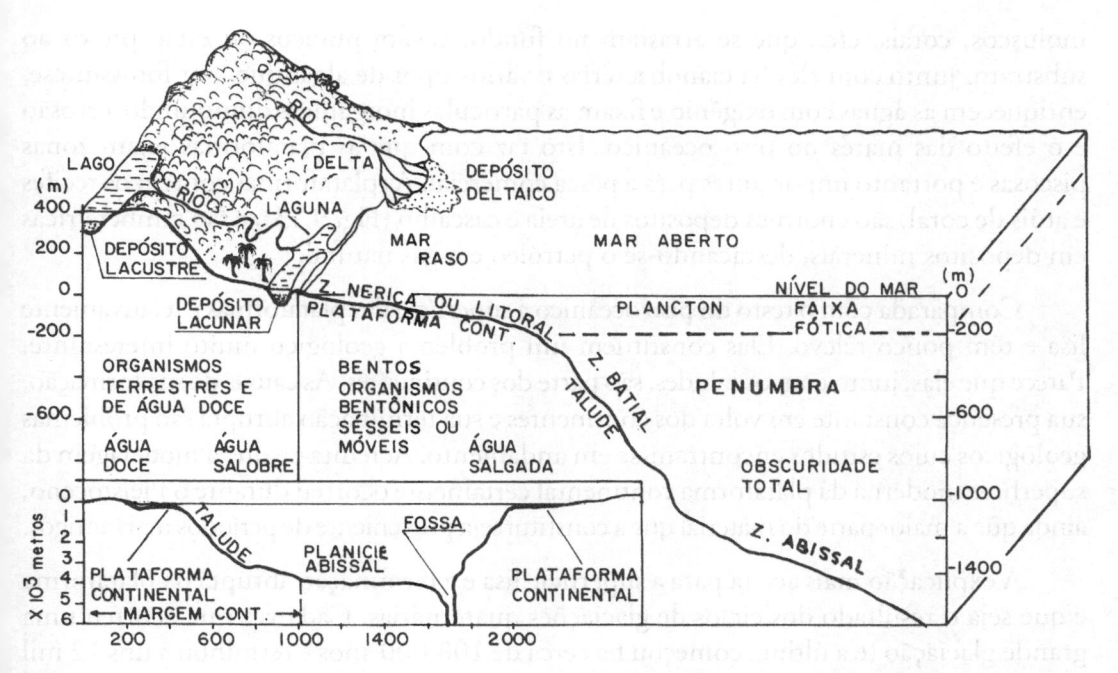

Fig. 9.12. Esquema da borda continental com suas zonas batimétricas e a distribuição dos organismos na costa e no oceano. Encaixe: corte transversal do piso oceânico entre dois continentes.

submarina forte, esta idéia caiu inteiramente. Revelou-se um número inesperado e surpreendende de tipos de relevo que continuam a ser descobertos.

As **Plataformas Continentais** têm uma declividade suave desde a linha de praia até a borda do talude continental (Fig. 9.12). Geralmente o ângulo de inclinação é menor que um grau (cerca de 2 m por quilômetro). Elas podem alcançar uns poucos metros até cerca de 320 km de largura e se estreitam ou se alargam ao longo dos continentes e ilhas (Fig. 9.8). Os mapas geográficos geralmente representam o nível batimétrico de 200 m de profundidade em torno dos continentes e ilhas (veja figs. 6.12). Desta forma pode-se avaliar por alto a extensão da plataforma de um determinado litoral. Para uma avaliação precisa é necessário recorrer aos mapas batimétricos da região.

As plataformas representam somente cerca de 7,5% da área oceânica. Porém, são extremamente importantes do ponto de vista econômico, político e ecológico. Suas águas estão dentro da zona fótica, onde a luz solar penetra até o fundo e possibilita o crescimento de grande quantidade de fitoplâncton, que flutua ou nada em suas águas. Estas algas microscópicas, junto com algas multicelulares que se fixam no substrato do fundo ou flutuam na superfície (por exemplo, os sargaços) produzem o oxigênio que permite a respiração dos animais aquáticos e são o alimento dos herbívoros. Na interface água/sedimento vive grande quantidade de organismos bentônicos. São vermes, artrópodos, moluscos, corais, etc., que se arrastam no fundo, cavam buracos ou estão presos ao substrato. Junto com eles há cianobactérias e vários tipos de algas que, por fotossíntese, enriquecem as águas com oxigênio e fixam as partículas inorgânicas diminuindo a erosão e o efeito das marés no piso oceânico. Isto faz com que as plataformas sejam zonas piscosas e portanto importantes para a pesca comercial. As plataformas contêm os recifes e atóis de coral, são enormes depósitos de areia e cascalho (Fig. 9.13), e são também ricas em depósitos minerais, destacando-se o petróleo e o gás natural.

Comparada com o resto do piso oceânico a superfície das plataformas é relativamente lisa e têm pouco relevo. Elas constituem um problema geológico muito interessante. Parece que elas, junto com os taludes, são parte dos continentes. As causas de sua formação, sua presença constante em volta dos continentes e sua terminação abrupta são problemas geológicos cujos estudos encontram-se em andamento. Acredita-se que a modelagem da superfície moderna da plataforma continental certamente ocorreu durante o Pleistoceno, ainda que a maior parte do material que a constitui seja proveniente de períodos mais antigos.

A explicação mais aceita para a superfície lisa e a terminação abrupta da plataforma é que seja o resultado dos ciclos de glaciações quaternárias. Cada vez que ocorreu uma grande glaciação (e a última começou há cerca de 100.000 anos e terminou a uns 12 mil anos atrás) o mar retrocedeu e as irregularidades do terreno foram sendo alisadas por preenchimento das depressões e raspagem das elevações. Os sedimentos transportados do continente pelos rios e água de escoamento superficial têm a tendência de se mover para dentro do mar até onde as ondas não têm mais influência e se depositam aí. Esta zona determinaria o final da plataforma e o início do talude. Ao subir novamente o nível do mar, durante a fase de interglaciação, as irregularidades do terreno criadas pela exposição ao ar, seriam novamente aplanadas. Se considerarmos somente os quatro grandes períodos glaciais (Tab. 9.1), o mar se moveu para cima e para baixo oito vezes. Como

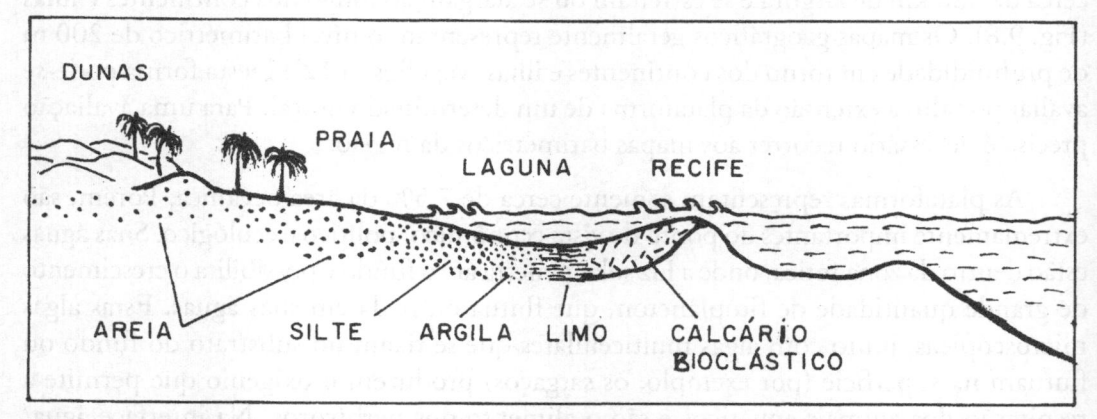

Fig. 9.13. Esquema de um litoral com recife e formação de laguna. Os sedimentos do piso oceânico se dispõem em gradação desde partículas maiores (areia) na praia, até a lama muito fina, na laguna.

sabemos que foram mais de dezesseis ciclos glaciais, entre grandes e pequenos, este processo se repetiu, com maior ou menor intensidade, numerosíssimas vezes, levando a linha costeira para dentro ou para fora do oceano, por maior ou menor distância.

Sondagens com SONAR mostraram que a plataforma moderna tem barras de areia, praias, canais de rios e terraços submersos que foram formados quando ela estava acima do nível do mar. Há compridos vales paralelos, que vão desde a costa até as águas profundas. Muitos destes vales são extensões do leito dos rios, que corriam aí durante os intervalos glaciais. Nos sedimentos da plataforma foram encontrados ossos de animais terrestres como mamutes, mastodontes, cavalos, depósitos de turfa ou pântanos salobres, etc. Todos estes achados paleontológicos confirmam que a plataforma esteve acima do nível do mar.

O **Talude Continental** é um declive forte na borda externa da plataforma continental (Fig. 9.12). O gradiente de declividade varia de um lugar para o outro porém, desce em média cerca de 70-75 m/km. Este talude submarino geralmente tem uns 20 km de largura. Ele consiste em uma camada muito espessa de sedimento que se move para as regiões abissais vindo da plataforma. Os sedimentos são carregados principalmente por corrente de turbidez que seguem pelos canhões ("canyons", cânions) submarinos. Quando estas correntes emergem da boca de um cânion sobre uma área plana, formam leques submarinos de forma muito semelhante aos leques aluviais na superfície dos continentes. Longe de ser uma descida monótona, como se pensava antes, os taludes apresentam vales profundos e estreitos que podem chegar a 3 km de profundidade, conhecidos como cânhões (cânions) submarinos, que atingem muitas vezes profundidades no mar muito abaixo do limite batimétrico mínimo conhecido para o nível do mar. Isto faz pensar que nem todos foram antigos leitos de rios, e que muitos devem ser originados de processos que ocorrem abaixo da superfície oceânica.

Além dos cânions, existem fossas oceânicas muito profundas, às vezes paralelas à costa como é o caso da fossa do Peru-Chile. Nestas, a margem do lado do continente representa a base das montanhas (veja encaixe da fig. 9.12) e, se sua base for somada aos picos andinos mais altos da região, a espessura do continente aí excede a 12.200 m. A outra margem é onde a placa tectônica de Nazca mergulha sob a placa da América do Sul (Fig. 3.8). Outras fossas ficam no limite entre duas placas oceânicas ou junto de arcos-de-ilhas. A fossa mais profunda que se conhece fica a leste das ilhas Marianas, no Pacífico oeste. Um ponto nela foi sondado até 11.035 m e aí desceram Jacques Piccard e Don Walsh em um batiscafo, até a profundidade de 10.912 m. Se considerarmos a fossa mais profunda e o cume de montanha mais alto, a superficie da litosfera tem mais de 19.800 m. O talude termina geralmente no sopé continental, em profundidades entre 1.400 e 5.200 m. Estes sopés, que podem atingir 600 km de largura, são considerados por K.O. Emery e outros oceanógrafos como as maiores estruturas sedimentares da Terra.

Ainda falta muita informação sobre o relevo submarino, as correntes marinhas profundas e as de turbidez. Muitas áreas já estão sendo mapeadas e mostrou-se que as correntes de turbidez são um mecanismo muito importante no transporte de sedimentos.

A **Região Abissal** (Fig. 9.12) é realmente o fundo das bacias oceânicas. Além de fossas profundas, que são zonas de subducção de placas, apresentam grandes cadeias de montanhas (as Dorsais Oceânicas, capítulo 3) com alguns dos seus picos chegando acima do nível das águas. Estas Dorsais só foram descobertas durante a segunda guerra mundial. Também existem planicies abissais, extremamente planas. Em frente à costa da Argentina encontra-se uma destas planicies que chega a 1.500 km de extensão (800 milhas náuticas) e cujo relevo suave chega no máximo a 3 m de altura. Perfis sísmicos mostram que nas planicies abissais existe uma camada espessa de sedimento depositado diretamente sobre a rocha vulcânica do piso oceânico.

Os depósitos sedimentares nas planicies abissais e nas fossas são constituidos de partículas muito finas que ficaram suspensas por muito tempo na água e foram caindo continuamente no fundo. São argilas muito finas, restos orgânicos e minúsculas carapaças (de sílica ou carbonato de cálcio) de organismos marinhos mortos. A velocidade de sedimentação nas regiões abissais é muito lenta. As escamas das Cocolitofíceas (nanopláncton calcário, Fig. 5.12), com 3 - 15 μm de diâmetro, descem através da coluna de água com uma velocidade de 15 cm por dia. Um centímetro de sedimento leva de 5.000 a 50.000 anos para acumular nas regiões abissais. Isto não acontece nas plataformas onde a velocidade é muito maior, principalmente nos deltas dos grandes rios, como o Amazonas, Mississipe, Nilo e Orinoco, onde os sedimentos podem se acumular muito mais rapidamente.

REFERÊNCIAS DO CAPÍTULO

Berger, A., Loutre, M.-F. e Tricot, C. 1993. Insolation and Earth's orbital periods. Journal Geophysical Research, 98 (D6):10.341-10.362.

Bloom, A.L. 1978. Geomorphology - a systematic analysis of Late Cenozoic landform. Prentice-Hall, Englewood Cliffs, USA, 510 pp.

Bradbury, J.P., Leyden, B., Salgado-Labouriau, M.L., Lewis, W.M., Schubert, C., Benford, M.W., Frey, D.G., Whitehead, D.R. e Weibezahn, F.W. 1981. Late-Quaternary environmental history of Lake Valencia, Venezuela. Science 214:1299-1305.

Bradley, R.S. 1985. Quaternary Paleoclimatology. Allen & Unwin, London, 472 pp.

Bradley, R.S. (editor) 1989. Global Changes of the Past. UCAR/Office for Interdisciplinary Earth Studies, Boulder, USA, 514 pp.

Davis, M.B. 1983. Quaternary history of deciduous forests of eastern North America. Ann. Missouri Bot. Gard. 70:550-563.

Fairbridge, R.W. 1970. World paleoclimatology of the Quaternary. Revue de Géographie Physique et de Géologie Dynamique 12 (2):97-104.

Fairbridge, R.W. 1983. The Pleistocene-Holocene boundary. Quaternary Science Reviews 1:215-244.

Godwin, H. 1975. History of the British Flora: a factual basis for Phytogeography. Cambridge University Press, Cambridge, 541pp.

Holmes, A. 1965. Principles of Physical Geology. Ronald Press, New York, 1288 pp.

Hooghiemstra, H. 1984. Vegetational and Climatic History of the High Plain of Bogotá, Colombia: a continuous record of the last 3.5 million years. Dissertationes Botanicae vol. 79 J. Cramer, Vaduz, 368 pp.

Imbrie, J. e Imbrie, J.Z. 1980. Modeling the climatic response to orbital variations. Science 207:943-953.

Lamb, H.H. 1986. Waiting for rain: a theory that links drought in West Africa to temperatures in the Atlantics. The Sciences May/June, p.30-35.

Martin, L. e Suguio, K. 1992. Variation of coastal dynamics during the last 7000 years recorded in beach-ridge plains associated with river mouths: example from the central Brazilian coast. Palaeogeogr. Palaeoclim. Palaeoecol. 99:119- 140.

Martin, P.S. e Klein, R.G. (editores) 1984. Quaternary Extinctions: a prehistoric revolution. University of Arizona Press, Tucson, USA, 892 pp.

Moreau, R.E. 1969. Climatic changes and the distribution of forest vertebrates in West Africa. J. Zool.(London). 158:39- 61.

Nilsson, T. 1983. The Pleistocene: geology and life in the Quaternary Ice Age. D. Riedel Publ., Dordrech, Holanda, 651 pp.

Pielou, E.C. 1979. Biogeography. J. Willey & Sons, New York, 351 pp.

Prance, G.T. (editor) 1982. Biological Diversification in the Tropics. Columbia University Press, New York, 714 pp.

Reineck, H.-E. e Singh, I.B. 1986. Depositional Sedimentary Environments. Springer-Verlag, Berlin, 551 pp.

Salgado-Labouriau, M.L. (editor) 1979b. El Medio Ambiente Páramo. Ediciones IVIC-UNESCO, Caracas, 234 pp.

Salgado-Labouriau, M.L. 1991. Vegetation and climatic changes in the Mérida Andes during the last 13,000 years. Boletim Instituto de Geociências, USP, publicação especial n. 8:157- 170.

Schubert, C. e Clapperton, C.M. 1990. Quaternary glaciations in the northern Andes (Venezuela, Colombia and Ecuador). Quaternary Science Rev. 9:123-135.

Stokes, W.L. 1982. Essentials of Earth History. 4° edição. Prentice-Hall, Englewood Cliffs, USA, 577 pp.

Suguio, K. 1992. Dicionário de Geologia Marinha. T.A. Queiroz Editora, São Paulo, 171 pp.

Tarbuck,E.J. e Lutgens, F.K. 1988. Earth Science. Merril Publ.   Co., Columbus, USA, 612 pp.

van der Hammen, T. 1974. The Pleistocene changes of vegetation   and climate in tropical South America. J. Biogeogr. 1: 3-26.

Vanzolini, P.E. 1992. Paleoclimas e especiação em animais da América do Sul. Estudos Avançados, USP, 6(15):41-65.

Vogel, J.C. (editor) 1984. Late Cainozoic Palaeoclimates of the Southern Hemisphere. A.A.Balkena, Rotterdam, 520 pp.

Watson, R.A. e Wright Jr., H.E. 1980. The end of the Pleistocene: a general critique of chronostratigraphic classification.   Boreas 9:153-163.

West, R. 1968. Pleistocene Geology and Biology. Longmans, Green &   Co., London, 377 pp.

Wijmstra, T.A. e van der Hammen. 1966. Palynological data on the   history of tropical savannas in northern South America. Leid.   Geog. Meded. 38: 71-90.

ÍNDICE DE AUTORES

HISTÓRIA ECOLÓGICA DA TERRA

Os números depois do autor-data referem-se aos capítulos no final dos quais a obra está citada.

Griffiths, J.F. 1976 -7-8-
Groves, G.W. 1962 -4-
Guerra-Sommer, M., Marques-Toigo, M. e
Corrêa da Silva, Z. 1991 - 4-
Haberle, R.M. 1986 -7-
Hahn, G., Hahn, R., Leonardos, O.H., Pflug,
H.D. e Walde, D.H.-G.   1982 -4-
Haq, B.V. e Boersma, A. 1984 -4-5-
Hawksworth, D.L., Sutton, B.C. e Ainsworth,
G.C. 1983 -1-
Head, J.W. e Solomon, S.C. 1981 -5-
Heath, D. e William, D.R. 1981 -7-
Hedberg, O. 1954 -8-
Heirtzler, J.R. e Bryan, W.B. 1975 -3-
Heyerdahl, T. 1976 -8-
Hoffman, P.F. 1991 -4-
Holmes, A. 1965 -1-2-3-9-
Hooghiemstra, H. 1984 -6-9-
Hopping, C.A. 1967 -6-
Hoyle, F. 1975 -7-
Hughes, N.F. 1976 -5-
Imbrie, J. e Imbrie, J.Z. 1980 -7-9-
Ingersoll, A.P. 1983 -7-
Jeanloz, R. 1993 -3-
Jordan, T.H. 1979 -3-
Ka'zmierczak, J. e Kempe, S. 1990 -4-
Kearey, e Vine 1990 -3-
Kerrod, R. 1976 -7-
Knoll, A.H. 1992 -4-
Krassilov, V.A. 1977 -5-
Krebs, C.J. 1978 -5-6-
Kukal, Z. 1990 -4-
Labouriau, L.G., Oliveira, J.B. e Salgado-
Labouriau, M.L. 1961 -8-
Lamb, H.H. 1985 -8-
Lamb, H.H. 1986 -8-9-
Laporte, L.F. 1977 -6-
Lauer, W. 1979 -8-
Lawrence, G.H. 1951 -1-
Leonardi, G. 1987 -5-
Leopold, E. 1969 -6-
Libby, W.F. 1955 -2-
Libby, W.F. 1970 -2-
Lockwood, J.G. 1976 -7-8-
Loutre, M.F. e Berger, A. 1993 -7-
Lovelock, J. 1988 -4-7-
Mamay, S.H. 1969 -4-

MacArthur, R.H. 1972 -5-6-8-
MacArthur, R.H. e Wilson, E.O. 1967 -5-
Marques-Toigo, M. e Corrêa da Silva, Z. 1984 -4-
Martin, L. e Suguio, K. 1992 -9-
Martin, L., Flexor, J.-M. e Valentin, J.-L. 1988 -8-
Martin, P.S. e Klein, R.G. 1984 -9-
McKenzie, D.P. 1972 -3-
McKenzie, D.F. e Richter, F. 1976 -3-
McMenamin, M.A.S. 1987 -4-
Miller, A.A. 1975 -8-
Molnar, P. e Tapponier, P. 1977 -3-6-
Moorbath, S. 1977 -4-
Moreau, R.E. 1969 -9-
Mourão, R.R.F. 1987 -7-
Muller, J. 1970 -2-5-6-
Muller, J. 1981 -6-
Munk, W.H. e MacDonald, J.F. 1960 -4-
Murphy, J.B. e Nance, R.D. 1991 -4-
Murphy, J.B. e Ñance, R.D. 1992 -4-
Nilsson, T. 1983 -9-
Nimer, E. 1989 -8-
Odum, E.P. 1983. -6-
Owen, H. 1985 -3-
Parker, T.J. e Haswell, W.A. 1949 -1-6-
Pielou, E.C. 1979 -5-6-9-
Pimentel, M.M. e Fuck, R.A. 1992 -2-
Pinto da Costa, S.O. 1987 -5-
Pisias, K.G. e Imbrie, J. 1987 -7-
Pollack, H,N. e Chapman, D.E. 1977 -3-
Prance, G.T. 1982 -9-
Raven, P.H. e Axelrod, D.I. 1974 -5-6-
Raven, P.H. e Axelrod, D.I. 1975 -4-5-6-
Raven, P.H., Evert, R.F. e Curtis, H. 1976 -1-
Regali, M.S.P., Uesugui, N., Santos, A.S. 1974 -6-
Reineck, H.-E. e Singh, I.B. 1986 -1-2-9-
Reinhardt, R. 1975 -7-
Ricardi, M.H. 1984 -4-5-
Richards, P.W. 1952 -4-8-
Ricklefs, R.E. 1990 -6-
Rocha-Campos, A.C. 1991 -5-
Rocha-Miranda, C.E. e Lent, R. 1978 -6-
Romer, A.S. 1948 -6-
Romer, A.S. e Parsons, T.S. 1977 -1-
Rosenberg, N.J. 1974 -7-8-
Rowe, M. 1990 -6-
Runcorn, S.K. 1970 -4-
Sagan, C. 1977 -7-

ÍNDICE DE ASSUNTOS